（经济类）

概率论与数理统计

历年考研真题详解

与常考题型应试技巧

余长安 编著

真题汇集齐全　　推演方法精当　　疑难诠释透彻
题型归类科学　　考点评析简明　　模拟试题逼真

WUHAN UNIVERSITY PRESS
武汉大学出版社

图书在版编目(CIP)数据

概率论与数理统计(经济类)历年考研真题详解与常考题型应试技巧/余长安编著. —武汉:武汉大学出版社,2008.4
ISBN 978-7-307-06184-2

Ⅰ.概⋯　Ⅱ.余⋯　Ⅲ.①概率论—研究生—入学考试—解题　②数理统计—研究生—入学考试—解题　Ⅳ.O21-44

中国版本图书馆 CIP 数据核字(2008)第 032005 号

责任编辑:顾素萍　　　责任校对:黄添生　　　版式设计:詹锦玲

出版发行:**武汉大学出版社**　　(430072　武昌　珞珈山)
　　　　　(电子邮件:wdp4@whu.edu.cn　网址:www.wdp.com.cn)
印刷:湖北省通山县九宫印务有限公司
开本:720×1000　1/16　　印张:19.25　字数:342 千字　插页:1
版次:2008 年 4 月第 1 版　　2008 年 4 月第 1 次印刷
ISBN 978-7-307-06184-2/O·383　　定价:28.00 元

内 容 简 介

  本书是编者根据国家最新硕士研究生入学考试大纲要求，全面搜集、整理 1987 年以来全国硕士研究生入学考试统一试题，并紧密结合自身多年教学实践经验，尤其是考研数学辅导的切身体会，悉心组织、充实加工编撰而成的。

  全书共分为 8 章。每章含有 7 个方面的内容：考纲要求，考试重点，历年试题分类统计与考点分析，知识概要，考研题型的应试方法与技巧，历年考研真题及其详解。书末还附有精心编撰并与近年考研试题难度相当的概率论与数理统计模拟试卷若干套。

  本书具有以下特点：阐述简明，重点突出；分类讲究，评注独到；方法新颖，技巧灵活；试题全面，解答详尽。

  该书适宜经管类专业大学生和各类高等院校数学教师阅览，尤其适合于有志攻读硕士学位的考生研读，亦适用于参加职称考试、自学及其他相关专业人员参考。

　　概率论与数理统计是一门集理论性与实践性，乃至趣味性于一体的数学学科。它既具有本课程自身的许多独到特点，又与有关高等数学以至初等数学知识有相当紧密的关联。因而，在该课程的学习过程中，往往有读者对其有关概念、理论，甚至一些应用问题，认识有失偏颇，理解尚欠深刻，分析似非准确，致使难以举一反三，触类旁通。据此，为了帮助读者提高学习效果，深化基本理论，增强分析与解决实际问题的能力，赢得激烈竞争中的获胜机遇，编者根据国家最新硕士研究生入学考试大纲要求，借鉴有关专家、学者的学识与观点，在全面搜集、整理1987年以来全国历年考研试题的基础上，紧密结合编者自身多年教学实践的经验与体会，悉心组织、充实编撰成了《概率论与数理统计（经济类）历年考研真题详解与常考题型应试技巧》一书。

　　全书共分为8章，每章含有7个方面的内容：考纲要求，考试重点，历年试题分类统计与考点分析，知识概要，考研题型的应试方法与技巧，历年考研真题及其详解。书末还附有精心编撰的、与近年考研试题难度相当的概率论与数理统计模拟试卷若干套，以满足读者自我检测学习效果与实际水准的需求。

　　纵观本书，易知具有以下特点：阐述简明，重点突出；分类讲究，评注独到；方法新颖，技巧灵活；试题全面，解答详尽；拟卷匠心独具，检测适度客观。它可谓是一本学习概率统计科目颇为适用而不可多得的教学用书。

　　该书适宜于经管类专业学生学习概率论与数理统计课程阅览，更适合于有志继续升造而欲攻读硕士学位的有关考生研读，亦适用于参加职称考试、自学及其他相关科技工作者参考。无疑，它也可作为各类高等院校数学教师重要的备课资料。

　　由于编撰时间仓促及作者认知水准所限，书中疏误之处在所难免，恳请广大读者及时指正，不吝赐教。

编　者

于武汉大学樱园

2008 年 3 月 16 日

第 一 章
随机事件及其概率

一、考 纲 要 求

1. 理解随机事件的概念,了解样本空间的概念,掌握事件间的关系与运算.
2. 了解概率、条件概率的定义,掌握概率的基本性质,会计算古典概型.
3. 掌握概率的加法公式、乘法公式,会应用全概率公式和贝叶斯公式.
4. 理解事件独立性的概念,掌握应用事件独立性进行概率计算.
5. 理解独立重复试验的概率,掌握计算有关事件概率的方法.

二、考 试 重 点

1. 随机事件与样本空间.
2. 事件的关系运算,样本空间划分的定义.
3. 概率的定义和概率的基本性质.
4. 古典概型,条件概率.
5. 概率的加法公式、乘法公式、全概率公式和贝叶斯公式.
6. 事件的独立性,独立重复试验.

三、历年试题分类统计与考点分析

数 学 三

分值 考点 年份	事件的关系和运算	概率的性质	古典、几何概率	条件概率、乘法公式、全概率公式和贝叶斯公式	事件的独立性	独立重复试验	合计
1987		2		8			10

续表

分值 年份 \ 考点	事件的关系和运算	概率的性质	古典、几何概率	条件概率、乘法公式、全概率公式和贝叶斯公式	事件的独立性	独立重复试验	合计
1988	2			7	2		11
1989	3						3
1990		3	4			3	10
1991		3					3
1992		3	3				6
1993		3					3
1994				3			3
1995						8	8
1996			6	3			9
1997							
1998				9			9
1999							
2000	3						3
2001～2002							
2003					4		4
2004～2008							
合计	8	14	13	30	6	11	

数 学 四

分值 年份 \ 考点	事件的关系和运算	概率的性质	古典、几何概率	条件概率、乘法公式、全概率公式和贝叶斯公式	事件的独立性	独立重复试验	合计
1987				2		2	4
1988			2			2	4
1989				2＋2			4
1990		2					2
1991			3				3
1992		3					3
1993				3			3
1994		3					3
1995							
1996				3			3

续表

分值 考点 年份	事件的关系和运算	概率的性质	古典、几何概率	条件概率、乘法公式、全概率公式和贝叶斯公式	事件的独立性	独立重复试验	合计
1997				3			3
1998				3			3
1999		3					3
2000		3					3
2001~2005							
2006	4			4			8
2007			8				8
2008			11				11
合计	4	14	24	22		4	

本章的重点有：事件的关系和运算，概率的计算性质，条件概率、乘法公式、全概率公式和贝叶斯公式，事件独立性的概念和应用，独立重复试验（伯努利概型）的计算.

常见题型有：全概率公式、贝叶斯公式有背景的应用（包括直接用"抽签原理"），利用概率的计算性质和条件概率的定义求概率或化简变形式子（常为客观题），事件的关系、运算、独立等的应用（一般是客观题）. 伯努利概型的判断和计算等. 而古典、几何概率的要求虽略低，但前几年也考过（一些几何、古典概率可用随机变量的方法做）.

四、知识概要

1. 概率的加法法则

(1) 设事件 A 与事件 B 互不相容，则

$$P(A+B) = P(A) + P(B).$$

推论 1 若事件 $A_1, A_2, \cdots, A_n$ 两两互不相容，则有

$$P(A_1 + A_2 + \cdots + A_n) = P(A_1) + P(A_2) + \cdots + P(A_n).$$

推论 2 设 $A_1, A_2, \cdots, A_n$ 为一完备事件组，则有

$$P(A_1) + P(A_2) + \cdots + P(A_n) = 1.$$

于是，有以下重要公式：

$$P(A) = 1 - P(\overline{A}).$$

推论 3 $P(A - B) = P(A\overline{B}) = P(A) - P(AB).$

若 $A \supset B$，则 $P(A - B) = P(A) - P(B).$

推论 4 由对偶律可知

$$P(AB) = 1 - P(\overline{A} + \overline{B}), \quad P(A + B) = 1 - P(\overline{A}\,\overline{B}).$$

推论 5 由于 $A = AB + A\overline{B}$ $(B = AB + \overline{A}B)$，且 AB 与 $A\overline{B}$ $(AB$ 与 $\overline{A}B)$ 互不相容，所以

$$P(A) = P(AB) + P(A\overline{B}), \quad P(B) = P(AB) + P(\overline{A}B).$$

（2）设 A, B 为任意两个事件，则

$$P(A + B) = P(A) + P(B) - P(AB).$$

推论 6 设 A, B, C 为任意三个事件，则

$$P(A + B + C) = P(A) + P(B) + P(C) - P(AB) - P(AC)$$
$$- P(BC) + P(ABC).$$

2. 事件的条件概率

设 A, B 为同一试验中的两个随机事件，且 $P(B) > 0$. 在事件 B 已发生的条件下，事件 A 发生的概率称为事件 A 的条件概率，记作 $P(A|B)$.

条件概率具有如下性质：

① $0 \leqslant P(A|B) \leqslant 1$；

② $P(\overline{A}|B) + P(A|B) = 1$；

③ $P(A + B|C) = P(A|C) + P(B|C) - P(AB|C), P(C) > 0$.

注意：$P(A), P(AB), P(A|B)$ 都是事件 A 发生的概率，只是 $P(A)$ 为 A 的无条件概率，$P(AB)$ 为 A 与 B 同时发生的概率，$P(A|B)$ 为在 B 发生的条件下 A 的条件概率.

3. 事件的独立性

设 A, B 是同一试验的两个事件，且满足

$$P(A|B) = P(A), \quad P(B) > 0;$$

或

$$P(B|A) = P(B), \quad P(A) > 0,$$

则称 A 与 B 为相互独立的事件.

若 4 对随机事件 A 与 B，$\overline{A}$ 与 B，A 与 $\overline{B}$，$\overline{A}$ 与 $\overline{B}$ 中有一对是相互独立的，则其余三对也相互独立.

设 A, B 为两个正概率事件. 若 A 与 B 互不相容，则 A 与 B 必不相互独

立；若 A 与 B 相互独立，则 A 与 $\bar{B}$ 必相容.

若事件 A,B,C 两两相互独立，且
$$P(ABC) = P(A)P(B)P(C),$$
则称三事件 A,B,C 相互独立.

4. 事件概率的乘法法则

(1) 设事件 A 与 B 相互独立，则有
$$P(AB) = P(A)P(B).$$

推论 设事件 $A_1, A_2, \cdots, A_n$ 相互独立，则有
$$P(A_1, A_2, \cdots, A_n) = P(A_1)P(A_2)\cdots P(A_n).$$

(2) 设 A,B 为任意两个事件，则有
$$P(AB) = P(B)P(A|B), \quad P(B) > 0,$$
$$P(AB) = P(A)P(B|A), \quad P(A) > 0.$$

设 A,B,C 为任意三个随机事件，则有
$$P(ABC) = P(A)P(B|A)P(C|AB), \quad P(A), P(AB) > 0.$$

5. 事件概率的性质

由古典概率和几何概率的计算公式，可得概率的基本性质：
① 非负性 $P(A) \geqslant 0$；
② 规范性 $P(\Omega) = 1$；
③ 有限可加性 若事件 $A_1, A_2, \cdots, A_n$ 两两互不相容，则
$$P(\bigcup_{i=1}^{n} A_i) = \sum_{i=1}^{n} P(A_i).$$

6. 概率计算的三个重要公式

全概率公式 设 $A_1, A_2, \cdots, A_n$ 为一完备事件组，且 $P(A_i) > 0$ $(i = 1, 2, \cdots, n)$，仅当 $A_1, A_2, \cdots, A_n$ 中任一事件发生时，事件 B 才可能发生，则有
$$P(B) = \sum_{i=1}^{n} P(A_i)P(B|A_i).$$

贝叶斯公式 在上述条件下，事件 B 发生的条件下，事件 A_i 的条件概率为
$$P(A_i|B) = \frac{P(A_iB)}{P(B)} \quad (P(B) > 0)$$
$$= \frac{P(A_i)P(B|A_i)}{\sum_{k=1}^{n} P(A_k)P(B|A_k)} \quad (i = 1, 2, \cdots, n).$$

独立试验序列（伯努利概型） 做 n 次独立重复试验，在每一次试验中事件 A 发生的概率均为 p $(0 < p < 1)$，则 n 次试验事件 A 发生 m $(0 \leqslant m \leqslant n)$ 次的概率 $P_n(m)$ 可由下面的伯努利公式求得：

$$P_n(m) = C_n^m p^m (1-p)^{n-m}$$

$$= \frac{n!}{m!(n-m)!} p^m (1-p)^{n-m} \quad (m = 0, 1, \cdots, n).$$

7. 加法、乘法原理，排列与组合

加法原理 设完成一件事有 n 类方法（只要选择其中一类方法就可以完成这件事）. 若第一类方法有 m_1 种，第二类方法有 m_2 种 …… 第 n 类方法有 m_n 种，则完成这件事共有

$$N = m_1 + m_2 + \cdots + m_n$$

种方法.

乘法原理 设完成一件事须有 n 个步骤（仅当 n 个步骤都完成，才能完成这件事）. 若第一步有 m_1 种方法，第二步有 m_2 种方法 …… 第 n 步有 m_n 种方法，则完成这件事共有

$$N = m_1 \cdot m_2 \cdot \cdots \cdot m_n$$

种方法.

注意：加法原理与乘法原理的区别是，前者完成一步就完成一件事；后者需完成 n 步才算完成一件事.

排列 从 n 个不同元素中任取 m $(m \leqslant n)$ 个，按照一定的顺序排成一列，称为从 n 个不同元素中取出 m 个元素的一个排列，从 n 个不同元素中取出 m 个元素的排列数记为 P_n^m，则有

$$P_n^m = n(n-1)\cdots[n-(m-1)] = \frac{n!}{(n-m)!}.$$

从 n 个不同元素中全部取出的排列称为全排列，其排列的总数为

$$P_n^n = n(n-1) \cdot \cdots \cdot 1 = n!.$$

规定 $0! = 1$.

允许重复的排列 从 n 个不同元素中有放回地取出 m 个元素，按照一定的顺序排成一列，其排列的总数为

$$N = \underbrace{n \cdot n \cdot \cdots \cdot n}_{m \uparrow} = n^m.$$

不全相异元素的排列 若 n 个元素中有 m 类 $(1 < m \leqslant n)$ 本质不同的元素，而每类元素中分别有 $k_1, k_2, \cdots, k_m$ 个元素 $(k_1 + k_2 + \cdots + k_m = n; 1 < k_i < n; i = 1, 2, \cdots, m)$，则 n 个元素全部取出的排列称为不全相异元素的一个

全排列,其排列的总数为

$$N = \frac{n!}{k_1! k_2! \cdots k_m!}.$$

组合 从 n 个不同元素中取出 m 个元素,不管其顺序并成一组,称为从 n 个不同元素中取出 m 个元素的一个组合,其组合总数记为 C_n^m,

$$C_n^m = \frac{P_n^m}{m!} = \frac{n(n-1)\cdots(n-m+1)}{m!} \frac{n!}{m!(n-m)!}.$$

组合具有如下性质:

① $C_n^m = C_n^{n-m}$;

② $C_n^m = C_{n-1}^m + C_{n-1}^{m-1}$.

五、考研题型的应试方法与技巧

题型 1 事件的关系及运算

正确解答这类问题的关键在于准确理解有关概念,灵活运用集合论相应知识. 解题常用方法有图示法、互逆法、分解法、转换法、公式法及定义法等.

例 1 设 A, B, C 是随机事件. 说明下列关系式的概率意义:

(1) $ABC = A$;   (2) $A \cup B \cup C = A$;

(3) $AB \subset C$;   (4) $A \subset \overline{BC}$.

解 (1) 若 $ABC = A$,则 $BC \supset A$,这表示 $B \supset A$ 且 $C \supset A$,即若 A 发生,则 B 与 C 同时发生.

(2) 若 $A \cup B \cup C = A$,则 $B \cup C \subset A$,即有 $B \subset A$ 且 $C \subset A$,它表示 B 发生或 C 发生,都将导致 A 发生.

(3) $AB \subset C$ 表示 A 与 B 同时发生必导致 C 发生.

(4) 若 $A \subset \overline{BC}$,则 $A \subset \overline{B} \cup \overline{C}$,即 A 发生,则 B 与 C 至少有一个不发生.

例 2 设袋中有大小相同的 10 个球,其中 3 个红球,2 个黑球,5 个白球. 从中无放回地任取 2 次,每次取 1 个,如以 A_k, B_k, C_k 分别表示第 k 次取到红球、黑球、白球($k = 1, 2$). 试用 A_k, B_k, C_k 表示下列事件:

(1) 所取的两个球中有黑球;

(2) 仅取到一个黑球;

(3) 第二次取到黑球;

(4) 没取到黑球;

7

（5）最多取到一个黑球；

（6）取到的球中有黑球而没有红球；

（7）取到的两个球颜色相同.

解（1）"有黑球"与"至少一个黑球"是相等的两个事件，所以"有黑球" $= B_1 + B_2$，或为

$$B_1 B_2 \bigcup B_1 (C_2 + A_2) \bigcup (A_1 + C_1) B_2$$
$$= B_1 B_2 + B_1 C_2 + B_1 A_2 + A_1 B_2 + C_1 B_2.$$

（2）"仅取到一个黑球" = "恰有一个黑球"，可表示为 $B_1 \overline{B_2} + \overline{B_1} B_2$，或为

$$B_1 (A_2 + C_2) + (A_1 + C_1) B_2 = B_1 A_2 + B_1 C_2 + A_1 B_2 + C_1 B_2.$$

这两种表示法的等价性，可由关系式 $\overline{B_1} = A_1 + C_1$，$\overline{B_2} = A_2 + C_2$ 立即推得.

（3）"第二次取到黑球" $= A_1 B_2 + B_1 B_2 + C_1 B_2 = (A_1 + B_1 + C_1) B_2 = B_2.$

（4）"没取到黑球" $= (A_1 + C_1)(A_2 + C_2) = A_1 C_2 + C_1 A_2 + A_1 A_2 + C_1 C_2$；又因其对立事件为"有黑球"，所以"没黑球" $= \overline{B_1 + B_2} = \overline{B_1}\, \overline{B_2}.$

（5）"最多取到一个黑球" $= B_1 \overline{B_2} + \overline{B_1} B_2 + \overline{B_1}\, \overline{B_2}$；又因"最多一个黑球"的对立事件为"都是黑球"，所以，该事件又可表示为

$$\overline{B_1 B_2} = \overline{B_1} + \overline{B_2}.$$

（6）"有黑球而无红球" $= B_1 \overline{A_2} + \overline{A_1} B_2$ 或 $B_1 C_2 + C_1 B_2 + B_1 B_2.$

（7）"颜色相同" $= A_1 A_2 + B_1 B_2 + C_1 C_2.$

题型 2　加法公式

一般加法公式为

$$P\left(\bigcup_{i=1}^{n} A_i\right) = \sum_{i=1}^{n} \left[(-1)^{i+1} \sum_{1 \leqslant j_1 < j_2 < \cdots < j_i \leqslant n} P(A_{j_1} A_{j_2} \cdots A_{j_i}) \right].$$

① 当 $n = 2$ 时，有

$$P(A_1 \bigcup A_2) = P(A_1) + P(A_2) - P(A_1 A_2).$$

② 当 $A_i A_j = \varnothing\ (i \neq j,\ i, j = 1, 2, \cdots, n)$ 时，

$$P\left(\bigcup_{i=1}^{n} A_i\right) = \sum_{i=1}^{n} P(A_i).$$

例 3　某一企业与甲、乙两家公司签订某物资长期供货关系的合同，由以往的统计得知，甲公司能按时供货的概率为 0.9，乙公司能按时供货的概

率为 0.75,两家公司都能按时供货的概率为 0.7. 求至少有一家公司能按时供货的概率.

解 设 A 表示甲公司按时供货,B 表示乙公司按时供货,则所求概率为

$$P(A \bigcup B) = P(A) + P(B) - P(AB)$$
$$= 0.9 + 0.75 - 0.7 = 0.95.$$

例 4 考试时共有 N 张考签,n 个同学参加考试($n \geqslant N$),被抽过的考签立刻被放回. 求在考试结束后,至少有一张考签没有被抽到(A)的概率.

解 设 $A_i = \{$第 i 张考签未被抽到$\}$($i = 1, 2, \cdots, N$),则 $A = A_1 \bigcup A_2 \bigcup \cdots \bigcup A_N$,且有

$$P(A_i) = \frac{(N-1)^n}{N^n}, \quad P(A_i A_j) = \frac{(N-2)^n}{N^n} \ (i \neq j), \quad \cdots,$$

$$P(A_1 A_2 \cdots A_{N-1}) = \frac{1}{N^n}, \quad P(A_1 A_2 \cdots A_N) = \frac{(N-N)^n}{N^n} = 0.$$

于是,有

$$P(A) = \sum_{i=1}^{N} P(A_i) - \sum_{1 \leqslant i < j \leqslant N} P(A_i A_j) + \cdots + (-1)^{N-1} P(A_1 A_2 \cdots A_N)$$

$$= C_N^1 \frac{(N-1)^n}{N^n} - C_N^2 \frac{(N-2)^n}{N^n} + \cdots + (-1)^{N-2} C_N^{N-1} \frac{1}{N^n} + 0$$

$$= \sum_{i=1}^{N-1} (-1)^{i-1} C_N^i \frac{(N-i)^n}{N^n}.$$

题型 3 古典概型

(1) 利用古典概型

用 $P(A) = \frac{m}{n} \left(= \frac{n_A}{n_\Omega} \right)$(其中 n 为基本事件(样本点)总数,m 为有利于 A 的基本事件(A 所包含的样本点)数)计算概率时应注意以下问题:

① 基本事件总数有限,且每个事件应为等可能事件;

② 基本事件总数与有利于 A 的基本事件数应在同一确定基本事件空间中考虑;

③ 处理抽样问题时,应明确"概率大小与抽取顺序无关";

④ 在遇到与"至少"或"至多"有关的问题时,应注意其对立与等价关系:若 $A = \{$至少(不少于或最少)m 个(事件)发生$\}$,则对立事件

$$\bar{A} = \{少于 m 个(事件)发生\} = \{至多 m-1 个(事件)发生\};$$

若 $B = \{$至多(不多于或最多)n 个(事件)发生$\}$,则

$\overline{B} = \{$多于 n 个(事件)发生$\} = \{$至少 $n+1$ 个(事件)发生$\}$.

（2）计算古典概型的常用方法

计算古典概型的常用方法有：排列组合法（两个原理：加法原理与乘法原理；5 个公式：可重复排列、选排列、组合、分组组合（不尽相异全排列）及不同元素组合公式）；事件分解法；转换（等价）法；互逆法；枚举法；随机变量法（适于写出分布律）.

例 5 设有 n 个房间，分给 n 个不同的人．每人都以 $\dfrac{1}{n}$ 的概率进入每一个房间，而且每间房里的人数无限制．试求下列事件的概率：

（1）$A = \{$不出现空房$\}$；

（2）$B = \{$恰好出现一个空房$\}$；

（3）$C = \{$恰好出现两个空房$\}$.

解 （1）按题意，n 个房间分给 n 个不同的人共有 n^n 种不同的分法，"不出现空房"等价于"每个房间都有一人"，故共有 $n!$ 种不同的分法，于是

$$P(A) = \frac{n!}{n^n}.$$

（2）"恰好出现一个空房"，即 n 个房中的某一个是空的，另外 $n-1$ 个房中有一间房恰有两人，其余 $n-2$ 间房为每房一人．故 B 的样本点数为 $C_n^1 C_{n-1}^1 C_n^2 (n-2)!$. 从而

$$P(B) = \frac{C_n^1 C_{n-1}^1 C_n^2 (n-2)!}{n^n} = \frac{C_n^2 n!}{n^n}.$$

（3）"恰好出现两个空房"，即 n 个房间中有两个是空的，这有两种可能情形：① $n-2$ 个房间中有一房间恰有三人，其余 $n-3$ 间房为每房一人；② $n-2$ 个房间中有两房各有两人，其余 $n-4$ 间房中每房一人，故 C 的样本点数为 $C_n^2 (C_{n-2}^1 C_n^3 (n-3)! + C_{n-2}^2 C_n^4 C_4^2 (n-4)!)$，于是

$$P(C) = \frac{C_n^2 (C_{n-2}^1 C_n^3 (n-3)! + C_{n-2}^2 C_n^4 C_4^2 (n-4)!)}{n^n}.$$

例 6 将 15 名新生随机地分到三个班级中，每个班级 5 名．已知这 15 名新生中有 3 名是优秀生，试求下列事件的概率：

（1）$A = \{$每一个班级各分到一名优秀生$\}$；

（2）$B = \{$这 3 名优秀生被分到同一班级$\}$.

解 （1）将 15 名新生分到三个班级中，每个班级 5 人，共有分法 $C_{15}^5 C_{10}^5 C_5^5 = \dfrac{15!}{5!5!5!}$ 种，这就是样本点总数.

将 3 名优秀生分到三个班级中，每班一人，共有分法 3! 种．对于每一种

这样的分法，再将其余的 12 名新生分到这三个班级中，每班 4 人，有分法 $\frac{12!}{4!4!4!}$ 种. 因此，事件 A 所含样本点数为 $\frac{3! \times 12!}{4!4!4!}$. 因此

$$P(A) = \frac{\dfrac{3! \times 12!}{4!4!4!}}{\dfrac{15!}{5!5!5!}} = 0.274\ 7.$$

（2） 将 3 名优秀生分到同一班级，有分法 3 种. 对于每一种这样的分法，再将其余的 12 名新生分到三个班级中，一个班级为 2 名，另外两个班级各 5 名，有分法 $\frac{12!}{2!5!5!}$ 种，因此事件 B 所含样本点数为 $\frac{3 \times 12!}{2!5!5!}$. 于是

$$P(B) = \frac{\dfrac{3 \times 12!}{2!5!5!}}{\dfrac{15!}{5!5!5!}} = 0.065\ 9.$$

例 7 已知某家庭有三个小孩，且知其中一个是女孩. 求至少一个是男孩的概率（假定一个小孩是男孩或是女孩的概率是等可能的）.

解 （枚举法）用 a, b 分别代表男孩与女孩，则三个小孩对应的样本空间 Ω 为

$$\Omega = \{(a,a,a),(a,a,b),(a,b,a),(b,a,a),(a,b,b),$$
$$(b,a,b),(b,b,a),(b,b,b)\}.$$

又设 $A = \{$有男孩$\}$，$B = \{$有女孩$\}$，则 $B = \Omega - \{(a,a,a)\}$，即 $n_B = 8 - 1 = 7$；再由于 $AB = \Omega - \{(a,a,a),(b,b,b)\}$，故 $n_{AB} = 8 - 2 = 6$. 于是

$$P(A|B) = \frac{P(AB)}{P(B)} = \frac{6}{7}.$$

注 ① 由此可推知：若该家庭共有 4 个小孩，则 $P(A|B) = \frac{14}{15}$；若共有 k 个小孩，则

$$P(A|B) = \frac{2^k - 2}{2^k - 1} = \frac{2(2^{k-1} - 1)}{2^k - 1}.$$

② 像抛硬币、掷骰子等相关问题，皆可考虑用枚举法求之.

例 8 将 n 个球放入有标号 $1, 2, \cdots, N$ 的 N 个盒子中，求有球盒子的最大号码恰为 k 的概率（$1 \leqslant k \leqslant N$）.

解法 1 （分解法）设 $A_k = \{$有球盒子的最大号码恰为 $k\}$（$1 \leqslant k \leqslant N$），则 $A_k = \bigcup\limits_{i=1}^{n} \{k$ 号盒子中恰有 i 个球$\}$. 又因"最大号码为 k 的盒子有 i 个球"意味着前面 $k - 1$ 个盒子中放入了 $n - i$ 个球，从而其所含样本点数为

11

$C_n^i (k-1)^{n-i}$. 所以

$$P(A_k) = \sum_{i=1}^n \left[\frac{1}{N^n} C_n^i (k-1)^{n-i} \right]$$
$$= \frac{1}{N^n} \left[k^n - (k-1)^n \right] \quad (1 \leqslant k \leqslant N).$$

解法 2 （随机变量法）设 $X = \{$有球盒子的最大号码$\}$，则 $P\{X = k\}$ $(k = 1, 2, \cdots, N)$ 为所求. 因 $\{X \leqslant k\} = \{X = k\} + \{X < k\}$，故
$$\{X = k\} = \{X \leqslant k\} - \{X < k\}.$$

又由于 $P\{X \leqslant k\} = \dfrac{k^n}{N^n}$，所以

$$P\{X = k\} = P\{X \leqslant k\} - P\{X \leqslant k-1\}$$
$$= \frac{k^n - (k-1)^n}{N^n} \quad (k = 1, 2, \cdots, N).$$

题型 4　乘法公式与条件概率公式

设有两事件 A 和 B，则乘积 AB 表示两事件同时发生，A 与 B 之间往往具有筛选关系. 显然，$P(AB) = P(AB|\Omega)$（Ω 表示样本空间），$P(AB|\Omega)$ 表示"先验概率"，即"事前预测某事件发生的可能性大小"；而在条件概率 $P(B|A)$ 中，A 与 B 之间往往呈现一种递进关系. $P(B|A)$ 是以 Ω_A 为样本空间，显见 A 与 B 之间存有一种主次关系. $P(B|A)$ 表示"后验概率"，即"阶段性（事间）预测某事件发生的可能性大小". 为了使计算简化，用乘法公式要关注 A, B 是否独立；对条件概率应考虑利用 A 与 B 的包含关系.

例 9　某建筑物按设计要求，使用寿命超过 50 年的概率为 0.8，超过 60 年的概率为 0.6. 试问该建筑物在 $50 \sim 60$ 年间倒塌(C)的概率为多少? 又在经历了 50 年后，它将在 10 年内倒塌(D)的概率有多大?

解　设 $A = \{$该建筑物使用寿命超过了 50 年$\}$，$B = \{$该建筑物使用寿命超过了 60 年$\}$. 则

$$P(C) = P(A\overline{B}) = P(A - B) = P(A) - P(B)$$
$$= 0.8 - 0.6 = 0.2.$$

而

$$P(D) = P(\overline{B}|A) = 1 - P(B|A)$$
$$= 1 - \frac{P(AB)}{P(A)} = 1 - \frac{0.6}{0.8} = 0.25.$$

例 10　一次掷 10 颗骰子，已知至少出现一个一点，试问至少出现两个一点的概率是多少?

解 设事件 A 为"至少出现一个一点"，事件 B 为"至少出现两个一点"，则所求的概率为

$$P(B|A) = 1 - P(\overline{B}|A) = 1 - \frac{P(A\overline{B})}{P(A)}.$$

注意到 $\overline{B}$ 为"至多出现一个一点"，从而事件 $A\overline{B}$ 就是"恰好出现一个一点"．于是

$$P(A\overline{B}) = \frac{C_{10}^{1} \cdot 5^{9}}{6^{10}} \approx 0.323\,0,$$

$$P(A) = 1 - P(\overline{A}) = 1 - \frac{5^{10}}{6^{10}} \approx 0.838\,5.$$

把上面的结果代入，即得

$$P(B|A) \approx 1 - \frac{0.323\,0}{0.838\,5} \approx 0.614\,8.$$

题型 5　全概率公式与逆概率(贝叶斯)公式

全、逆概率公式的选用原则如下：

①　设试验分为两步(亦可分为多步)：第一步试验有可能结果 n 个：A_1，$A_2,\cdots,A_n$；第二步试验又有可能结果 m 个：$B_1,B_2,\cdots,B_m$．

②　若要求与第二步试验的结果 $B_1,B_2,\cdots,B_n$ 有关的某事件概率，则选用全概率公式；若已知在第二步试验某结果发生的条件下，要求与第一步试验结果有关的概率，则选用贝叶斯公式(这里试验有先后、主从(整体与局部)之关系)．

例 11　有甲、乙两个口袋，甲袋中有 3 只白球、2 只黑球，乙袋中有 4 只白球、4 只黑球．现从甲袋中任取两球放入乙袋，然后再从乙袋中任取 2 只球，求从乙袋取出的 2 只球全为白球的概率．

解　设 $B = \{$从乙袋中取出的两球为白球$\}$，$A_1 = \{$从甲袋中取出的两球全为白球$\}$，$A_2 = \{$从甲袋中取出的两球为一只白球和一只黑球$\}$，$A_3 = \{$从甲袋中取出的两球全为黑球$\}$．

从甲袋中取出两球放入乙袋，有三种情况：① 取出的两球全为白球；② 取出的两球为一只白球和一只黑球；③ 取出的两球全为黑球．因此，由全概率公式，可得

$$P(B) = \sum_{i=1}^{3} P(A_i)P(B|A_i) = \frac{C_3^2}{C_5^2} \cdot \frac{C_6^2}{C_{10}^2} + \frac{C_3^1 C_2^1}{C_5^2} \cdot \frac{C_5^2}{C_{10}^2} + \frac{C_2^2}{C_5^2} \cdot \frac{C_4^2}{C_{10}^2}$$

$$= 0.246\,7.$$

例 12　某实验室在器皿中繁殖成 k 个细菌的概率为

13

$$p_k = \frac{\lambda^k}{k!} e^{-\lambda}, \quad \lambda > 0, \ k = 0, 1, 2, \cdots.$$

设所繁殖成的每个细菌为甲类菌或乙类菌的概率相等. 求下列事件的概率:

(1) 器皿中所繁殖的全部是甲类菌;

(2) 已知全是甲类菌, 求恰有 2 个甲类菌;

(3) 所繁殖的细菌中有 i 个甲类菌.

解 以 A 表示事件"繁殖的细菌全是甲类菌", B_k 表示"繁殖了 k 个细菌"($k = 0, 1, 2, \cdots$), A_i 表示"所繁殖的细菌中有 i 个甲类菌"($i = 0, 1, 2, \cdots$).

(1) 由全概率公式有

$$P(A) = \sum_{k=1}^{\infty} P(B_k) P(A|B_k) = \sum_{k=1}^{\infty} \frac{\lambda^k}{k!} e^{-\lambda} \left(\frac{1}{2}\right)^k$$

$$= e^{-\lambda} \sum_{k=1}^{\infty} \frac{(\lambda/2)^k}{k!} = e^{-\lambda} (e^{\frac{1}{2}\lambda} - 1).$$

(2) 所求概率为

$$P(B_2|A) = \frac{P(B_2)P(A|B_2)}{P(A)} = \frac{\frac{\lambda^2 e^{-\lambda}}{2!} \left(\frac{1}{2}\right)^2}{e^{-\lambda}(e^{\frac{1}{2}\lambda} - 1)} = \frac{\lambda^2}{8(e^{\frac{1}{2}\lambda} - 1)}.$$

(3) 由题意,

$$P(B_k) = \frac{\lambda^k e^{-\lambda}}{k!}, \quad P(A_i|B_k) = C_k^i \left(\frac{1}{2}\right)^i \left(\frac{1}{2}\right)^{k-i} = C_k^i \left(\frac{1}{2}\right)^k.$$

根据全概率公式,

$$P(A_i) = \sum_{k=i}^{\infty} P(B_k) P(A_i|B_k) = \sum_{k=i}^{\infty} \frac{\lambda^k}{k!} e^{-\lambda} C_k^i \left(\frac{1}{2}\right)^k$$

$$= e^{-\lambda} \sum_{k=i}^{\infty} \frac{k!}{k! i! (k-i)!} \left(\frac{\lambda}{2}\right)^k = e^{-\lambda} \frac{1}{i!} \left(\frac{\lambda}{2}\right)^i \sum_{k=i}^{\infty} \frac{(\lambda/2)^{k-i}}{(k-i)!}$$

$$= e^{-\lambda} \frac{(\lambda/2)^i}{i!} e^{\frac{\lambda}{2}} = \frac{(\lambda/2)^i}{i!} e^{-\frac{\lambda}{2}} \quad (i = 1, 2, \cdots).$$

题型 6　随机事件的互不相容与相互独立

① A, B, C 两两互不相容, 则 A, B, C 互不相容, 反之, 不一定成立.

② A, B, C 相互独立, 则 A, B, C 两两相互独立; 反之, 不一定成立.

③ 事件 A 与事件 B 两两互不相容和 A, B 相互独立之间一般没有直接关联, 但当事件 A, B 皆为正概率时, 两者不能同时成立.

④ 设 A, B, C 为三事件, 则当 A, B, C 两两互不相容时, 有

$$P(A + B + C) = P(A) + P(B) + P(C);$$

当 A,B,C 相互独立时,有 $P(ABC) = P(A)P(B)P(C)$,且可化和为积计算:

$$P(A+B+C) = 1 - P(\overline{A+B+C}) = 1 - P(\overline{A}\,\overline{B}\,\overline{C})$$
$$= 1 - P(\overline{A})P(\overline{B})P(\overline{C}).$$

例 13 设事件 A,B,C 的概率分别为 $0.1,0.3$ 与 0.4,试求 $A+B+C$ 在以下两种情况下之概率:

(1) A,B,C 两两互不相容;

(2) A,B,C 相互独立.

解 (1) 依有限可加性,应有
$$P(A+B+C) = P(A)+P(B)+P(C)$$
$$= 0.1+0.3+0.4 = 0.8.$$

(2) 利用对立事件原则及独立性,应有
$$P(A+B+C) = 1 - P(\overline{A+B+C}) = 1 - P(\overline{A}\,\overline{B}\,\overline{C})$$
$$= 1 - P(\overline{A})P(\overline{B})P(\overline{C}) = 1 - 0.9 \times 0.7 \times 0.6$$
$$= 1 - 0.378 = 0.622.$$

例 14 某公司下属三个分厂中的职工人数分别是甲厂 400 人,乙厂 900 人,丙厂 1 100 人. 公司计划从所有职工(2 400 人)中,抽调 48 人参加技术训练班. 抽调方案有两种:(1) 从三个分厂内各随机抽调 16 人;(2) 从甲厂随机抽调 8 人,乙厂 18 人,丙厂 22 人. 现从全公司 2 400 人中随机抽出一人,以 A 表示某人参加训练这个事件,以 B 表示事件属于乙厂. 试在(1),(2)两种方案之下,判断 A,B 两事件的独立性.

解 在(1),(2)两种方案下,都有
$$P(A) = \frac{48}{2\,400} = \frac{1}{50}, \quad P(B) = \frac{900}{2\,400} = \frac{3}{8}, \quad P(A)P(B) = \frac{3}{400}.$$

在(1)方案下,
$$P(AB) = P(B)P(A|B) = \frac{900}{2\,400} \times \frac{16}{900} = \frac{1}{150} = \frac{3}{450},$$
故 A,B 不相互独立.

在(2)方案下,
$$P(AB) = P(B)P(A|B) = \frac{900}{2\,400} \times \frac{18}{900} = \frac{3}{400} = P(A)P(B),$$
故 A,B 相互独立.

题型 7 伯努利概型

设在 n 次独立试验中,每次试验仅有两事件 A 与 $\overline{A}$ 发生,记 $P(A) = p$.

① （在 n 次试验中） A 恰好发生 k 次的概率为

$$P_n(k) = C_n^k p^k q^{n-k} \quad (0 \leqslant k \leqslant n, \ q = 1-p).$$

② A 至少发生 r 次的概率为

$$P_n(k \geqslant r) = \sum_{k=r}^{n} P_n(k) = 1 - \sum_{k=0}^{r-1} P_n(k);$$

特别地，当 $r = 1$ 时，

$$P_n(k \geqslant 1) = 1 - (1-p)^n.$$

③ 若已知 n 次试验中至少发生一次的概率为 α，则

$$p = 1 - \sqrt[n]{1-\alpha}.$$

④ 若已知至少发生一次的概率不小于 α，则所应进行的试验次数

$$n \geqslant \left[\frac{\lg(1-\alpha)}{\lg(1-p)} \right] + 1,$$

符号 $[x]$ 表示不大于实数 x 的最大整数.

例 15 设某天到图书馆的人数恰好为 $k\ (k \geqslant 0)$ 的概率是 $\frac{\lambda^k}{k!}e^{-\lambda}\ (\lambda > 0)$，每位到图书馆的人借书的概率为 $p\ (0 < p < 1)$，且借书与否相互独立，求借书的人数恰好为 r 的概率.

解 令

$$A_k = \{到图书馆的人数恰好为 k\}, \quad k = 0, 1, 2, \cdots,$$
$$A = \{借书的人数恰好为 r\}.$$

则在 A_k 已经发生的条件下，观察到图书馆的人是否借书相当于做了一个 k 重伯努利试验，所以有

$$P(A|A_k) = \begin{cases} C_k^r p^r (1-p)^{k-r}, & k \geqslant r; \\ 0, & k < r. \end{cases}$$

又因为 $A_0, A_1, A_2, \cdots$ 构成了样本空间的一个划分，所以由全概率公式，有

$$P(A) = \sum_{k=0}^{\infty} P(A|A_k)P(A_k) = \sum_{k=r}^{\infty} C_k^r p^r (1-p)^{k-r} \frac{\lambda^k}{k!} e^{-\lambda}$$

$$= \frac{(\lambda p)^r e^{-\lambda}}{r!} \sum_{k=r}^{\infty} \frac{[\lambda(1-p)]^{k-r}}{(k-r)!} = \frac{(\lambda p)^r e^{-\lambda}}{r!} e^{\lambda(1-p)}$$

$$= \frac{(\lambda p)^r}{r!} e^{-\lambda p}.$$

例 16 设每次试验中事件 A 出现的概率为 p，在三次独立重复试验中，A 至少出现一次的概率等于 $\frac{19}{27}$. 试求 p.

解 由于 $\frac{19}{27} = 1 - (1-p)^3$，即 $(1-p)^3 = \frac{8}{27}$，所以 $1-p = \frac{2}{3}$，即 $p = \frac{1}{3}$.

例 17 设在独立重复试验中每次试验成功的概率为 0.96，试问需要进行多少次试验，才能使至少有一次试验是成功的概率大于 0.999?

解 设需要进行 n 次试验，则由伯努利概率公式可得
$$1 - C_n^0(0.96)^0(1-0.96)^n > 0.999,$$
即 $(0.04)^n < 0.001$. 由此解得
$$n > \frac{\lg 0.001}{\lg 0.04} = 2.15.$$
所以 $n = [2.15] + 1 = 3$，即需要进行 3 次试验，才能使至少有一次试验是成功的概率大于 0.999.

题型 8 相关证明问题

常用方法有：定义法、递推(分析)法、等价(转化)法.

例 18 设 $P(A) > 0$，试证：
$$P(B|A) \geqslant 1 - \frac{P(\overline{B})}{P(A)}.$$

证 由于 $P(A \cup B) \leqslant 1$，从而
$$P(A) + P(B) - P(AB) \leqslant 1.$$
因 $P(AB) = P(A)P(B|A)$，故 $P(A) + P(B) - P(A)P(B|A) \leqslant 1$，即
$$P(A)P(B|A) \geqslant P(A) - (1 - P(B)) = P(A) - P(\overline{B}).$$
又因 $P(A) > 0$，故 $P(B|A) \geqslant 1 - \frac{P(\overline{B})}{P(A)}$.

例 19 设 $0 < P(A) < 1$，$0 < P(B) < 1$，若 $P(A|B) + P(\overline{A}|\overline{B}) = 1$，则 A 与 B 相互独立.

证 对事件 A,B，总有 $P(A|\overline{B}) + P(\overline{A}|\overline{B}) = 1$. 由题设，知 $P(A|B) + P(\overline{A}|\overline{B}) = 1$，故 $P(A|\overline{B}) = P(A|B)$. 所以
$$P(A\overline{B}) = P(\overline{B})P(A|\overline{B}) = (1 - P(B))P(A|B)$$
$$= P(A|B) - P(AB),$$
从而
$$P(A|B) = P(A\overline{B}) + P(AB) = P(A\overline{B} \cup AB) = P(A).$$
因此，事件 A 与事件 B 相互独立.

六、历年考研真题

数 学 三

1.1（1987 年，2 分） 若两事件 A 和 B 同时出现的概率 $P(AB) = 0$，则（ ）.

（A） A 和 B 不相容（相斥） （B） AB 是不可能事件

（C） AB 未必是不可能事件 （D） $P(A) = 0$ 或 $P(B) = 0$

1.2（1987 年，8 分） 假设有两箱同种零件：第一箱内装 50 件，其中 10 件一等品；第二箱内装 30 件，其中 18 件一等品，现从两箱中随意挑出一箱，然后从该箱中先后随机取两个零件（取出的零件均不放回）. 试求：

（1） 先取出的零件是一等品的概率 p；

（2） 在先取出的零件是一等品的条件下，第二次取出的零件仍然是一等品的条件概率 q.

1.3（1988 年，2 分） 设 $P(A) = 0.4$，$P(A \bigcup B) = 0.7$.

（1） 若 A 与 B 互不相容，则 $P(B) = $ _____.

（2） 若 A 与 B 相互独立，则 $P(B) = $ _____.

1.4（1988 年，2 分）（是非题） 若事件 A, B, C 满足等式 $A \bigcup C = B \bigcup C$，则 $A = B$. （ ）

1.5（1988 年，7 分） 玻璃杯整箱出售，每箱 20 只. 设各箱含 0,1,2 只残次品的概率分别为 0.8,0.1 和 0.1. 一顾客欲购买一箱玻璃杯，由售货员任取一箱，而顾客开箱随机地察看 4 只：若无残次品，则买下该箱玻璃杯，否则退回. 试求：

（1） 顾客买此箱玻璃杯的概率；

（2） 在顾客买的此箱玻璃杯中，确实没有残次品的概率.

1.6（1989 年，3 分） 以 A 表示事件"甲种产品畅销，乙种产品滞销"，则其对立事件 $\overline{A}$ 为（ ）.

（A）"甲种产品滞销，乙种产品畅销"

（B）"甲、乙两种产品均畅"

（C）"甲种产品滞销"

（D）"甲种产品滞销或乙种产品畅销"

1.7（1990 年，3 分） 一射手对同一目标独立地进行 4 次射击，若至少命

中一次的概率为 $\dfrac{80}{81}$，则该射手的命中率为 _____.

1.8（1990 年，3 分）　设 A,B 为二随机事件，且 $B \subset A$，则下列式子正确的是（　　）.

(A)　$P(A+B) = P(A)$ 　　　　　(B)　$P(AB) = P(A)$

(C)　$P(B|A) = P(B)$ 　　　　　(D)　$P(B-A) = P(B) - P(A)$

1.9（1990 年，4 分）　从 $0,1,2,\cdots,9$ 这 10 个数字中任意选出 3 个不同的数字，求下列事件的概率：$A_1 = \{$三个数字中不含 0 和 5$\}$，$A_2 = \{$三个数字中不含 0 或 5$\}$.

1.10（1991 年，3 分）　设 A 和 B 是任意两个概率不为零的互不相容事件，则下列结论中肯定正确的是（　　）.

(A)　$\overline{A}$ 与 $\overline{B}$ 不相容 　　　　　(B)　$\overline{A}$ 与 $\overline{B}$ 相容

(C)　$P(AB) = P(A)P(B)$ 　　　　　(D)　$P(A-B) = P(A)$

1.11（1992 年，3 分）　将 C,C,E,E,I,N,S 这 7 个字母随机地排成一行，则恰好排成 SCIENCE 的概率为 _____.

1.12（1992 年，3 分）　设当事件 A 与 B 同时发生时，事件 C 必发生，则（　　）.

(A)　$P(C) \leqslant P(A) + P(B) - 1$ 　(B)　$P(C) \geqslant P(A) + P(B) - 1$

(C)　$P(C) = P(AB)$ 　　　　　(D)　$P(C) = P(A \bigcup B)$

1.13（1993 年，3 分）　设两事件 A 与 B 满足 $P(B|A) = 1$，则（　　）.

(A)　A 是必然事件 　　　　　(B)　$P(B|\overline{A})$

(C)　$A \supset B$ 　　　　　(D)　独立

1.14（1994 年，3 分）　设 $0 < P(A) < 1$，$0 < P(B) < 1$，$P(A|B) + P(\overline{A}|\overline{B}) = 1$，则事件 A 和 B（　　）.

(A)　互不相容 　　　　　(B)　互相对立

(C)　不独立 　　　　　(D)　独立

1.15（1995 年，8 分）　某厂家生产的每台仪器，以概率 0.7 可以直接出厂，以概率 0.3 需进一步调试，经调试后以概率 0.8 可以出厂，以概率 0.2 定为不合格产品不能出厂. 现该厂新生产了 n（$n \geqslant 2$）台仪器（假设各台仪器的生产过程相互独立），求

(1)　全部能出厂的概率 α；

(2)　恰有两台不能出厂的概率 β；

(3)　至少有两台不能出厂的概率 θ.

1.16（1996 年，3 分）　已知 $0 < P(B) < 1$，且 $P((A_1 + A_2)|B) =$

$P(A_1 \mid B) + P(A_2 \mid B)$，则下列选项成立的是（　　）.

(A) $P((A_1 + A_2) \mid \overline{B}) = P(A_1 \mid \overline{B}) + P(A_2 \mid \overline{B})$

(B) $P(A_1 B + A_2 B) = P(A_1 B) + P(A_2 B)$

(C) $P(A_1 + A_2) = P(A_1 \mid B) + P(A_2 \mid B)$

(D) $P(B) = P(A_1)P(B \mid A_1) + P(A_2)P(B \mid A_2)$

1.17（1996 年，6 分）　考虑一元二次方程 $x^2 + Bx + C = 0$，其中 B, C 分别是将一枚骰子连掷两次先后出现的点数，求该方程有实根的概率 p 和有重根的概率 q.

1.18（1998 年，9 分）　设有来自三个地区的各 10 名、15 名和 25 名考生的报名表，其中女生的报名表分别为 3 份、7 份和 5 份，随机地取一个地区的报名表，从中先后抽出两份.

(1) 求先抽到的一份是女生表的概率 p.

(2) 已知后抽到的一份是男生表，求先抽到的一份是女生表的概率 q.

1.19（2000 年，3 分）　在电炉上安装了 4 个温控器，其显示温度的误差是随机的. 在使用过程中，只要有两个温控器显示的温度不低于临界温度 t_0，电炉就断电. 以 E 表示事件"电炉断电"，而 $T_{(1)} \leqslant T_{(2)} \leqslant T_{(3)} \leqslant T_{(4)}$ 为 4 个温控器显示的按递增顺序排列的温度值，则事件 E 等于（　　）.

(A) $\{T_{(1)} \geqslant t_0\}$　　　　　　　　　(B) $\{T_{(2)} \geqslant t_0\}$

(C) $\{T_{(3)} \geqslant t_0\}$　　　　　　　　　(D) $\{T_{(4)} \geqslant t_0\}$

1.20（2003 年，4 分）　将一枚硬币独立地掷两次，引进事件：$A_1 = \{$掷第一次出现正面$\}$，$A_2 = \{$掷第二次出现正面$\}$，$A_3 = \{$正、反面各出现一次$\}$，$A_4 = \{$正面出现两次$\}$，则事件（　　）.

(A) A_1, A_2, A_3 相互独立　　　　　(B) A_2, A_3, A_4 相互独立

(C) A_1, A_2, A_3 两两独立　　　　　(D) A_2, A_3, A_4 两两独立

1.21（2006 年，4 分）　设 A, B 为两个随机事件，且 $P(B) > 0$，$P(A \mid B) = 1$，则必有（　　）.

(A) $P(A \bigcup B) > P(A)$　　　　　　(B) $P(A \bigcup B) > P(B)$

(C) $P(A \bigcup B) = P(A)$　　　　　　(D) $P(A \bigcup B) = P(B)$

1.22（2007 年，4 分）　某人向同一目标独立重复射击，每次射击命中目标的概率为 p（$0 < p < 1$），则此人第 4 次射击恰好第 2 次命中目标的概率为（　　）.

(A) $3p(1-p)^2$　　　　　　　　　　(B) $6p(1-p)^2$

(C) $3p^2(1-p)^2$　　　　　　　　　(D) $6p^2(1-p)^2$

1.23（2007 年，4 分）　在区间 $(0,1)$ 中随机地取两个数，则两个数之差的

绝对值小于 $\frac{1}{2}$ 的概率为_____.

数 学 四

1-1（1987 年，2 分）　对于任意两事件 A 和 B，有 $P(A-B)=$（　　）.

(A)　$P(A)-P(B)$　　　　　　(B)　$P(A)-P(B)+P(AB)$

(C)　$P(A)-P(AB)$　　　　　　(D)　$P(A)+P(\overline{B})-P(A\overline{B})$

1-2（1987 年，8 分）　设有两箱同种零件：第一箱内装 50 件，其中 10 件一等品；第二箱内装 30 件，其中 18 件一等品. 现从两箱中随意挑出一箱，然后从该箱中先后随机取两个零件（取出的零件均不放回）. 试求：

（1）　先取出的零件是一等品的概率 p；

（2）　在先取出的是一等品的条件下，后取出的零件仍然是一等品的条件概率 q.

1-3（1988 年，2 分）　设 $P(A)=0.4$，$P(A\bigcup B)=0.7$，那么

（1）　若 A 与 B 互不相容，则 $P(B)=$_____；

（2）　若 A 与 B 相互独立，则 $P(B)=$_____.

1-4（1988 年，2 分）（是非题）　若事件 A,B,C 满足等式 $A\bigcup C=B\bigcup C$，则 $A=B$.　　　　　　　　　　　　　　　　　　　　　　　（　　）

1-5（1988 年，7 分）　玻璃杯整箱出售，每箱 20 只. 设各箱含 0,1,2 只残次品的概率分别为 0.8,0.1 和 0.1. 一顾客欲购买一箱玻璃杯，由售货员任取一箱，而顾客开箱随机地察看 4 只：若无残次品，则买下该箱玻璃杯，否则退回. 试求：

（1）　顾客买此箱玻璃杯的概率；

（2）　在顾客买的此箱玻璃杯中，确实没有残次品的概率.

1-6（1989 年，3 分）　以 A 表示事件"甲种产品畅销，乙种产品滞销"，则其对立事件 $\overline{A}$ 为（　　）.

(A)　"甲种产品滞销，乙种产品畅销"

(B)　"甲、乙两种产品均畅销"

(C)　"甲种产品滞销"

(D)　"甲种产品滞销或乙种产品畅销"

1-7（1990 年，4 分）　从 0,1,2,$\cdots$,9 这 10 个数字中任意选出 3 个不同的数字，求下列事件的概率：$A_1=\{$三个数字中不含 0 和 5$\}$；$A_2=\{$三个数字中不含 0 或 5$\}$.

1-8（1991 年，3 分）　设 A,B 为随机事件，$P(A)=0.7$，$P(A-B)=$

0.3，则 $P(\overline{AB}) = $ _____.

1-9（1991 年，3 分）　设 A 和 B 是任意两个概率不为零的互不相容事件，则下列结论中肯定正确的是（　）.

(A) $\overline{A}$ 与 $\overline{B}$ 不相容　　　　(B) $\overline{A}$ 与 $\overline{B}$ 相容

(C) $P(AB) = P(A)P(B)$　　　(D) $P(A-B) = P(A)$

1-10（1992 年，3 分）　设 A,B,C 为随机事件，$P(A) = P(B) = P(C) = \frac{1}{4}$，$P(AB) = P(BC) = 0$，$P(AC) = \frac{1}{8}$，则 A,B,C 至少出现一个的概率为

_____.

1-11（1992 年，3 分）　设当事件 A 与 B 同时发生时事件 C 也发生，则（　）.

(A) $P(C) = P(AB)$　　　　　(B) $P(C) = P(A \bigcup B)$

(C) $P(C) \leqslant P(A) + P(B) - 1$　(D) $P(C) \geqslant P(A) + P(B) - 1$

1-12（1993 年，3 分）　设 10 件产品中有 4 件不合格品，从中任取两件，已知所取的两件中一件是不合格品，则另一件也是不合格品的概率为

_____.

1-13（1994 年，3 分）　设一批产品中一、二、三等品各占 $60\%,30\%$，10%，现从中任取一件，结果不是三等品，则取到的是一等品的概率为

_____.

1-14（1994 年，3 分）　设 $0 < P(A) < 1$，$0 < P(B) < 1$，$P(A|B) + P(\overline{A}|\overline{B}) = 1$，则事件 A 和 B（　）.

(A) 互不相容　　　　　　　(B) 互相对立

(C) 不独立　　　　　　　　(D) 独立

1-15（1995 年，8 分）　某厂家生产的每台仪器，以概率 0.7 可以直接出厂，以概率 0.3 需进一步调试，经调试后以概率 0.8 可以出厂，以概率 0.2 定为不合格产品不能出厂. 现该厂新生产了 $n\,(n \geqslant 2)$ 台仪器（假设各台仪器的生产过程相互独立），求

(1) 全部能出厂的概率 α；

(2) 恰有两台不能出厂的概率 β；

(3) 至少有两台不能出厂的概率 θ.

1-16（1996 年，3 分）　设 A,B 为随机事件且 $A \subset B$，$P(B) > 0$，则下列选项中必然成立的是（　）.

(A) $P(A) < P(A|B)$　　　　(B) $P(A) \leqslant P(A|B)$

(C) $P(A) > P(A|B)$　　　　(D) $P(A) \geqslant P(A|B)$

1-17 (1997 年, 3 分)　设 A,B 是任意两个随机事件, 则 $P((\overline{A}+B)(A+B)(\overline{A}+\overline{B})(A+\overline{B}))=$ _____.

1-18 (1998 年, 3 分)　设一次试验成功的概率为 p, 进行 100 次独立重复试验, 当 $p=$ _____ 时, 成功次数的标准差的值最大, 其最大值为 _____.

1-19 (1998 年, 3 分)　设 A,B,C 是三个相互独立的随机事件, 且 $0<P(C)<1$. 则在下列给定的四对事件中不相互独立的是(　　).

(A)　$\overline{A+B}$ 与 C

(B)　$\overline{AC}$ 与 $\overline{C}$

(C)　$\overline{A-B}$ 与 $\overline{C}$

(D)　$\overline{AB}$ 与 $\overline{C}$

1-20 (2000 年, 3 分)　设 A,B,C 三个事件两两独立, 则 A,B,C 相互独立的充分必要条件是(　　).

(A)　A 与 BC 独立

(B)　AB 与 $A\cup C$ 独立

(C)　AB 与 AC 独立

(D)　$A\cup B$ 与 $A\cup C$ 独立

1-21 (2000 年, 3 分)　在电炉上安装了 4 个温控器, 其显示温度的误差是随机的. 在使用过程中, 只要有两个温控器显示的温度不低于临界温度 t_0, 电炉就断电. 以 E 表示事件"电炉断电", 而 $T_{(1)}\leqslant T_{(2)}\leqslant T_{(3)}\leqslant T_{(4)}$ 为 4 个温控器显示的按递增顺序排列的温度值, 则事件 E 等于事件(　　).

(A)　$\{T_{(1)}\geqslant t_0\}$

(B)　$\{T_{(2)}\geqslant t_0\}$

(C)　$\{T_{(3)}\geqslant t_0\}$

(D)　$\{T_{(4)}\geqslant t_0\}$

1-22 (2001 年, 3 分)　对于任意二事件 A 和 B, 与 $A\cup B=B$ 不等价的是(　　).

(A)　$A\subset B$

(B)　$\overline{B}\subset\overline{A}$

(C)　$A\overline{B}=\varnothing$

(D)　$\overline{A}B=\varnothing$

1-23 (2002 年, 8 分)　设 A,B 是任意二事件, 其中 $0<P(A)<1$. 证明: $P(B|A)=P(B|\overline{A})$ 是 A 与 B 独立的充分必要条件.

1-24 (2003 年, 4 分)　对于任意二事件 A 和 B(　　).

(A)　若 $AB\neq\varnothing$, 则 A,B 一定独立

(B)　若 $AB\neq\varnothing$, 则 A,B 有可能独立

(C)　若 $AB=\varnothing$, 则 A,B 一定独立

(D)　若 $AB=\varnothing$, 则 A,B 一定不独立

1-25 (2006 年, 4 分)　设 A,B 为两个随机事件, 且 $P(B)>0$, $P(A|B)=1$, 则必有(　　).

(A)　$P(A\cup B)>P(A)$

(B)　$P(A\cup B)>P(B)$

(C)　$P(A\cup B)=P(A)$

(D)　$P(A\cup B)=P(B)$

1-26（2007年，4分） 某人向同一目标独立重复射击，每次射击命中目标的概率为 p（$0 < p < 1$），则此人第4次射击恰好第2次命中目标的概率为（ ）.

(A) $3p(1-p)^2$ (B) $6p(1-p)^2$

(C) $3p^2(1-p)^2$ (D) $6p^2(1-p)^2$

1-27（2007年，4分） 在区间$(0,1)$中随机地取两个数，则两个数之差的绝对值小于 $\dfrac{1}{2}$ 的概率为 _____.

1-28（2008年，11分） 设某企业生产线上产品合格率为 0.96，不合格产品中只有 $\dfrac{3}{4}$ 产品可进行再加工的合格率为 0.8，其余均为废品，每件合格品获利 80 元，每件废品亏损 20 元. 证该企业每天平均利润不低于 2 万元，问企业每天至少生产多少产品？

七、历年考研真题详解

数 学 三

1.1 应选（C）.

解 由 $P(AB) = 0$ 不能推出 $AB = \varnothing$ 的结论，故（A），（B）均应排除. 而（D）明显不对，所以选（C）.

注 虽然 $P(\varnothing) = 0$，但由 "$P(A) = 0$" 推不出 "$A = \varnothing$" 的结论. 本题考的就是这个概念.

1.2 **解** 记 $A = \{$取的是第 1 箱$\}$，$B_1 = \{$从该箱中先取出的是一等品$\}$，$B_2 = \{$从该箱中后取出的是一等品$\}$. 则由已知知：$P(A) = P(\overline{A}) = \dfrac{1}{2}$，$P(B_1 | A) = \dfrac{10}{50} = \dfrac{1}{5}$，$P(B_1 | \overline{A}) = \dfrac{18}{30} = \dfrac{3}{5}$，

$$P(B_1 B_2 | A) = \frac{10}{50} \times \frac{9}{49}, \quad P(B_1 B_2 | \overline{A}) = \frac{18}{30} \times \frac{17}{29}.$$

(1) 由全概率公式，得

$$p = P(B_1) = P(A)P(B_1 | A) + P(\overline{A})P(B_1 | \overline{A})$$

$$= \frac{1}{2} \times \frac{1}{5} + \frac{1}{2} \times \frac{3}{5} = \frac{2}{5} = 0.4.$$

(2) 由全概率公式，得

$$P(B_1 B_2) = P(A)P(B_1 B_2 | A) + P(\overline{A})P(B_1 B_2 | \overline{A})$$

$$= \frac{1}{2} \times \frac{10}{50} \times \frac{9}{49} + \frac{1}{2} \times \frac{18}{30} \times \frac{17}{29} = 0.194.$$

故 $q = P(B_2 \mid B_1) = \dfrac{P(B_1 B_2)}{P(B_1)} = \dfrac{0.194}{0.4} = 0.486.$

注 本题主要考查全概率公式. 引记号时,注意避免用诸如"$A = \{$取的是第 1 箱中的一等品$\}$"(2 个事件用 1 个字母表示)、"$B = \{$取一个箱子$\}$"(不是随机事件)这类说法. 解中 $P(B_1 B_2 \mid A) = \dfrac{10}{50} \times \dfrac{9}{49}$ 可以从 $P(B_1 B_2 \mid A) = P(B_2 \mid AB_1) P(B_1 \mid A)$ 这种推广的乘法公式得到,也可直接用古典概型求出.

1.3 应填 $0.3; 0.5.$

解 由 $P(A \bigcup B) = P(A) + P(B) - P(AB),$

(1) 若 A, B 互不相容,则 $AB = \varnothing$,故 $P(AB) = 0.$ 代入上式,得
$$0.7 = 0.4 + P(B) - 0,$$
故 $P(B) = 0.3.$

(2) 若 A, B 相互独立,则 $P(AB) = P(A)P(B).$ 代入得
$$0.7 = 0.4 + P(B) - 0.4 \cdot P(B),$$
故 $P(B) = 0.5.$

注 本题主要考查不相容和独立的概念及 $P(A \bigcup B)$ 的计算式.

1.4 应填"非".

解 例如取 $\Omega = \{1, 2, 3\}, A = \{1, 2\}, B = \{2, 3\}, C = \Omega$,则 $A \bigcup B = B \bigcup C = \Omega$,但 $A \neq B.$

注 事件(集合)的运算没有消去律,要善于举反例.

1.5 **解** 记 $B = \{$顾客买下此箱玻璃杯$\}, A_i = \{$售货员取的是含 i 只残次品的一箱玻璃杯$\}, i = 0, 1, 2.$ 由题意知,A_0, A_1, A_2 构成互不相容的完备事件组,且 $P(A_0) = 0.8, P(A_1) = P(A_2) = 0.1, P(B \mid A_0) = 1,$

$$P(B \mid A_1) = \frac{C_{19}^4}{C_{20}^4} = \frac{4}{5}, \quad P(B \mid A_2) = \frac{C_{18}^4}{C_{20}^4} = \frac{12}{19}.$$

(1) 由全概率公式,得
$$P(B) = \sum_{i=0}^{2} P(A_i) P(B \mid A_i)$$
$$= 0.8 \times 1 + 0.1 \times \frac{4}{5} + 0.1 \times \frac{12}{19} = 0.943.$$

(2) $P(A_0 \mid B) = \dfrac{P(A_0 B)}{P(B)} = \dfrac{P(A_0) P(B \mid A_0)}{P(B)} = \dfrac{0.8}{0.943} = 0.848.$

注 本题主要考查全概率公式(以及贝叶斯公式)的应用. 应注意:① 分清 $P(A_0),$

$P(A_0 B)$，$P(A_0 \mid B)$ 等的含义与区别；② 引记号时意思要明确，参见本章题 1.2 的注释；③ 贝叶斯公式可由全概率公式、乘法公式推出.

1.6 应选(D).

解 若记 $B = \{$甲种产品畅销$\}$，$C = \{$乙种产品滞销$\}$，则有 $A = BC$. 故 $\overline{A} = \overline{BC} = \overline{B} \bigcup \overline{C} = \{$甲种产品滞销$\} \bigcup \{$乙种产品畅销$\}$. 而"或"与"$\bigcup$"是一个意思，故选(D).

注 本题考查对偶原则. 注意两事件中间的"，"为"$\bigcap$"(交)，而"或"为"$\bigcup$"(并).

1.7 应填 $\dfrac{2}{3}$.

解 设该射手的命中率为 p，则 4 次射击(独立重复)中命中 k 次的概率为 $C_4^k p^k (1-p)^{4-k}$. 由题意，

$$\frac{80}{81} = P\{\text{他至少命中一次}\} = 1 - P\{\text{他命中 0 次}\}$$
$$= 1 - C_4^0 p^0 (1-p)^{4-0} = 1 - (1-p)^4.$$

解得 $p = \dfrac{2}{3}$.

注 本题主要考查伯努利概型的计算. 学生要从"独立"、"重复"、"发生几次"这些要素上判断出是伯努利概型. 而"至少"、"至多"等问题可考虑用其对立事件来做.

1.8 应选(A).

解 因 $A \supset B$，故 $A + B = A$，故选(A).

注 本题考查事件的运算. 若 $A \supset B$，则 $A + B = A$，$AB = B$，$B - A = \varnothing$，$P(A - B) = P(A) - P(B)$ 等都对. 这儿"$A + B$"与"$A \bigcup B$"一样.

1.9 **解** 记 $B = \{$三个数字中不含 0$\}$，$C = \{$三个数字中不含 5$\}$. 则

$$P(B) = \frac{C_9^3}{C_{10}^3} = \frac{7}{10}, \quad P(C) = \frac{C_9^3}{C_{10}^3} = \frac{7}{10}, \quad P(BC) = \frac{C_8^3}{C_{10}^3} = \frac{7}{15}.$$

故

$$P(A_2) = P(B \bigcup C) = P(B) + P(C) - P(BC)$$
$$= \frac{7}{10} + \frac{7}{10} - \frac{7}{15} = \frac{14}{15},$$
$$P(A_1) = P(BC) = \frac{7}{15}.$$

注 本题为古典概型的计算. 注意理解"或"的含义，可借助事件的"并"和概率的性质计算.

1.10 应选(D).

解 因 $AB = \varnothing$，故 $A - B = A$，故选(D).

注 若取 $\Omega = \{1,2,3\}$，又若 $A = \{1\}$，$B = \{3\}$，则 $AB = \varnothing$. 但 $\overline{A} = \{2,3\}$，$\overline{B} = \{1,2\}$，故 $\overline{AB} = \{2\} \neq \varnothing$，所以(A)应排除.

又若 $A = \{1,2\}$，$B = \{3\}$，仍有 $AB = \varnothing$. 但 $\overline{A} = B$，$\overline{B} = A$，知 $\overline{AB} = \varnothing$，故(B)也不行.

本题中 $P(AB) = P(\varnothing) = 0$，而 $P(A) > 0$，$P(B) > 0$，故 $P(A)P(B) > 0$，(C)显然应排除.

1.11 应填 $\dfrac{1}{1\,260}$.

解 这7个字母排一行共有7!种排法(第1位置有7种放法，第2位置有6种放法，余类推，用乘法原则)，这是总样本点个数. 而在有利场合下，第1位置有1种放法(1个S)，第2位置有2种放法(2个C中选1个)，同理，第3位置有1种放法(1个I)，第4位置有2种放法(2个E中选1个)，后边都是1种选法(即使是C或E，只剩下1个了)，故有 $1 \times 2 \times 1 \times 2 \times 1 \times 1 \times 1 = 4$ 种放法，这是有利样本点个数. 故所求概率为 $\dfrac{4}{7!} = \dfrac{1}{1\,260}$.

注 本题为古典概型的计算. 有人也许用别的思路做，不过这样一个一个位置考虑放法(用乘法原则)的思路较易于理解.

1.12 应选(B).

解 由已知 $AB \subset C$，而 $P(A) + P(B) - P(AB) = P(A \bigcup B) \leqslant 1$，故
$$P(C) \geqslant P(AB) = P(A) + P(B) - 1.$$

注 本题主要考查概率的性质. 结论还可推广到多个，如：
$$P(ABC) \geqslant P(A) + P(B) + P(C) - 2.$$

1.13 应选(D).

解 $P(B \mid A) = 1$ 的充分必要条件是 $\dfrac{P(AB)}{P(A)} = 1$，即 $P(AB) = P(A)$. 显然在4个选项中，当 $A \subset B$ 时，$AB = A$，可得 $P(AB) = P(A)$. 因此 $A \subset B$ 是 $P(B \mid A) = 1$ 的充分条件. 从而应选(D).

注 原题中没有"充分条件"字样，从而无正确答案(选项).

1.14 应选(D).

解 由已知，得 $P(A \mid B) = 1 - P(\overline{A} \mid \overline{B}) = P(A \mid \overline{B})$，所以
$$\frac{P(AB)}{P(B)} = \frac{P(A\overline{B})}{P(\overline{B})} = \frac{P(A) - P(AB)}{1 - P(B)}.$$

化简得 $P(AB) = P(A)P(B)$，选(D).

注 本题主要考查概率(包括条件概率)的性质和独立事件的定义. $P(A\overline{B}) = P(A-B) = P(A) - P(AB)$ 是常用式子，须熟练. 对两个事件 A,B 而言，向 $P(A)$，

$P(B), P(AB)$ 三个量上化，是较简洁的思路.

1.15 解 设 $A = \{1$ 台仪器可直接出厂$\}$，$B = \{1$ 台仪器最终能出厂$\}$，则 $A \subset B$. 故

$$P(B) = P(A) + P(\overline{A}B) = P(A) + P(B \mid \overline{A})P(\overline{A})$$
$$= 0.7 + 0.8 \times 0.3 = 0.94.$$

由伯努利概型的计算式，得

(1) $\alpha = P\{n$ 台仪器能出厂$\} = C_n^n p^n (1-p)^{n-n} = 0.94^n$；

(2) $\beta = P\{$恰有 $n-2$ 台仪器能出厂$\} = C_n^{n-2} p^{n-2} (1-p)^2$

$$= \frac{n(n-1)}{2} \cdot 0.94^{n-2} \cdot 0.06^2;$$

(3) $\theta = 1 - P\{n$ 台仪器全能出厂$\} - P\{$恰有 $n-1$ 台仪器能出厂$\}$

$$= 1 - C_n^n p^n (1-p)^{n-n} - C_n^{n-1} p^{n-1} (1-p)^{n-(n-1)}$$
$$= 1 - 0.94^n - n \cdot 0.94^{n-1} \cdot 0.06.$$

注 本题考查伯努利概型的计算. 参见本章题 1.7. 本题也可用二项分布(随机变量 X 为最终能出厂的仪器台数)，则 $X \sim B(n, p)$，$p = 0.94$)来做，写法类似. 另外，前边设字母时一般勿设 $B = \{1$ 台仪器经调试后能出厂$\}$，因为意思有些含混(即是否要"调试"也是随机事件).

1.16 应选(B).

解 由已知得

$$\frac{P(A_1 B + A_2 B)}{P(B)} = \frac{P(A_1 B)}{P(B)} + \frac{P(A_2 B)}{P(B)}.$$

化简得(B).

注 本题主要考查条件概率的定义式. 本题(D)是错误的，因为 A_1, A_2 未必是互不相容完备事件组.

1.17 解 方程 $x^2 + Bx + C = 0$ 的判别式 $\Delta = B^2 - 4C$，则

$$P\{\text{方程有实根}\} = P\{\Delta \geqslant 0\} = P\{B^2 \geqslant 4C\},$$
$$P\{\text{方程有重根}\} = P\{\Delta = 0\} = P\{B^2 = 4C\}.$$

而 (B, C) 可能取的值为 $(1,1), (1,2), \cdots, (1,6), (2,1), (2,2), \cdots, (2,6), \cdots,$ $(6,1), (6,2), \cdots, (6,6)$ 共有 36 个基本结果(样本点)，其中符合 $B^2 \geqslant 4C$ 的有 $(2,1), (3,1), (3,2), (4,1), (4,2), (4,3), (4,4), (5,i), (6,i)$ $(i = 1, 2, \cdots,$ 6) 共 19 个结果；符合 $B^2 = 4C$ 的有 $(2,1), (4,4)$ 两个结果，故

$$P\{\text{方程有实根}\} = \frac{19}{36}, \quad P\{\text{方程有重根}\} = \frac{2}{36} = \frac{1}{18}.$$

注 本题主要考查古典概型的计算. 也可以用随机变量的眼光看：B, C 为独立同分

布的随机变量，$P\{B=i\}=\dfrac{1}{6}$，$i=1,2,\cdots,6$. 做法类似.

1.18 解 设 $A_i=\{$取的是 i 区的报名表$\}$ $(i=1,2,3)$，$B_1=\{$从中先抽到的是女生表$\}$，$B_2=\{$从中后抽到的是女生表$\}$. 由题意，A_1,A_2,A_3 为互不相容完备事件组，且

$$P(A_1)=P(A_2)=P(A_3)=\frac{1}{3},$$

$$P(B_1\,|\,A_1)=\frac{3}{10},\quad P(B_1\,|\,A_2)=\frac{7}{15},\quad P(B_1\,|\,A_3)=\frac{5}{25}=\frac{1}{5},$$

$$P(\overline{B_2}\,|\,A_1)=\frac{7}{10},\quad P(\overline{B_2}\,|\,A_2)=\frac{8}{15},\quad P(\overline{B_2}\,|\,A_3)=\frac{20}{25}=\frac{4}{5},$$

$$P(B_1\,\overline{B_2}\,|\,A_1)=\frac{3}{10}\times\frac{7}{9}=\frac{7}{30},$$

$$P(B_1\,\overline{B_2}\,|\,A_2)=\frac{7}{15}\times\frac{8}{14}=\frac{4}{15},$$

$$P(B_1\,\overline{B_2}\,|\,A_3)=\frac{5}{25}\times\frac{20}{24}=\frac{1}{6}.$$

由全概率公式，得

(1) $\quad p=P(B_1)=\displaystyle\sum_{i=1}^{3}P(A_i)P(B_1\,|\,A_i)=\frac{1}{3}\left(\frac{3}{10}+\frac{7}{15}+\frac{1}{5}\right)=\frac{29}{90};$

(2) $\quad q=P(B_1\,|\,\overline{B_2})=\dfrac{P(B_1\,\overline{B_2})}{P(\overline{B_2})}$，而

$$P(B_1\,\overline{B_2})=\sum_{i=1}^{3}P(A_i)P(B_1\,\overline{B_2}\,|\,A_i)=\frac{1}{3}\left(\frac{7}{30}+\frac{4}{15}+\frac{1}{6}\right)=\frac{2}{9},$$

$$P(\overline{B_2})=\sum_{i=1}^{3}P(A_i)P(\overline{B_2}\,|\,A_i)=\frac{1}{3}\left(\frac{7}{10}+\frac{8}{15}+\frac{4}{5}\right)=\frac{61}{90},$$

故 $q=\dfrac{2/9}{61/90}=\dfrac{20}{61}.$

注 本题主要考查全概率公式的应用. 本题中 $P(\overline{B_2}\,|\,A_1)=\dfrac{7}{10}$ 等式子是直接用"抽签与先后次序无关"这一抽签原理得到的. 全概率公式中"互不相容完备事件组"在本题中为"取的是 i 区的报名表"的分解.

1.19 应选(C).

解 由题意知

$$\{T_{(1)}\geqslant t_0\}\subset\{T_{(2)}\geqslant t_0\}\subset\{T_{(3)}\geqslant t_0\}\subset\{T_{(4)}\geqslant t_0\},$$

故选(C).

注 本题主要考查事件的包含、相等关系. 只有 $A\subset B$ 且 $B\subset A$，才有 $A=B$，例

如，在一书库中，记集合 $A = \{$数学书$\}$，$B = \{$平装书$\}$．（也可看成事件，前边加上"任取一书是……"即成事件了）那么"$A = B$"表示的意思是：书库中"所有的数学书都是平装书"且"所有的平装书都是数学书"，两句话缺一不可.

1.20 应选(C).

解 （本题的硬币应当设是"均匀"的）由题意易见，$P(A_1) = P(A_2) = \frac{1}{2}$，且 A_1 与 A_2 相互独立，而

$$A_3 = A_1 \overline{A_2} \bigcup \overline{A_1} A_2, \quad A_4 = A_1 A_2, \quad A_1 A_2 A_3 = \varnothing, \quad A_2 A_3 A_4 = \varnothing,$$

因此

$$P(A_3) = P(A_1 \overline{A_2}) + P(\overline{A_1} A_2) = P(A_1)P(\overline{A_2}) + P(\overline{A_1})P(A_2)$$
$$= \frac{1}{2} \times \frac{1}{2} + \frac{1}{2} \times \frac{1}{2} = \frac{1}{2}.$$

故

$$P(A_1 A_3) = P(A_1 \overline{A_2}) = P(A_1)P(\overline{A_2}) = \frac{1}{2} \times \frac{1}{2} = P(A_1)P(A_3),$$

$$P(A_2 A_3) = P(\overline{A_1} A_2) = P(\overline{A_1})P(A_2) = \frac{1}{2} \times \frac{1}{2} = P(A_2)P(A_3).$$

可见 A_1, A_2, A_3 两两独立，故选(C).

注 因为

$$P(A_4) = P(A_1 A_2) = \frac{1}{4}, \quad P(A_2 A_4) = P(A_1 A_2) = \frac{1}{4} \neq P(A_2 A_4),$$

即 A_2 与 A_4 不独立，故不选(B)和(D)，而 $P(A_1 A_2 A_3) = P(\varnothing) \neq P(A_1)P(A_2)P(A_3)$，故 A_1, A_2, A_3 不"相互"独立，不选(A). 由"相互独立"可以推出"两两独立"，如果(B)对，则(B),(D)都对，可见(B)应排除（单选题），同理可排除(A)，知道这种思路也许有用. 另外，独立性有时是不能只凭直观去看，需用定义去"证明"，如本题中 A_1 与 A_3 的独立性就不易"直观地看出".

1.21 应选(C).

解 根据乘法公式与加法公式有

$$P(AB) = P(B)P(A|B) = P(B),$$
$$P(A \bigcup B) = P(A) + P(B) - P(AB) = P(A).$$

应选(C).

1.22 应选(C).

解 设事件 $A = $ "第 4 次射击恰好第 2 次命中目标"，则 A 表示共射击 4 次，其中前 3 次只有 1 次击中目标，且第 4 次击中目标. 因此

$$P(A) = C_3^1 p(1-p)^2 \cdot p = 3p^2(1-p)^2.$$

应选(C).

1.23　应填 $\dfrac{3}{4}$.

解　这是一个几何型概率的计算题.
设所取的两个数分别为 x 和 y,则以 x 为
横坐标、以 y 为纵坐标的点 (x,y) 随机地
落在边长为 1 的正方形内(如图 1-1),设
事件 A 表示"所取两数之差的绝对值小于
$\dfrac{1}{2}$",则样本空间

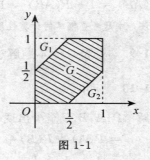

图 1-1

$$\Omega=\{(x,y)\,|\,0<x<1,0<y<1\};$$

事件 A 的样本点集合为区域 G 中所有的点,而

$$G=\left\{(x,y)\,\Big|\,0<x<1,0<y<1,|y-x|<\dfrac{1}{2}\right\}.$$

区域 Ω 的面积 $S_\Omega=1$,区域 G 的面积

$$S_G=S_\Omega-S_{G_1}-S_{G_2}=1-\dfrac{1}{4}=\dfrac{3}{4}.$$

因此 $P(A)=\dfrac{S_G}{S_\Omega}=\dfrac{3}{4}$.

数 学 四

1-1　应选(C).

解　因 $A-B=A-AB$,且 $AB\subset A$,故(C)成立.

注　本题考查概率的性质. $P(A-B)=P(A)-P(AB)$ 是一常用式子.只有 $B\subset A$
时(A)才成立.

1-2　本题解法同题 1.2.

1-3　应填 0.3;0.5.本题解法同题 1.3.

1-4　应填"非".本题解法及注释同题 1.4.

1-5　本题解法及注释同题 1.5.

1-6　应选(D).本题解法及注释同题 1.6.

1-7　本题解法及注释同题 1.9.

1-8　应填 0.6.

解　因 $P(A-B)=P(A)-P(AB)$,得

$$P(AB) = P(A) - P(A-B) = 0.7 - 0.3 = 0.4.$$

故 $P(\overline{AB}) = 1 - P(AB) = 1 - 0.4 = 0.6.$

注 本题考查概率的计算性质.

1-9 应选(D). 本题解法及注释同题 1.10.

1-10 应填 $\dfrac{5}{8}$.

解 $P\{A,B,C \text{ 至少出现一个}\} = P(A \bigcup B \bigcup C)$

$= P(A) + P(B) + P(C) - P(AB) - P(AC) - P(BC) + P(ABC)$

$= \dfrac{1}{4} + \dfrac{1}{4} + \dfrac{1}{4} - 0 - \dfrac{1}{8} - 0 + 0 = \dfrac{5}{8},$

其中 $P(ABC) = 0$ 可如下推出:

因 $ABC \subset AB$, 故 $0 \leqslant P(ABC) \leqslant P(AB) = 0$, 故 $P(ABC) = 0$.

注 本题主要考查 $P(A \bigcup B \bigcup C)$ 的计算式. 其中 $P(ABC) = 0$ 的证明不能这样证: "因 $P(AB) = 0$, 所以 $AB = \varnothing$, 故 $ABC = \varnothing C = \varnothing$, 因此 $P(ABC) = P(\varnothing) = 0$", 因为由 $P(AB) = 0$ 得不到 "$AB = \varnothing$" 这一结论.

1-11 应选(D).

解 由已知知 $AB \subset C$, 而

$$P(A) + P(B) - P(AB) = P(A \bigcup B) \leqslant 1,$$

故 $P(C) \geqslant P(AB) \geqslant P(A) + P(B) - 1.$

注 本题主要考查概率的性质. 结论还可推广到多个, 如:

$$P(ABC) \geqslant P(A) + P(B) + P(C) - 2.$$

1-12 应填 $\dfrac{1}{5}$.

解 设 $A = \{\text{取的两件产品中至少有一件是不合格}\}$, $B = \{\text{取的两件产品都是不合格品}\}$, 显然有 $B \subset A$, 故 $AB = B$, 则所求概率为

$$P(B|A) = \frac{P(AB)}{P(A)} = \frac{P(B)}{P(A)}.$$

而 $P(A) = 1 - P\{\text{两件产品均为合格品}\} = 1 - \dfrac{C_6^2}{C_{10}^2} = 1 - \dfrac{1}{3} = \dfrac{2}{3}$, $P(B) = $

$\dfrac{C_4^2}{C_{10}^2} = \dfrac{2}{15}$, 故 $P(B|A) = \dfrac{2/15}{2/3} = \dfrac{1}{5}.$

注 本题考查条件概率的计算. 有人这样设: "$A = \{\text{两件产品中有一件是不合格品}\}$, $B = \{\text{另一件也是不合格品}\}$". 这样说法含义不准确. 两件产品被取出, 谁是 "另一件"? 谁是 "这一件"? 要避免这种含糊的说法, 可以看看 $\overline{A}, \overline{B}$ 是否说得清楚, 即可.

1-13 应填 $\dfrac{2}{3}$.

解 设 $A_i = \{$取的产品是 i 等品$\}$ $(i = 1,2,3)$. 由题意，知 $P(A_1) = 0.6$，$P(A_2) = 0.3$，$P(A_3) = 0.1$，因此

$$P(\overline{A_3}) = 1 - P(A_3) = 0.9,$$

且 $A_1 \subset \overline{A_3}$，故 $A_1 \, \overline{A_3} = A_1$. 所求概率为

$$P(A_1 \mid \overline{A_3}) = \frac{P(A_1 \, \overline{A_3})}{P(\overline{A_3})} = \frac{P(A_1)}{P(A_3)} = \frac{0.6}{0.9} = \frac{2}{3}.$$

注 本题主要考查条件概率的计算. 希望能看出 $A_1 \subset \overline{A_3}$.

1-14 应选(D). 本题解法及注释同题 1.14.

1-15 **分析** 从题目应看出，各台仪器最终有"能出厂"、"不能出厂"两种结果，且"独立"、"重复"，应判断出属于伯努利概型.

本题解法及注释同题 1.15.

1-16 应选(B).

解 因 $A \subset B$，所以 $AB = A$. 故

$$P(A \mid B) = \frac{P(AB)}{P(B)} = \frac{P(A)}{P(B)} \geqslant P(A).$$

(因 $0 < P(B) \leqslant 1$) 故选(B).

注 本题主要考查条件概率的计算式.

1-17 应填 0.

解 因

$$(\overline{A} + B)(A + B)(\overline{A} + \overline{B})(A + \overline{B})$$
$$\doteq (\overline{A}A + \overline{A}B + BA + B)(\overline{A}A + \overline{A}\,\overline{B} + \overline{B}A + \overline{B})$$
$$= B\overline{B} = \varnothing,$$

故 $P((\overline{A} + B)(A + B)(\overline{A} + \overline{B})(A + \overline{B})) = P(\varnothing) = 0$.

注 本题主要考查事件的运算. 由于事件的并、交运算具有交换、结合及分配律，故可以像多项式相乘一样地"乘"开.

1-18 应填 $\dfrac{1}{2}$，5.

解 由题意，成功次数是参数为 $n = 100$ 和 p 的伯努利概型，其标准差

$$\sqrt{np(1-p)} = 10\sqrt{p(1-p)} \leqslant 10 \cdot \frac{p + (1-p)}{2} = 5.$$

其中"$\leqslant$"中等号成立的充要条件为 $p = 1 - p$，即 $p = \dfrac{1}{2}$，这时标准差最大.

注 "标准差"的概念在数字特征一节. 本题用到"几何平均数 ≤ 算术平均数, 等号成立的充要条件是各数相等(各数均为正)"这一初等数学知识.

1-19 应选(B).

解 只在(B)中, $\overline{AC}$ 与 $\overline{C}$ 有共同的 C, 一般不独立.

注 本题考查的是事件组独立的一个结论: 若 $A_1, A_2, \cdots, A_n$ 相互独立, 将 $A_1, A_2, \cdots, A_n$ 分成 k 组, 彼此没有共同的事件, 然后各组内诸事件进行并、交、差、补等运算, 得到的 k 个新事件是相互独立的(例如, 若 $A_1, A_2, \cdots, A_8$ 相互独立, 则 $A_1 \bigcup \overline{A_2}, A_3 - A_4, \overline{A_5 A_6} A_7 \bigcup A_8$ 相互独立). 因此, 本题中的(A), (C), (D)的两个事件均独立, 不可选.

1-20 应选(A).

解 因 A, B, C 两两独立, 所以
$$P(AB) = P(A)P(B), \quad P(AC) = P(A)P(C), \quad P(BC) = P(B)P(C).$$
可知这时 A, B, C 相互独立当且仅当
$$P(ABC) = P(A)P(B)P(C) \qquad\qquad (*)$$
成立. 而由 $P(BC) = P(B)P(C)$, 知 $(*)$ 成立 $\Leftrightarrow P(ABC) = P(A)P(BC)$ $\Leftrightarrow A$ 与 BC 独立. 故选(A).

注 本题考查两两独立、相互独立的概念. 对三个事件而言, "两两独立"用 3 个等式定义, 而"相互独立"用 4 个等式定义, 要强一些.

1-21 应选(C). 本题解法及注释同题 1.19.

1-22 应选(D).

解 对任意事件 A, B 均有 $B \subset A \bigcup B$, 故"$A \bigcup B = B$"等价于"$A \bigcup B \subset B$"等价于"$A \subset B$". 而(A), (B), (C)互相等价. (D)与"$B \subset A$"等价.

注 本题考查事件的关系和运算. 不难看出, 下述各命题等价: ① $A \subset B$; ② $AB = A$; ③ $A \bigcup B = B$; ④ $A - B = \emptyset$; ⑤ $\overline{A} \supset \overline{B}$; ⑥ $\overline{AB} = \emptyset$.

1-23 **分析** 因为 $0 < P(A) < 1$, 所以 $0 < P(\overline{A}) < 1$, $P(B|A)$ 与 $P(B|\overline{A})$ 均有意义.

证法 1 **必要性** 因 A 与 B 独立, 故 $\overline{A}$ 与 B 独立, 得 $P(B|A) = P(B)$, $P(B|\overline{A}) = P(B)$, 故 $P(B|A) = P(B|\overline{A})$.

充分性 由 $P(B|A) = P(B|\overline{A})$, 知
$$\frac{P(AB)}{P(A)} = \frac{P(\overline{A}B)}{P(\overline{A})} = \frac{P(B) - P(AB)}{1 - P(A)}.$$
化简得 $P(AB) = P(A)P(B)$, 即 A 与 B 独立.

证法 2 $P(B|A) = P(B|\overline{A}) \Leftrightarrow \dfrac{P(AB)}{P(A)} = \dfrac{P(\overline{A}B)}{P(\overline{A})}$

$$\Leftrightarrow \frac{P(AB)}{P(A)} = \frac{P(B) - P(AB)}{1 - P(A)}$$

$$\Leftrightarrow P(AB)(1 - P(A)) = P(A)(P(B) - P(AB))$$

$$\Leftrightarrow P(AB) = P(A)P(B)$$

$$\Leftrightarrow A 与 B 独立.$$

注 本题主要考查独立的定义及条件概率、概率的性质. $P(\overline{A}B) = P(B) - P(AB)$ 是常用式子. 注意题目的描述,可见由 "A 与 B 独立" 推出 "$P(B|A) = P(B|\overline{A})$" 是 "必要性".

1-24 应选(B).

解 现抛一均匀硬币两次,记 $A_i = \{第 i 次出现正面\}$, $i = 1, 2$. 显然 A_1 与 A_2 独立, $P(A_1) = P(A_2) = \frac{1}{2}$.

① 考虑 A_1 与 $\overline{A_1}$. 由于 $A_1 \overline{A_1} = \varnothing$, 而

$$P(A_1 \overline{A_1}) = P(\varnothing) = 0 \neq \frac{1}{2} \times \frac{1}{2} = P(A_1)P(\overline{A_1}),$$

故 A_1 与 $\overline{A_1}$ 不独立,排除(C).

② 考虑 A_1 与 $A_1 A_2$. $A_1(A_1 A_2) = A_1 A_2 \neq \varnothing$, 而

$$P(A_1(A_1 A_2)) = P(A_1 A_2) = P(A_1)P(A_2) = \frac{1}{2} \times \frac{1}{2}$$

$$\neq \frac{1}{2} \times \frac{1}{2} \times \frac{1}{2} = P(A_1)P(A_1 A_2),$$

可见 A_1 与 $A_1 A_2$ 不独立,排除(A).

③ 考虑 A_1 与 $\varnothing$. 因为 $A_1 \varnothing = \varnothing$, 而

$$P(A_1 \varnothing) = P(\varnothing) = 0 = \frac{1}{2} \times 0 = P(A_1)P(\varnothing),$$

可见 A_1 与 $\varnothing$ 相互独立,排除(D).

④ 考虑 A_1 与 A_2. $A_1 A_2 \neq \varnothing$, 而 A_1 与 A_2 相互独立,结合 ②,可知应选(B).

注 本题主要考查事件的独立性的定义(并涉及一点性质:概率为 0 的事件与任一事件独立;在 $P(A)P(B) > 0$ 时, A 与 B 间 "独立" 与 "不相容" 不会同时成立).

1-25 应选(C). 本题解法同题 1.21.

1-26 应选(C). 本题解法同题 1.22.

1-27 应填 $\frac{3}{4}$. 本题解法同题 1.23.

1-28 **解** 设每天至少生产 x 件产品,则合格产品为

$$0.96x + (1-0.96)x \cdot \frac{3}{4} \cdot 0.8 = 0.984x,$$

废品为

$$x - 0.984x = 0.016x.$$

由题意知

$$80 \times 0.984x - 20 \times 0.016x \geqslant 2 \times 10^4,$$

故 $x \geqslant 255.10$. 因为 x 为整数，所以 $x = 256$.

　　注　本题是一道较简应用题.

第 二 章
随机变量及其分布

一、考纲要求

1. 理解随机变量及其概率分布的概念.

2. 理解随机变量分布函数($F(x) = P\{X \leqslant x\}$)的概念及性质,会计算与随机变量有关的事件的概率.

3. 理解离散型随机变量及其概率分布的概念,掌握 0-1 分布、二项分布、超几何分布、泊松分布及其应用.

4. 理解连续型随机变量及其概率密度的概念,掌握概率密度与分布函数之间的关系.

5. 掌握正态分布、均匀分布和指数分布及其应用.

6. 会求简单随机变量函数的概率分布.

二、考试重点

1. 随机变量及其概率分布.

2. 随机变量分布函数的概念及性质.

3. 离散型随机变量的分布.

4. 连续型随机变量的概率密度.

5. 常见随机变量的概率分布.

6. 随机变量函数的概率分布.

三、历年试题分类统计与考点分析

数 学 三

分值 考点 年份	一维离散型随机变量	一维连续型随机变量	一维随机变量函数的分布	常见(特殊)分布、计算概率	分布函数的性质、计算	合计
1987		2			4	6
1988			6			6
1989		8			3	11
1990				7		7
1991	5				3	8
1992				7		7
1993				8	3	11
1994	3		8			11
1995				3		3
1996						
1997				7		7
1998					3	3
1999						
2000		3				3
2001						
2002					3	3
2003			13			13
2004				4		4
2005～2007						
2008				4		4
合计	8	13	27	33	26	

数 学 四

分值 考点 年份	一维离散型随机变量	一维连续型随机变量	一维随机变量函数的分布	常见(特殊)分布、计算概率	分布函数的性质、计算	合计
1987		2				2
1988			6			6
1989				8	3	11
1990				7		7

续表

分值\考点\年份	一维离散型随机变量	一维连续型随机变量	一维随机变量函数的分布	常见(特殊)分布、计算概率	分布函数的性质、计算	合计
1991				7		7
1992				7		7
1993				3	8	11
1994				7		7
1995			7	3		10
1996	3					3
1997				3	8	11
1998					3	3
1999					3	3
2000～2001						
2002					3	3
2003			13			13
2004				4		4
2005				4		4
2006～2007						
2008				4		4
合计	3	2	26	57	28	

本章的重点有:一维离散型随机变量的分布列,连续型随机变量的概率密度,分布函数,包括它们的性质、概率计算和相互关系(密度与分布列无关);对常见(特殊)分布,一维情形要求熟记二项、泊松、几何的分布列,以及均匀、指数、正态分布的概率密度(其中指数分布最好还记住其分布函数,而二项、均匀和超几何分布要会从题意中判断),随机变量函数的分布.

常见题型有:利用正态分布的性质进行概率计算,由随机变量的分布求概率,用分布函数、分布列或密度的性质确定其中的常数,密度函数与分布函数、分布列与分布函数的互求,求一维随机变量(多为连续型)函数的分布,有应用背景的离散型随机变量的分布列的建立(主要是计算概率)等.

四、知识概要

1. 随机变量的分布函数的概念

设 ξ 是一个随机变量,x 是任意实数,称事件 $\{\xi \leqslant x\}$ 即事件 $\{\xi$ 落在区间

$(-\infty, x)$ 内} 的概率 $P\{\xi \leqslant x\}$ 为 ξ 的分布函数，记作 $F(x)$，即 $F(x) = P\{\xi \leqslant x\}$.

分布函数具有如下性质：

① $0 \leqslant F(x) \leqslant 1$ 对一切 $x \in (-\infty, +\infty)$ 成立；

② $F(x)$ 是单调非降函数；

③ $F(-\infty) = \lim\limits_{x \to -\infty} F(x) = 0$，$F(+\infty) = \lim\limits_{x \to +\infty} F(x) = 1$；

④ $F(x)$ 至多有可列个间断点，且 $F(x)$ 在其间断点 x_0 处右连续，即
$$\lim\limits_{x \to x_0^+} F(x) = F(x_0), \quad \text{或 } F(x_0 + 0) = F(x_0).$$

若已知随机变量 ξ 的分布函数 $F(x)$，则对于任意实数 $a, b \ (a < b)$ 有
$$P\{a < \xi \leqslant b\} = F(b) - F(a),$$
$$P\{\xi = a\} = F(a) - F(a - 0),$$
$$P\{\xi > a\} = 1 - F(a), \quad P\{\xi \geqslant a\} = 1 - F(a - 0),$$
其中 $F(a - 0) = \lim\limits_{x \to a^-} F(x) = P\{\xi < a\}$.

2. 离散型随机变量的概率分布

设离散型随机变量 ξ 的可能值为 $x_i \, (i = 1, 2, \cdots, n)$，事件 $\{\xi = x_i\}$ 的概率为 p_i，称 $P\{\xi = x_i\} = p_i \ (i = 1, 2, \cdots, n)$ 为随机变量 ξ 的分布律；称

ξ	x_1	x_2	$\cdots$	x_k	$\cdots$
P	p_1	p_2	$\cdots$	p_k	$\cdots$

为随机变量 ξ 的分布列.

$p_i = P\{\xi = x_i\}$ 满足如下性质：

① $0 \leqslant p_i \leqslant 1 \ (i = 1, 2, \cdots, n)$；

② $\sum\limits_{i=1}^{n} p_i = 1$.

离散型随机变量 ξ 的分布函数为 $F(x) = \sum\limits_{x_i \leqslant x} p_i$（此处 $\sum\limits_{x_i \leqslant x} p_i$ 表示其值不大于 x 的 x_i 所对应的概率 p_i 之和）.

显然，可能值 x_i 是 ξ 的分布函数 $F(x)$ 的跳跃间断点，$F(x)$ 在 x_i 处右连续，$F(x)$ 在 x_i 处的跃度为
$$F(x_i) - F(x_i - 0) = p_i \quad (i = 1, 2, \cdots).$$

3. 连续型随机变量的概率分布

如果存在一个非负可积的函数 $f(x)$，使连续型随机变量 ξ 的分布函数

$F(x)$ 可表示为

$$F(x) = P\{\xi \leqslant x_i\} = \int_{-\infty}^{x} f(t)\mathrm{d}t,$$

则称 $f(x)$ 为随机变量 ξ 的分布密度函数(也称概率密度、密度函数).

分布密度函数具有如下性质:

① $f(x) \geqslant 0$;

② $\int_{-\infty}^{+\infty} f(x)\mathrm{d}x = 1$;

③ $P\{a < \xi \leqslant b\} = \int_{a}^{b} f(x)\mathrm{d}x$;

④ 在 $f(x)$ 的连续点 x 处有 $f(x) = F'(x)$.

注意:如果 ξ 为连续型随机变量,则必有:

① 其分布函数 $F(x)$ 处处连续;

② 对任意实数 a,均有 $P\{\xi = a\} = 0$;

③ 求 $F_\eta(y)$ 的导数即得到 η 的密度函数 $f_\eta(y)$.

如果函数 $g(x)$ 在 $f_\xi(x)$ 取非零值区间上单调可导,则有反函数 $g^{-1}(y)$,且 $\eta = g(\xi)$ 的密度函数可由下面的公式求得:

$$f_\eta(y) = \begin{cases} f_\xi(g^{-1}(y))\,|(g^{-1}(y))'|, & \alpha < y < \beta; \\ 0, & \text{其他}, \end{cases}$$

其中,α 和 β 分别为 $g(x)$ 在 $f_\xi(x)$ 取非零值区间上的最小值和最大值.

可以证明,服从正态分布的随机变量 ξ 的线性函数 $\eta = a\xi + b\ (a \neq 0)$ 仍服从正态分布,即 $\eta \sim N(a\mu + b, a^2\sigma^2)$.

下面介绍有关一元随机变量的一般题型及其解法.

(1) 在给定条件下,求离散型随机变量 ξ 的分布的解法是,首先依题设找出 ξ 的所有的可能值 x_i,再计算相应的概率 $P\{\xi = x_i\}$,注意到 $\{\xi = x_i\}$ 是一个随机事件,其概率的求解完全类同于上面第 1 部分所提供的方法.

(2) 给定随机变量 ξ 的分布,求其落于任意区间 Δ 的概率.

① ξ 为离散型时,$P\{\xi \in \Delta\} = \sum_{x_i \in \Delta} P\{\xi = x_i\}$;

② ξ 为连续型时,$P\{\xi \in \Delta\} = \int_{x \in \Delta} f_\xi(x)\mathrm{d}x$.

(3) 有关重要分布的题型.

① 二项分布的综合题

识别此类型题的关键在于,题中涉及的事件 A 在每次试验中发生的概率都相等. n 次试验 A 发生的次数 $\xi \sim B(n, P(A))$.

② 关于正态分布的题型

ⅰ. 给定 $\xi \sim N(\mu, \sigma^2)$，通过标准化，计算 ξ 落于任意区间的概率，应记住：$\Phi(0) = 0.5$，$\Phi(1.96) = 0.975$，$\Phi(1) = 0.8413$.

ⅱ. 利用正态密度函数与分布参数关系

$$\xi \sim N(\mu, \sigma^2) \Leftrightarrow \varphi(x) = \frac{1}{\sqrt{2\pi}\sigma} e^{-\frac{(x-\mu)^2}{2\sigma^2}}$$

解题.

（4）已知随机变量 ξ 的分布 $f_\xi(x)$，求随机变量 $\eta = g(\xi)$ 的分布 $f_\eta(y)$.

首先，依 $f_\xi(x)$ 的非零区间，确定 $y = g(x)$ 的值域（如为 (a, b)）；其次，以下面两种方法之一，求 $f_\eta(y)$.

① 先求 η 的分布函数，

$$F_\eta(y) = P\{f(\xi) \leqslant y\} = \int_{f(x) \leqslant y} f_\xi(x) \mathrm{d}x$$

（显然，当 $y < a$ 时，$F_\eta(y) = 0$；当 $y \geqslant b$ 时，$F_\eta(y) = 1$）. 再求 $f_\eta(y) = \dfrac{\mathrm{d}F_\eta(y)}{\mathrm{d}y}$.

② 求出 $F_\eta(y)$ 与 $F_\xi(g^{-1}(y))$ 的关系式 $F_\eta(y) = F_\xi(g^{-1}(y))$，则

$$f_\eta(y) = \frac{\mathrm{d}F_\eta(y)}{\mathrm{d}y} = \frac{\mathrm{d}}{\mathrm{d}y}\big(F_\xi(g^{-1}(y))\big)$$

$$= F_\xi(g^{-1}(y)) \cdot \frac{\mathrm{d}}{\mathrm{d}y} g^{-1}(y).$$

再次提醒读者注意，在利用连续型随机变量的密度函数求解各种问题时，都要关注该密度函数的非零区间.

4. 常见的随机变量的概率分布

（1）常见的离散型随机变量的分布律

0-1 分布 在 1 次试验中，事件 A 发生的概率 $P(A) = p\,(0 < p < 1)$，随机变量 ξ 为 A 发生的次数，即

$$\xi = \begin{cases} 1, & A \text{ 发生}; \\ 0, & A \text{ 不发生}, \end{cases}$$

则 ξ 服从 0-1 分布：

$$P\{\xi = k\} = p^k(1-p)^{1-k} \quad (k = 0, 1).$$

0-1 分布的分布列如下：

ξ	0	1
P	$1-p$	p

二项分布　在 n 次独立重复试验(即 n 重伯努利试验)中,每一次事件 A 都可能发生(也可能不发生),而且事件 A 在每次试验中发生的概率均为 p ($0 < p < 1$),则事件 A 发生的次数 ξ(为离散型随机变量)服从二项分布,其分布律为

$$P\{\xi = k\} = p_n(k) = C_n^k p^k (1-p)^{n-k} \quad (k = 0,1,2,\cdots,n),$$

简记为 $\xi \sim B(n,p)$.

若随机变量 $\xi_1, \xi_2, \cdots, \xi_n$ 独立同一 0-1 分布($0 < p < 1$),则 $\xi = \sum_{k=1}^{n} \xi_k$ 服从二项分布 $\xi \sim B(n,p)$.

泊松分布　设离散型随机变量 ξ 的可能值为 $0,1,2,\cdots$,其分布律为

$$P\{\xi = m\} = \frac{\lambda^m}{m!} e^{-\lambda} \quad (m = 0,1,3,\cdots; \lambda > 0),$$

则称随机变量 ξ 服从参数为 λ 的泊松分布,简记为 $\xi \sim P(\lambda)$.

当 $\xi \sim B(n,p)$ 且 n 很大,p 很小时,有以下的近似式:

$$P\{\xi = k\} = C_n^k p^k (1-p)^{n-k} \approx \frac{(np)^k}{k!} e^{-np} \quad (k = 0,1,\cdots,n),$$

即服从二项分布的随机变量 ξ,当 n 很大且 p 很小时,近似服从以 np 为参数的泊松分布.

超几何分布　设 N 个元素中有 $N_1 (0 < N_1 < N)$ 个一类元素. 现从中任取 n 个元素(或不放回地任取 n 次,每次取 1 个)($0 < n < N$),记随机变量 ξ 为这 n 个元素中一类元素的个数,则 ξ 服从超几何分布,其分布律为

$$P\{\xi = k\} = \frac{C_{N_1}^k C_{N-N_1}^{n-k}}{C_N^n} \quad (k = 0,1,2,\cdots,\min\{n,N_1\}),$$

简记为 $\xi \sim H(N,N_1,n)$.

设随机变量 $\xi \sim H(N,N_1,n)$,如果 N 相对于 n 充分大,则 ξ 近似服从二项分布 $B\left(n, \dfrac{N_1}{N}\right)$,即当 N 相对 n 充分大时,有

$$P\{\xi = k\} = \frac{C_{N_1}^k C_{N-N_1}^{n-k}}{C_N^n} \approx C_n^k \left(\frac{N_1}{N}\right)^k \left(1 - \frac{N_1}{N}\right)^{n-k} \quad (k = 0,1,2,\cdots,n).$$

(2)　常见的连续型随机变量的分布

均匀分布　如果随机变量 ξ 的概率密度为

$$f(x) = \begin{cases} \dfrac{1}{b-a}, & a \leqslant x \leqslant b; \\ 0, & \text{其他}, \end{cases}$$

则称 ξ 在区间 $[a,b]$ 上服从均匀分布,记为 $\xi \sim U[a,b]$,其分布函数为

$$F(x) = \begin{cases} 0, & x < a; \\ \dfrac{x-a}{b-a}, & a \leqslant x < b; \\ 1, & b \leqslant x. \end{cases}$$

正态分布　如果随机变量 ξ 的分布密度为

$$\varphi(x) = \frac{1}{\sqrt{2\pi}\sigma} \mathrm{e}^{-\frac{(x-\mu)^2}{2\sigma^2}} \quad (-\infty < x < +\infty),$$

其中 $\sigma > 0$，$-\infty < \mu < +\infty$ 均为常数，则称 ξ 服从参数为 μ,σ 的正态分布，简记为 $\xi \sim N(\mu,\sigma^2)$.

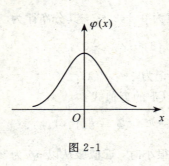

图 2-1

当正态分布 $N(\mu,\sigma^2)$ 中的 $\mu = 0$，$\sigma = 1$ 时，称 ξ 服从标准正态分布，简记为 $\xi \sim N(0,1)$，其密度函数为

$$\varphi(x) = \frac{1}{\sqrt{2\pi}} \mathrm{e}^{-\frac{x^2}{2}} \quad (-\infty < x < +\infty).$$

标准正态密度曲线 $y = \varphi(x)$ 是关于 y 轴对称的钟形曲线，如图 2-1 所示.

当 $\xi \sim N(\mu,\sigma^2)$ 时，其分布函数为

$$\Phi(x) = \frac{1}{\sqrt{2\pi}\sigma} \int_{-\infty}^{x} \mathrm{e}^{-\frac{(t-\mu)^2}{2\sigma^2}} \, \mathrm{d}t \quad (-\infty < x < +\infty).$$

当 $\xi \sim N(0,1)$ 时，其分布函数为

$$\Phi(x) = \frac{1}{\sqrt{2\pi}} \int_{-\infty}^{x} \mathrm{e}^{-\frac{t^2}{2}} \, \mathrm{d}t \quad (-\infty < x < +\infty).$$

由于正态密度函数的原函数不是初等函数，只能用数值积分法求出 $\Phi(x)$ 的近似值，列成标准正态分布表，利用此表可求得标准正态变量落在任何区间内的概率.

由标准正态密度函数的对称性，可知

$$\Phi(-x) = 1 - \Phi(x), \quad P\{|\xi| \leqslant x\} = 2\Phi(x) - 1.$$

如果 $\xi \sim N(\mu,\sigma^2)$，可将其标准化：$\dfrac{\xi-\mu}{\sigma} \sim N(0,1)$，再利用标准正态分布表可求出该变量落在任何区间内的概率，即

$$P\{\xi \leqslant x\} = P\{\xi \leqslant x\} = P\left\{\frac{\xi-\mu}{\sigma} \leqslant \frac{x-\mu}{\sigma}\right\} = \Phi\left(\frac{x-\mu}{\sigma}\right),$$

$$P\{a \leqslant \xi \leqslant b\} = \Phi\left(\frac{b-\mu}{\sigma}\right) - \Phi\left(\frac{a-\mu}{\sigma}\right),$$

$$P\{\,|\xi|<b\}=\varPhi\Big(\frac{b-\mu}{\sigma}\Big)-\varPhi\Big(\frac{-b-\mu}{\sigma}\Big),$$

$$P\{\xi<-b\}=1-\varPhi\Big(\frac{b+\mu}{\sigma}\Big),$$

指数分布　如果随机变量 ξ 的分布密度为

$$f(x)=\begin{cases}\lambda\mathrm{e}^{-\lambda x},&x>0;\\0,&x\leqslant0\end{cases}\quad(\lambda>0,\lambda\text{ 为常数}),$$

则称 ξ 服从参数为 λ 的指数分布,其分布函数为

$$F(x)=\begin{cases}0,&x<0;\\1-\mathrm{e}^{-\lambda x},&x\geqslant0.\end{cases}$$

5. 随机变量函数的分布

设离散型随机变量 ξ 的分布律为 $P\{\xi=x_i\}=p_i\ (i=1,2,\cdots)$. 又知 $y=g(x)$ 为连续函数,则随机变量的函数 $\eta=g(\xi)$ 的分布律为 $P\{\eta=g(x_i)\}=p_i\ (i=1,2,\cdots)$.

设连续型随机变量 ξ 的密度函数为 $f_\xi(x)$,又知函数 $y=g(x)$ 连续,求随机变量函数 $\eta=g(\xi)$ 的密度函数的方法如下:

① 求出使 $f_\xi(x)$ 取非零值的区间,并求出 $g(x)$ 在该区间上的最大值(设为 β)与最小值(设为 α);

② 分别在 $(-\infty,\alpha]$,$[\alpha,\beta)$,$[\beta,+\infty]$ 上求出 η 的分布函数 $F_\eta=P\{\eta\leqslant y\}=P\{g(\xi)\leqslant y\}$ 的表达式.

五、考研题型的应试方法与技巧

题型 1　求离散型随机变量的分布律

求离散型随机变量分布律的基本步骤:

① 根据相应问题,拟出随机变量 X 的所有可能取值;

② 按照所给条件,确定所构成的对应事件的概率;

③ 检验是否满足性质 $\sum_{k=1}^{\infty}P\{X=x_k\}=1$.

求分布律主要应注意的问题:

① 所给问题是否常见分布的相应问题?

② 所给问题是否常见分布的复合问题?

③ 是否需利用公式 $P\{X=x_{k_0}\}=1-\sum_{k\neq k_0}P\{X=x_k\}$ 间接求其中(较

难求得的）一事件的概率？

④ 是否需等价转化计算（分布律）？

例 1 一盒中有 5 个纪念章，编号为 1,2,3,4,5. 在其中等可能地任取 3 个，用 X 表示取出的 3 个纪念章上的最大号码，求随机变量 X 的分布律.

解 因 X 表示取出的 3 个纪念章的最大号码，故 X 可能的取值为 3,4,5. 由于要求从 $1 \sim 5$ 这 5 个数中取出三个，故共有 $C_5^3 = 10$ 种取法，即每种取法的（可能性）概率为 1/10.

当 $X = 3$（即三个数中最大数为 3），显然只有一种取法（1,2,3），从而 $P\{X = 3\} = \dfrac{1}{10}$；又当 $X = 4$ 时，还需从 1,2,3 中取出 2 个，共有 $C_3^2 = 3$ 种，即 (1,2,4),(1,3,4) 及 (2,3,4)，于是 $P\{X = 4\} = \dfrac{3}{10}$；最后当 $X = 5$ 时，则从 1,2,3,4 中取出 2 个，共有 $C_4^2 = 6$ 种取法，即 (1,2,5),(1,3,5),(1,4,5),(2,3,5),(2,4,5),(3,4,5)，因此 $P\{X = 5\} = \dfrac{6}{10}$.

综合，即知 X 的分布列如下表所示：

X	3	4	5
P	$\dfrac{1}{10}$	$\dfrac{3}{10}$	$\dfrac{6}{10}$

注 当随机变量 X 可能取值较少时，可采取列举法. 事实上，古典概率与求分布律只是个别与整体的关系. 因而，求古典概型的方法皆可根据实际需要适当选用.

例 2 假设运载火箭在飞行中进入仪器舱的宇宙线粒子数服从参数为 λ 的泊松分布，而进入仪器舱的粒子到达仪器的要害部位的概率为 p. 试求到达要害部位的粒子数 Y 的概率分布.

解 设 X 是进入仪器舱的宇宙线粒子数，则由条件知 X 服从参数为 λ 的泊松分布，其中到达要害部位的粒子数 Y 关于 $\{X = n\}$ 的条件概率分布是参数为 (n, p) 的二项分布：

$$P\{Y = k \mid X = n\} = C_n^k p^k q^{n-k} \quad (k = 0,1,2,\cdots,n),$$

其中 $q = 1 - p$. 由全概率公式可知，对于 $k = 0,1,2,\cdots$，有

$$P\{Y = k\} = \sum_{n=k}^{\infty} P\{Y = k \mid X = n\} P\{X = n\}$$

$$= \sum_{n=k}^{\infty} C_n^k p^k q^{n-k} \frac{\lambda^n}{n!} e^{-\lambda} = \frac{(\lambda p)^k}{k!} e^{-\lambda} \sum_{n=k}^{\infty} \frac{(\lambda q)^{n-k}}{(n-k)!}$$

$$= \frac{(\lambda p)^k}{k!} e^{-\lambda} \sum_{m=0}^{\infty} \frac{(\lambda q)^m}{m!} = \frac{(\lambda p)^k}{k!} e^{-\lambda p}.$$

因此, Y 服从参数为 λp 的泊松分布.

题型 2   求(证)随机变量的分布函数

1° 已知分布律, 求分布函数

一般根据定义 $F(x) = P\{X \leqslant x\}$ $(x \in \mathbf{R})$ 直接累加写出.

例 3   假设 10 件产品中恰好有 2 件不合格品, 从中一件一件地抽取产品, 直到取到合格品为止. 求最后抽出产品件数 X 的分布函数.

解   先求 X 的概率分布. 易见, X 有 $1, 2, 3$ 等 3 个可能取值, 且

$$P\{X = 1\} = \frac{8}{10} = \frac{4}{5},$$

$$P\{X = 2\} = \frac{2 \times 8}{10 \times 9} = \frac{8}{45},$$

$$P\{X = 3\} = 1 - \frac{4}{5} - \frac{8}{45} = \frac{1}{45}.$$

于是, X 的分布函数为

$$F(x) = P\{X \leqslant x\} = \begin{cases} 0, & x < 1; \\ 4/5, & 1 \leqslant x < 2; \\ 44/45, & 2 \leqslant x < 3; \\ 1, & x \geqslant 3. \end{cases}$$

2° 已知密度函数, 求分布函数

通常按照公式 $F(x) = \int_{-\infty}^{x} f(t)\,\mathrm{d}t$ 计算.

例 4   设随机变量 X 的密度函数为 $f(x) = \dfrac{e^{-|x|}}{2}$. 求分布函数 $F(x)$.

解   利用公式 $F(x) = \int_{-\infty}^{x} f(t)\mathrm{d}t$. 当 $x < 0$ 时,

$$F(x) = \frac{1}{2} \int_{-\infty}^{x} e^{t}\mathrm{d}t = \frac{1}{2} e^{x};$$

当 $x \geqslant 0$ 时,

$$F(x) = \frac{1}{2} \left(\int_{-\infty}^{0} e^{x}\mathrm{d}x + \int_{0}^{x} e^{-t}\mathrm{d}t \right) = 1 - \frac{1}{2} e^{-x}.$$

故 X 的分布函数为

$$F(x) = \begin{cases} \dfrac{1}{2} e^{x}, & x < 0; \\ 1 - \dfrac{1}{2} e^{-x}, & x \geqslant 0. \end{cases}$$

3° 根据定义求分布函数

这类问题，往往需结合所给条件，根据分布函数定义推导得到．

例 5 在半径为 R、球心为 O 的球内任取一点 P，求 $X = \overline{OP}$ 的分布函数．

解 当 $0 \leqslant x \leqslant R$ 时，设 $\overline{OP} = x$，则点 P 落到以 O 为球心、x 为半径的球面上时，它到 O 点的距离均为 x．从而

$$P\{X \leqslant x\} = \frac{\text{球 } OP \text{ 的体积}}{\text{球 } OR \text{ 的体积}} = \frac{4\pi x^3/3}{4\pi R^3/3} = \left(\frac{x}{R}\right)^3.$$

因此，X 的分布函数为

$$F(x) = \begin{cases} 0, & x < 0; \\ \left(\dfrac{x}{R}\right)^3, & 0 \leqslant x < R; \\ 1, & x \geqslant R. \end{cases}$$

例 6 设某地在长为 t（年）的时间内发生蝗灾的次数 $N(t)$ 服从于参数为 λt（$\lambda > 0$）的泊松分布，设 T 表示相邻两次蝗虫灾害之间的时间间隔．

（1）求 T 的分布函数．

（2）求在连续 5 年无蝗虫灾害的情况下，在未来 5 年内无蝗虫灾害的概率．

解 （1）当 $t \leqslant 0$ 时，$F(t) = P\{T \leqslant t\} = P(\varnothing) = 0$；当 $t > 0$ 时，

$$F(t) = P\{T \leqslant t\} = 1 - P\{T > t\} = 1 - P\{N(t) = 0\}$$

$$= 1 - \frac{(\lambda t)^0}{0!}e^{-\lambda t} = 1 - e^{-\lambda t}.$$

故 $F(t) = \begin{cases} 1 - e^{-\lambda t}, & t > 0; \\ 0, & t \leqslant 0. \end{cases}$

（2）$P\{T \geqslant 5 + 5 \mid T \geqslant 5\} = P\{T \geqslant 5\} = 1 - (1 - e^{-5\lambda}) = e^{-5\lambda}.$

4° 求证一函数为分布函数

证明一函数为某随机变量 X 的分布函数 $F(x)$，需证明该函数满足分布函数的三个性质，即有界性（$\lim\limits_{x \to -\infty} F(x) = 0$，$\lim\limits_{x \to +\infty} F(x) = 1$）；单调不减性（当 $x_1 < x_2$ 时，$F(x_1) \leqslant F(x_2)$）；右连续性（即 $F(x+0) = F(x)$）．

例 7 设 $F_1(x)$ 与 $F_2(x)$ 都是分布函数，又 $a > 0$，$b > 0$ 是两个常数，且 $a + b = 1$．证明：$F(x) = aF_1(x) + bF_2(x)$ 也是一个分布函数．

证 因 $F_1(x)$ 和 $F_2(x)$ 都是分布函数，故当 $x_1 < x_2$ 时，$F_1(x_1) \leqslant F_1(x_2)$，$F_2(x_1) \leqslant F_2(x_2)$，于是

$$F(x_1) = aF_1(x_1) + bF_2(x_1) \leqslant aF_1(x_2) + bF_2(x_2) = F(x_2).$$

又因
$$\lim_{x \to -\infty} F(x) = \lim_{x \to -\infty} (aF_1(x) + bF_2(x)) = 0,$$
$$\lim_{x \to +\infty} F(x) = \lim_{x \to +\infty} (aF_1(x) + bF_2(x)) = a + b = 1,$$
$$F(x + 0) = aF_1(x + 0) + bF_2(x + 0)$$
$$= aF_1(x) + bF_2(x) = F(x),$$

故 $F(x)$ 也是分布函数.

题型 3   关于概率的计算问题

已知常用概率分布及相应概率关系式求概率, 则应充分利用其对应表达式, 简化计算.

已知分布函数或概率密度函数求相关概率, 一般直接按相关公式计算, 尤其是已知分布函数时, 不必通过求得密度函数去计算, 这一点与已知随机变量 X 的分布函数 $F(x)$, 求 X 的数学期望 (或方差) 是不相同的 (因为 $E(X^n)$ $= \int_{-\infty}^{+\infty} x^n f(x) \mathrm{d}x$, 其中 $f(x)$ 为 X 的密度函数).

求解含参数的概率问题时, 若已知随机变量 X 的分布律、密度函数或分布函数中含有待定常数, 则应先利用其概率分布的性质确定有关参数; 然后, 再用相应计算方法求概率; 如果是参数未定的常用概率分布, 往往应先根据题中所给条件确定其参数, 然后再求相应概率.

若已知随机变量 X 及其所服从的分布, 求相应问题的概率, 应注意问题的转化, 以保持变量与其对应的概率一致. 尤其是要设法确定有关变量的具体取值范围, 以便由此构成事件, 再求其相应概率.

例 8   一个完全不懂中文的外国人去瞎蒙一个中文考试, 假设此考试有 5 个选择题, 每题有 4 种选择, 其中只有一种答案是正确的. 试求他能答对至少三题而及格的概率.

解   设 $X = \{$该外国人在 5 个选择题中答对的题数$\}$, 则 $X \sim B\left(5, \dfrac{1}{4}\right)$. 又设 $A = \{$答对题数不少于三题$\}$, 则依题设知
$$P(A) = \sum_{k=3}^{5} P\{X = k\} = \sum_{k=3}^{5} C_5^k \left(\frac{1}{4}\right)^k \left(\frac{3}{4}\right)^{5-k} = 0.103\ 5.$$

例 9   设 $P\{X = k\} = C_2^k p^k (1-p)^{2-k}$ $(k = 0,1,2)$, $P\{Y = l\} = C_4^l p^l (1-p)^{4-l}$ $(l = 0,1,2,3,4)$ 分别为随机变量 X 与 Y 的分布列. 如果已知 $P\{X \geqslant 1\} = \dfrac{5}{9}$, 求 $P\{Y \geqslant 1\}$.

解 由于 $P\{X \geqslant 1\} = \dfrac{5}{9}$，故 $P\{X < 1\} = \dfrac{4}{9}$，但 $P\{X < 1\} = P\{X = 0\}$，而

$$P\{X = 0\} = C_2^0 p^0 (1-p)^{2-0} = (1-p)^2,$$

因此 $(1-p)^2 = \dfrac{4}{9}$，即 $(1-p) = \dfrac{2}{3}$，$p = \dfrac{1}{3}$。于是

$$P\{Y \geqslant 1\} = 1 - P\{Y < 1\} = 1 - P\{Y = 0\}$$

$$= 1 - C_4^0 p^0 (1-p)^{4-0} = 1 - \left(\dfrac{2}{3}\right)^4 = \dfrac{65}{81}.$$

例 10 已知随机变量 X 的分布律如下表所示：

X	-2	-1	0	1	2	3
P	$4a$	$\dfrac{1}{12}$	$3a$	a	$10a$	$4a$

求概率 $P\{X \leqslant 2.5\}$。

解 先确定 a。因 $4a + \dfrac{1}{2} + 3a + a + 10a + 4a = 1$，即 $22a + \dfrac{1}{2} = 1$，故 $a = \dfrac{1}{44}$。从而

$$P\{X \leqslant 2.5\} = 1 - P\{X = 3\} = 1 - \dfrac{1}{11} = \dfrac{10}{11}.$$

例 11 设 X 是连续型随机变量，其密度函数为

$$f(x) = \begin{cases} c(4x - 2x^2), & 0 < x < 2; \\ 0, & \text{其他}. \end{cases}$$

试求：① 常数 c 的值；② $P\{X > 1\}$。

解 ① 由 $1 = \displaystyle\int_{-\infty}^{+\infty} f(x)\mathrm{d}x = \int_0^2 c(4x - 2x^2)\mathrm{d}x = \dfrac{8}{3}c$，得 $c = \dfrac{3}{8}$。

② $P\{X > 1\} = \displaystyle\int_1^{+\infty} f(x)\mathrm{d}x = \int_1^2 \dfrac{3}{8}(4x - 2x^2)\mathrm{d}x + \int_2^{+\infty} 0\mathrm{d}x = \dfrac{1}{2}$。

例 12 如果在时间 t（分钟）内，通过某交叉路口的汽车数量服从参数为 t 成正比的泊松分布。已知在一分钟内没有汽车通过的概率为 0.2，求在两分钟内有多于一辆汽车通过的概率。

解 设 X 为时间 t 内通过交叉路口的汽车数，则

$$P\{X = k\} = (\lambda t)^k \dfrac{\mathrm{e}^{-\lambda t}}{k!} \quad (k = 0, 1, \cdots).$$

因 $P\{X = 0\} = \mathrm{e}^{-\lambda} = 0.2$，故 $-\lambda = -\ln 5$，即 $\lambda = \ln 5$，故

$$P\{X = k\} = (t \ln 5)^k \frac{e^{-t \ln 5}}{k!}.$$

而当 $t = 2$ 时，$\lambda t = 2 \ln 5$，故 $P\{X = 1\} = t \ln 5\, e^{-\lambda t}$，

$$P\{X > 1\} = 1 - P\{X = 0\} - P\{X = 1\}$$
$$= \frac{1}{25}(24 - \ln 25) \approx 0.83.$$

题型 4　一维随机变量函数的分布

设 X 是一维随机变量，$g(x)$ 为一元连续函数，则 $Y = g(X)$ 也是随机变量，并称为随机变量 X 的函数.

1° 一维离散型随机变量函数的分布律

设 X 是离散型随机变量，其分布律如下（其中 $p_k \geqslant 0$，$\sum\limits_k p_k = 1$）：

X	x_1	x_2	$\cdots$	x_k	$\cdots$
P	p_1	p_2	$\cdots$	p_k	$\cdots$

则 $Y = g(X)$ 的分布律如下：

$Y = g(X)$	$g(x_1)$	$g(x_2)$	$\cdots$	$g(x_k)$	$\cdots$
X	x_1	x_2	$\cdots$	x_k	$\cdots$
P	p_1	p_2	$\cdots$	p_k	$\cdots$

若 $g(x_k)$ 中有相同者时，应将其对应的 p_k 合并.

例 13　设离散型随机变量 X 的概率分布如下表所示：

X	-2	-1	0	1	2	3
P	0.1	0.2	0.1	0.3	0.2	0.1

求随机变量 $Y = 3X^2 - 5$ 的概率分布.

解　显然，依 X 的取值，知 $Y = 3X^2 - 5$ 的可能取值为 $-5, -2, 7, 22$. 而

$$P\{Y = -5\} = P\{3X^2 - 5 = -5\} = P\{X^2 = 0\}$$
$$= P\{X = 0\} = 0.1,$$
$$P\{Y = 22\} = P\{X = -3\} + P\{X = 3\} = 0.1,$$

$$P\{Y=-2\}=P\{3X^2-5=-2\}=P\{X^2=1\}$$
$$=P(\{X=-1\}\bigcup\{X=1\})$$
$$=P\{X=-1\}+P\{X=1\}$$
$$=0.2+0.3=0.5,$$
$$P\{Y=7\}=P\{X=-2\}+P\{X=2\}$$
$$=0.1+0.2=0.3.$$

故 $Y=3X^2-5$ 的概率分布如下表所示:

Y	-5	-2	7	22
P	0.1	0.5	0.3	0.1

例 14 设随机变量 X 的分布列为 $P\{X=k\}=\dfrac{1}{2^k}$ $(k=1,2,\cdots)$. 试求 $Y=\sin\dfrac{\pi X}{2}$ 的分布列.

解 因为

$$\sin\frac{n\pi}{2}=\begin{cases}-1, & n=4k-1;\\ 0, & n=2k; \qquad (k=1,2,\cdots).\\ 1, & n=4k-3\end{cases}$$

所以,随机变量 $Y=\sin\dfrac{\pi X}{2}$ 的可能取值为 $-1,0,1$,并且

$$P\{Y=-1\}=\sum_{k=1}^{\infty}P\{X=4k-1\}=\sum_{k=1}^{\infty}\frac{1}{2^{4k-1}}$$
$$=\frac{1}{8}\cdot\frac{1}{1-\dfrac{1}{16}}=\frac{2}{15},$$

$$P\{Y=0\}=\sum_{k=1}^{\infty}P\{X=2k\}=\sum_{k=1}^{\infty}\frac{1}{2^{2k}}$$
$$=\frac{1}{4}\cdot\frac{1}{1-\dfrac{1}{4}}=\frac{1}{3},$$

$$P\{Y=1\}=\sum_{k=1}^{\infty}P\{X=4k-3\}=\sum_{k=1}^{\infty}\frac{1}{3^{4k-3}}$$
$$=\frac{1}{2}\cdot\frac{1}{1-\dfrac{1}{16}}=\frac{8}{15}.$$

即随机变量 Y 的分布列如下表所示：

Y	-1	0	1
P	$\dfrac{2}{15}$	$\dfrac{1}{3}$	$\dfrac{8}{15}$

2° 连续型随机变量函数的分布

已知 X 的密度函数为 $f(x)$，则 X 的函数 $Y = g(X)$ 的密度函数 $f_Y(y)$ 由如下（常用）方法确定：

（1）分布函数微分法（亦称"直接法"），即先按定义 $F_Y(y) = P\{Y \leqslant y\}$ $= P\{g(X) \leqslant y\}$ 经解不等式（亦即对事件进行分解），求得 $F_Y(y)$ 与 $F_X(y)$ 之关系式；然后再对它们关于 y 求导，便可得用 $f_X(y)$ 表示出的关于 $f_Y(y)$ 的表达式.

（2）公式法. 当 $y = g(x)$ 单调时，（由方法(1)）可推导得到公式

$$f_Y(y) = \begin{cases} f_X(h(y))|h'(y)|, & \alpha < y < \beta; \\ 0, & \text{其他}. \end{cases}$$

其中 $h(y)$ 为 $g(x)$ 的反函数，

$$\alpha = \min\{g(-\infty), g(+\infty)\}, \quad \beta = \max\{g(-\infty), g(+\infty)\}.$$

若 $f_X(x)$ 在有限区间 $[a, b]$ 上大于零，而在其他点处皆为零，则

$$\alpha = \min\{g(a), g(b)\}, \quad \beta = \max\{g(a), g(b)\}.$$

而当 $y = g(x)$ 不为单调函数时，则应划分为单调区间，再用上述公式计算，然后将结果合并.

（3）下面（不加证明）介绍求一维随机变量函数的分布密度函数的另一较简单方法 —— 积分转化法.

设随机变量 X 的密度函数为 $f_X(x)$，$g(x)$ 为（分段）连续或（分段）单调函数，$Y = g(X)$. 若对任何非负连续函数 $h(x)$，成立

$$\int_{-\infty}^{+\infty} h(g(x)) f(x) \mathrm{d}x = \sum_{i=1}^{m} \int_{\alpha_{i-1}}^{\alpha_i} h(y) p_i(y) \mathrm{d}y \tag{2.1}$$

$(-\infty \leqslant \alpha_0 < \alpha_1 < \cdots < \alpha_{m-1} < \alpha_m \leqslant +\infty)$，则随机变量 Y 的概率密度为

$$f_Y(y) = \begin{cases} p_1(y), & \alpha_0 < y \leqslant \alpha_1; \\ p_2(y), & \alpha_1 < y \leqslant \alpha_2; \\ \cdots; & \\ p_m(y), & \alpha_{m-1} < y < \alpha_m; \\ 0, & \text{其他}. \end{cases} \tag{2.2}$$

利用所述"积分转化法"求一维随机变量函数 $Y = g(X)$ 的概率密度 $f_Y(y)$，既不涉及概率运算，亦不必实际进行积分运算，只需针对 $y = g(x)$ 作相应置换，作法相对较为简便. 主要计算步骤如下：

① 将 $g(x)$ 及 $f(x)$ 的具体表达式代入式(2.1)的被积函数中；

② 作代换 $g(x) = y$；

③ 反解出 $x = G(y)$ 并代入 $f(x)$ 中；

④ 整理合并，依式(2.1)最后写出所求概率密度 $f_Y(y)$ 的表达式.

例 15 已知随机变量 X 在 $\left(-\dfrac{\pi}{2}, \dfrac{\pi}{2}\right)$ 上服从均匀分布，函数 $Y = \sin X$，求 Y 的分布密度.

解 由题设，知

$$
f_X(x) = \begin{cases} \dfrac{1}{\pi}, & x \in \left(-\dfrac{\pi}{2}, \dfrac{\pi}{2}\right); \\ 0, & x \notin \left(-\dfrac{\pi}{2}, \dfrac{\pi}{2}\right). \end{cases}
$$

方法 1 易知，当 $-\dfrac{\pi}{2} < x < \dfrac{\pi}{2}$ 时，$-1 < y < 1$. 当 $y \leqslant -1$ 时，$F_Y(y) = 0$；当 $-1 < y < 1$ 时，

$$
\begin{aligned}
F_Y(y) &= P\{Y \leqslant y\} = P\{\sin X \leqslant y\} = P\{X \leqslant \arcsin y\} \\
&= F_X(\arcsin y) = \dfrac{1}{\pi}\left(\arcsin y + \dfrac{\pi}{2}\right);
\end{aligned}
$$

当 $y \geqslant 1$ 时，$F_Y(y) = 1$. 故

$$
f_Y(y) = F_Y'(y) = \begin{cases} \dfrac{1}{\pi}\sqrt{1-y^2}, & -1 < y < 1; \\ 0, & \text{其他}. \end{cases}
$$

方法 2 （用公式）易知 $y = \sin x$ 在 $\left(-\dfrac{\pi}{2}, \dfrac{\pi}{2}\right)$ 上单调增加，因在 $y \in (-1, 1)$ 内，$x = \arcsin y$，$x_y' = \dfrac{1}{\sqrt{1-y^2}}$，故

$$
f_Y(y) = f_X(\arcsin y) \cdot \dfrac{1}{\sqrt{1-y^2}} = \dfrac{1}{\pi} \cdot \dfrac{1}{\sqrt{1-y^2}},
$$

即 $f_Y(y) = \begin{cases} \dfrac{1}{\pi\sqrt{1-y^2}}, & y \in (-1, 1); \\ 0, & \text{其他}. \end{cases}$

例 16 设随机变量 X 的概率密度为

$$f_X(x) = \begin{cases} 1+x, & -1 \leqslant x < 0; \\ 1-x, & 0 \leqslant x \leqslant 1; \\ 0, & \text{其他}, \end{cases}$$

求随机变量 $Y = X^2 + 1$ 的分布函数.

解 随机变量 $Y = X^2 + 1$ 的分布函数为

$$F_Y(y) = P\{Y \leqslant y\} = P\{X^2 + 1 \leqslant y\} \quad (y \in \mathbf{R}).$$

当 $y < 1$ 时，有 $F_Y(y) = 0$；当 $y \geqslant 1$ 时，有

$$F_Y(y) = P\{X^2 + 1 \leqslant y\} = P\{-\sqrt{y-1} \leqslant X \leqslant \sqrt{y-1}\}.$$

若 $1 \leqslant y \leqslant 2$，则 $0 \leqslant \sqrt{y-1} \leqslant 1$，故有

$$F_Y(y) = P\{-\sqrt{y-1} \leqslant X \leqslant \sqrt{y-1}\} = \int_{-\sqrt{y-1}}^{\sqrt{y-1}} f_X(x) \mathrm{d}x$$

$$= \int_{-\sqrt{y-1}}^{0} (1+x) \mathrm{d}x + \int_{0}^{\sqrt{y-1}} (1-x) \mathrm{d}x$$

$$= 2\sqrt{y-1} - y + 1.$$

若 $y > 2$，则 $\sqrt{y-1} > 1$. 因此，有

$$F_Y(y) = \int_{-\sqrt{y-1}}^{\sqrt{y-1}} f_X(x) \mathrm{d}x = \int_{-1}^{0} (1+x) \mathrm{d}x + \int_{0}^{1} (1-x) \mathrm{d}x = 1.$$

综上所述知，可知随机变量 $Y = X^2 + 1$ 的分布函数为

$$F_Y(y) = \begin{cases} 0, & y < 1; \\ 2\sqrt{y-1} - y + 1, & 1 \leqslant y < 2; \\ 1, & y \geqslant 2. \end{cases}$$

例 17 设随机变量 X 的概率密度为

$$f(x) = \begin{cases} 1/4, & -1 \leqslant x \leqslant 1; \\ x/3, & 1 < x \leqslant 2; \\ 0, & \text{其他}. \end{cases}$$

求随机变量 $Y = 4X - 1$ 的概率密度 $f_Y(y)$.

解 根据式 (2.1)，有

$$\int_{-\infty}^{+\infty} h(4x-1) f(x) \mathrm{d}x$$

$$= \int_{-1}^{1} h(4x-1) \cdot \frac{1}{4} \cdot \mathrm{d}x + \int_{1}^{2} h(4x-1) \cdot \frac{x}{3} \mathrm{d}x$$

$$\xrightarrow{\text{令 } y = 4x-1} \int_{-5}^{3} h(y) \cdot \frac{1}{4} \cdot \frac{1}{4} \mathrm{d}y + \int_{3}^{7} h(y) \cdot \frac{1}{3} \cdot \frac{y}{4} \cdot \frac{1}{4} \mathrm{d}y$$

$$= \int_{-5}^{3} h(y) \frac{1}{16} \mathrm{d}y + \int_{3}^{7} h(y) \cdot \frac{4}{48} \cdot \mathrm{d}y,$$

因此知
$$f_Y(y) = \begin{cases} 1/16, & -5 < y \leqslant 3; \\ y/48, & 3 < y \leqslant 7; \\ 0, & \text{其他.} \end{cases}$$

例 18 设随机变量 X 的概率密度为
$$f(x) = \begin{cases} 1/2, & -1 < x < 0; \\ 1/4, & 0 \leqslant x < 2; \\ 0, & \text{其他.} \end{cases}$$

求随机变量 $Y = X^2$ 的概率密度 $f_Y(y)$.

解 显然有
$$\int_{-\infty}^{+\infty} h(x^2) f(x) \mathrm{d}x = \int_{-1}^{0} h(x^2) \cdot \frac{1}{2} \cdot \mathrm{d}x + \int_{0}^{2} h(x^2) \cdot \frac{1}{4} \mathrm{d}x.$$

令 $y = x^2$，那么当 $-1 < x < 0$ 时，$x = -\sqrt{y}$，有 $\mathrm{d}x = -\dfrac{1}{2\sqrt{y}}\mathrm{d}y$；当

$0 < x < 2$ 时，$x = \sqrt{y}$，有 $\mathrm{d}x = \dfrac{1}{2\sqrt{y}}\mathrm{d}y$. 于是，可得

$$\begin{aligned}\int_{-\infty}^{+\infty} h(x^2) f(x)\mathrm{d}x &= \int_{1}^{0} h(y)\left(-\frac{1}{2\sqrt{y}}\mathrm{d}y\right) + \int_{0}^{4} h(y)\left(\frac{1}{2\sqrt{y}}\mathrm{d}y\right) \\ &= \int_{0}^{1} h(y)\frac{1}{4\sqrt{y}}\mathrm{d}y + \int_{0}^{4} h(y)\frac{1}{8\sqrt{y}}\mathrm{d}y \\ &= \int_{0}^{1} h(y)\frac{3}{8\sqrt{y}}\mathrm{d}y + \int_{1}^{4} h(y)\frac{1}{8\sqrt{y}}\mathrm{d}y.\end{aligned}$$

从而，知
$$f_Y(y) = \begin{cases} \dfrac{3}{8\sqrt{y}}, & 0 < y \leqslant 1; \\ \dfrac{1}{8\sqrt{y}}, & 1 < y < 4; \\ 0, & \text{其他.} \end{cases}$$

题型 5　综合计算题

例 19 已知离散型随机变量 X 的分布律如下表所示：

X	-1	0	1
P	$\dfrac{1}{4}$	a	b

分布函数为

$$F(x) = \begin{cases} c, & -\infty < x < -1; \\ d, & -1 \leqslant x < 0; \\ 3/4, & 0 \leqslant x < 1; \\ e, & 1 \leqslant x < +\infty. \end{cases}$$

试求 a, b, c, d, e.

解 这是一个离散型随机变量的分布律和分布函数性质的综合应用题. 只要熟悉这些性质,问题就不难解决. 下面从最容易求的数入手,逐个求出这些数.

因 $F(-\infty) = 0$,故 $c = 0$. 因 $F(+\infty) = 1$,故 $e = 1$. 因 $d = P\{X = -1\}$, 故 $d = \dfrac{1}{4}$. 因 $a = P\{X = 0\} = F(0) - F(0^-) = \dfrac{3}{4} - d$,故 $a = \dfrac{1}{2}$. 因

$$b = P\{X = 1\} = F(1) - F(1^-) = e - \frac{3}{4},$$

故 $b = \dfrac{1}{4}$,或 $b = 1 - \dfrac{1}{4} - a = 1 - \dfrac{1}{4} - \dfrac{1}{2} = \dfrac{1}{4}$.

最后结果为 $a = \dfrac{1}{2}$,$b = \dfrac{1}{4}$,$c = 0$,$d = \dfrac{1}{4}$,$e = 1$.

例 20 已知 X 在 $(1,6)$ 上服从均匀分布,求矩阵

$$\boldsymbol{A} = \begin{bmatrix} 2 & 0 & 0 \\ 0 & -X & 1 \\ 0 & -1 & 0 \end{bmatrix}$$

的特征值全为实数的概率.

解 因

$$|\lambda \boldsymbol{I} - \boldsymbol{A}| = \begin{vmatrix} \lambda - 2 & 0 & 0 \\ 0 & \lambda + X & -1 \\ 0 & 1 & \lambda \end{vmatrix} = (\lambda - 2)(\lambda^2 + X\lambda + 1) = 0,$$

故欲使 $\boldsymbol{A}$ 的特征值全为实数,则 $\lambda^2 + X\lambda + 1 = 0$ 中的 $X^2 - 4 \geqslant 0$,即 $P(\{X \geqslant 2\} \bigcup \{X \leqslant -2\})$ 为所求. 又因

$$X \sim f(x) = \begin{cases} 1/5, & 1 < x < 6; \\ 0, & \text{其他}, \end{cases}$$

故 $P\{X^2 - 4 \geqslant 0\} = P\{X \geqslant 2\} + P\{X \leqslant -2\} = \displaystyle\int_2^6 \frac{1}{5} \mathrm{d}x = \frac{4}{5}$.

例 21 某商场各柜台受到消费者投诉的事件数有 $0,1,2$ 三种情况,其概率分别为 $0.6, 0.3, 0.1$,有关部门每月对该商场抽查两个柜台,规定如果两

个柜台受到投诉总数超过一件，则对该商场给予通报批评. 若一年中有两个月以上受到通报批评，则给予该商场门前挂黄牌一年的处分. 计算该商场被挂黄牌的概率.

解 设事件 $A = \{$某月受到通报批评$\}$，而随机变量 X 表示"一年中受到通报批评的月数"，则依题设，知 $X \sim B(12, P(A))$，且 $P\{X \geqslant 3\}$ 为所求.

又设 $B_i = \{$第一个柜台受到 i 件投诉$\}$($i = 0, 1, 2$)，$C_j = \{$第二个柜台受到 j 件投诉$\}$($j = 0, 1, 2$)，则

$$A = B_2 C_0 + B_0 C_2 + \overline{B_0}\,\overline{C_0}$$

($\overline{B_0}\,\overline{C_0}$ 表示第一、二柜台同时被投诉一件以上)，故

$$P(A) = P(B_2 C_0) + P(B_0 C_2) + P(\overline{B_0}\,\overline{C_0})$$
$$= P(B_2)P(C_0) + P(B_0)P(C_2) + P(\overline{B_0})P(\overline{C_0})$$
$$= 0.1 \times 0.6 + 0.6 \times 0.1 + (1 - 0.6)(1 - 0.6) = 0.28.$$

于是，所求概率

$$p = P\{X \geqslant 3\} = 1 - P\{X \leqslant 2\}$$
$$= 1 - \sum_{k=0}^{2} C_{12}^{k}(0.28)^k (0.72)^{12-k} = 0.696.$$

六、历年考研真题

数 学 三

2.1（1987年，2分）（是非题） 连续型随机变量取任何给定实数值的概率都等于 0. （　　　）

2.2（1987年，4分） 已知随机变量 X 的概率分布为 $P\{X = 1\} = 0.2$，$P\{X = 2\} = 0.3$，$P\{x = 3\} = 0.5$. 写出其分布函数 $F(x)$.

2.3（1988年，6分） 设随机变量 X 在区间 $(1, 2)$ 上服从均匀分布，试求随机变量 $Y = e^{2X}$ 的概率密度 $f(y)$.

2.4（1989年，3分） 设随机变量 X 的分布函数为

$$F(x) = \begin{cases} 0, & x < 0; \\ A \sin x, & 0 \leqslant x \leqslant \dfrac{\pi}{2}; \\ 1, & x > \dfrac{\pi}{2}. \end{cases}$$

则 $A =$ _____ , $P\left\{|X| < \dfrac{\pi}{6}\right\} =$ _____ .

2.5（1989年，8分） 设随机变量 X 在 $[2,5]$ 上服从均匀分布. 现在对 X 进行三次独立观测，试求至少有两次观测值大于 3 的概率.

2.6（1990年，7分） 对某地抽样调查的结果表明，考生的外语成绩（百分制计）近似服从正态分布，平均成绩为72分，96分以上的考生数占 2.3%，试求考生的外语成绩在 60 分至 84 分之间的概率.

附表：

x	0	0.5	1.0	1.5	2.0	2.5	3.0
$\Phi(x)$	0.500	0.692	0.841	0.933	0.977	0.994	0.999

表中 $\Phi(x)$ 是标准正态分布函数.

2.7（1991年，3分） 设随机变量 X 的分布函数为

$$F(x) = P\{X \leqslant x\} = \begin{cases} 0, & x < -1; \\ 0.4, & -1 \leqslant x < 1; \\ 0.8, & 1 \leqslant x < 3; \\ 1, & x \geqslant 3. \end{cases}$$

则 X 的概率分布为_____ .

2.8（1991年，5分） 一辆汽车沿一街道行驶，要过三个有信号灯的路口，每个信号灯为红或绿与其他信号灯为红或绿相互独立，且红、绿信号灯显示的时间相等. 以 X 表示该汽车首次遇到红灯前已通过的路口的个数，求 X 的概率分布.

2.9（1992年，7分） 设测量误差 $X \sim N(0,10^2)$，试求在 100 次独立重复测量中，至少有三次测量误差的绝对值大于 19.6 的概率 α，并用泊松分布求出 α 的近似值（要求小数点后取两位有效数字）.

附表：

λ	1	2	3	4	5	6	7	...
$e^{-\lambda}$	0.368	0.135	0.050	0.018	0.007	0.002	0.001	...

2.10（1993年，3分） 设随机变量 X 的密度函数为 $\varphi(x)$，且 $\varphi(-x) = \varphi(x)$，$F(x)$ 为 X 的分布函数，则对任意实数 a，有（   ）.

(A) $F(-a) = 1 - \int_0^a \varphi(x)\mathrm{d}x$ (B) $F(-a) = \dfrac{1}{2} - \int_0^a \varphi(x)\mathrm{d}x$

(C) $F(-a) = F(a)$ (D) $F(-a) = 2F(a) - 1$

2.11（1993年，8分） 设一大型设备在任何长为 t 的时间内发生故障的次

数 $N(t)$ 服从参数为 λt 的泊松分布.

（1）求相继两次故障之间的时间间隔 T 的概率分布.

（2）求在设备已无故障工作 8 小时的情况下，再无故障运行 8 小时的概率 Q.

2.12（1994 年，3 分）　设随机变量 X 的概率密度为

$$f(x) = \begin{cases} 2x, & 0 < x < 1; \\ 0, & 其他. \end{cases}$$

以 Y 表示对 X 的三次独立重复观察中事件 $\left\{ X \leqslant \dfrac{1}{2} \right\}$ 出现的次数，则 $P\{Y = 2\}$ = _____ .

2.13（1995 年，3 分）　设随机变量 $X \sim N(\mu, \sigma^2)$，则随着 σ 的增大，概率 $P\{|X - \mu| < \sigma\}$（　　）.

（A）单调增大

（B）单调减小

（C）保持不变

（D）增减不定

2.14（1997 年，7 分）　设随机变量 X 的绝对值不大于 1，$P\{X = -1\} = \dfrac{1}{8}$，$P\{X = 1\} = \dfrac{1}{4}$. 在事件 $\{-1 < X < 1\}$ 出现的条件下，X 在区间 $(-1, 1)$ 内的任一子区间上取值的条件概率与该子区间的长度成正比. 试求 X 的分布函数 $F(x) = P\{X \leqslant x\}$.

2.15（1998 年，3 分）　设 $F_1(x)$ 与 $F_2(x)$ 分别为随机变量 X_1 与 X_2 的分布函数. 为使 $F(x) = aF_1(x) - bF_2(x)$ 是某一随机变量的分布函数，在下列给定的各组数值中应取（　　）.

（A）$a = \dfrac{3}{5}, b = -\dfrac{2}{5}$　　　　　　（B）$a = \dfrac{2}{3}, b = \dfrac{2}{3}$

（C）$a = -\dfrac{1}{2}, b = \dfrac{3}{2}$　　　　　　（D）$a = \dfrac{1}{2}, b = -\dfrac{3}{2}$

2.16（2000 年，3 分）　设随机变量 X 的概率密度为

$$f(x) = \begin{cases} 1/3, & x \in [0, 1]; \\ 2/9, & x \in [3, 6]; \\ 0, & 其他. \end{cases}$$

若 k 使得 $P\{X \geqslant k\} = \dfrac{2}{3}$，则 k 的取值范围是 _____ .

2.17（2003 年，13 分）　设随机变量 X 的概率密度为

$$f(x) = \begin{cases} \dfrac{1}{3\sqrt[3]{x^2}}, & 若 x \in [1, 8]; \\ 0, & 其他, \end{cases}$$

$F(x)$ 是 X 的分布函数. 求随机变量 $Y = F(X)$ 的分布函数.

2.18 (2004 年，4 分)　设随机变量 X 服从正态分布 $N(0,1)$，对给定的 $\alpha \in (0,1)$，数 u_α 满足 $P\{X > u_\alpha\} = \alpha$. 若 $P\{|X| > x\} = \alpha$，则 x 等于 (　　).

(A) $u_{\frac{\alpha}{2}}$　　　　(B) $u_{1-\frac{\alpha}{2}}$　　　　(C) $u_{\frac{1-\alpha}{2}}$　　　　(D) $u_{1-\alpha}$

2.19 (2006 年，4 分)　设随机变量 X 服从正态分布 $N(\mu_1, \sigma_1^2)$，随机变量 Y 服从正态分布 $N(\mu_2, \sigma_2^2)$，且 $P\{|X-\mu_1| < 1\} > P\{|Y-\mu_2| < 1\}$，则必有(　　).

(A) $\sigma_1 < \sigma_2$　　(B) $\sigma_1 > \sigma_2$　　(C) $\mu_1 < \mu_2$　　(D) $\mu_1 > \mu_2$

2.20 (2008 年，4 分)　设随机变量 X 服从参数为 1 的泊松分布，则 $P\{X = E(X^2)\} = $ _____.

数 学 四

2-1 (1987 年，2 分)（是非题）　连续型随机变量取任何给定实数值的概率都等于 0. 　　　　　　　　　　　　　　　　　　　　　　　(　　)

2-2 (1988 年，6 分)　设随机变量 X 在区间 $[1,2]$ 上服从均匀分布，试求随机变量 $Y = e^{2X}$ 的概率密度 $f(y)$.

2-3 (1989 年，3 分)　设随机变量 X 的分布函数为

$$F(x) = \begin{cases} 0, & 若 \ x < 0; \\ A\sin x, & 若 \ 0 \leqslant x \leqslant \dfrac{\pi}{2}; \\ 1, & 若 \ x > \dfrac{\pi}{2}. \end{cases}$$

则 $A = $ _____，$P\left\{|X| < \dfrac{\pi}{6}\right\} = $ _____.

2-4 (1990 年，7 分)　对某地抽样调查的结果表明，考生的外语成绩（百分制计）近似服从正态分布，平均成绩为 72 分，96 分以上的考生数占 2.3%，试求考生的外语成绩在 60 分至 84 分之间的概率.

x	0	0.5	1.0	1.5	2.0	2.5	3.0
$\Phi(x)$	0.500	0.692	0.841	0.933	0.977	0.994	0.999

表中 $\Phi(x)$ 是标准正态分布函数.

2-5 (1991 年，7 分)　在电源电压不超过 200V、在 $200 \sim 240$ V 和超过 240 V 三种情况下，某种电子元件损坏的概率分别为 $0.1, 0.001$ 和 0.2. 假设

电源电压 $X \sim N(220, 25^2)$，试求

(1) 该电子元件损坏的概率 α；

(2) 该电子元件损坏时，电源电压在 $200 \sim 240$ V 的概率 β.

x	0.10	0.20	0.40	0.60	0.80	1.00	1.20	1.40
$\Phi(x)$	0.530	0.579	0.655	0.726	0.788	0.841	0.885	0.919

表中 $\Phi(x)$ 是标准正态分布函数.

2-6（1992 年，7 分） 设测量误差 $X \sim N(0, 10^2)$，试求在 100 次独立重复测量中，至少有三次测量误差的绝对值大于 19.6 的概率 α，并用泊松分布求出 α 的近似值（要求小数点后取两位有效数字）.

λ	1	2	3	4	5	6	7	$\cdots$
$e^{-\lambda}$	0.368	0.135	0.050	0.018	0.007	0.002	0.001	$\cdots$

2-7（1993 年，8 分） 设一大型设备在任何长为 t 的时间内发生故障的次数 $N(t)$ 服从参数为 λt 的泊松分布.

(1) 求相继两次故障之间的时间间隔 T 的概率分布.

(2) 求在设备已无故障工作 8 小时的情况下，再无故障运行 8 小时的概率 Q.

2-8（1994 年，7 分） 设随机变量 X 的概率密度为

$$f(x) = \begin{cases} 2x, & 0 < x < 1; \\ 0, & \text{其他}. \end{cases}$$

以 Y 表示对 X 的三次独立重复观察中事件 $\left\{ X \leqslant \dfrac{1}{2} \right\}$ 出现的次数，则 $P\{Y = 2\}$ = _____.

2-9（1995 年，3 分） 设随机变量 $X \sim N(\mu, \sigma^2)$，则随着 σ 的增大，概率 $P\{|X - \mu| < \sigma\}$ （ ）.

(A) 单调增大 (B) 单调减小

(C) 保持不变 (D) 增减不定

2-10（1995 年，7 分） 设随机变量 X 服从参数为 2 的指数分布，证明：$Y = 1 - e^{-2X}$ 在区间 $(0, 1)$ 上服从均匀分布.

2-11（1996 年，3 分） 一实习生用同一台机器接连独立地制造 3 个同种零件，第 i 个零件是不合格品的概率 $p_i = \dfrac{1}{i+1}$ $(i = 1, 2, 3)$，以 X 表示 3 个零件中合格品的个数，则 $P\{X = 2\}$ = _____.

2-12（1997 年，8 分） 设随机变量 X 的绝对值不大于 1，$P\{X = -1\}$ =

$\dfrac{1}{8}$，$P\{X=1\}=\dfrac{1}{4}$．在事件$\{-1<X<1\}$出现的条件下，X在区间$(-1,1)$内的任一子区间上取值的条件概率与该子区间的长度成正比．试求：

（1）X的分布函数$F(x)=P\{X\leqslant x\}$；

（2）X取负值的概率．

2-13（1998年，3分）　设$F_1(x)$与$F_2(x)$分别为随机变量X_1与X_2的分布函数．为使$F(x)=aF_1(x)-bF_2(x)$是某一随机变量的分布函数，在下列给定的各组数值中应取（　　）．

（A）$a=\dfrac{3}{5}$，$b=-\dfrac{2}{5}$　　　　（B）$a=\dfrac{2}{3}$，$b=\dfrac{2}{3}$

（C）$a=-\dfrac{1}{2}$，$b=\dfrac{3}{2}$　　　　（D）$a=\dfrac{1}{2}$，$b=-\dfrac{3}{2}$

2-14（2003年，13分）　设随机变量X的概率密度为

$$f(x)=\begin{cases}\dfrac{1}{3\sqrt[3]{x^2}}, & \text{若 } x\in[1,8]; \\ 0, & \text{其他,}\end{cases}$$

$F(x)$是X的分布函数．求随机变量$Y=F(X)$的分布函数．

2-15（2004年，4分）　设随机变量X服从正态分布$N(0,1)$，对给定的$\alpha\in(0,1)$，数u_α满足$P\{X>u_\alpha\}=\alpha$．若$P\{|X|>x\}=\alpha$，则x等于（　　）．

（A）$u_{\frac{\alpha}{2}}$　　　（B）$u_{1-\frac{\alpha}{2}}$　　　（C）$u_{1-\frac{\alpha}{2}}$　　　（D）$u_{1-\alpha}$

2-16（2006年，4分）　设随机变量X服从正态分布$N(\mu_1,\sigma_1^2)$，随机变量Y服从正态分布$N(\mu_2,\sigma_2^2)$，且$P\{|X-\mu_1|<1\}>P\{|Y-\mu_2|<1\}$，则必有（　　）．

（A）$\sigma_1<\sigma_2$　　（B）$\sigma_1>\sigma_2$　　（C）$\mu_1<\mu_2$　　（D）$\mu_1>\mu_2$

2-17（2008年，4分）　设随机变量X服从参数为1的泊松分布，则$P\{X=E(X^2)\}=$ _____．

七、历年考研真题详解

数 学 三

2.1　应填"是"．

注　这是连续型随机变量的一个结论．

2.2 解 $F(x) = P\{X \leqslant x\}$. 当 $x < 1$ 时, $F(x) = 0$; 当 $1 \leqslant x < 2$ 时, $F(x) = P\{X = 1\} = 0.2$; 当 $2 \leqslant x < 3$ 时,

$$F(x) = P\{X = 1\} + P\{X = 2\} = 0.2 + 0.3 = 0.5;$$

当 $x \geqslant 3$ 时,

$$F(x) = P\{X = 1\} + P\{X = 2\} + P\{X = 3\} = 0.2 + 0.3 + 0.5 = 1.$$

故

$$F(x) = \begin{cases} 0, & x < 1; \\ 0.2, & 2 \leqslant x < 2; \\ 0.5, & 2 \leqslant x < 3; \\ 1, & x \geqslant 3. \end{cases}$$

注 本题考查离散型随机变量由已知分布列求分布函数的方法,注意分布函数 $F(x)$ 的定义式中是"$\leqslant$"号,并注意讨论 x 取等号的位置(保证 $F(x)$ 右连续).

2.3 分析 均匀、指数、泊松等特殊分布可先写出其分布(概率密度或分布列).

解法 1 X 的概率密度为

$$f_X(x) = \begin{cases} 1, & 1 < x < 2; \\ 0, & \text{其他}. \end{cases}$$

而 Y 的分布函数

$$F_Y(y) = P\{Y \leqslant y\} = P\{e^{2X} \leqslant y\}.$$

由 X 的取值范围可见,当 $y \leqslant 0$ 时, $F_Y(y) = 0$, 故

$$f(y) = F_Y'(y) = 0;$$

当 $y > 0$ 时,

$$F_Y(y) = P\{2X \leqslant \ln y\} = P\left\{X \leqslant \frac{1}{2}\ln y\right\} = \int_{-\infty}^{\frac{1}{2}\ln y} f_X(x)\mathrm{d}x,$$

故

$$f(y) = F_Y'(y) = f_X\left(\frac{1}{2}\ln y\right) \cdot \frac{1}{2y}$$

$$= \frac{1}{2y} \cdot \begin{cases} 1, & 1 < \frac{1}{2}\ln y < 2; \\ 0, & \text{其他} \end{cases}$$

$$= \begin{cases} \dfrac{1}{2y}, & e^2 < y < e^4; \\ 0, & \text{其他}. \end{cases}$$

因此

$$f(y) = \begin{cases} \dfrac{1}{2y}, & e^2 < y < e^4; \\ 0, & \text{其他}. \end{cases}$$

解法 2　$y = e^{2x}$ 的反函数为 $x = h(y) = \dfrac{1}{2}\ln y\,(y > 0)$，单调增，而 X 的概率密度为

$$f_X(x) = \begin{cases} 1, & 1 < x < 2; \\ 0, & \text{其他}, \end{cases}$$

故 $Y = e^{2X}$ 的概率密度为

$$f(y) = f_X(h(y)) \cdot |h'(y)| = f_X\left(\frac{1}{2}\ln y\right) \cdot \left|\frac{1}{2}(\ln y)'\right|$$

$$= \frac{1}{2y} \cdot \begin{cases} 1, & 1 < \frac{1}{2}\ln y < 2; \\ 0, & \text{其他} \end{cases} = \begin{cases} \dfrac{1}{2y}, & e^2 < y < e^4; \\ 0, & \text{其他}. \end{cases}$$

注　本题考查一维随机变量函数的分布. 解法 2 为套公式，注意写上 "$y > 0$". 解法 1 可以具体求出积分 $\int_{-\infty}^{\frac{1}{2}\ln y} f_X(x)\mathrm{d}x$，也可将此积分式写成 $F_X\left(\dfrac{1}{2}\ln y\right)$（$F_X(x)$ 为 X 的分布函数）. 记号上注意勿将 $f_X(x)$ 写成 $f(x)$（$F_X(x)$，$F_Y(y)$ 等也类似，注意记号上的区别表示），因为 $f(y)$ 题目已经表示为 Y 的概率密度了. 讨论时，不能对随机变量 X 或 Y 进行讨论，只能讨论自变量.

2.4　应填 1；$\dfrac{1}{2}$.

解　因分布函数是右连续的，故 $\lim\limits_{x \to (\frac{\pi}{2})^+} F(x) = F\left(\dfrac{\pi}{2}\right)$，即 $1 = A\sin\dfrac{\pi}{2}$，因此 $A = 1$. 这时，$F(x)$ 在 $(-\infty, +\infty)$ 上连续. 于是

$$P\left\{|X| < \frac{\pi}{6}\right\} = P\left\{-\frac{\pi}{6} < X < \frac{\pi}{6}\right\} = F\left(\frac{\pi}{6} - 0\right) - F\left(-\frac{\pi}{6}\right)$$

$$= \sin\frac{\pi}{6} = \frac{1}{2}.$$

注　本题主要考查分布函数的性质和概率计算. 有人喜欢先求 $F'(x)$，得到 X 的 "概率密度"，然后用这个 "密度" 来算. 一般不鼓励这样做，因为题目未说 X 是连续型的随机变量（非连续型的随机变量是没有概率密度的），则求密度易出错，也麻烦.

2.5　**分析**　参见题 2.3 的分析. 而二项分布（或伯努利概型）是要考生自己去判断的.

解　由题意，X 的概率密度为

$$f(x) = \begin{cases} \dfrac{1}{3}, & 2 \leqslant x \leqslant 5; \\ 0, & \text{其他}. \end{cases}$$

则

$$p = P\{X > 3\} = \int_3^{+\infty} f(x)\mathrm{d}x = \int_3^5 \frac{1}{3}\mathrm{d}x = \frac{2}{3}.$$

设在对 X 进行的三次独立观测中，有 Y 次观测值大于 3，则 Y 服从参数为 $3, p\left(p = \dfrac{2}{3}\right)$ 的二项分布. 故所求概率为

$$P\{Y \geqslant 2\} = P\{Y = 2\} + P\{Y = 3\}$$

$$= C_3^2 \cdot \left(\frac{2}{3}\right)^2 \cdot \left(\frac{1}{3}\right)^1 + C_3^3 \cdot \left(\frac{2}{3}\right)^3 \cdot \left(\frac{1}{3}\right)^0 = \frac{20}{27}.$$

注 本题主要考查均匀、二项分布的概率计算.

2.6 解 设该地考生的外语成绩为 X. 由题意，$X \overset{\text{近似}}{\sim} N(72, \sigma^2)$，且 $P\{X \geqslant 96\} = 0.023$. 因此

$$0.023 = P\left\{\frac{X - 72}{\sigma} \geqslant \frac{96 - 72}{\sigma}\right\} = 1 - \Phi\left(\frac{24}{\sigma}\right),$$

故 $\Phi\left(\dfrac{24}{\sigma}\right) = 0.977$. 查表得 $\dfrac{24}{\sigma} = 2$，有 $\sigma = 12$. 故

$$P\{60 \leqslant X \leqslant 84\} = P\left\{\frac{60 - 72}{\sigma} \leqslant \frac{X - 72}{\sigma} \leqslant \frac{84 - 72}{\sigma}\right\}$$

$$= \Phi\left(\frac{12}{\sigma}\right) - \Phi\left(-\frac{12}{\sigma}\right) = 2\Phi\left(\frac{12}{\sigma}\right) - 1$$

$$= 2\Phi(1) - 1 = 2 \times 0.841 - 1 = 0.682.$$

注 本题主要考查正态分布的概率计算. 其中用到公式 $\Phi(-x) = 1 - \Phi(x)$ 和如下结论：若 $X \sim N(\mu, \sigma^2)$，则 $\dfrac{X - \mu}{\sigma} \sim N(0, 1)$.

2.7 应填：

X	-1	1	3
P	0.4	0.4	0.2

解 $F(x)$ 为一阶梯函数，则 X 可能取的值为 $F(x)$ 的跳跃点：$-1, 1, 3$.

$$P\{X = -1\} = F(-1) - F(-1 - 0) = 0.4,$$
$$P\{X = 1\} = F(1) - F(1 - 0) = 0.8 - 0.4 = 0.4,$$
$$P\{X = 3\} = F(3) - F(3 - 0) = 1 - 0.8 = 0.2.$$

注 本题主要考查离散型随机变量由分布函数求分布列的方法. 注意本题中 X 的分布函数 $F(x)$ 是一阶梯函数，则 X 可能取的值为 $F(x)$ 的跳跃点(自变量取值)，X 取这些值的概率为 $F(x)$ 在这些点上的跳跃度(函数的跳跃差). 而本题解法中用的式子

$$P\{X = a\} = F(a) - F(a - 0)$$

也是要求考生了解的.

2.8 解 由题意,X 可能取的值为 $0,1,2,3$,且

$$P\{X=0\}=\frac{1}{2}, \quad P\{X=1\}=\frac{1}{2}\times\frac{1}{2}=\frac{1}{4},$$

$$P\{X=2\}=\frac{1}{2}\times\frac{1}{2}\times\frac{1}{2}=\frac{1}{8},$$

$$P\{X=3\}=\frac{1}{2}\times\frac{1}{2}\times\frac{1}{2}=\frac{1}{8}.$$

注 本题主要考查离散型随机变量的分布列和独立事件的概率计算. 若记 $A_i=\{$汽车在第 i 个路口遇红灯$\}$ $(i=1,2,3)$,则

$$P\{X=1\}=P(\overline{A_1}A_2)=P(\overline{A_1})P(A_2)=\frac{1}{2}\times\frac{1}{2}=\frac{1}{4}$$

(其余类似. 这里 A_1,A_2,A_3 独立,且 $P(A_i)=\frac{1}{2}$ $(i=1,2,3)$),请勿与二项分布相混. $\{X=3\}$ 为三个路口都遇绿灯(将来迟早要遇红灯).

2.9 解 设在 100 次测量中,有 Y 次的测量误差的绝对值大于 19.6,则 $Y\sim B(100,p)$,其中

$$p=P\{|X|>19.6\}=1-P\{-19.6\leqslant X\leqslant 19.6\}$$

$$=1-P\left\{-1.96\leqslant\frac{X}{10}\leqslant 1.96\right\}$$

$$=1-(\Phi(1.96)-\Phi(-1.96))=2-2\Phi(1.96)$$

$$=2-2\times 0.975=0.05.$$

故

$$\alpha=P\{Y\geqslant 3\}=1-\sum_{i=1}^{2}P\{Y=i\}$$

$$=1-C_{100}^0\cdot 0.05^0\cdot 0.95^{100}-C_{100}^1\cdot 0.05^1\cdot 0.95^{99}$$

$$\quad-C_{100}^2\cdot 0.05^2\cdot 0.95^{98}$$

$$=1-0.95^{100}-5\times 0.95^{99}-\frac{99}{2}\times 0.05^2\times 0.95^{98}$$

$$\approx 0.962.$$

用泊松分布逼近时,$\lambda=100\times 0.05=5$,则

$$\alpha\approx 1-\frac{5^0}{0!}e^{-5}-\frac{5^1}{1!}e^{-5}-\frac{5^2}{2!}e^{-5}=1-e^{-5}\times 18.5$$

$$=1-0.007\times 18.5\approx 0.871.$$

注 本题主要考查正态、二项分布的概率计算. 二项分布要靠自己判断(从"独立"、"重复"及"发生几次"上判断). 本题最后一问是考查二项分布的泊松逼近,非重点(2001年考试大纲已删去这方面的要求).

2.10 应选(B).

解 由概率密度的性质和已知,可得

$$1 = \int_{-\infty}^{+\infty} \varphi(x)\mathrm{d}x = 2\int_{0}^{+\infty} \varphi(x)\mathrm{d}x,$$

故 $\int_{0}^{+\infty} \varphi(x)\mathrm{d}x = \dfrac{1}{2}$. 而

$$F(-a) = \int_{-\infty}^{-a} \varphi(x)\mathrm{d}x \xlongequal{x=-t} \int_{+\infty}^{a} \varphi(-t)(-\mathrm{d}t) = \int_{a}^{+\infty} \varphi(t)\mathrm{d}t$$

$$= \int_{0}^{+\infty} \varphi(x)\mathrm{d}x - \int_{0}^{a} \varphi(x)\mathrm{d}x = \dfrac{1}{2} - \int_{0}^{a} \varphi(x)\mathrm{d}x,$$

故选(B).

注 本题主要考查概率密度的性质、分布函数与概率密度的关系. 要做具体计算,不要直观粗略地判断.

2.11 **分析** 有应用背景的求随机变量(连续型)的概率分布,就是要求分布函数.

解 由题意,

$$P\{N(t) = k\} = \dfrac{(\lambda t)^k}{k!}\mathrm{e}^{-\lambda t} \quad (k = 0, 1, 2, \cdots).$$

(1) 考虑 $P\{T > t\}$. 显然,$t \leqslant 0$ 时,$P\{T > t\} = 1$;$t > 0$ 时,

$$P\{T > t\} = P\{N(t) = 0\} = \dfrac{(\lambda t)^0}{0!}\mathrm{e}^{-\lambda t} = \mathrm{e}^{-\lambda t}.$$

故 T 的分布函数

$$F(t) = P\{T \leqslant t\} = 1 - P\{T > t\}$$

$$= 1 - \begin{cases} \mathrm{e}^{-\lambda t}, & t > 0; \\ 1, & t \leqslant 0 \end{cases} = \begin{cases} 1 - \mathrm{e}^{-\lambda t}, & t > 0; \\ 0, & t \leqslant 0. \end{cases}$$

(2) 所求概率为

$$Q = P\{T > 16 \mid T > 8\} = \dfrac{P\{T > 16, T > 8\}}{P\{T > 8\}}$$

$$= \dfrac{P\{T > 16\}}{P\{T > 8\}} = \dfrac{\mathrm{e}^{-16\lambda}}{\mathrm{e}^{-8\lambda}} = \mathrm{e}^{-8\lambda}.$$

注 本题主要考查泊松分布、条件概率和分布函数的计算. 其中 $\{T > t\} = \{$长为 t 的时间段内设备无故障运行$\} = \{N(t) = 0\}$,请读者仔细想想.

2.12 应填 $\dfrac{9}{64}$.

解 由题意,$Y \sim B(3, p)$,其中

$$p = P\left\{X \leqslant \frac{1}{2}\right\} = \int_{-\infty}^{\frac{1}{2}} f(x)\mathrm{d}x = \int_0^{\frac{1}{2}} 2x\mathrm{d}x = \frac{1}{4}.$$

故 $P\{Y = 2\} = C_3^2 \cdot \left(\frac{1}{4}\right)^2 \cdot \left(\frac{3}{4}\right)^{3-2} = \frac{9}{64}.$

注　本题主要考查随机变量的概率计算.

2.13　应选(C).

解　由已知 $X \sim N(\mu, \sigma^2)$，得 $\dfrac{X - \mu}{\sigma} \sim N(0,1)$. 故

$$P\{|X - \mu| < \sigma\} = P\left\{\left|\frac{X - \mu}{\sigma}\right| < 1\right\} = P\left\{-1 < \frac{X - \mu}{\sigma} < 1\right\}$$
$$= \Phi(1) - \Phi(-1).$$

故选(C).

注　本题主要考查正态分布的概率计算. 不能凭直观、感觉去做.

2.14　**分析**　本题中的 X 既非离散型也非连续型，故没有分布律或概率密度，只能用分布函数描述其分布.

解　由 $F(x) = P\{X \leqslant x\}$ 以及 $P\{|X| \leqslant 1\} = 1$ 知，当 $x < -1$ 时，$F(x) = 0$；而

$$F(-1) = P\{X \leqslant -1\} = P\{X = -1\} = \frac{1}{8};$$

当 $x \geqslant 1$ 时，$F(x) = 1$；当 $-1 < x < 1$ 时，
$$P\{-1 < X \leqslant x \mid -1 < X < 1\} = K(x + 1),$$
其中 K 为比例系数，为一常数. 而
$$P\{-1 < X < 1\} = 1 - P\{X = -1\} - P\{X = 1\}$$
$$= 1 - \frac{1}{8} - \frac{1}{4} = \frac{5}{8},$$
故
$$P\{-1 < X \leqslant x \mid -1 < X < 1\}$$
$$= \frac{P\{-1 < X \leqslant x, -1 < X < 1\}}{P\{-1 < X < 1\}} = \frac{P\{-1 < X \leqslant x\}}{5/8}.$$
从而
$$P\{-1 < X \leqslant x\} = \frac{5}{8}K(x + 1) = K'(x + 1),$$
其中 $K' = \dfrac{5}{8}K$ 为常数. 故
$$F(x) = P\{X \leqslant x\} = P\{-1 < X \leqslant x\} + P\{X = -1\}$$
$$= K'(x + 1) + \frac{1}{8}.$$

而

$$\frac{1}{4} = P\{X = 1\} = F(1) - F(1 - 0) = 1 - \left(2K' + \frac{1}{8}\right),$$

得 $K' = \frac{5}{16}$. 所以

$$F(x) = \begin{cases} 0, & x < -1; \\ \dfrac{5}{16}(x+1) + \dfrac{1}{8}, & -1 \leqslant x < 1; \\ 1, & x \geqslant 1. \end{cases}$$

注 本题主要考查分布函数的计算. 解中"$P\{-1 < X \leqslant x \mid -1 < X < 1\} = K(x+1)$"是题中"在事件 $\{-1 < X < 1\}$ 出现 …… 成正比"这句话的数学式子表述. 解中用到式子"$P\{X = a\} = F(a) - F(a - 0)$"是用分布函数求随机变量落单点的概率的公式.

2.15 应选(A).

解 因 $F_1(x)$ 和 $F_2(x)$ 均为分布函数, 故 $F_1(+\infty) = F_2(+\infty) = 1$. 要使 $F(x)$ 为分布函数, 也有 $F(+\infty) = 1$. 对该式令 $x \to +\infty$, 可得 $a - b = 1$, 只有(A)符合.

注 本题考查分布函数的性质.

2.16 应填 $[1, 3]$.

解 因 $P\{X \geqslant k\} = \int_k^{+\infty} f(x)\mathrm{d}x$, 可见: 若 $k \leqslant 0$, 则 $P\{X \geqslant k\} = 1$; 若 $0 < k < 1$, 则

$$P\{X \geqslant k\} = \int_k^1 \frac{1}{3}\mathrm{d}x + \int_3^6 \frac{2}{9}\mathrm{d}x = \frac{1-k}{3} + \frac{2}{3};$$

若 $k > 6$, 则 $P\{X \geqslant k\} = 0$; 若 $3 < k \leqslant 6$, 则

$$P\{X \geqslant k\} = \int_k^6 \frac{2}{9}\mathrm{d}x = \frac{2}{9}(6 - k);$$

若 $1 \leqslant k \leqslant 3$, 则

$$P\{X \geqslant k\} = \int_k^3 0\mathrm{d}x + \int_3^6 \frac{2}{9}\mathrm{d}x = \frac{2}{3}.$$

综上, 可知 $K \in [1, 3]$.

注 本题主要考查连续型随机变量由密度求概率的方法. 注意 $f(x)$ 不要随便写成 $\frac{1}{3}$ 或 $\frac{2}{9}$. 最好把 k 的所有可能值都考虑到.

2.17 **解** X 的分布函数 $F(x) = \int_{-\infty}^x f(t)\mathrm{d}t$. 当 $x < 1$ 时, $F(x) = 0$;

当 $x \geqslant 8$ 时，

$$F(x) = \int_1^8 \frac{\mathrm{d}t}{3\sqrt[3]{t^2}} + \int_8^x 0\mathrm{d}t = 1;$$

当 $1 \leqslant x < 8$ 时，

$$F(x) = \int_1^x \frac{\mathrm{d}t}{3\sqrt[3]{t^2}} = t^{\frac{1}{3}} \Big|_1^x = \sqrt[3]{x} - 1.$$

故

$$F(x) = \begin{cases} 0, & x < 1; \\ \sqrt[3]{x} - 1, & 1 \leqslant x < 8; \\ 1, & x \geqslant 8. \end{cases}$$

因此 $Y = F(X)$ 的分布函数为 $G(y) = P\{Y \leqslant y\} = P\{F(X) \leqslant y\}$. 注意到 $0 \leqslant F(x) \leqslant 1$，对 $x \in (-\infty, +\infty)$ 有：当 $y < 0$ 时，$G(y) = 0$；当 $y \geqslant 1$ 时，$G(y) = 1$；当 $0 \leqslant y < 1$ 时，

$$G(y) = P\{\sqrt[3]{X} - 1 \leqslant y\} = P\{X \leqslant (1+y)^3\}$$
$$= F((1+y)^3) = \sqrt[3]{(1+y)^3} - 1 = y.$$

因此

$$G(y) = \begin{cases} 0, & y < 0; \\ y, & 0 \leqslant y < 1; \\ 1, & y \geqslant 1. \end{cases}$$

注 对随机变量 ξ，其分布函数为 $F(x)$，则 $F(\xi)$ 服从 $[0,1]$ 上的均匀分布（只要 ξ 为连续型随机变量，无论服从什么分布），这是概率论中的一个结论. 解中 $0 \leqslant y < 1$ 时，后边严格的写法为

$$G(y) = P(\{X < 1\} \cup \{1 \leqslant X \leqslant 8\} \cup \{\sqrt[3]{X} - 1 \leqslant y\})$$
$$= P(\{X < 1\} \cup \{X \leqslant (1+y)^3\})$$
$$= P\{X \leqslant (1+y)^3\} = F((1+y)^3) = y,$$

但对非数学专业的同学而言不必写这么多. 本题还有其他的形式解法，如：求出 $F(x)$ 后，可见 $y = F(x)$ 在 $x \in [1,8]$ 上严格递增，故反函数 $x = F^{-1}(y)$ 存在，所以 $0 \leqslant y < 1$ 时，

$$G(y) = P\{F(8) \leqslant y\} = P\{X \leqslant F^{-1}(y)\} = F(F^{-1}(y)) = y;$$

又如：求出 $F(x)$ 后，$Y = \sqrt[3]{X} - 1 \ (1 \leqslant X \leqslant 8)$，反函数 $x = h(y) = (1+y)^3$，$0 \leqslant y \leqslant 1$，$h'(y) = 3(1+y)^2$，故 Y 的概率密度为

$$f_Y(y) = f(h(y)) |h'(y)| = \frac{1}{3\sqrt[3]{[(1+y)^3]^2}} \cdot 3(1+y)^2 = 1 \quad (0 \leqslant y \leqslant 1),$$

即

$$f_Y(y) = \begin{cases} 1, & 0 \leqslant y \leqslant 1; \\ 0, & \text{其他}. \end{cases}$$

故

$$G(y) = \int_{-\infty}^{y} f_Y(t)\,\mathrm{d}t = \begin{cases} 0, & y < 0; \\ y, & 0 \leqslant y < 1; \\ 1, & y \geqslant 1, \end{cases}$$

上述类似的解法,在细节上还需严格化. 但不许写出"$F(x) = \int_0^x \dfrac{\mathrm{d}t}{3\sqrt[3]{t^2}}$"(注意积分下限是 0)一类式子.

2.18 应选(C).

解 设 $\Phi(x) = P\{X \leqslant x\}$ 为服从标准正态分布的 X 的分布函数,有结果:
$$\Phi(x) + \Phi(-x) = 1 \quad (x \in (-\infty, +\infty)). \qquad ①$$
又
$$\begin{aligned} \alpha = P\{|X| < x\} &= P\{-x < X < x\} \\ &= \Phi(x) - \Phi(-x) \quad (显然 \; x > 0), \qquad ② \end{aligned}$$
由 ①,② 式得 $2\Phi(-x) = 1 - \alpha$,因此
$$\frac{1-\alpha}{2} = \Phi(-x) = 1 - \Phi(x) = 1 - P\{X \leqslant x\} = P\{X > x\}.$$

与题目中 $\alpha = P\{X > u_\alpha\}$ 比较,注意 $\Phi(x)$ 为严格单调增函数(因 $\Phi'(x) = \dfrac{1}{\sqrt{2\pi}}\mathrm{e}^{-\frac{x^2}{2}} > 0 \; (x \in \mathbf{R})$),这时 $P\{X > x\} = P\{X > u_{(1-\alpha)/2}\}$,故 $x = u_{(1-\alpha)/2}$,选(C).

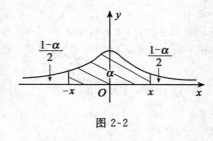

图 2-2

注 本题可由 $\Phi(x)$ 的性质得到,其实由数理统计中的(上侧)α 分位数概念较易推得. 如图 2-2,曲线为 X 的概率密度图形,阴影部分面积为 α,而两端的无阴影部分的面积对称相等,总面积为 1,故其中任一块无阴影部分的面积都为 $\dfrac{1-\alpha}{2}$,即 $P\{X > x\} = \dfrac{1-\alpha}{2}$,可比较而得 $x = u_{(1-\alpha)/2}$.

2.19 应选(A).

解 依题意,$\dfrac{X-\mu_1}{\sigma_1} \sim N(0,1)$,$\dfrac{Y-\mu_2}{\sigma_2} \sim N(0,1)$,
$$P\{|X-\mu_1| < 1\} = P\left\{\left|\frac{X-\mu_1}{\sigma_1}\right| < \frac{1}{\sigma_1}\right\},$$
$$P\{|Y-\mu_2| < 1\} = P\left\{\left|\frac{Y-\mu_2}{\sigma_2}\right| < \frac{1}{\sigma_2}\right\}.$$
因 $P\{|X-\mu_1| < 1\} > P\{|Y-\mu_2| < 1\}$,即

$$P\left\{\left|\frac{X-\mu_1}{\sigma_1}\right|<\frac{1}{\sigma_1}\right\}>P\left\{\left|\frac{Y-\mu_2}{\sigma_2}\right|<\frac{1}{\sigma_2}\right\}.$$

所以有 $\frac{1}{\sigma_1}>\frac{1}{\sigma_2}$，即 $\sigma_1<\sigma_2$. 应选（A）.

注 这是正态分布函数的问题.

2.20 应填 $\frac{1}{2}\mathrm{e}^{-1}$.

解 因为 $D(X)=E(X^2)-(E(X))^2$，所以 $E(X^2)=2$. 又 X 服从参数为 1 的泊松分布，所以 $P\{X=2\}=\frac{1}{2}\mathrm{e}^{-1}$.

注 本题应先计算出 X^2 的数学期望 $E(X^2)$.

数 学 四

2-1 应填"是".

注 这是连续型随机变量的一个结论.

2-2 **分析** 均匀、指数、泊松等特殊分布可先写出其概率密度或分布列.

本题解法及注释同题 2.3.

2-3 应填 $1;\frac{1}{2}$.

本题解法及注释同题 2.4.

2-4 本题解法及注释同题 2.6.

2-5 **解** 记 $A_1=\{X\leqslant 200\}$，$A_2=\{200<X\leqslant 240\}$，$A_3=\{X>240\}$，$B=\{$该电子元件损坏$\}$. 由题意知，

$$P(B|A_1)=0.1,\quad P(B|A_2)=0.001,\quad P(B|A_3)=0.2,$$

且 A_1,A_2,A_3 构成互不相容完备事件组，并可求得

$$\begin{aligned}
P(A_1)&=P\{X\leqslant 200\}=P\left\{\frac{X-220}{25}\leqslant\frac{200-220}{25}\right\}\\
&=\Phi(-0.8)=1-\Phi(0.8)\\
&=1-0.788=0.212,\\
P(A_2)&=P\{200<X\leqslant 240\}\\
&=P\left\{\frac{200-220}{25}<\frac{X-220}{25}\leqslant\frac{240-220}{25}\right\}\\
&=\Phi(0.8)-\Phi(-0.8)=2\Phi(0.8)-1\\
&=2\times 0.788-1=0.576,
\end{aligned}$$

$$P(A_3) = P\{X > 240\} = P\left\{\frac{X-220}{25} > \frac{240-220}{25}\right\}$$
$$= 1 - \Phi(0.8) = 1 - 0.788 = 0.212.$$

因此

(1) $\quad \alpha = P(B) = \sum_{i=1}^{3} P(A_i)P(B|A_i)$

$\quad\quad = 0.212 \times 0.1 + 0.576 \times 0.001 + 0.212 \times 0.2 = 0.064\ 176;$

(2) $\quad \beta = P(A_2 | B) = \frac{P(A_2 B)}{P(B)} = \frac{P(B|A_2)P(A_2)}{P(B)}$

$\quad\quad = \frac{0.576 \times 0.001}{0.064\ 176} = 0.008\ 975\ 317.$

注 本题主要考查全概率公式(及贝叶斯公式)和正态分布概率计算.

2-6 本题解法及注释同题 2.9.

2-7 **分析** 有应用背景的求随机变量(非离散型)的概率分布,一般就是求分布函数.

本题解法及注释同题 2.11.

2-8 本题解法及注释同题 2.12.

2-9 应选(C).

本题解法及注释同题 2.13.

2-10 **分析** 见题 2.2 的分析.

证 由题意,X 的密度为

$$f_X(x) = \begin{cases} 2\mathrm{e}^{-2x}, & x > 0; \\ 0, & x \leqslant 0. \end{cases}$$

又设 Y 的概率密度为 $f_Y(y)$.

证法 1 Y 的分布函数 $F_Y(y)$ 为

$$F_Y(y) = P\{Y \leqslant y\} = P\{1 - \mathrm{e}^{-2X} \leqslant y\} = P\{\mathrm{e}^{-2X} \geqslant 1 - y\}.$$

当 $1 - y \leqslant 0$ 即 $y \geqslant 1$ 时,$F_Y(y) = 1$,所以

$$f_Y(y) = F_Y'(y) = 0.$$

当 $1 - y > 0$ 即 $y < 1$ 时,

$$F_Y(y) = P\{-2X \geqslant \ln(1-y)\} = P\left\{X \leqslant -\frac{1}{2}\ln(1-y)\right\}$$

$$= \int_{-\infty}^{-\frac{1}{2}\ln(1-y)} f_X(x)\mathrm{d}x.$$

这时,

$$f_Y(y) = F'_Y(y) = f_X\left(-\frac{1}{2}\ln(1-y)\right) \cdot \left(-\frac{1}{2}\right) \cdot \frac{1}{1-y} \cdot (-1)$$

$$= \frac{1}{2(1-y)} \cdot \begin{cases} 2e^{-2\left(-\frac{1}{2}\ln(1-y)\right)}, & -\frac{1}{2}\ln(1-y) > 0; \\ 0, & -\frac{1}{2}\ln(1-y) \leqslant 0 \end{cases}$$

$$= \begin{cases} 1, & 0 < 1-y < 1; \\ 0, & y \leqslant 0. \end{cases}$$

综上得

$$f_Y(y) = \begin{cases} 1, & 0 < y < 1; \\ 0, & \text{其他}, \end{cases}$$

即 Y 服从区间 $(0,1)$ 上的均匀分布.

证法 2 函数 $y = 1 - e^{-2x}$ 的反函数

$$x = h(y) = -\frac{1}{2}\ln(1-y) \quad (1-y > 0)$$

为单调增的，则 $1 - y > 0$ 即 $y < 1$ 时，

$$f_Y(y) = f_X(h(y)) \cdot |h'(y)|$$

$$= f_X\left(-\frac{1}{2}\ln(1-y)\right) \cdot \left|-\frac{1}{2} \cdot \frac{1}{1-y} \cdot (-1)\right|$$

$$= \frac{1}{2(1-y)} \cdot \begin{cases} 2e^{-2\left(-\frac{1}{2}\ln(1-y)\right)}, & -\frac{1}{2}\ln(1-y) > 0; \\ 0, & -\frac{1}{2}\ln(1-y) \leqslant 0 \end{cases}$$

$$= \begin{cases} 1, & 0 < y < 1; \\ 0, & y \leqslant 0. \end{cases}$$

故

$$f_Y(y) = \begin{cases} 1, & 0 < y < 1; \\ 0, & \text{其他}, \end{cases}$$

即 Y 服从区间 $(0,1)$ 上的均匀分布.

注 本题主要考查一维连续型随机变量函数的分布. ① 两种证法各有优劣，注意证法 2 中要求 $h(y)$ 单调，也勿丢掉 $1 - y > 0$ 这一限制；② 证法 1 中可以具体作出 $\int_{-\infty}^{-\frac{1}{2}\ln(1-y)} f_X(x)\mathrm{d}x$ 的积分值，也可表示成 $F_X\left(-\frac{1}{2}\ln(1-y)\right)$（这儿 F_X 为 X 的分布函数），但不能写成"$\int_{-\infty}^{-\frac{1}{2}\ln(1-y)} 2e^{-2x}\mathrm{d}x$".

2-11 应填 $\frac{11}{24}$.

解 记 $A_i = \{$制造的第 i 个零件是合格品$\}$，$i = 1, 2, 3$. 由题意知 A_1，A_2，A_3 相互独立且

$$P(A_i) = 1 - p_i = 1 - \frac{1}{i+1} = \frac{i}{i+1} \quad (i = 1, 2, 3).$$

则

$$
\begin{aligned}
P\{X = 2\} &= P(A_1 A_2 \overline{A_3} \cup A_1 \overline{A_2} A_3 \cup \overline{A_1} A_2 A_3) \\
&= P(A_1 A_2 \overline{A_3}) + P(A_1 \overline{A_2} A_3) + P(\overline{A_1} A_2 A_3) \\
&= P(A_1) P(A_2) P(\overline{A_3}) + P(A_1) P(\overline{A_2}) P(A_3) \\
&\quad + P(\overline{A_1}) P(A_2 A_3) \\
&= \frac{1}{2} \times \frac{2}{3} \times \frac{1}{4} + \frac{1}{2} \times \frac{1}{3} \times \frac{3}{4} + \frac{1}{2} \times \frac{2}{3} \times \frac{3}{4} \\
&= \frac{11}{24}.
\end{aligned}
$$

注 本题主要考查互不相容和独立事件的概率计算. 注意本题非二项分布（非伯努利概型），因为"重复"这一条件不成立.

2-12 分析 本题中的 X 既非离散型也非连续型，故没有分布列或概率密度，只能用分布函数描述其分布.

本题解法及注释同题 2.14.

2-13 应选(A).

本题解法及注释同题 2.15.

2-14 本题解法及注释同题 2.17.

2-15 应选(B).

本题解法及注释同题 2.18.

2-16 应选(A).

本题解法及注释同题 2.19.

2-17 应填 $\frac{1}{2} e^{-1}$.

本题解法及注释同题 2.20.

第 三 章
多维随机变量及其分布

一、考 纲 要 求

1. 理解二维随机变量的概念，理解二维随机变量的联合分布的概率、性质及两种基本形式：离散型联合概率分布、边缘分布和条件分布；连续型联合概率密度、边缘密度和条件密度，会利用二维概率分布求有关事件的概率.

2. 理解随机变量的独立性及不相关的概念，掌握离散型和连续型随机变量独立的条件.

3. 掌握二维均匀分布，了解二维正态分布的概率密度，理解其中参数的概率意义.

4. 会求两个独立随机变量的简单函数的分布.

二、考 试 重 点

1. 二维随机变量及其联合(概率)分布.

2. 二维离散型随机变量的联合概率分布、边缘分布和条件分布.

3. 二维连续型随机变量的联合概率分布、边缘分布和条件分布.

4. 随机变量的独立性.

5. 常见二维随机变量的联合分布.

6. 两个随机变量简单函数的概率分布.

三、历年试题分类统计与考点分析

数 学 三

分值 考点 年份	分布函数的性质、计算	多维离散型随机变量、边缘分布、独立性	多维连续型随机变量、边缘分布、独立性	多维随机变量函数的分布	合计
1987~1989					
1990		3	5		8
1991					
1992			4		4
1993~1994					
1995			8		8
1996					
1997		3			3
1998~2000					
2001				8	8
2002					
2003				13	13
2004					
2005		4+4	4+4	5	21
2006			4		4
2007			4		4
2008	4			11	15
合计	4	14	33	37	

数 学 四

分值 考点 年份	分布函数的性质、计算	多维离散型随机变量、边缘分布、独立性	多维连续型随机变量、边缘分布、独立性	多维随机变量函数的分布	合计
1987~1989					
1990		6			6
1991~1995					
1996				7	7
1997~1998					
1999		8		9	17

续表

分值\考点\年份	分布函数的性质、计算	多维离散型随机变量、边缘分布、独立性	多维连续型随机变量、边缘分布、独立性	多维随机变量函数的分布	合计
2000~2002					
2003			4		4
2004			13		13
2005		4＋4	4＋4	5	21
2006~2007					
2008	4			11	15
合计	4	22	25	32	

本章的重点有：二维离散型随机变量的分布列，连续型随机变量的概率密度，分布函数，包括它们的性质、概率计算和相互关系（密度与分布列无关）；求边缘分布（包括边缘分布列和边缘概率密度）和独立性；二维情形要求记住均匀、正态分布的密度；多维的随机变量函数的分布．

常见题型有：由联合分布求边缘分布以及独立性的判断或应用；求多维（包括连续型、离散型）随机变量函数的分布；有应用背景的离散型随机变量的分布列的建立（主要是计算概率）等．

$$\boxed{四、知\,识\,概\,要}$$

1．二维随机变量的联合分布函数

设(ξ,η)是二维随机变量，对于任意实数x,y，称事件$\{\xi\leqslant x \text{且} \eta\leqslant y\}$的概率$P\{\xi\leqslant x,\ \eta\leqslant y\}$为$(\xi,\eta)$的联合分布函数，记为$F(x,y)$，即

$$F(x,y)=P\{\xi\leqslant x,\ \eta\leqslant y\}.$$

联合分布函数（简称分布函数）具有如下性质：

① $0\leqslant F(x,y)\leqslant 1$；

② 对x或y单调非降；

③ $F(-\infty,y)=\lim\limits_{x\to-\infty}F(x,y)=0,\ F(x,-\infty)=\lim\limits_{y\to-\infty}F(x,y)=0,$

$$F(-\infty,-\infty)=\lim\limits_{x\to-\infty,\,y\to-\infty}F(x,y)=0,$$

$$F(+\infty,+\infty)=\lim\limits_{x\to+\infty,\,y\to+\infty}F(x,y)=1.$$

④ 对任意x（或y）右连续；

79

⑤ 对任意 $a_1,b_1,a_2,b_2(a_1<b_1,\ a_2<b_2)$，有

$$P\{a_1<\xi\leqslant b_1,\ a_2<\eta\leqslant b_2\}$$
$$=F(b_1,b_2)-F(a_1,b_2)-F(b_1,a_2)+F(a_1,a_2).$$

2. 二维离散型随机变量的分布

若 (ξ,η) 取可能值 (x_i,y_i) 的概率为 p_{ij}，则称

$$P\{\xi=x_i,\ \eta=y_j\}=p_{ij}\quad(i,j=1,2,\cdots)$$

为 (ξ,η) 的联合分布律，其中 p_{ij} 满足：

① $0\leqslant p_{ij}\leqslant 1$；

② $\displaystyle\sum_{i=1}^{+\infty}\sum_{j=1}^{+\infty}p_{ij}=1.$

3. 二维连续型随机变量的联合密度函数

对于二维随机变量 (ξ,η) 的分布函数 $F(x,y)$，如果存在非负函数 $f(x,y)$，使对任意实数 x,y 有

$$F(x,y)=\int_{-\infty}^{x}\int_{-\infty}^{y}f(s,t)\mathrm{d}s\,\mathrm{d}t,$$

则称 (ξ,η) 为二维连续型随机变量，$f(x,y)$ 称为 (ξ,η) 的联合密度函数.

联合密度函数 $f(x,y)$ 具有如下性质：

① $f(x,y)\geqslant 0$（x,y 为任意实数）；

② $\displaystyle\int_{-\infty}^{+\infty}\int_{-\infty}^{+\infty}f(x,y)\mathrm{d}x\,\mathrm{d}y=1;$

③ 对于 xy 平面上的区域 D，(ξ,η) 落于 D 内的概率

$$P\{(\xi,\eta)\in D\}=\iint\limits_{D}f(x,y)\mathrm{d}x\,\mathrm{d}y;$$

④ $f(x,y)$ 在连续点 (x,y) 处有

$$f(x,y)=\frac{\partial^2 F(x,y)}{\partial x\partial y}.$$

4. 二维随机变量 (ξ,η) 的边缘分布

边缘分布函数　设 $F(x,y)$ 为 (ξ,η) 的联合分布函数，则 (ξ,η) 关于 ξ 和 η 的边缘分布函数分别为

$$F_\xi(x)=F(x,+\infty)=P\{\xi\leqslant x,\ \eta<+\infty\}=P\{\xi\leqslant x\},$$
$$F_\eta(y)=F(+\infty,y)=P\{\xi<+\infty,\ \eta\leqslant y\}=P\{\eta\leqslant y\}.$$

二维离散型随机变量 (ξ,η) 的边缘分布律　设 (ξ,η) 的联合分布律为

$$P\{\xi = x_i, \eta = y_i\} = p_{ij} \quad (i, j = 1, 2, \cdots),$$

则 (ξ, η) 关于 ξ 和 η 的边缘分布分别为

$$p_{i\cdot} = P\{\xi = x_i\} = \sum_j p_{ij} \quad (i = 1, 2, \cdots),$$

$$p_{\cdot j} = P\{\eta = y_j\} = \sum_i p_{ij} \quad (j = 1, 2, \cdots).$$

二维连续型随机变量的边缘分布　设 $f(x, y)$ 为 (ξ, η) 的联合密度函数，则 (ξ, η) 关于 ξ 和 η 的边缘分布密度分别为

$$f_\xi(x) = \int_{-\infty}^{+\infty} f(x, y) \mathrm{d}y, \quad f_\eta(y) = \int_{-\infty}^{+\infty} f(x, y) \mathrm{d}x.$$

5. 随机变量的独立性

设 $F(x, y)$ 为二维随机向量 (ξ, η) 的联合分布函数，则 ξ 与 η 相互独立的充分必要条件为：对任意实数 x, y，恒有

$$F(x, y) = F_\xi(x) F_\eta(y).$$

设二维离散型随机向量 (ξ, η) 的联合分布律为

$$P\{\xi = x_i, \eta = y_j\} = p_{ij} \quad (i, j = 1, 2, \cdots),$$

则 ξ 与 η 相互独立的充分必要条件为：对于一切可能值 (x_i, y_j)，均有

$$P\{\xi = x_i, \eta = y_j\} = P\{\xi = x_i\} P\{\eta = y_j\},$$

即 $p_{ij} = p_{i\cdot} \, p_{\cdot j} \ (i, j = 1, 2, \cdots)$.

设二维连续型随机向量 (ξ, η) 的联合密度函数为 $f(x, y)$，则 ξ 和 η 相互独立的充分必要条件为：对于任意实数 x, y，均有

$$f(x, y) = f_\xi(x) f_\eta(y).$$

6. 二维均匀分布和二维正态分布

二维均匀分布　若二维随机变量 (ξ, η) 的联合密度函数为

$$f(x, y) = \begin{cases} \dfrac{1}{(b-a)(d-c)}, & a < x < b, \, c < y < d; \\ 0, & \text{其他}, \end{cases}$$

则称 (ξ, η) 服从在矩形区域 $D = \{(x, y) \mid a < x < b, \, c < y < d\}$ 上的均匀分布.

可以证明，若二维随机变量 (ξ, η) 在矩形区域

$$D = \{(x, y) \mid a \leqslant x \leqslant b, \, c \leqslant y \leqslant d\}$$

上服从均匀分布，则 ξ 与 η 独立且分别在区间 $[a, b]$ 和 $[c, d]$ 上服从均匀分布；显然，反之也对.

二维正态分布　若二维随机变量 (ξ, η) 的联合密度函数为

$$\varphi(x,y) = \frac{1}{2\pi\sigma_1\sigma_2\sqrt{1-\rho^2}}$$

$$\cdot \exp\left\{-\frac{1}{2(1-\rho^2)}\left[\frac{(x-\mu_1)^2}{\sigma_1^2} - \frac{2\rho(x-\mu_1)(y-\mu_2)}{\sigma_1\sigma_2} + \frac{(y-\mu_2)^2}{\sigma_2^2}\right]\right\}$$

$(-\infty < x < +\infty, -\infty < y < +\infty)$，其中 $\mu_1, \mu_2, \sigma_1, \sigma_2$ 均为常数，且 $\sigma_1 > 0$，$\sigma_2 > 0$，$|\rho| < 1$，则称 (ξ, η) 服从二维正态分布.

参数 ρ 为二维正态随机变量 (ξ, η) 的相关系数，因此，由 (ξ, η) 的联合密度 $\varphi(x,y)$ 的表达式可知，$\rho = 0$ 的充分必要条件是 ξ 与 η 相互独立.

7. 随机变量函数的分布

设 ξ, η 为两个相互独立的离散型随机变量，x_i, y_j 分别为 ξ, η 的可能值，则 $\zeta = \xi + \eta$ 也为离散型随机变量，且 ζ 的可能值为 $x_i + y_j (i, j = 1, 2, \cdots)$. 在已知 ξ, η 的分布情况下，$\zeta = \xi + \eta$ 的分布律由下面的离散型随机变量卷积公式给出：

$$P\{\zeta = z\} = \sum_i P\{\xi = x_i\}P\{\eta = z - x_i\},$$

或

$$P\{\zeta = z\} = \sum_j P\{\xi = z - y_j\}P\{\eta = y_j\}.$$

一个重要结论：设 $\xi_1, \xi_2, \cdots, \xi_n$ 为相互独立的随机变量，且 $\xi_i \sim P(\lambda_i)$ $(i = 1, 2, \cdots, n)$，则

$$\sum_{i=1}^n \xi_i \sim P\left(\sum_{i=1}^n \lambda_i\right).$$

即相互独立、服从泊松分布的随机变量之和仍服从泊松分布.

设 ξ, η 为两个相互独立的连续型随机变量，已知其密度函数分别为 $f_\xi(x), f_\eta(x)$，则 $\zeta = \xi + \eta$ 的密度函数由下面的连续型随机变量卷积公式给出：

$$f_\zeta(z) = \int_{-\infty}^{+\infty} f_\xi(x)f_\eta(z - x)\mathrm{d}x,$$

或

$$f_\zeta(z) = \int_{-\infty}^{+\infty} f_\xi(z - y)f_\eta(y)\mathrm{d}y.$$

一个重要结论：设 $\xi_1, \xi_2, \cdots, \xi_n$ 相互独立，且 $\xi_i \sim N(\mu, \sigma^2)$，则

$$\sum_{i=1}^n \xi_i \sim N\left(\sum_{i=1}^n \mu_i, \sum_{i=1}^n \sigma_i^2\right).$$

即相互独立的正态随机变量的线性函数仍为正态随机变量.

$$\boxed{\text{五、考研题型的应试方法与技巧}}$$

题型 1　随机变量的概率分布性质

利用联合分布函数 $F(x,y)$ 的性质：

$$F(x,-\infty) = 0, \quad F(-\infty,y) = 0,$$

$$F(-\infty,-\infty) = 0, \quad F(+\infty,+\infty) = 1,$$

$$F(x+0,y) = F(x,y), \quad F(x,y+0) = F(x,y).$$

利用联合分布律 p_{ij} 的性质：$\displaystyle\sum_{i=1}^{n}\sum_{j=1}^{n} p_{ij} = 1.$

利用联合概率密度 $f(x,y)$ 的性质：$\displaystyle\int_{-\infty}^{+\infty}\int_{-\infty}^{+\infty} f(x,y)\,\mathrm{d}x\,\mathrm{d}y = 1.$

例 1　设二维随机变量 (X,Y) 的联合分布律如下表所示：

X＼Y	1	2	3
1	α	$\frac{1}{6}$	$\frac{1}{12}$
2	$\frac{1}{6}$	$\frac{1}{6}$	$\frac{1}{6}$
3	$\frac{1}{12}$	$\frac{1}{6}$	β

求常数 α 及 β.

解　利用公式 $\displaystyle\sum_{i=1}^{3}\sum_{j=1}^{3} p_{ij} = 1$ 计算. 因

$$\left(\alpha + \frac{1}{6} + \frac{1}{12}\right) + \left(\frac{1}{6} + \frac{1}{6} + \frac{1}{6}\right) + \left(\frac{1}{12} + \frac{1}{6} + \beta\right) = 1 + \alpha + \beta = 1,$$

故 $\alpha + \beta = 0$. 又因 $0 \leqslant \alpha, \beta \leqslant 1$, 故 $\alpha = 0$, $\beta = 0$.

例 2　设二维随机变量 (X,Y) 的联合分布函数为

$$F(x,y) = A\left(B + \arctan\frac{x}{2}\right)\left(C + \arctan\frac{y}{3}\right).$$

试求常数 $A, B, C\ (A \neq 0)$.

解　利用分布函数的性质，可得

$$F(x,-\infty) = A\left(B + \arctan\frac{x}{2}\right)\left(C - \frac{\pi}{2}\right) = 0,$$

$$F(-\infty,y) = A\left(B - \frac{\pi}{2}\right)\left(C + \arctan\frac{y}{3}\right) = 0,$$

$$F(+\infty, +\infty) = A\left(B + \frac{\pi}{2}\right)\left(C + \frac{\pi}{2}\right) = 1.$$

因为 $A \neq 0$，由第一式以及利用 $\arctan \dfrac{x}{2}$ 的任意性，可得 $C = \dfrac{\pi}{2}$. 同理，利用第二式可得 $B = \dfrac{\pi}{2}$. 最后，由第三式得 $A = \dfrac{1}{\pi^2}$.

注 $f(x,y)$ 为概率密度函数 $\Leftrightarrow f(x,y) \geqslant 0$ 且 $\displaystyle\int_{-\infty}^{+\infty}\int_{-\infty}^{+\infty} f(x,y)\mathrm{d}x\,\mathrm{d}y = 1.$

题型 2　联合分布函数

若已知两随机变量 X 与 Y 相互独立，且知其各自的分布函数为 $F_X(x)$ 与 $F_Y(y)$，那么 $F(x,y) = F_X(x)F_Y(y)$.

利用联合分布函数的定义. 设 (X,Y) 的联合概率密度为 $f(x,y)$，则

$$F(x,y) = \int_{-\infty}^{x}\int_{-\infty}^{y} f(s,t)\mathrm{d}s\,\mathrm{d}t.$$

例 3　设二维随机变量 (X,Y) 的联合分布律如下表所示：

(X,Y)	$(1,0)$	$(1,1)$	$(2,0)$	$(2,1)$
P	0.05	0.09	0.01	0.85

求 (X,Y) 的联合分布函数 $F(x,y)$.

解　当 $x < 1$ 或 $y < 0$ 时，$F(x,y) = 0$；当 $1 \leqslant x < 2$，$0 \leqslant y < 1$ 时，$F(x,y) = 0.05$；当 $2 \leqslant x < +\infty$，$0 \leqslant y < 1$ 时，

$$F(x,y) = 0.05 + 0.01 = 0.06;$$

当 $1 \leqslant x < 2$，$1 \leqslant y < +\infty$ 时，

$$F(x,y) = 0.05 + 0.09 = 0.14;$$

当 $2 \leqslant x$，$1 \leqslant y$ 时，$F(x,y) = 0.05 + 0.01 + 0.09 + 0.85 = 1$. 因此

$$F(x,y) = \begin{cases} 0, & x < 1 \text{ 或 } y < 0; \\ 0.05, & 1 \leqslant x < 2, 0 \leqslant y < 1; \\ 0.14, & 1 \leqslant x < 2, 1 \leqslant y < +\infty; \\ 0.06, & 2 \leqslant x < +\infty, 0 \leqslant y < 1; \\ 1, & 2 \leqslant x < +\infty, 1 \leqslant y < +\infty. \end{cases}$$

注　由 $F(x,y)$ 亦可求出相应随机向量的联合分布律.

例 4　如图 3-1，已知随机变量 X 和 Y 的联合概率密度为

$$f(x,y) = \begin{cases} 2x^2 y, & 0 \leqslant x \leqslant 1, 1 \leqslant y \leqslant 2; \\ 0, & \text{其他}, \end{cases}$$

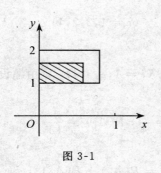

图 3-1

求 (X,Y) 的联合分布函数.

解 当 $x < 0$ 或 $y < 1$ 时,
$$F(x,y) = 0;$$

当 $0 \leqslant x \leqslant 1$, $1 \leqslant y \leqslant 2$ 时,
$$F(x,y) = P\{X \leqslant x, Y \leqslant y\}$$
$$= 2\int_0^x u^2 \,\mathrm{d}u \int_1^y v\,\mathrm{d}v$$
$$= \frac{1}{3}x^3(y^2 - 1);$$

当 $0 \leqslant x \leqslant 1$, $2 < y < +\infty$ 时,
$$F(x,y) = 2\int_0^x u^2 \,\mathrm{d}u \int_1^2 y\,\mathrm{d}y = x^3;$$

当 $1 < x < +\infty$, $1 \leqslant y \leqslant 2$ 时,
$$F(x,y) = 2\int_0^1 x^2 \,\mathrm{d}x \int_1^y v\,\mathrm{d}v = \frac{1}{3}(y^2 - 1);$$

当 $1 < x$, $2 < y$ 时, $F(x,y) = 2\int_0^1 x^2 \,\mathrm{d}x \int_1^2 y\,\mathrm{d}y = 1$. 故 (X,Y) 的联合分布函数为

$$F(x,y) = \begin{cases} 0, & x < 0 \text{ 或 } y < 1; \\ \dfrac{1}{3}x^3(y^2 - 1), & 0 \leqslant x \leqslant 1, 1 \leqslant y \leqslant 2; \\ x^3, & 0 \leqslant x \leqslant y, 2 < y < +\infty; \\ \dfrac{1}{3}(y^2 - 1), & 1 < x < +\infty, 1 \leqslant y \leqslant 2; \\ 1, & 1 < x, 2 < y. \end{cases}$$

题型 3 联合分布律

① 已知 X 与 Y 的边缘分布律 $p_{i\cdot}$ 与 $p_{\cdot j}$, 且知两随机变量相互独立,则
$$p_{ij} = p_{i\cdot} \cdot p_{\cdot j}.$$

② 已知条件分布律及相应边缘分布律,那么,有
$$p_{ij} = p_{j|i}\, p_{i\cdot}. \quad (\text{或 } p_{i|j}\, p_{\cdot j}).$$

③ 利用等价事件的概率相等原则.

④ 实际应用问题,通过剖析、分解,写出相应的联合分布律.

例 5 设某校一个专业有 60 名学生,假设他们某一课程的考试成绩被评定为一(优秀)、二(良好)、三(及格)和四(不及格)4 个等级的人数分别为 10 人、30 人、15 人及 5 人.现从该专业随机抽查一人,若记

$$X_i = \begin{cases} 1, & \text{抽到成绩为 } i \text{ 等级的学生}; \\ 0, & \text{否则} \end{cases} \quad (i = 1, 2, 3, 4).$$

试求随机变量 X_2 与 X_3 的联合分布.

解 设事件 $A_i = \{$抽到成绩为 i 等级学生$\}$ $(i = 1, 2, 3, 4)$, 则由题设知 A_1, A_2, A_3, A_4 两两互不相容, 且

$$P(A_1) = \frac{1}{6}, \ P(A_2) = \frac{1}{2}, \ P(A_3) = \frac{1}{4}, \ P(A_4) = \frac{1}{12}.$$

从而, 可得

$$P\{X_2 = 0, X_3 = 0\} = P(A_1 \bigcup A_4) = P(A_1) + P(A_4)$$
$$= \frac{10}{60} + \frac{5}{60} = \frac{15}{60} = \frac{1}{4}.$$

类似地, 有

$$P\{X_2 = 0, X_3 = 1\} = P(A_3) = \frac{15}{60} = \frac{1}{4},$$

$$P\{X_2 = 1, X_3 = 0\} = P(A_2) = \frac{30}{60} = \frac{1}{2},$$

$$P\{X_2 = 1, X_3 = 1\} = P(\varnothing) = 0.$$

列出 (X_2, X_3) 的分布列如下表所示:

X_2 ＼ X_3	0	1
0	$\frac{1}{4}$	$\frac{1}{4}$
1	$\frac{1}{2}$	0

题型 4　联合概率密度函数

① 利用联合概率密度 $f(x, y)$ 与联合分布函数的关系:

$$f(x, y) = \frac{\partial^2 F(x, y)}{\partial x \partial y}.$$

② 已知 X 与 Y 相互独立, 且知其相应边缘密度函数, 则

$$f(x, y) = f_X(x) f_Y(y).$$

③ 已知条件概率密度函数及相应边缘密度函数, 那么

$$f(x, y) = f_{Y|X}(y|x) f_X(y) \quad (\text{或 } f(x, y) = f_{X|Y}(x|y) f_Y(y)).$$

④ 利用特殊分布的结构.

例 6 设 X, Y 相互独立, $X \sim U(0, 1)$, 即服从 $(0, 1)$ 上的均匀分布, Y 服从参数为 $\lambda = \frac{1}{2}$ 的指数分布, 即

$$f_Y(y) = \begin{cases} \dfrac{1}{2}e^{-\frac{y}{2}}, & y > 0; \\ 0, & y \leqslant 0. \end{cases}$$

(1) 求 (X, Y) 的联合密度函数.

(2) 设有关于 t 的二次方程 $t^2 + 2Xt + Y = 0$，求 t 有实根的概率.

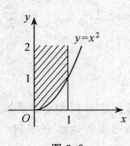

图 3-2

解 (1) $f_X(x) = \begin{cases} 1, & 0 < x < 1; \\ 0, & 其他; \end{cases}$

$$f_Y(y) = \begin{cases} \dfrac{1}{2}e^{-\frac{y}{2}}, & y > 0; \\ 0, & y \leqslant 0. \end{cases}$$

见图 3-2，因为 X, Y 独立，对任何 x, y 都有

$$f_X(x) \cdot f_Y(y) = f(x, y),$$

所以

$$f(x, y) = \begin{cases} \dfrac{1}{2}e^{-\frac{y}{2}}, & 0 < x < 1,\ y > 0; \\ 0, & 其他. \end{cases}$$

(2) 关于二次方程 $t^2 + 2Xt + Y = 0$，t 有实根，$\Delta = (2X)^2 - 4Y \geqslant 0$，即 $X^2 - Y \geqslant 0$，$Y \leqslant X^2$，则

$$P\{t\,有实根\} = P\{Y \leqslant X^2\} = \iint\limits_{y \leqslant x^2} f(x, y)\mathrm{d}y\,\mathrm{d}x = \int_0^1\int_0^{x^2} \frac{1}{2}e^{-\frac{y}{2}}\mathrm{d}y\,\mathrm{d}x$$

$$= \int_0^1 (-e^{-\frac{y}{2}})\Big|_0^{x^2}\mathrm{d}x = \int_0^1 (1 - e^{-\frac{x^2}{2}})\mathrm{d}x$$

$$= 1 - \int_0^1 e^{-\frac{x^2}{2}}\mathrm{d}x = 1 - \sqrt{2\pi}\int_0^1 \frac{1}{\sqrt{2\pi}}e^{-\frac{x^2}{2}}\mathrm{d}x$$

$$= 1 - \sqrt{2\pi}\left(\int_{-\infty}^1 \frac{1}{\sqrt{2\pi}}e^{-\frac{x^2}{2}}\mathrm{d}x - \int_{-\infty}^0 \frac{1}{\sqrt{2\pi}}e^{-\frac{x^2}{2}}\mathrm{d}x\right)$$

$$= 1 - \sqrt{2\pi}(\Phi(1) - \Phi(0)) \approx 1 - \sqrt{2\pi}(0.841\,3 - 0.5)$$

$$\approx 1 - 0.855\,5 = 0.144\,5.$$

例 7 设随机变量 X 在区间 $(0,1)$ 上随机地取值，当 X 取到 $x\ (0 < x < 1)$ 时，随机变量 Y 在 $(x,1)$ 上随机地取值，求 (X, Y) 的联合密度函数 $f(x, y)$.

解 因为 X 在 $(0,1)$ 上随机地取值，所以 X 在 $(0,1)$ 上服从均匀分布，密度函数为

$$f_X(x) = \begin{cases} 1, & x \in (0,1); \\ 0, & 其他. \end{cases}$$

当 X 取到 x 时，Y 在 $(x,1)$ 上随机地取值，即在 $X = x$ 的条件下，Y 在 $(x,1)$

上服从均匀分布,所以条件密度函数为

$$f_{Y|X}(y|x) = \begin{cases} \dfrac{1}{1-x}, & 0 < x < y < 1; \\ 0, & \text{其他}. \end{cases}$$

又联合密度函数 $f(x,y)$ 满足 $f(x,y) = f_X(x)f_{Y|X}(y|x)$,所以

$$f(x,y) = \begin{cases} \dfrac{1}{1-x}, & 0 < x < y < 1; \\ 0, & \text{其他}. \end{cases}$$

题型 5 边缘分布与条件分布

(1) 离散型. 将联合分布列的各横行或各纵列元素分别相加,填在联合分布列的边沿(最右边或最下边)上,即得相应随机变量的边缘分布列. 利用公式 $p_{i|j} = \dfrac{p_{ij}}{p_{\cdot j}}$ 或 $p_{j|i} = \dfrac{p_{ij}}{p_{i\cdot}}$,即可得到相应条件分布律(即用联合分布列中每行(或每列)各元素除以本行最右边(或本列最下边)元素,便可得到相应条件分布列). 不过,应该提醒读者注意的是,对于二维随机变量 X 和 Y,如果 X 和 Y 的可能取值分别为 m 个和 n 个,那么可得 m 个分别取可能值 n 个的(一维)分布列和 n 个分别取可能值 m 个的(一维)分布列(尽管边缘分布列仅有取可能值分别为 m 个和 n 个的(两个一维)分布列).

(2) 连续型. 利用公式

$$f_X(x) = \int_{+\infty}^{-\infty} f(x,y)\mathrm{d}y \quad \text{或} \quad f_Y(y) = \int_{+\infty}^{-\infty} f(x,y)\mathrm{d}x$$

计算可得关于 X 或 Y 的边缘密度函数. 由于当联合概率密度 $f(x,y)$ 为分段函数时,所得边缘概率密度 $f_X(x)$ 及 $f_Y(y)$ 亦为分段函数,因此积分也要分段求出. 特别是,当 $f(x,y)$ 在某些区域 G_i 内不为零时,宜作出 G_i 的图形,并过单连通区域的分界点作相应坐标轴的垂线(将 $f(x,y)$ 非零的区域分为若干个"正规"可积区域),以确定相应边缘密度函数非零的区间;然后,再在各单连通区域内作"箭线"以确定积分限,进而通过积分,便可得相应边缘密度函数. 具体作法应属相对简单,即只要将不为零的相应边缘密度函数去除对应区间上的联合密度函数 $f(x,y)$ 的(分段)表达式,便可得到相关条件密度函数.

至于求条件密度函数,若 $f(x,y)$ 是分段函数,所得条件密度函数也为分段函数

(3) 求边缘分布密度的步骤(设 $(X,Y) \sim f(x,y)$,求 $f_X(x)$):

① 过联合密度函数非零区域 D 的围线之交点,向 x 轴作垂线,将 x 分为

若干小区间 I_i: $x_{i-1} < x \leqslant x_i$.

② 再在区间 I_i 内，依 $f(x,y)$ 表达式将 y 分为若干小区间，即将 $f(x,y)$ 表示为关于 y 的分段函数形式：

$$f(x,y) = \begin{cases} f_1(x,y), & y_1 < y \leqslant y_2; \\ f_2(x,y), & y_2 < y \leqslant y_3; \\ \cdots; \\ f_{n-1}(x,y), & y_{n-1} < y \leqslant y_n. \end{cases}$$

③ 在各小区间 I_i 内，利用公式 $f_X(x) = \displaystyle\int_{-\infty}^{+\infty} f(x,y)\mathrm{d}y$ 计算积分.

④ 检验 $\displaystyle\int_{-\infty}^{+\infty} f_X(x)\mathrm{d}x$ 是否等于 1.

(4) 若进一步要求计算条件分布密度：

$$f_{Y|X}(y|x) = \frac{f(x,y)}{f_X(x)},$$

则只要在使 $f_X(x) \neq 0$ 的区间 I_i 内，用区间段 $y_{i-1} < y < y_i$ 内的对应表达式 $f_i(x,y)$ 除以 $f_X(x)$ 即可.

例 8 已知二维离散型随机变量 (X,Y) 的概率分布如下表所示：

X \ Y	1	2	3
1	0.1	0.1	0.1
2	0.1	0.2	0.1
3	0.1	0.1	0.1

求在 $Y = 2$ 条件下 X 的条件概率分布.

解 由于

$$P\{Y = 2\} = p_{\cdot 2} = p_{12} + p_{22} + p_{32}$$
$$= 0.1 + 0.2 + 0.1 = 0.4,$$

因此

$$P\{X = 1 | Y = 2\} = \frac{p_{12}}{p_{\cdot 2}} = \frac{0.1}{0.4} = 0.25,$$

$$P\{X = 2 | Y = 2\} = \frac{p_{22}}{p_{\cdot 2}} = \frac{0.2}{0.4} = 0.5,$$

$$P\{X = 3 | Y = 2\} = \frac{p_{32}}{p_{\cdot 2}} = \frac{0.1}{0.4} = 0.25.$$

从而，得在 $Y = 2$ 条件下随机变量 X 的条件概率分布如下表所示：

X	1	2	3
$P\{X=i\,\vert\,Y=2\}$	0.25	0.5	0.25

题型6　二维均匀分布及二维正态分布

例9　设二维随机变量(X,Y)在区域

$$D = \left\{(x,y)\,\bigg|\,\frac{(x+y)^2}{2a^2}+\frac{(x-y)^2}{2b^2}\leqslant 1\right\}$$

上服从均匀分布，求(X,Y)的联合概率密度$f(x,y)$.

解　设S_D为D的面积，则

$$f(x,y)=\begin{cases}\dfrac{1}{S_D}, & (x,y)\in D;\\[2mm] 0, & \text{其他}.\end{cases}$$

作变换：$u=\dfrac{x+y}{\sqrt2}$，$v=\dfrac{x-y}{\sqrt2}$，于是$D=\left\{(u,v)\,\bigg|\,\dfrac{u^2}{a^2}+\dfrac{v^2}{b^2}\leqslant 1\right\}$. 在坐标系$uOv$中，$D$为标准椭圆，其面积为$\pi ab$，故

$$f(x,y)=\begin{cases}\dfrac{1}{\pi ab}, & (x,y)\in D;\\[2mm] 0, & \text{其他}.\end{cases}$$

例10　设二维随机变量(X,Y)服从二维正态分布，其密度函数为

$$f(x,y)=\frac{1}{4\pi}\exp\left\{-\frac{1}{2}(x^2+y^2)\right\},$$

求(X,Y)取值于区域$x^2+y^2-2x+4y+1=0$内的概率.

解　设$D=\{(x,y)\,|\,(x-1)^2+(y+2)^2\leqslant 4\}$，则有

$$P\{(X,Y)\in D\}=\iint\limits_D f(x,y)\mathrm{d}x\,\mathrm{d}y=\frac{1}{4\pi}\iint\limits_D\exp\left\{-\frac{1}{2}(x^2+y^2)\right\}\mathrm{d}x\,\mathrm{d}y.$$

作变换：$x=u+1$，$y=v-2$，则$J=\begin{vmatrix}1 & 0\\0 & 1\end{vmatrix}=1$. 所以

$$P\{(X,Y)\in D\}=\frac{1}{4\pi}\left[\iint\limits_{u^2+v^2\leqslant 4}(u^2+v^2)\mathrm{d}u\,\mathrm{d}v+\iint\limits_{u^2+v^2\leqslant 4}(1+1)\mathrm{d}u\,\mathrm{d}v\right]$$

$$=\frac{1}{4\pi}\left[\left(1+\frac{1}{4}\right)\cdot\frac{1}{2}\iint\limits_{u^2+v^2\leqslant 4}(u^2+v^2)\mathrm{d}u\,\mathrm{d}v+2(\pi\cdot 2^2)\right]$$

$$=\frac{1}{32\pi}\int_0^{2\pi}\mathrm{d}\theta\int_0^2 r^2\cdot r\mathrm{d}r+2=\frac{1}{32\pi}\left(2\pi\cdot\frac{16}{4}\right)+2$$

$$=2.25.$$

题型 7   多维随机变量的独立性

多维随机变量的独立性在相关问题的处理中起着很重要的作用. 比如, 若 X 与 Y 独立, 那么, ① 在共同区域上, 有 $f(x,y) = f_X(x)f_Y(y)$; ② X 与 Y 不相关(进而有 $E(XY) = E(X)E(Y)$, 等等).

判断 X 与 Y 的独立性主要有三种方法:

(1) 依据定义. ① $p_{ij} = p_{i.} \cdot p_{.j}$, $(i,j = 1,2,\cdots)$; ② $F(x,y) = F_X(x)F_Y(y)$ $(x,y \in G)$; ③ $f(x,y) = f_X(x)f_Y(y)$ (在其一切公共连续点上, 特别是它们为处处连续的函数). 也可以根据相关等价命题. 比如, 对于二维正态随机变量 X 与 Y 不相关与相互独立等价.

(2) 利用微积分的(相关)性质. 若 $f(x,y) \in G$, 且有 $f(x,y) = g(x)h(y)$, $(x,y) \in G$, 其中 $g(x), h(y)$ 是 x, y 的非负可积函数, 则组成 (X, Y) 的随机变量 X 与 Y 相互独立.

(3) 利用对称性和经验, 确定随机变量的相互独立性.

例 11   设 (X,Y) 的联合分布列如下表所示:

X \ Y	1	2	3	4
0	0	$\frac{1}{16}$	$\frac{1}{4}$	0
1	$\frac{3}{16}$	$\frac{1}{16}$	0	$\frac{1}{16}$
2	$\frac{1}{8}$	0	$\frac{1}{8}$	$\frac{1}{8}$

试问 X 与 Y 是否独立? 并说明理由.

解   因为

$$P\{X = 0\} = \sum_j P\{X = 0, Y = j\} = 0 + \frac{1}{16} + \frac{1}{4} + 0 = \frac{5}{16},$$

$$P\{Y = 1\} = \sum_i P\{X = i, Y = 1\} = 0 + \frac{3}{16} + \frac{1}{8} = \frac{5}{16},$$

所以

$$P\{X = 0, Y = 1\} = 0 \neq P\{X = 0\}P\{Y = 1\} = \frac{5}{16} \times \frac{5}{16}.$$

因此 X 与 Y 不独立.

注   若二维离散型随机变量的联合分布律中有某一项为 0, 并且该项所在的行与列的其余元素又不全为 0, 则 X 与 Y 必然不独立.

例 12 设 (X, Y) 具有联合密度函数

$$f(x, y) = \begin{cases} \dfrac{1+xy}{4}, & |x| < 1, \ |y| < 1; \\ 0, & \text{其他}. \end{cases}$$

试证：X 与 Y 不相互独立，但 X^2 与 Y^2 是相互独立的.

证 当 $|x| < 1$ 时，

$$f_X(x) = \int_{-\infty}^{+\infty} f(x, y) \mathrm{d}y = \int_{-1}^{1} \frac{1+xy}{4} \mathrm{d}y = \frac{1}{2};$$

当 $|x| \geqslant 1$ 时，$f_X(x) = 0$. 因此 $f_X(x) = \begin{cases} \dfrac{1}{2}, & |x| < 1; \\ 0, & \text{其他}. \end{cases}$ 同理

$$f_Y(y) = \begin{cases} \dfrac{1}{2}, & |y| < 1; \\ 0, & \text{其他}. \end{cases}$$

当 $0 < |x| < 1,\ 0 < |y| < 1$ 时，$f(x, y) \neq f_X(x) f_Y(y)$，所以 X 与 Y 不独立.

现通过分布函数来证 X^2 与 Y^2 独立. X^2 的分布函数记为 $F_1(x)$，则当 $0 \leqslant x < 1$ 时，

$$F_1(x) = P\{X^2 \leqslant x\} = P\{-\sqrt{x} \leqslant X \leqslant \sqrt{x}\} = \int_{-\sqrt{x}}^{\sqrt{x}} \frac{1}{2} \mathrm{d}x = \sqrt{x}.$$

同理，可求得 Y^2 的分布函数 $F_2(y)$. 于是，有

$$F_1(x) = \begin{cases} 0, & x < 0; \\ \sqrt{x}, & 0 \leqslant x < 1; \\ 1, & x \geqslant 1; \end{cases} \qquad F_2(y) = \begin{cases} 0, & y < 0; \\ \sqrt{y}, & 0 \leqslant y < 1; \\ 1, & y \geqslant 1. \end{cases}$$

(X^2, Y^2) 的分布函数记为 $F_3(x, y)$，则当 $x < 0$ 或 $y < 0$ 时，$F_3(x, y) = 0$；当 $0 \leqslant x < 1,\ y \geqslant 1$ 时，

$$F_3(x, y) = P\{X^2 \leqslant x,\ Y^2 \leqslant y\} = P\{X^2 \leqslant x\} = \sqrt{x}.$$

同理，当 $0 \leqslant y < 1,\ x \geqslant 1$ 时，$F_3(x, y) = \sqrt{y}$；当 $0 \leqslant x < 1,\ 0 \leqslant y < 1$ 时，

$$F_3(x, y) = P\{X^2 \leqslant x,\ Y^2 \leqslant y\}$$

$$= P\{-\sqrt{x} \leqslant X \leqslant \sqrt{x},\ -\sqrt{y} \leqslant Y \leqslant \sqrt{y}\}$$

$$= \int_{-\sqrt{x}}^{\sqrt{x}} \mathrm{d}s \int_{-\sqrt{y}}^{\sqrt{y}} \frac{1+st}{4} \mathrm{d}t = \sqrt{xy};$$

当 $x \geqslant 1,\ y \geqslant 1$ 时，

$$F_3(x,y) = P\{X^2 \leqslant x, Y^2 \leqslant y\} = \int_{-1}^{1}\int_{-1}^{1} \frac{1+xy}{4} \mathrm{d}x \mathrm{d}y = 1.$$

综合得

$$F_3(x,y) = \begin{cases} 0, & x < 0 \text{ 或 } y < 0; \\ \sqrt{x}, & 0 \leqslant x < 1, y \geqslant 1; \\ \sqrt{y}, & 0 \leqslant y < 1, x \geqslant 1; \\ \sqrt{xy}, & 0 \leqslant x < 1, 0 \leqslant y < 1; \\ 1, & x \geqslant 1, y \geqslant 1. \end{cases}$$

不难验证 $F_3(x,y) = F_1(x)F_2(y)$ 对所有的 x,y 都成立,所以 X^2 与 Y^2 独立.

注 一般,X 与 Y 相互独立的充要条件为联合密度函数 $f(x,y)$ 可分解为 $f(x,y) = g(x)h(y)$,其中 $x \in S_1$ 时,$g(x) > 0$,在其他地方为 0 $(S_1 = (a,b))$;$y \in S_2$ 时,$h(y) > 0$,在其他地方为 0 $(S_2 = (c,d))$.

题型 8　随机变量函数的概率分布

1. 离散型随机变量

1° 已知具体分布列,求函数关系的分布列

已知二维随机变量的联合分布律,求函数的分布律,其依据是"等价事件的概率相(同)等",其手段是解方程(恒等变形).实质上是事件重新组合,其概率作相应调整.

求二维随机变量函数的概率,其联合分布律用"条形表"给出较为方便;若要求多个函数之概率,宜用"倒表法"处理(见下例).

例 13 设二维随机变量 (X,Y) 的联合分布列如下表所示:

X \ Y	1	2	3
1	$\frac{1}{9}$	0	0
2	$\frac{2}{9}$	$\frac{1}{9}$	0
3	$\frac{2}{9}$	$\frac{2}{9}$	$\frac{1}{9}$

分别求随机变量 $Z_1 = X+Y$,$Z_2 = X-Y$,$Z_3 = |X-Y|$,$Z_4 = XY$,$Z_5 = \dfrac{X}{Y}$ 的分布列.

解 先变矩形表为条形表,然后以"倒表"形式给出,如下表所示:

p	$\frac{1}{9}$	$\frac{2}{9}$	$\frac{1}{9}$	$\frac{2}{9}$	$\frac{2}{9}$	$\frac{1}{9}$
(X,Y)	$(1,1)$	$(2,1)$	$(2,2)$	$(3,1)$	$(3,2)$	$(3,3)$
$X+Y$	2	3	4	4	5	6
$X-Y$	0	1	0	2	1	0
$|X-Y|$	0	1	0	2	1	0
XY	1	2	4	3	6	9
$\frac{X}{Y}$	1	2	1	3	1.5	1

下面仅对 $Z_1 = X+Y$ 的情形予以解析. 因 X 与 Y 分别取值 $1,2,3$, 故 Z_1 可取值 $2,3,4,5,6$. 易知

$$P\{Z_1 = 2\} = P\{X+Y=2\} = P\{X=1, Y=1\} = \frac{1}{9}.$$

类似地, 可知 $P\{Z_1 = k\}$ ($k = 3,5,6$) 的值, 而

$$P\{Z_1 = 4\} = P\{X+Y=4\} = P\{X=2, Y=2\} + P\{X=3, Y=1\}$$
$$= \frac{1}{9} + \frac{2}{9} = \frac{1}{3}.$$

同理, 可求出 $Z_i (i=2,3,4,5)$ 的相应分布列. 各分布列如下表所示:

Z_1	2	3	4	5	6
p	$\frac{1}{9}$	$\frac{2}{9}$	$\frac{3}{9}$	$\frac{2}{9}$	$\frac{1}{9}$

Z_2	0	1	2
p	$\frac{3}{9}$	$\frac{4}{9}$	$\frac{2}{9}$

Z_3	0	1	2
p	$\frac{3}{9}$	$\frac{4}{9}$	$\frac{2}{9}$

Z_4	1	2	3	4	6	9
p	$\frac{1}{9}$	$\frac{2}{9}$	$\frac{2}{9}$	$\frac{1}{9}$	$\frac{2}{9}$	$\frac{1}{9}$

Z_5	1	$\frac{1}{2}$	2	3
p	$\frac{3}{9}$	$\frac{2}{9}$	$\frac{2}{9}$	$\frac{2}{9}$

2° 已知一般分布律, 求和的分布律

例 14 设随机变量 X 与 Y 相互独立, 且服从同一分布:

$$P\{X=i\} = pq^{i-1} \ (i=1,2,\cdots), \quad P\{Y=j\} = pq^{j-1} \ (j=1,2,\cdots),$$

求随机变量 $Z = X+Y$ 的分布律.

解 $P\{X+Y=k\} = \sum_{r=2}^{k} P\{X=r\}P\{Y=k-r\}$

$$= \sum_{r=2}^{k} [(pq^{r-1})(pq^{k-r-1})] = \sum_{r=2}^{k} p^2 q^{k-2}$$

$$= (k-1)p^2 q^{k-2} \quad (k=2,3,\cdots).$$

3° 最值的分布律

设 $P\{X=x_i, Y=y_i\} = p_{ij} \ (i=1,2,\cdots,m; j=1,2,\cdots,n)$.

① $P\{\max\{X,Y\}=k\} = \sum_{r=1}^{k-1} P\{X=k, Y=r\} + \sum_{r=1}^{k} P\{X=r, Y=k\}$

$(k=1,2,\cdots,\max\{m,n\})$.

② $P\{\min\{X,Y\}=k\} = \sum_{r=k}^{n} P\{X=k, Y=r\} + \sum_{r=k+1}^{m} P\{X=r, Y=k\}$

$(k=1,2,\cdots,\min\{m,n\})$.

③ (Z_1,Z_2) 的联合分布律：

(i) $P\{Z_1 < Z_2\} = 0$;

(ii) $P\{Z_1 = Z_2\} = P\{X=k, Y=k\} \ (k=1,2,\cdots,\max\{m,n\})$;

(iii) $P\{Z_1 > Z_2\} = P\{Z_1=k, Z_2=r\} = P\{X=k, Y=r\} + P\{X=r, Y=k\} \ (k=2,3,\cdots,\max\{m,n\}; r=1,2,\cdots,k-1)$.

例 15 设二维随机变量 (ξ,η) 的联合分布律如下表所示：

ξ \ η	0	1	2
0	0.08	0.04	0.08
1	0.12	0.06	0.12
2	0.12	0.06	0.12
3	0.08	0.04	0.08

又设 $X = \max\{\xi,\eta\}$; $Y = \min\{\xi,\eta\}$. 求 (1) X 的分布律; (2) Y 的分布律; (3) (X,Y) 的联合分布律.

解 (1) $P\{X=k\} = \sum_{r=0}^{k-1} p_{k,r} + \sum_{r=0}^{k} p_{k,r} \ (k=0,1,2,3)$ (下面记 $p_{i,j}$ 为 p_{ij}), 则

$$P\{X=0\} = p_{00} = 0.08,$$

$$P\{X=1\} = p_{10} + p_{01} + p_{11} = 0.12 + 0.04 + 0.06 = 0.22,$$

$$P\{X = 2\} = (p_{20} + p_{21}) + (p_{02} + p_{12} + p_{22})$$
$$= (0.12 + 0.06) + (0.08 + 0.12 + 0.12) = 0.50,$$
$$P\{X = 3\} = (p_{30} + p_{31} + p_{32}) + (p_{03} + p_{13} + p_{23} + p_{33})$$
$$= (0.08 + 0.04 + 0.08) + (0 + 0 + 0 + 0) = 0.2.$$

于是，$X = \max\{\xi, \eta\}$ 的分布列如下表所示：

X	0	1	2	3
p	0.08	0.22	0.50	0.2

(2) $P\{Y = k\} = \sum\limits_{r=k}^{2} p_{r,k} + \sum\limits_{r=k+1}^{3} p_{r,k}$ $(k = 0, 1, 2)$，则

$$P\{Y = 0\} = \sum_{r=0}^{2} p_{0,r} + \sum_{r=1}^{3} p_{r,0}$$
$$= (p_{00} + p_{01} + p_{02}) + (p_{10} + p_{20} + p_{30})$$
$$= (0.08 + 0.04 + 0.08) + (0.12 + 0.12 + 0.08)$$
$$= 0.52,$$
$$P\{Y = 1\} = (p_{11} + p_{12}) + (p_{21} + p_{31})$$
$$= (0.06 + 0.12) + (0.06 + 0.04) = 0.28,$$
$$P\{Y = 2\} = p_{22} + p_{33} = 0.12 + 0.08 = 0.20.$$

于是，$Y = \min\{\xi, \eta\}$ 的分布列如下表所示：

Y	0	1	2
p	0.52	0.28	0.20

(3) (X, Y) 的联合分布律：

(i) $P\{X < Y\} = 0$；

(ii) 当 $X = Y$ 时，有

$$P\{X = 0, Y = 0\} = p_{00} = 0.08,$$
$$P\{X = 1, Y = 1\} = p_{11} = 0.06,$$
$$P\{X = 2, Y = 2\} = p_{22} = 0.12;$$

(iii) 当 $X > Y$ 时，依公式 $P\{\xi = k, \eta = r\} = P\{\xi = k, \eta = r\} + P\{\xi = r, \eta = k\}$ $(k = 1, 2, 3, r = 0, 1, \cdots, k-1)$ 计算：

$$P\{X = 1, Y = 0\} = p_{10} + p_{01} = 0.12 + 0.04 = 0.16,$$
$$P\{X = 2, Y = 0\} = p_{20} + p_{02} = 0.12 + 0.08 = 0.20,$$
$$P\{X = 2, Y = 1\} = p_{21} + p_{12} = 0.06 + 0.12 = 0.18,$$

$$P\{X=3,\ Y=0\}=p_{30}+p_{03}=0.08+0=0.08,$$
$$P\{X=3,\ Y=1\}=p_{31}+p_{13}=0.04+0=0.04,$$
$$P\{X=3,\ Y=2\}=p_{32}+p_{23}=0.08+0=0.08.$$

因此(X,Y)的联合分布律如下表所示：

X＼Y	0	1	2
0	0.08	0	0
1	0.16	0.06	0
2	0.20	0.18	0.12
3	0.08	0.04	0.08

2. 连续型随机变量

关于计算 $Z=g(X,Y)$ 的分布函数 $F(z)$ 的规则　设

$$(X,Y)\sim f(x,y)=\begin{cases} f_1(x,y)\neq 0, & (x,y)\in G;\\ 0, & (x,y)\notin G.\end{cases}$$

① 确定被积函数不为零的区域 D：$D=\{g(x,y)\leqslant z\}\bigcap G$（即有 $F(z)$ $=\iint\limits_{D}f_1(x,y)\mathrm{d}x\,\mathrm{d}y$）；

② 过区域 D 的围线之交点，作由方程 $g(x,y)=0$ 反解出的（直线或曲线）$y=h(x)$ 的"平行线"，将区域 D 分为若干"（小）正规区域" D_i；

③ 利用各交点坐标 (x_i,y_i)，确定关于 z 的分段点之值：$z_i=g(x_i,y_i)$（将 z 分为若干区间 $z_{i-1}\leqslant z\leqslant z_i$）；

④ 在两相邻"平行线"所夹区域内，再作 $y=h(x)$ 的"平行线"，以确定区间 $z_{i-1}\leqslant z\leqslant z_i$ 内的实际积分区域 $\overline{D_i}$；

⑤ 利用"平行线"与 $\overline{D_i}$ 的围线之交点坐标，确定以 $\overline{D_i}$ 为二重积分区域的对应二次积分的外层积分限；再（按确定二重积分的内层积分限的规则）作平行相应坐标轴的箭线，以确定其外层积分限.

关于积分 $\int_{-\infty}^{+\infty}f_X(x)f_Y(z-x)\mathrm{d}x\ \left(或\int_{-\infty}^{+\infty}f_X(z-y)f_Y(y)\mathrm{d}y\right)$ 的计算问题　因 $z\in\mathbf{R}$，故难点在于对 z 进行准确分段及在相应区间内关于 x 之积分的上、下限的确定. 为此，我们可根据被积函数非零，其相应两因式 $f_X(x)$ 与 $f_Y(z-x)$ 必同时不为零的原则，一般通过分析 $a\leqslant x\leqslant b$ 时，$f_X(x)\neq 0$ 及 $c\leqslant y\leqslant z-x\leqslant d$，即 $z-d\leqslant x\leqslant z-c$ 时，$f_Y(z-x)\neq 0$ 的情况，并结合 $f(x,y)$ 的非零情形，确定函数 $f(x,z-x)$ 在 xOz 平面上非零区域. 于是，上述两方面的难点便迎刃而解（具体作法见例）.

下面介绍计算相应简明的积分转化法. 与求一维随机变量函数的分布类似, 求二维随机变量的分布也可用积分转化法. 现分别介绍两种类型:

求 $Z = g(X, Y)$ 的一维密度函数 $f_Z(z)$: 设 $f(x, y)$ 为二维连续型随机变量 (X, Y) 的联合密度函数, $g(x, y)$ 是连续的实函数, $Z = g(X, Y)$, 如果对任意非负连续函数 $h(z)$, 成立

$$\int_{-\infty}^{+\infty}\int_{-\infty}^{+\infty} h(g(x, y)) f(x, y) \mathrm{d}x\,\mathrm{d}y = \sum_{i=1}^{m}\int_{\alpha_{i-1}}^{\alpha_i} h(z) p_i(z)\mathrm{d}z$$

$$(-\infty \leqslant \alpha_0 < \alpha_1 < \cdots < \alpha_{m-1} < \alpha_m \leqslant \infty), \qquad (*)$$

则 $Z = g(X, Y)$ 的概率密度函数为

$$f_Z(z) = \begin{cases} p_1(z), & \alpha_0 < z \leqslant \alpha_1; \\ p_2(z), & \alpha_1 < z \leqslant \alpha_2; \\ \cdots; \\ p_m(z), & \alpha_{m-1} < z \leqslant \alpha_m; \\ 0, & \text{其他}. \end{cases}$$

由式 $(*)$ 可知, 此类问题的解题重点在于"变量置换"与"积分降次". 其主要计算过程可归纳如下:

① 写出公式 $\int_{-\infty}^{+\infty}\int_{-\infty}^{+\infty} h(g(x, y)) f(x, y)\mathrm{d}x\,\mathrm{d}y$;

② 将联合密度 $f(x, y)$ 具体表达式代入积分式, 并依 $f(x, y)$ 的非零区域围线确定积分限;

③ 作代换 $z = g(x, y)$ (用 z 换掉二次积分中内层积分变量(如用 z 换掉 y));

④ 更换 z 与原外层分变量(如 x)的积分次序(换 z 为外层积分变量, 其积分(上、下)限均为常数(可能变为多个积分!));

⑤ 计算内层(如关于 x 的)积分;

⑥ 依公式写出所求函数 $Z = g(X, Y)$ 的(一元)概率密度 $f_Z(z)$ (一般为多段表达形式).

1° 和的分布

例16 设二维随机变量

$$(X, Y) \sim f(x, y) = \begin{cases} 3x, & 0 < y < x < 1; \\ 0, & \text{其他}, \end{cases}$$

求 $Z = X + Y$ 的分布函数 $F_Z(z)$.

解 分布函数

$$F_Z(z) = P\{Z \leqslant z\} = P\{X + Y \leqslant z\} = \iint\limits_{x+y \leqslant z} f(x, y)\mathrm{d}x\,\mathrm{d}y.$$

当 $z \leqslant 0$ 时，$F_Z(z) = 0$；当 $0 < z \leqslant 1$ 时，

$$F_Z(z) = \iint\limits_{D_1} 3x\mathrm{d}x\,\mathrm{d}y = \int_0^{\frac{z}{2}} \mathrm{d}y \int_y^{z-y} 3x\mathrm{d}x = \frac{3}{8}z^3,$$

其中 $D_1 = \{(x,y) \mid x+y \leqslant z, 0 < y < x < 1, 0 < z \leqslant 1\}$；当 $1 < z \leqslant 2$ 时，

$$F_Z(z) = \iint\limits_{D_2} 3x\mathrm{d}x\,\mathrm{d}y = \int_0^{\frac{z}{2}} \mathrm{d}x \int_0^x 3x\mathrm{d}y + \int_{\frac{z}{2}}^1 \int_0^{z-x} 3x\mathrm{d}y$$

$$= -\frac{1}{8}(8 - 12z + z^3),$$

其中 $D_2 = \{(x,y) \mid x+y \leqslant z, 0 < y < x < 1, 1 < z \leqslant 2\}$；当 $z > 2$ 时，$F_Z(z) = 1$. 因此

$$F_Z(z) = \begin{cases} 0, & z \leqslant 0; \\ \dfrac{3}{8}z^3, & 0 < z \leqslant 1; \\ -\dfrac{1}{8}(8 - 12z + z^3), & 1 < z \leqslant 2; \\ 1, & z > 2. \end{cases}$$

例 17 设二维随机变量 (X, Y) 的联合概率密度为

$$f(x,y) = \begin{cases} x, & 0 \leqslant x \leqslant 1, 0 \leqslant y \leqslant 2; \\ 0, & \text{其他}. \end{cases}$$

求随机变量 $Z = 2X + Y$ 的概率密度 $f_Z(z)$.

解 因此时 $g(x,y) = 2x + y$，根据积分转化法，对任何非负连续函数 $h(z)$，有

$$\int_{-\infty}^{+\infty} \int_{-\infty}^{+\infty} h(g(x,y)) f(x,y) \mathrm{d}x\,\mathrm{d}y$$

$$= \int_0^1 \int_0^2 h(2x+y) x \mathrm{d}x\,\mathrm{d}y \xrightarrow{\;\text{令} z = 2x+y\;} \int_0^1 \left(\int_{2x}^{2x+2} h(z) x \mathrm{d}z \right) \mathrm{d}x$$

$$\xrightarrow{\;\text{交换积分次序}\;} \int_0^2 h(z) \left(\int_{2x}^{\frac{z}{2}} x \mathrm{d}z \right) \mathrm{d}x + \int_0^4 h(z) \left(\int_{\frac{z-2}{2}}^1 x \mathrm{d}z \right) \mathrm{d}x$$

$$= \int_0^2 h(z) \cdot \frac{z^2}{8} \mathrm{d}z + \int_2^4 h(z) \left(\frac{z}{2} - \frac{z^2}{8} \right) \mathrm{d}z.$$

从而

$$F_Z(z) = \begin{cases} \dfrac{z^2}{8}, & 0 \leqslant z \leqslant 2; \\ \dfrac{z}{2} - \dfrac{z^2}{8}, & 2 < z \leqslant 4; \\ 0, & \text{其他}. \end{cases}$$

2° 差的分布

例 18 设随机变量 (X,Y) 的分布密度为
$$f(x,y) = \begin{cases} 3x, & 0 < x < 1, 0 < y < x; \\ 0, & \text{其他}. \end{cases}$$

又设 $Z = X - Y$，求 $F(z)$ 及 $f(z)$.

解 ① 计算 $F(z)$. 当 $z < 0$ 时，$F(z) = 0$；当 $0 \leqslant z < 1$ 时，
$$F(z) = 1 - \int_z^1 \mathrm{d}x \int_0^{x-z} 3x \mathrm{d}y = 1 - 3\int_z^1 x(x-z)\mathrm{d}x$$
$$= 1 - 3\left(\frac{x^3}{3} - \frac{x^2 z}{2}\right)\Big|_z^1 = \frac{1}{2}z(3-z^2);$$

当 $z \geqslant 1$ 时，$F(z) = \int_0^1 \mathrm{d}x \int_0^x 3x \mathrm{d}y = 1$. 故
$$F(z) = \begin{cases} 0, & z < 0; \\ \dfrac{z(3-z^2)}{2}, & 0 \leqslant z < 1; \\ 1, & z \geqslant 1. \end{cases}$$

② 利用公式 $f(z) = \int_{-\infty}^{+\infty} f(x, x-z)\mathrm{d}x$ 计算. 显然，当 $0 \leqslant z < 1$ 时，
$$f(z) = \int_z^1 3x \mathrm{d}x = \frac{3}{2}(1-z^2);$$

而 $z < 0$ 或 $z \geqslant 1$ 时，$f(z) = 0$. 故
$$f(z) = \begin{cases} \dfrac{3}{2}(1-z^2), & 0 \leqslant z < 1; \\ 0, & \text{其他}. \end{cases}$$

例 19 设随机变量 (X,Y) 的联合概率密度为
$$f(x,y) = \begin{cases} \dfrac{3x}{8}, & 0 < x < 2, 0 < y < x; \\ 0, & \text{其他}. \end{cases}$$

求随机变量 $Z = 2X - 3Y$ 的概率密度 $f_Z(z)$.

解 由于
$$\int_{-\infty}^{+\infty}\int_{-\infty}^{+\infty} h(2x-3y)f(x,y)\mathrm{d}x\,\mathrm{d}y$$
$$= \int_0^2 \int_0^x h(2x-3y) \cdot \frac{3}{8}x \mathrm{d}x\,\mathrm{d}y$$
$$= \int_0^2 \left(\int_{2x}^{-x} h(z)\left(-\frac{1}{3}\right)\frac{3}{8}x \mathrm{d}z\right)\mathrm{d}x = \int_0^2 \left(\int_{-x}^{2x} h(z)\,\frac{x}{8}\mathrm{d}z\right)\mathrm{d}x$$
$$= \int_{-2}^0 \left(\int_{-z}^2 h(z)\,\frac{x}{8}\mathrm{d}x\right)\mathrm{d}z + \int_0^4 \left(\int_{\frac{z}{2}}^2 h(z)\cdot\frac{x}{8}\mathrm{d}x\right)\mathrm{d}z$$

$$= \int_{-2}^{0} h(z)\frac{1}{16}(4-z^2)\mathrm{d}z + \int_{0}^{4} h(z)\cdot\frac{1}{16}\Big(4-\frac{z^2}{4}\Big)\mathrm{d}z,$$

因此

$$f_Z(z) = \begin{cases} \dfrac{4-z^2}{16}, & -2 \leqslant z < 0; \\ \dfrac{16-z^2}{64}, & 0 \leqslant z \leqslant 4; \\ 0, & \text{其他.} \end{cases}$$

3° 积的分布

例 20 设二维随机变量 (X,Y) 的联合分布密度为

$$f(x,y) = \begin{cases} \dfrac{1}{2}, & 0 \leqslant x \leqslant 2, 0 \leqslant y \leqslant 1; \\ 0, & \text{其他.} \end{cases}$$

求随机变量 $Z = XY$ 的分布密度 $F_Z(z)$ 及 $f_Z(z)$.

解 ① 当 $z \leqslant 0$ 时，$F_Z(z) = 0$；当 $0 < z \leqslant 2$ 时，

$$F_Z(z) = 1 - P\{XY > z\} = 1 - \int_z^2 \mathrm{d}x \int_{\frac{z}{x}}^1 \frac{1}{2}\mathrm{d}y$$

$$= 1 - \int_z^2 \frac{1}{2}\Big(1-\frac{z}{x}\Big)\mathrm{d}x = 1 - \frac{1}{2}(x - z\ln x)\Big|_z^2$$

$$= \frac{z}{2}(1 + \ln 2 - \ln z);$$

当 $z > 2$ 时，$F_Z(z) = 1$. 因此

$$F_Z(z) = \begin{cases} 0, & z \leqslant 0; \\ \dfrac{z}{2}(1+\ln 2) - \dfrac{1}{2}z\ln z, & 0 < z \leqslant 2; \\ 1, & z > 2. \end{cases}$$

② 利用公式 $f_Z(z) = \int_{-\infty}^{+\infty}\dfrac{1}{|x|}f\Big(x,\dfrac{z}{x}\Big)\mathrm{d}x$ 计算.

当 $0 < z < 2$ 时，

$$f_Z(z) = \int_z^2 \frac{1}{2x}\mathrm{d}x = \frac{1}{2}\ln x\Big|_z^2 = \frac{1}{2}(\ln 2 - \ln z);$$

而当 $z \leqslant 0$ 或 $z \geqslant 2$ 时，$f(z) = 0$. 故

$$f_Z(z) = \begin{cases} \dfrac{1}{2}(\ln 2 - \ln z), & 0 < z \leqslant 2; \\ 0, & \text{其他.} \end{cases}$$

例 21 设二维随机变量 (X,Y) 在矩形 $G = \{(x,y)|0 \leqslant x \leqslant 2, 0 \leqslant y \leqslant 1\}$ 上服从均匀分布，试求边长为 X 和 Y 的矩形面积 S 的概率密度函数 $f_S(s)$.

解 易知，(X,Y) 的联合概率密度为

$$f(x,y) = \begin{cases} \dfrac{1}{2}, & (x,y) \in G; \\ 0, & (x,y) \notin G. \end{cases}$$

因为

$$\int_{-\infty}^{+\infty} \int_{-\infty}^{+\infty} h(xy) f(x,y) \mathrm{d}x \, \mathrm{d}y$$

$$= \int_0^2 \int_0^1 h(xy) \cdot \frac{1}{2} \mathrm{d}x \, \mathrm{d}y = \int_0^2 \int_0^x h(s) \frac{1}{2x} \mathrm{d}s \, \mathrm{d}x$$

$$= \int_0^2 h(s) \left(\int_s^2 \frac{1}{2x} \mathrm{d}x \right) \mathrm{d}s = \int_0^2 h(s) \frac{1}{2} \ln x \Big|_s^2 \mathrm{d}s$$

$$= \int_0^2 h(s) \cdot \frac{1}{2} (\ln 2 - \ln s) \mathrm{d}s,$$

所以

$$f_S(s) = \begin{cases} \dfrac{\ln 2 - \ln s}{2}, & 0 < s \leqslant 2; \\ 0, & \text{其他.} \end{cases}$$

4° 商的分布

例 22 设随机变量 X 与 Y 独立，且

$$f_X(x) = \begin{cases} 1, & 0 \leqslant x \leqslant 1; \\ 0, & \text{其他;} \end{cases} \qquad f_Y(y) = \begin{cases} \mathrm{e}^{-y}, & y > 0; \\ 0, & y \leqslant 0. \end{cases}$$

求 $Z = \dfrac{Y}{3X}$ 的 $F_Z(z)$ 及 $f_Z(z)$.

解 $D = \left\{ (x,y) \,\Big|\, \dfrac{y}{3x} \leqslant z, \ 0 \leqslant x \leqslant 1, \ y > 0, \ z > 0 \right\}$. 当 $z \leqslant 0$ 时，$F_Z(z) = 0$；当 $z > 0$ 时，

$$F_Z(z) = \int_0^1 \mathrm{d}x \int_0^{3zx} \mathrm{e}^{-y} \mathrm{d}y = \int_0^1 (1 - \mathrm{e}^{-3zx}) \mathrm{d}x$$

$$= \left(x + \frac{1}{3z} \mathrm{e}^{-3zx} \right) \Big|_0^1 = 1 + \frac{1}{3z} \mathrm{e}^{-3z} - \frac{1}{3z}.$$

综合得，$F_Z(z) = \begin{cases} 0, & z \leqslant 0, \\ 1 - \dfrac{1}{3z} + \dfrac{1}{3z} \mathrm{e}^{-3z}, & z > 0. \end{cases}$ 故

$$f_Z(z) = \begin{cases} 0, & z \leqslant 0; \\ \dfrac{1}{3z^2} - \dfrac{1}{3z^2} \mathrm{e}^{-3z} - \dfrac{1}{z} \mathrm{e}^{-3z}, & z > 0. \end{cases}$$

注 也可以利用公式求 $f_X(z)$. 当 $z \leqslant 0$ 时，$f_Z(z) = 0$；当 $z > 0$，

$$f_Z(z) = \int_0^1 (3x)\mathrm{e}^{-3xz}\,\mathrm{d}x = -\frac{1}{z}\int_0^1 x\,\mathrm{d}\,\mathrm{e}^{-3xz}$$

$$= \frac{1}{3z^2}[1 - \mathrm{e}^{-3z}(1+3z)].$$

例 23 设随机变量 X 与 Y 相互独立，且皆在 $(0,a)$ 上服从均匀分布，求随机变量 $Z = \dfrac{X}{Y}$ 的概率密度 $f_Z(z)$.

解 由题设知

$$f(x,y) = \begin{cases} \dfrac{1}{a^2}, & 0<x<a, 0<y<a; \\ 0, & \text{其他.} \end{cases}$$

根据积分转化法，因此时 $g(x,y) = \dfrac{x}{y}$，故对非负连续函数 $h(z)$，有

$$\int_{-\infty}^{+\infty}\int_{-\infty}^{+\infty} h(g(x,y))f(x,y)\,\mathrm{d}x\,\mathrm{d}y$$

$$= \int_0^a\int_0^a h\left(\frac{x}{y}\right)\frac{1}{a^2}\,\mathrm{d}x\,\mathrm{d}y \xxrightarrow{\;\text{令}\,z=\frac{x}{y}\;} \int_0^a\left(\int_0^{\frac{a}{y}} h(z)\cdot\frac{1}{a^2}\cdot y\,\mathrm{d}z\right)\mathrm{d}y$$

$$\xrightarrow{\;\text{交换积分次序}\;} \int_0^1 h(z)\left(\int_0^a\frac{1}{a^2}y\,\mathrm{d}y\right)\mathrm{d}z + \int_1^\infty h(z)\left(\int_0^{\frac{a}{z}}\frac{1}{a^2}y\,\mathrm{d}y\right)\mathrm{d}z$$

$$= \int_0^1 h(z)\cdot\frac{1}{a^2}\cdot\frac{y^2}{2}\Big|_0^a\,\mathrm{d}z + \int_1^{+\infty} h(z)\cdot\frac{1}{a^2}\,\frac{y^2}{2}\Big|_0^{\frac{a}{z}}\,\mathrm{d}y$$

$$= \int_0^1 h(z)\cdot\frac{1}{2}\,\mathrm{d}z + \int_1^{+\infty} h(z)\,\frac{1}{2z^2}\,\mathrm{d}z.$$

因此

$$f_Z(z) = \begin{cases} \dfrac{1}{2}, & 0\leqslant z\leqslant 1; \\ \dfrac{1}{2z^2}, & z>1; \\ 0, & \text{其他.} \end{cases}$$

5° 含绝对值的函数的分布

例 24 设随机变量 X 和 Y 的联合分布是正方形 $G = \{(x,y)\,|\,1\leqslant x\leqslant 3, 1\leqslant y\leqslant 3\}$ 上的均匀分布，试求随机变量 $Z = |X-Y|$ 的概率密度 $f(z)$.

解 已知 X 与 Y 的联合概率密度为

$$f(x,y) = \begin{cases} \dfrac{1}{4}, & 1\leqslant x\leqslant 3, 1\leqslant y\leqslant 3; \\ 0, & \text{其他.} \end{cases}$$

当 $z \leqslant 0$ 时,
$$F(z) = P\{Z \leqslant z\} = P\{|X-Y| \leqslant z\} = P(\varnothing) = 0;$$

当 $0 < z < 2$ 时,
$$F(z) = P\{|X-Y| \leqslant z\} = \iint\limits_{|x-y| \leqslant z} f(x,y)\mathrm{d}x\,\mathrm{d}y = \iint\limits_{|x-y| \leqslant z} \frac{1}{4}\mathrm{d}x\,\mathrm{d}y$$
$$= \frac{1}{4}\left[4-(2-z)^2\right] = 1-\frac{1}{4}(2-z)^2;$$

当 $z \geqslant 2$ 时,
$$F(z) = P\{|X-Y| \leqslant z\} = P(\Omega) = 1.$$

于是,随机变量 Z 的概率密度为

$$f(z) = \begin{cases} \dfrac{1}{2}(2-z), & 0 < z < 2; \\ 0, & \text{其他}. \end{cases}$$

6°　最值的分布

例 25　设随机变量 (X,Y) 在区域 $D = \{(X,Y)\,|\,0 \leqslant x \leqslant 1, 0 \leqslant y \leqslant 2\}$ 上服从均匀分布,求 $Z_1 = \min\{X,Y\}$ 及 $Z_2 = \max\{X,Y\}$ 的概率密度函数 $f_{Z_1}(z)$ 与 $f_{Z_2}(z)$.

解　依题设,知

$$(X,Y) \sim f(x,y) = \begin{cases} \dfrac{1}{2}, & 0 \leqslant x \leqslant 1, 0 \leqslant y \leqslant 2; \\ 0, & \text{其他}. \end{cases}$$

①　由 $F_{Z_1}(z) = 1-P\{X>z, Y>z\}$ 知,当 $z<0$ 时,$F_{Z_1}(z) = 0$;当 $0 \leqslant z < 1$ 时,

$$F_{Z_1}(z) = 1-\int_z^1\int_z^2 \frac{1}{2}\mathrm{d}x\,\mathrm{d}y = \frac{z}{2}(3-z);$$

当 $z \geqslant 1$ 时,$F_{Z_1}(z) = 1-P\{X>z, Y>z\} = 1-0 = 1$. 故

$$F_{Z_1}(z) = \begin{cases} 0, & z < 0; \\ \dfrac{1}{2}z(3-z), & 0 \leqslant z < 1; \\ 1, & z \geqslant 1. \end{cases}$$

于是有 $f_{Z_1}(z) = \begin{cases} \dfrac{3}{2}-z, & 0 \leqslant z < 1; \\ 0, & \text{其他}. \end{cases}$

②　由公式 $F_{Z_2}(z) = P\{X \leqslant z, Y \leqslant z\}$ 知,当 $z < 0$ 时,$F_{Z_2}(z) = 0$; 当 $0 \leqslant z < 1$ 时,

$$F_{Z_2}(z) = \int_0^z \int_0^z \frac{1}{2} \, \mathrm{d}x \, \mathrm{d}y = \frac{1}{2} z^2 ;$$

当 $1 \leqslant z < 2$ 时,

$$F_{Z_2}(z) = \int_0^1 \mathrm{d}x \int_0^z \frac{1}{2} \, \mathrm{d}y = \int_0^1 \frac{z}{2} \, \mathrm{d}x = \frac{1}{2} z ;$$

当 $z \geqslant 2$ 时,$F_{Z_2}(z) = 1$. 故

$$F_{Z_2}(z) = \begin{cases} 0, & z < 0; \\ z^2/2, & 0 \leqslant z < 1; \\ z/2, & 1 \leqslant z < 2; \\ 1, & z \geqslant 2. \end{cases}$$

从而,有 $f_{Z_2}(z) = \begin{cases} z, & 0 \leqslant z < 1; \\ \dfrac{1}{2}, & 1 \leqslant z < 2; \\ 0, & \text{其他}. \end{cases}$

题型 9 求概率

对于离散型随机变量,若已知具体分布列求概率 $P\{a < X \leqslant b, c < Y \leqslant d\}$,将夹于 a, b 与 c, d 间的概率相加即可. 对于连续型随机变量,求概率 $P\{(x, y) \in G\}$,即为求以 G 为积分域和以联合密度函数为被积函数的二重积分. 若密度函数为分段函数,则二重积分域 (D) 为区域 G 与 $f(x, y)$ 为非零的区域之交集. 若已知分布函数,可以利用其值直接计算;若为与条件分布相关的概率问题,亦可以先代值于相应条件密度之中,然后再计算一个定积分.

例 26 设二维离散型随机变量 (X, Y) 的联合分布律如下表所示:

X \ Y	1	2	3	4
1	$\frac{1}{4}$	0	0	$\frac{1}{16}$
2	$\frac{1}{16}$	$\frac{1}{4}$	0	$\frac{1}{4}$
3	0	$\frac{1}{16}$	$\frac{1}{16}$	0

试求:

(1) $P\left\{\dfrac{1}{2} < X < \dfrac{3}{2}, 0 < Y < 4\right\}$;

(2) $P\{1 \leqslant X \leqslant 2, 3 \leqslant Y \leqslant 4\}$.

解 (1) $P\left\{\dfrac{1}{2} < X < \dfrac{3}{2}, 0 < y < 4\right\} = P\{X = 1, Y = 1\} + P\{X = 1, Y = 2\} + P\{X = 1, Y = 3\} = \dfrac{1}{4} + 0 + 0 = \dfrac{1}{4}.$

(2) $P\{1 \leqslant X \leqslant 2, 3 \leqslant Y \leqslant 4\} = P\{X = 1, Y = 3\} + P\{X = 1, Y = 4\} + P\{X = 2, Y = 3\} + P\{X = 2, Y = 4\} = 0 + \dfrac{1}{16} + 0 + \dfrac{1}{4} = \dfrac{5}{16}.$

例 27 设随机变量 (X, Y) 的密度函数为

$$f(x, y) = \begin{cases} x^2 + \dfrac{xy}{3}, & 0 \leqslant x \leqslant 1, 0 \leqslant y \leqslant 2; \\ 0, & \text{其他.} \end{cases}$$

求概率 $P\{X + Y > 1\}, P\{Y > X\}$ 及 $P\left\{Y < \dfrac{1}{2} \mid X < \dfrac{1}{2}\right\}$.

解 $P\{X + Y > 1\} = \iint\limits_{y + x > 1} f(x, y) \mathrm{d}x \mathrm{d}y = \int_0^1 \mathrm{d}x \int_{1-x}^2 \left(x^2 + \dfrac{xy}{3}\right) \mathrm{d}y = \dfrac{65}{72}.$

$P\{Y > X\} = \iint\limits_{y > x} f(x, y) \mathrm{d}x \mathrm{d}y = \int_0^1 \mathrm{d}x \int_x^2 \left(x^2 + \dfrac{1}{3} xy\right) \mathrm{d}y = \dfrac{17}{24}.$

$$P\left\{Y < \dfrac{1}{2} \mid X < \dfrac{1}{2}\right\} = \dfrac{P\left\{X < \dfrac{1}{2}, Y < \dfrac{1}{2}\right\}}{P\left\{X < \dfrac{1}{2}\right\}} = \dfrac{F\left(\dfrac{1}{2}, \dfrac{1}{2}\right)}{F_X\left(\dfrac{1}{2}\right)}$$

$$= \dfrac{\left.\dfrac{1}{3} x^2 y\left(x + \dfrac{y}{4}\right)\right|_{\left(\frac{1}{2}, \frac{1}{2}\right)}}{\displaystyle\int_0^{\frac{1}{2}} f_X(x) \mathrm{d}x} = \dfrac{5}{12}.$$

六、历年考研真题

数 学 三

3.1 (1990 年，3 分) 设随机变量 X 和 Y 相互独立，其概率分布分别为

m	-1	1
$P\{X = m\}$	$\dfrac{1}{2}$	$\dfrac{1}{2}$

m	-1	1
$P\{Y = m\}$	$\dfrac{1}{2}$	$\dfrac{1}{2}$

则下列式子正确的是( ).

(A) $X = Y$　　　　　　(B) $P\{X = Y\} = 0$

(C) $P\{X=Y\}=\dfrac{1}{2}$ (D) $P\{X=Y\}=1$

3.2（1990年，5分）　一电子仪器由两个部件构成，以 X 和 Y 分别表示两个部件的寿命（单位：千小时），已知 X 和 Y 的联合分布函数为

$$F(x,y)=\begin{cases}1-\mathrm{e}^{0.5x}-\mathrm{e}^{-0.5y}+\mathrm{e}^{-0.5(x+y)}, & \text{若 } x\geqslant0,\ y\geqslant0;\\ 0, & \text{其他.}\end{cases}$$

（1）问 X 和 Y 是否独立？

（2）求两个部件的寿命都超过 100 小时的概率.

3.3（1992年，4分）　设二维随机变量 (X,Y) 的概率密度为

$$f(x,y)=\begin{cases}\mathrm{e}^{-y}, & \text{若 } 0<x<y;\\ 0, & \text{其他.}\end{cases}$$

（1）求 X 的概率密度 $f_X(x)$.

（2）求 $P\{X+Y\leqslant1\}$.

3.4（1994年，8分）　假设随机变量 X_1,X_2,X_3,X_4 相互独立且同分布，$P\{X_i=0\}=0.6$，$P\{X_i=1\}=0.4\ (i=1,2,3,4)$. 求行列式

$$X=\begin{vmatrix}X_1 & X_2\\ X_3 & X_4\end{vmatrix}$$

的概率分布.

3.5（1995年，8分）　已知随机变量 (X,Y) 的联合概率密度为

$$f(x,y)=\begin{cases}4xy, & 0\leqslant x\leqslant1,\ 0\leqslant y\leqslant1;\\ 0, & \text{其他.}\end{cases}$$

求 (X,Y) 的联合分布函数.

3.6（1997年，3分）　设两个随机变量 X 与 Y 相互独立且同分布，

$$P\{X=-1\}=P\{Y=-1\}=\frac{1}{2},\quad P\{X=1\}=P\{Y=1\}=\frac{1}{2},$$

则下列各式成立的是（　　）.

(A) $P\{X=Y\}=\dfrac{1}{2}$ (B) $P\{X=Y\}=1$

(C) $P\{X+Y=0\}=\dfrac{1}{4}$ (D) $P\{XY=1\}=\dfrac{1}{4}$

3.7（1999年，3分）　设随机变量 X_1 和 X_2 的分布律为

X_i	-1	0	1
P	$\frac{1}{4}$	$\frac{1}{2}$	$\frac{1}{4}$

$(i=1,2)$，

且满足 $P\{X_1X_2=0\}=1$，则 $P\{X_1=X_2\}$ 等于（　　）.

(A) 0　　　　(B) $\dfrac{1}{4}$　　　　(C) $\dfrac{1}{2}$　　　　(D) 1

3.8（2001 年，8 分）　设随机变量 X 和 Y 的联合分布是正方形 $G = \{(x,y) \mid 1 \leqslant x \leqslant 3, 1 \leqslant y \leqslant 3\}$ 上的均匀分布．试求随机变量 $U = |X - Y|$ 的概率密度 $p(u)$．

3.9（2003 年，13 分）　设随机变量 X 与 Y 独立，其中 X 的概率分布为

X	1	2
P	0.3	0.7

而 Y 的概率密度为 $f(Y)$．求随机变量 $U = X + Y$ 的概率密度 $g(u)$．

3.10（2005 年，4 分）　从数 $1,2,3,4$ 中任取一个数，记为 X，再从 $1,\cdots,X$ 中任取一个数，记为 Y，则 $P\{Y = 2\} = $ _____．

3.11（2005 年，4 分）　设二维随机变量 (X,Y) 的概率分布为

X \ Y	0	1
0	0.4	a
1	b	0.1

若随机事件 $\{X = 0\}$ 与 $\{X + Y = 1\}$ 相互独立，则 $a = $ _____，$b = $ _____．

3.12（2005 年，13 分）　设二维随机变量 (X,Y) 的概率密度为

$$f(x,y) = \begin{cases} 1, & 0 < x < 1, 0 < y < 2x; \\ 0, & \text{其他.} \end{cases}$$

求：

（Ⅰ）(X,Y) 的边缘概率密度 $f_X(x), f_Y(y)$；

（Ⅱ）$Z = 2X - Y$ 的概率密度 $f_Z(z)$；

（Ⅲ）$P\left\{Y \leqslant \dfrac{1}{2} \,\middle|\, X \leqslant \dfrac{1}{2}\right\}$．

3.13（2006 年，4 分）　设随机变量 X 与 Y 相互独立，且均服从区间 $[0,3]$ 上的均匀分布，则 $P\{\max\{X,Y\} \leqslant 1\} = $ _____．

3.14（2006 年，9 分）　设随机变量 X 的概率密度为

$$f_X(x) = \begin{cases} 1/2, & -1 < x < 0; \\ 1/4, & 0 \leqslant x < 2; \\ 0, & \text{其他.} \end{cases}$$

令 $Y = X^2$，$F(x,y)$ 为二维随机变量 (X,Y) 的分布函数．求（Ⅰ）Y 的概率密度 $f_Y(y)$；（Ⅱ）$F\left(-\dfrac{1}{2}, 4\right)$．

3.15（2007年，4分） 设随机变量(X,Y)服从二维正态分布，且X与Y不相关，$f_X(x)$，$f_Y(y)$分别表示X,Y的概率密度，则在$Y=y$的条件下，X的条件概率密度$f_{X|Y}(x\mid y)$为（　　）.

(A)$f_X(x)$　　　　(B)$f_Y(y)$　　　　(C)$f_X(x)f_Y(y)$　　　　(D)$\dfrac{f_X(x)}{f_Y(y)}$

3.16（2007年，11分） 设二维随机变量(X,Y)的概率密度为

$$f(x,y)=\begin{cases}2-x-y,&0<x<1,\,0<y<1;\\0,&\text{其他.}\end{cases}$$

（Ⅰ） 求$P\{X>2Y\}$.

（Ⅱ） 求$Z=X+Y$的概率密度$f_Z(z)$.

3.17（2008年，4分） 随机变量X,Y独立同分布且X的分布函数为$F(x)$，则$Z=\max\{X,Y\}$的分布函数为（　　）.

(A) $F^2\{x\}$　　　　　　　　(B) $F(x)\cdot F(y)$

(C) $1-(1-F(x))^2$　　　　(D) $(1-F(x))(1-F(y))$

3.18（2008年，11分） 设随机变量X与Y相互独立，X的概率分布为$P\{X=i\}=\dfrac{1}{3}$ $(i=-1,0,1)$，Y的概率密度为

$$f_Y(y)=\begin{cases}1,&0\leqslant y\leqslant 1;\\0,&\text{其他.}\end{cases}$$

记$Z=X+Y$，（Ⅰ）求$P\left\{Z<\dfrac{1}{2}\,\middle|\,X=0\right\}$；（Ⅱ）求$Z$的概率密度.

数 学 四

3-1（1989年，8分） 设某仪器有三只独立工作的同型号电子元件，其寿命（单位：小时）都服从同一指数分布，分布密度为

$$f(x)=\begin{cases}\dfrac{1}{600}\mathrm{e}^{-\frac{x}{600}},&x>0;\\0,&x\leqslant 0.\end{cases}$$

试求：在仪器使用的最初200小时内，至少有一只电子元件损坏的概率.

3-2（1990年，6分） 甲、乙两人独立地各进行两次射击，设甲的命中率为0.2，乙的命中率为0.5，以X和Y分别表示甲和乙的命中次数，试求(X,Y)的联合概率分布.

3-3（1993年，3分） 设随机变量X与Y均服从正态分布，$X\sim N(\mu,4^2)$，$Y\sim N(\mu,5^2)$，记$p_1=P\{X\leqslant\mu-4\}$，$p_2=P\{Y\geqslant\mu+5\}$，则（　　）.

(A) 对任何实数μ，都有$p_1=p_2$

(B) 对任何实数 μ, 都有 $p_1 < p_2$

(C) 只对 μ 的个别值, 才有 $p_1 = p_2$

(D) 对任何实数 μ, 都有 $p_1 > p_2$

3-4 (1996 年, 7 分) 设一电路装有三个同种电气元件, 其工作状态相互独立, 且无故障工作时间都服从参数为 $\lambda > 0$ 的指数分布. 当三个元件都无故障时, 电路正常工作, 否则整个电路不能正常工作. 试求电路正常工作的时间 T 的概率分布.

3-5 (1997 年, 3 分) 设随机变量 X 服从参数为 $(2, p)$ 的二项分布, 随机变量 Y 服从参数为 $(3, p)$ 的二项分布, 若 $P\{X \geqslant 1\} = \dfrac{5}{9}$, 则 $P\{Y \geqslant 1\} =$

_____.

3-6 (1999 年, 3 分) 设随机变量 X 服从指数分布, 则随机变量 $Y = \min\{X, 2\}$ 的分布函数(　　).

(A) 是连续函数　　　　　　(B) 至少有两个间断点

(C) 是阶梯函数　　　　　　(D) 恰好有一个间断点

3-7 (1999 年, 9 分) 设二维随机变量 (X, Y) 在矩形 $G = \{(x, y) \mid 0 \leqslant x \leqslant 2, 0 \leqslant y \leqslant 1\}$ 上服从均匀分布, 试求边长为 X 和 Y 的矩形面积 S 的概率密度 $f_S(s)$.

3-8 (1999 年, 8 分) 已知随机变量 X_1 和 X_2 的概率分布

X_1	-1	0	1
P	$\dfrac{1}{4}$	$\dfrac{1}{2}$	$\dfrac{1}{4}$

X_2	0	1
P	$\dfrac{1}{2}$	$\dfrac{1}{2}$

而且 $P\{X_1 X_2 = 0\} = 1$.

(1) 求 X_1 和 X_2 的联合分布.

(2) 问 X_1 和 X_2 是否独立? 为什么?

3-9 (2002 年, 3 分) 设 X_1 和 X_2 是任意两个相互独立的连续型随机变量, 它们的概率密度分别为 $f_1(x)$ 和 $f_2(x)$, 分布函数分别为 $F_1(x)$ 和 $F_2(x)$, 则(　　).

(A) $f_1(x) + f_2(x)$ 必为某一随机变量的概率密度

(B) $F_1(x) F_2(x)$ 必为某一随机变量的分布函数

(C) $F_1(x) + F_2(x)$ 必为某一随机变量的分布函数

(D) $f_1(x) f_2(x)$ 必为某一随机变量的概率密度

3-10 (2003 年, 4 分) 设随机变量 X 和 Y 都服从正态分布, 且它们不相关, 则(　　).

(A) X 与 Y 一定独立   (B) (X,Y) 服从二维正态分布

(C) X 与 Y 未必独立   (D) $X+Y$ 服从一维正态分布

3-11(2004 年,13 分) 设随机变量 X 在区间 $(0,1)$ 上服从均匀分布,在 $X=x$ $(0<x<1)$ 的条件下,随机变量 Y 的区间 $(0,x)$ 上服从均匀分布,求

（Ⅰ） 随机变量 X 和 Y 的联合概率密度;

（Ⅱ） Y 的概率密度;

（Ⅲ） 概率 $P\{X+Y>1\}$.

3-12(2005 年,4 分) 从数 $1,2,3,4$ 中任取一个数,记为 X,再从 $1,\cdots,$ X 中任取一个数,记为 Y,则 $P\{Y=2\}=$ _____.

3-13(2005 年,4 分) 设二维随机变量 (X,Y) 的概率分布为

X \ Y	0	1
0	0.4	a
1	b	0.1

若随机事件 $\{X=0\}$ 与 $\{X+Y=1\}$ 相互独立,则( ).

(A) $a=0.2,b=0.3$ (B) $a=0.1,b=0.4$

(C) $a=0.3,b=0.2$ (D) $a=0.4,b=0.1$

3-14(2005 年,13 分) 设二维随机变量 (X,Y) 的概率密度为

$$f(x,y)=\begin{cases}1, & 0<x<1,\ 0<y<2x;\\0, & \text{其他}.\end{cases}$$

求:

（Ⅰ） (X,Y) 的边缘概率密度 $f_X(x),f_Y(y)$;

（Ⅱ） $Z=2X-Y$ 的概率密度 $f_Z(z)$;

（Ⅲ） $P\left\{Y\leqslant\dfrac{1}{2}\Big|X\leqslant\dfrac{1}{2}\right\}$.

3-15(2006 年,4 分) 设随机变量 X 与 Y 相互独立,且均服从区间 $[0,3]$ 上的均匀分布,则 $P\{\max\{X,Y\}\leqslant1\}=$ _____.

3-16(2006 年,9 分) 设随机变量 X 的概率密度为

$$f_X(x)=\begin{cases}1/2, & -1<x<0;\\1/4, & 0\leqslant x<2;\\0, & \text{其他}.\end{cases}$$

令 $Y=X^2$,$F(x,y)$ 为二维随机变量 (X,Y) 的分布函数. 求（Ⅰ）Y 的概率密度 $f_Y(y)$;（Ⅱ）$F\left(-\dfrac{1}{2},4\right)$.

3-17（2007 年，4 分）　设随机变量(X,Y)服从二维正态分布，且 X 与 Y 不相关，$f_X(x),f_Y(y)$ 分别表示 X,Y 的概率密度，则在 $Y=y$ 的条件下，X 的条件概率密度 $f_{X|Y}(x\mid y)$ 为（　　）．

(A)$f_X(x)$　　　　(B)$f_Y(y)$　　　　(C)$f_X(x)f_Y(y)$　　　　(D)$\dfrac{f_X(x)}{f_Y(y)}$

3-18（2007 年，11 分）　设二维随机变量(X,Y)的概率密度为

$$f(x,y)=\begin{cases}2-x-y,&0<x<1,\,0<y<1;\\0,&\text{其他．}\end{cases}$$

（Ⅰ）求 $P\{X>2Y\}$．

（Ⅱ）求 $Z=X+Y$ 的概率密度 $f_Z(z)$．

3-19（2008 年，4 分）　随机变量 X,Y 独立同分布且 X 的分布函数为 $F(x)$，则 $Z=\max\{X,Y\}$ 的分布函数为（　　）．

(A)　$F^2\{x\}$　　　　　　　　　(B)　$F(x)\cdot F(y)$

(C)　$1-(1-F(x))^2$　　　　　(D)　$(1-F(x))(1-F(y))$

3-20（2008 年，11 分）　设随机变量 X 与 Y 相互独立，X 的概率分布为 $P\{X=i\}=\dfrac{1}{3}$（$i=-1,0,1$），Y 的概率密度为

$$f_Y(y)=\begin{cases}1,&0\leqslant y\leqslant 1;\\0,&\text{其他．}\end{cases}$$

记 $Z=X+Y$，（Ⅰ）求 $P\left\{Z<\dfrac{1}{2}\,\middle|\,X=0\right\}$；（Ⅱ）求 Z 的概率密度．

七、历年考研真题详解

数 学 三

3.1　应选(C)．

解　$P\{X=Y\}=P\{X=-1,Y=-1\}+P\{X=1,Y=1\}$
$$=P\{X=-1\}P\{Y=-1\}+P\{X=1\}P\{Y=1\}$$
$$=\frac{1}{2}\times\frac{1}{2}+\frac{1}{2}\times\frac{1}{2}=\frac{1}{2}.$$

注　本题主要考查二维离散型随机变量的概率计算和独立性的运用．X 与 Y 同分布，绝不是 $X=Y$ 或 $P\{X=Y\}=1$．

3.2　**解**　(1) 关于 X 的边缘分布函数为

$$F_X(x) = \lim_{y \to +\infty} F(x,y) = 1 - e^{-0.5x} \quad (x \geqslant 0)$$

($x < 0$ 时，$F_X(x) = 0$). 同理，关于 Y 的边缘分布函数为

$$F_Y(y) = \lim_{x \to +\infty} F(x,y) = 1 - e^{-0.5y} \quad (y \geqslant 0)$$

($y < 0$ 时，$F_Y(y) = 0$). 故当 $x \geqslant 0$，$y \geqslant 0$ 时，

$$F_X(x) \cdot F_Y(y) = (1 - e^{-0.5x})(1 - e^{-0.5y})$$
$$= 1 - e^{-0.5x} - e^{-0.5y} + e^{-0.5(x+y)}$$
$$= F(x,y).$$

而当 $x < 0$ 或 $y < 0$ 时，

$$F_X(y) \cdot F_Y(y) = 0 = F(x,y).$$

故对 $(x,y) \in \mathbf{R}^2$，均有 $F_X(x)F_Y(y) = F(x,y)$，因此 X 和 Y 独立.

(2) 因 X 与 Y 独立，所以

$$P\{X > 100, Y > 100\} = P\{X > 100\}P\{Y > 100\}$$
$$= (1 - F_X(100))(1 - F_Y(100))$$
$$= e^{-0.5 \times 100} \cdot e^{-0.5 \times 100} = e^{-100}.$$

注 本题主要考查二维随机变量由分布函数来判定独立、求概率的方法. 记号上 F_X 与 F_Y 应注意区别. 若化为概率密度做略麻烦些. 如果 X 与 Y 不独立，那么第(2)问可用式子：$P\{X > a, Y > b\} = 1 - F(a, +\infty) - F(+\infty, b) + F(a, b)$ 去做.

3.3 解 (1) $f_X(x) = \displaystyle\int_{-\infty}^{+\infty} f(x,y)\mathrm{d}y$. 当 $x \leqslant 0$ 时，$f(x,y) \equiv 0$，故

$f_X(x) = 0$；当 $x > 0$ 时，$f_X(x) = \displaystyle\int_x^{+\infty} e^{-y}\mathrm{d}y = e^{-x}$. 故

$$f_X(x) = \begin{cases} e^{-x}, & x > 0; \\ 0, & x \leqslant 0. \end{cases}$$

(2) $P\{X + Y \leqslant 1\} = \displaystyle\iint_{x+y \leqslant 1} f(x,y)\mathrm{d}x\mathrm{d}y = \iint_G e^{-y}\mathrm{d}x\mathrm{d}y$

$$= \int_0^{\frac{1}{2}} \mathrm{d}x \int_x^{1-x} e^{-y}\mathrm{d}y = \int_0^{\frac{1}{2}} (e^{-x} - e^{x-1})\mathrm{d}x$$
$$= 1 - 2e^{-0.5} + e^{-1},$$

其中 $G = \{(x,y) \mid x+y \leqslant 1, 0 < x < y\}$，如图 3-3 所示.

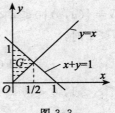

图 3-3

注 本题主要考查二维连续型随机变量由联合密度求边缘密度和概率的方法. 需注意：① $f_X(x)$
$= \displaystyle\int_{-\infty}^{+\infty} f(x,y)\mathrm{d}y$，不能写成 $\displaystyle\int_{-\infty}^{+\infty} e^{-y}\mathrm{d}y$. 计算该积分时，只能讨论 x，不能讨论 y，因为

$f_X(x)$ 只与 x 有关，而与 y 无关. 但在求积分的过程中要视 x 为常数. ② $P\{X+Y\leqslant 1\}$ $= \iint\limits_{x+y\leqslant 1} f(x,y)\mathrm{d}x\mathrm{d}y$，也不能写成 $\iint\limits_{x+y\leqslant 1} \mathrm{e}^{-y}\mathrm{d}\sigma$.

3.4 解 由题意，$X = X_1X_4 - X_2X_3$，可能取的值为 -1, 0, 1.

$$P\{X=-1\} = P\{X_1X_4 - X_2X_3 = -1\} = P\{X_1X_4 = 0,\ X_2X_3 = 1\}$$

$$= P\{X_1X_4 = 0\} \cdot P\{X_2X_3 = 1\}$$

$$= (1 - P\{X_1X_4 = 1\}) \cdot P\{X_2X_3 = 1\}$$

$$= (1 - P\{X_1 = 1,\ X_4 = 1\})P\{X_2 = 1,\ X_3 = 1\}$$

$$= (1 - P\{X_1 = 1\}P\{X_4 = 1\})P\{X_2 = 1\}P\{X_3 = 1\}$$

$$= (1 - 0.4^2) \times 0.4^2 = 0.134\,4.$$

同理，

$$P\{X = 1\} = P\{X_1X_4 = 1,\ X_2X_3 = 0\}$$

$$= P\{X_1X_4 = 1\}P\{X_2X_3 = 0\} = 0.134\,4,$$

而

$$P\{X = 0\} = 1 - P\{X = -1\} - P\{X = 1\}$$

$$= 1 - 0.134\,4 \times 2 = 0.731\,2.$$

注 本题主要考查多维离散型随机变量函数的分布.

3.5 解 (X,Y) 的联合分布函数为

$$F(x,y) = \int_{-\infty}^{x} \mathrm{d}u \int_{-\infty}^{y} f(u,v)\mathrm{d}v.$$

当 $x \leqslant 0$ 或 $y \leqslant 0$ 时，$F(x,y) = 0$；当 $0 < x \leqslant 1$，$y \geqslant 1$ 时，

$$F(x,y) = \iint\limits_{G} 4uv\mathrm{d}u\mathrm{d}v = \int_0^x \mathrm{d}u \int_0^1 4uv\mathrm{d}v = x^2,$$

其中 $G = \{(u,v)\,|\,0 \leqslant u < x,\ 0 \leqslant v \leqslant y,\ 0 < x \leqslant 1,\ y \geqslant 1\}$. 同理，当 $x \geqslant 1$，$0 < y \leqslant 1$ 时，

$$F(x,y) = \int_0^1 \mathrm{d}u \int_0^y 4uv\mathrm{d}v = y^2;$$

当 $0 < x < 1$，$0 < y < 1$ 时，

$$F(x,y) = \int_0^x \mathrm{d}u \int_0^y 4uv\mathrm{d}v = x^2y^2;$$

当 $x > 1$，$y > 1$ 时，$F(x,y) = \int_0^1 \mathrm{d}u \int_0^1 4uv\mathrm{d}v = 1$. 故得

$$F(x,y) = \begin{cases} 0, & x \leqslant 0 \text{ 或 } y \leqslant 0; \\ x^2, & 0 < x \leqslant 1, \ y \geqslant 1; \\ y^2, & x \geqslant 1, \ 0 < y \leqslant 1; \\ x^2 y^2, & 0 < x < 1, \ 0 < y < 1; \\ 1, & x > 1, \ y > 1. \end{cases}$$

注 本题考查二维连续型随机变量由概率密度求分布函数的方法. ① 本来 $F(x,y)$ $= \int_{-\infty}^{x} \mathrm{d}x \int_{-\infty}^{y} f(x,y)\mathrm{d}y$ 也可以,但中间的 x,y 变量易混淆,故换成 u,v 变量. ② 勿随便把 $f(u,v)$ 写成 $4uv$,注意解中关于 x,y 的讨论和积分限的变化. 讨论只能对 (x,y) 进行,不能讨论 (u,v);本题中 $F(x,y)$ 连续,所以讨论 (x,y) 在 $0,1$ 处的等号问题不是关键,等号写哪边均可.

3.6 应选(A).

解 $P\{X = Y\} = P\{X = -1, Y = -1\} + P\{X = 1, Y = 1\}$
$$= P\{X = -1\}P\{Y = -1\} + P\{X = 1\}P\{Y = 1\}$$
$$= \frac{1}{2} \times \frac{1}{2} + \frac{1}{2} \times \frac{1}{2} = \frac{1}{2}.$$

注 本题主要考查二维离散型随机变量的概率计算和独立性的运用.

3.7 应选(A).

解 由 $P\{X_1 X_2 = 0\} = 1$,可知
$$P\{X_1 = -1, X_2 = -1\} = P\{X_1 = -1, X_2 = 1\}$$
$$= P\{X_1 = 1, X_2 = -1\}$$
$$= P\{X_1 = 1, X_2 = 1\} = 0.$$

由联合、边缘分布列(多维离散型)的性质和关系得 (X_1, X_2) 的联合、边缘分布列如下表:

X_1＼X_2	-1	0	1	$P\{X_1 = x_i\}$
-1	0	1/4	0	1/4
0	1/4	0	1/4	1/2
1	0	1/4	0	1/4
$P\{X_2 = y_j\}$	1/4	1/2	1/4	1

因此
$$P\{X_1 = X_2\} = P\{X_1 = -1, X_2 = -1\} + P\{X_1 = 0, X_2 = 0\}$$
$$+ P\{X_1 = 1, X_2 = 1\}$$

$$= 0 + 0 + 0 = 0,$$

故选(A).

注 本题主要考查二维离散型随机变量的联合、边缘分布列的性质、关系和概率的计算."$P\{X_1 X_2 = 0\} = 1$"可解释为"X_1, X_2 至少一个为0".

3.8 解 G 的面积显然为 4,故 (X, Y) 的联合概率密度为

$$f(x, y) = \begin{cases} \dfrac{1}{4}, & (x, y) \in G; \\ 0, & 其他. \end{cases}$$

U 的分布函数

$$F(u) = P\{U \leqslant u\} = P\{|X - Y| \leqslant u\}.$$

显然,$u \leqslant 0$ 时,$F(u) = 0$;而当 $u > 0$ 时,

$$F(u) = \iint\limits_{|x-y| \leqslant u} f(x, y) \mathrm{d}x \mathrm{d}y;$$

当 $u \geqslant 2$ 时,$F(u) = \iint\limits_{G} \dfrac{1}{4} \mathrm{d}x \mathrm{d}y = 1$;当 $0 < u < 2$ 时,

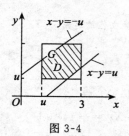

图 3-4

$$F(u) = \iint\limits_{D} \dfrac{1}{4} \mathrm{d}x \mathrm{d}y = \dfrac{1}{4} S_D,$$

其中 $D = \{(x, y) \mid (x, y) \in G, |x - y| \leqslant u, 0 < u < 2\}$,如图 3-4 中阴影部分,其面积

$$S_D = 4 - 2 \cdot \dfrac{1}{2}(2 - u)^2 = 4u - u^2,$$

即 $0 < u < 2$ 时,$F(u) = u - \dfrac{1}{4} u^2$. 故

$$F(u) = \begin{cases} 0, & u \leqslant 0; \\ u - \dfrac{1}{4} u^2, & 0 < u < 2; \\ 1, & u \geqslant 2. \end{cases}$$

从而

$$p(u) = F'(u) = \begin{cases} 1 - \dfrac{1}{2} u, & 0 < u < 2; \\ 0, & 其他. \end{cases}$$

注 本题主要考查(连续型)二维随机变量函数的分布. 勿将 $\iint\limits_{|x-y| \leqslant u} f(x, y) \mathrm{d}x \mathrm{d}y$ 写成 $\iint\limits_{|x-y| \leqslant u} \dfrac{1}{4} \mathrm{d}x \mathrm{d}y$,因为 $f(x, y)$ 并非 $\dfrac{1}{4}$(只在 G 上是),而且 $|x - y| \leqslant u\ (u > 0)$ 是一无穷区域. 解中 S_D 等于 S_G 减去两个(相等的)小三角形的面积. 图 3-4 中 $x - y = u$,$x - y$

$=-u$ 两条直线为 $|x-y|=u$.

3.9　解　设 Y 的分布函数为 $F_Y(y)$，由全概率公式，知 U 的分布函数为

$$
\begin{aligned}
G(u) &= P\{U \leqslant u\} = P\{X+Y \leqslant u\} \\
&= P\{X=1\}P\{X+Y \leqslant u \mid X=1\} \\
&\quad + P\{X=2\}P\{X+Y \leqslant u \mid X=2\} \\
&= 0.3P\{1+Y \leqslant u \mid X=1\} \\
&\quad + 0.7P\{2+Y \leqslant u \mid X=2\}.
\end{aligned}
$$

因为 X 与 Y 相互独立，故

$$
\begin{aligned}
G(u) &= 0.3P\{Y \leqslant u-1\} + 0.7P\{Y \leqslant u-2\} \\
&= 0.3F_Y(u-1) + 0.7F_Y(u-2).
\end{aligned}
$$

故

$$
\begin{aligned}
g(u) &= G'(u) = 0.3F'_Y(u-1) + 0.7F'_Y(u-2) \\
&= 0.3f(u-1) + 0.7f(u-2).
\end{aligned}
$$

注　本题主要考查全概率公式（用在随机变量上）及随机变量独立性的用法. 对离散型随机变量 X "赋值"，然后又扔掉条件中的 $\{X=1\}$，$\{X=2\}$（由 X 与 Y 独立，当然 $\{X=1\}$ 与 $\{Y \leqslant u-1\}$ 两事件独立，注意 $\{Y \leqslant u-1\}$ 中没有 X），是概率论中一常用手法. $f(y)$ 可看做"已知的"，允许出现在最终的答案中. 如果不引用 $F_Y(y)$，而用 $P\{Y \leqslant u-1\} = \int_{-\infty}^{u-1} f(t)\mathrm{d}t$，然后求导，也行.

3.10　应填 $\dfrac{13}{48}$.

解　由题意，X 的概率分布为

X	1	2	3	4
P	$\dfrac{1}{4}$	$\dfrac{1}{4}$	$\dfrac{1}{4}$	$\dfrac{1}{4}$

而

$$
P\{Y=2 \mid X=1\} = 0, \quad P\{Y=2 \mid X=2\} = \frac{1}{2},
$$

$$
P\{Y=2 \mid X=3\} = \frac{1}{3}, \quad P\{Y=2 \mid X=4\} = \frac{1}{4},
$$

故由全概率公式，得

$$
P\{Y=2\} = \sum_{i=1}^{4} P\{X=i\}P\{Y=2 \mid X=i\}
$$

$$= \frac{1}{4} \left(0 + \frac{1}{2} + \frac{1}{3} + \frac{1}{4} \right) = \frac{13}{48}.$$

注 题目中"任(或'任意')取 ……"中的"任"的意思是"随机地",是描述"等可能性"的一个常见说法. 本题可以是考核"离散型随机变量的条件分布"内容的,但不用条件分布的知识,直接由题意用全概率公式做更为简洁. 全概率公式是上一节"随机事件和概率"中的重点内容,随机变量的题目中有时也会用到,切勿将二者完全割裂开来.

3.11 应填 $a = 0.4$, $b = 0.1$.

解 由题意知 $0.4 + a + b + 0.1 = 1$, 故 $a + b = 0.5$. 而

$$P\{X = 0\} = 0.4 + a,$$

$$P\{X + Y = 1\} = P\{X = 0, Y = 1\} + P\{X = 1, Y = 0\}$$
$$= a + b = 0.5,$$

$$P\{X = 0, X + Y = 1\} = P\{X = 0, Y = 1\} = a,$$

由

$$P\{X = 0, X + Y = 1\} = P\{X = 0\} P\{X + Y = 1\},$$

知 $a = (0.4 + a)0.5$, 得 $a = 0.4$, 从而 $b = 0.1$.

注 本题主要考查事件间独立性的概念以及二维随机变量分布列的基本性质. 注意本题中并无 X 与 Y 的独立性,不用求关于 X, Y 的边缘分布.

3.12 **解** （Ⅰ）$f_X(x) = \int_{-\infty}^{+\infty} f(x, y) \mathrm{d}y$. 当 $x \leqslant 0$ 或 $x \geqslant 1$ 时, $f_X(x)$ $= 0$; 当 $0 < x < 1$ 时, $f_X(x) = \int_0^{2x} 1 \mathrm{d}y = 2x$. 故

$$f_X(x) = \begin{cases} 2x, & 0 < x < 1; \\ 0, & \text{其他}. \end{cases}$$

$f_Y(y) = \int_{-\infty}^{+\infty} f(x, y) \mathrm{d}x$. 当 $y \leqslant 0$ 或 $y \geqslant 2$ 时, $f_Y(y) = 0$; 当 $0 < y < 2$ 时, $f_Y(y) = \int_{\frac{y}{2}}^1 1 \mathrm{d}x = 1 - \frac{y}{2}$. 故

$$f_Y(y) = \begin{cases} 1 - \frac{y}{2}, & 0 < y < 2; \\ 0, & \text{其他}. \end{cases}$$

（Ⅱ）Z 的分布函数为

$$F_Z(z) = P\{Z \leqslant z\} = P\{2X - Y \leqslant z\} = \iint_{2x - y \leqslant z} f(x, y) \mathrm{d}x \mathrm{d}y.$$

当 $\frac{z}{2} \geqslant 1$ 即 $z \geqslant 0$ 时, $F_Z(z) = 1$, 故

$$f_Z(z) = F_Z'(z) = 0;$$

当 $\dfrac{z}{2} < 0$ 即 $z < 0$ 时，$F_Z(z) = 0$，故

$$f_Z(z) = F_Z'(z) = 0;$$

当 $0 \leqslant \dfrac{z}{2} < 1$ 即 $0 \leqslant z < 2$ 时，

$$F_Z(z) = \iint\limits_{D} 1\,\mathrm{d}x\mathrm{d}y = 1 - \frac{1}{2}\left(1 - \frac{z}{2}\right)(2 - z) = z - \frac{z^2}{4}.$$

其中 $D = \{(x,y) \mid 2x - y \leqslant z,\, 0 \leqslant z < 2\}$，故

$$f_Z(z) = F_Z'(z) = 1 - \frac{z}{2}.$$

因此

$$f_Z(z) = \begin{cases} 1 - \dfrac{z}{2}, & 0 \leqslant z < 2; \\ 0, & \text{其他}. \end{cases}$$

（Ⅲ） $P\left\{X \leqslant \dfrac{1}{2}\right\} = \displaystyle\int_{-\infty}^{\frac{1}{2}} f_X(x)\,\mathrm{d}x = \int_0^{\frac{1}{2}} 2x\,\mathrm{d}x = x^2 \Big|_0^{\frac{1}{2}} = \frac{1}{4},$

$$P\left\{X \leqslant \frac{1}{2},\, Y \leqslant \frac{1}{2}\right\} = \iint\limits_{x \leqslant \frac{1}{2},\, y \leqslant \frac{1}{2}} f(x,y)\,\mathrm{d}x\mathrm{d}y = \iint\limits_{G} \mathrm{d}x\mathrm{d}y$$

$$= \int_0^{\frac{1}{2}} \mathrm{d}y \int_{\frac{y}{2}}^{\frac{1}{2}} \mathrm{d}x = \frac{3}{16},$$

其中 $G = \left\{(x,y) \,\Big|\, 0 < x \leqslant \dfrac{1}{2},\, 0 < y < 2x,\, y \leqslant \dfrac{1}{2}\right\}$，故

$$P\left\{Y \leqslant \frac{1}{2} \,\Big|\, X \leqslant \frac{1}{2}\right\} = \frac{P\left\{Y \leqslant \dfrac{1}{2},\, X \leqslant \dfrac{1}{2}\right\}}{P\left\{X \leqslant \dfrac{1}{2}\right\}} = \frac{\dfrac{3}{16}}{\dfrac{1}{4}} = \frac{3}{4}.$$

注 本题（Ⅰ）是考查边缘概率密度的计算（题目应问"求关于 X,Y 的边缘概率密度 $f_X(x)$、$f_Y(y)$"更合适些），而（Ⅱ）考查二维连续型随机变量的函数的分布. 其中 $\iint\limits_{D} 1\,\mathrm{d}x\mathrm{d}y$ 为 D 的面积，当然用大的直角三角形的面积（为 1）减去小的直角三角形的面积而得到. 有人对这种题喜欢套公式去做，但这里并无现成公式（即使有的书上有，学生一般也觉得公式太多，难记难用）. 需推导一下：

$$F_Z(z) = \iint\limits_{2x - y \leqslant z} f(x,y)\,\mathrm{d}x\mathrm{d}y = \int_{-\infty}^{+\infty} \mathrm{d}x \int_{2x-z}^{+\infty} f(x,y)\,\mathrm{d}y,$$

故

$$f_Z(z) = F_Z'(z) = \int_{-\infty}^{+\infty} f(x, 2x - z)\,\mathrm{d}x = \int_0^1 f(x, 2x - z)\,\mathrm{d}x$$

(注意这里 X 与 Y 不独立, 勿将 $f(x, 2x-z)$ 写成 $f_X(x)f_Y(2x-z)$), 而

$$f(x, 2x-z) = \begin{cases} 1, & 0 < x < 1, 0 < 2x-z < 2x; \\ 0, & \text{其他} \end{cases}$$

$$= \begin{cases} 1, & 0 < x < 1, 0 < z < 2x; \\ 0, & \text{其他}, \end{cases}$$

故当 $z \leqslant 0$ 或 $z \geqslant 2$ 时, $f(x, 2x-z) = 0$, 所以 $f_Z(z) = 0$; 当 $0 < z < 2$ 时,

$$f_Z(z) = \int_{\frac{z}{2}}^1 \mathrm{d}x = 1 - \frac{z}{2}.$$

这样做时请勿出现"$F_Z(z) = \iint\limits_{2x-y \leqslant z} \mathrm{d}x\mathrm{d}y$", "$f_Z(z) = \int_{-\infty}^{+\infty} 1\mathrm{d}x$", "$f_Z(z) = \int_0^1 1\mathrm{d}x$"等一类

式子. 最后, 在 $0 < z < 2$ 的讨论中, x 要求 $\frac{z}{2} < x < 1$, 故积分限为从 $\frac{z}{2}$ 到 1, 计算

$f_Z(z), F_Z(z)$ 时, 不允许讨论 x 或 y, 只能讨论 z (不允许写: "当 $0 < x < 1, 0 < z < 2x$

时, $f_Z(z) = \cdots$", 因为 $f_Z(z), F_Z(z)$ 是以 z 为自变量的一元函数, 与 x, y 无关). 这种解

法可能很多同学不喜欢, 笔者也不赞成大型考试时这样做, 因为容易出错, 故正文解中只

介绍一种方法. (Ⅲ) 的计算中仍需注意 X 与 Y 没有独立性, 勿写

$$\text{“} P\left\{X \leqslant \frac{1}{2}, Y \leqslant \frac{1}{2}\right\} = P\left\{X \leqslant \frac{1}{2}\right\}P\left\{Y \leqslant \frac{1}{2}\right\}\text{”},$$

也勿写"$P\left\{Y \leqslant \frac{1}{2}, Y \leqslant \frac{1}{2}\right\} = \iint\limits_{x \leqslant \frac{1}{2}, Y \leqslant \frac{1}{2}} 1\mathrm{d}x\mathrm{d}y$", "$P\left\{X \leqslant \frac{1}{2}\right\} = \int_{-\infty}^{\frac{1}{2}} 2x\mathrm{d}x$"等一类式子.

3.13 应填 $\frac{1}{9}$.

解 $P\{\max\{X, Y\} \leqslant 1\} = P\{X \leqslant 1, Y \leqslant 1\} = P\{X \leqslant 1\}P\{Y \leqslant 1\}$

$$= \frac{1}{3} \times \frac{1}{3} = \frac{1}{9}.$$

3.14 解 (Ⅰ) Y 的分布函数为

$$F_Y(y) = P\{Y \leqslant y\} = P\{X^2 \leqslant y\}.$$

当 $y \leqslant 0$ 时, $F_Y(y) = 0$, $f_Y(y) = 0$; 当 $0 < y < 1$ 时,

$$F_Y(y) = P\{-\sqrt{y} \leqslant X \leqslant \sqrt{y}\}$$

$$= P\{-\sqrt{y} \leqslant X < 0\} + P\{0 \leqslant X \leqslant \sqrt{y}\}$$

$$= \frac{1}{2}\sqrt{y} + \frac{1}{4}\sqrt{y} = \frac{3}{4}\sqrt{y},$$

$$f_Y(y) = \frac{3}{8\sqrt{y}};$$

当 $1 \leqslant y < 4$ 时,

120

$$F_Y(y) = P\{-1 \leqslant X < 0\} + P\{0 \leqslant X \leqslant \sqrt{y}\} = \frac{1}{2} + \frac{1}{4}\sqrt{y},$$

$$f_Y(y) = \frac{1}{8\sqrt{y}};$$

当 $y \geqslant 4$ 时，$F_Y(y) = 1$，$f_Y(y) = 0$. 故 Y 的概率密度为

$$f_Y(y) = \begin{cases} \dfrac{3}{8\sqrt{y}}, & 0 < y < 1; \\ \dfrac{1}{8\sqrt{y}}, & 1 \leqslant y \leqslant 4; \\ 0, & \text{其他}. \end{cases}$$

3.15 应填（A）.

解 由于 (X, Y) 服从二维正态分布，因此从 X 与 Y 不相关可知 X 与 Y 相互独立. 于是有 $f_{X|Y}(x|y) = f_X(x)$. 应选（A）.

若仔细分析，由于 X 与 Y 不相关，即 $\rho = 0$，因此 (X, Y) 的联合密度为

$$f(x, y) = \frac{1}{2\pi\sigma_1\sigma_2}\exp\left\{-\frac{1}{2}\left[\left(\frac{x - \mu_1}{\sigma_1}\right)^2 + \left(\frac{y - \mu_2}{\sigma_2}\right)^2\right]\right\}.$$

而 X, Y 的边缘概率密度分别为

$$f_X(x) = \frac{1}{\sqrt{2\pi}\sigma_1}\exp\left\{-\frac{(x - \mu_1)^2}{2\sigma_1^2}\right\},$$

$$f_Y(y) = \frac{1}{\sqrt{2\pi}\sigma_2}\exp\left\{-\frac{(y - \mu_2)^2}{2\sigma_2^2}\right\},$$

$$f_{X|Y}(x|y) = \frac{f(x, y)}{f_Y(y)} = \frac{1}{\sqrt{2\pi}\sigma_1}\exp\left\{-\frac{(x - \mu_1)^2}{2\sigma_1^2}\right\} = f_X(x).$$

也知应选（A）.

注 二维正态随机变量互不相关与相互独立等价.

3.16 解法 1 （Ⅰ）$P\{X > 2Y\} = \iint\limits_{x > 2y} f(x, y)\mathrm{d}x\mathrm{d}y$

$$= \int_0^1 \mathrm{d}x \int_0^{\frac{x}{2}} (2 - x - y)\mathrm{d}y = \int_0^1 \left(x - \frac{5}{8}x^2\right)\mathrm{d}x = \frac{7}{24}.$$

（Ⅱ）$f_Z(z) = \displaystyle\int_{-\infty}^{+\infty} f(x, z - x)\mathrm{d}x$，其中

$$f(x, z - x) = \begin{cases} 2 - x - (z - x), & 0 < x < 1, \, 0 < z - x < 1; \\ 0, & \text{其他} \end{cases}$$

$$= \begin{cases} 2 - z, & 0 < x < 1, \, 0 < z - x < 1; \\ 0, & \text{其他}. \end{cases}$$

当 $z \leqslant 0$ 或 $z \geqslant 2$ 时，$f_Z(z) = 0$；当 $0 < z < 1$ 时，

$$f_Z(z) = \int_0^z (2 - z) \mathrm{d}x = z(2 - z);$$

当 $1 \leqslant z < 2$ 时，

$$f_Z(z) = \int_{z-1}^1 (2 - z) \mathrm{d}x = (2 - z)^2.$$

故 Z 的概率密度为

$$f_Z(z) = \begin{cases} z(2 - z), & 0 < z < 1; \\ (2 - z)^2, & 1 \leqslant z < 2; \\ 0, & \text{其他.} \end{cases}$$

解法 2 （Ⅰ）同解法 1.

（Ⅱ）因为

$$\int_{-\infty}^{+\infty} \int_{-\infty}^{+\infty} h(x + y) f(x, y) \mathrm{d}x \mathrm{d}y$$

$$= \int_0^1 \mathrm{d}x \int_0^1 h(x + y)(z - x - y) \mathrm{d}y$$

$$= \int_0^1 \mathrm{d}x \int_x^{x+1} h(z)(2 - z) \mathrm{d}z$$

$$= \int_0^1 \left[h(z) \int_0^z (2 - z) \mathrm{d}x \right] \mathrm{d}z + \int_1^2 \left[h(z) \int_{z-1}^1 (2 - z) \mathrm{d}x \right] \mathrm{d}z$$

$$= \int_0^1 h(z) \cdot z(2 - z) \mathrm{d}z + \int_1^2 h(z) \cdot (2 - z)^2 \mathrm{d}z,$$

所以

$$f_Z(z) = \begin{cases} z(2 - z), & 0 \leqslant z < 1; \\ (2 - z)^2, & 1 \leqslant z < 2; \\ 0 & \text{其他.} \end{cases}$$

注 本题主要考查二维随机变量的函数.

3.17 应选(A).

解 $F(z) = P\{2 \leqslant z\} = P\{\max\{X, Y\} \leqslant z\}$
$= P\{X \leqslant z\} P\{Y \leqslant z\} = F(z)F(z) = F^2(z).$

注 本题关键在于分解事件 $\{\max\{X, Y\} \leqslant z\}$ 为 $\{X \leqslant z\} \cdot \{Y \leqslant z\}$.

3.18 解 （Ⅰ）因为 X 与 Y 独立，所以事件 $\{X = 0\}$ 与 $\left\{ Y \leqslant \frac{1}{2} \right\}$ 独立，所以

$$P\left\{ Z \leqslant \frac{1}{2} \,\middle|\, X = 0 \right\} = \frac{P\left\{ X = 0, Z \leqslant \frac{1}{2} \right\}}{P\{X = 0\}} = \frac{P\left\{ X = 0, Y \leqslant \frac{1}{2} \right\}}{P\{X = 0\}}$$

$$= P\left\{Y \leqslant \frac{1}{2}\right\} = \int_0^{\frac{1}{2}} 1 \cdot \mathrm{d}y = \frac{1}{2}.$$

（Ⅱ） 易知三事件 $\{X = -1\}$，$\{X = 0\}$，$\{X = 1\}$ 构成样本空间的一个划分（完备事件组），因此可得 $Z = X + Y$ 的分布函数为

$$
\begin{aligned}
F_Z(z) &= P\{Z \leqslant z\} = P\{X + Y \leqslant z\} \\
&= P\{X + Y \leqslant z, X < -1\} + P\{X + Y \leqslant z, X < 0\} \\
&\quad + P\{X + Y \leqslant z, X = 1\} \\
&= P\{-1 + Y \leqslant z, X = -1\} + P\{Y \leqslant z, X = 0\} \\
&\quad + P\{1 + Y \leqslant z, X = 1\} \\
&= P\{Y \leqslant z + 1\}P\{X = -1\} + P\{Y \leqslant z\}P\{X = 0\} \\
&\quad + P\{Y \leqslant z - 1\}P\{X = 1\} \\
&= \frac{1}{3}\left(F_Y(z+1) + F_Y(z) + F_Y(z-1)\right) \quad (z \in \mathbf{R}). \quad\quad (*)
\end{aligned}
$$

从而，有

$$f_Z(z) = F_Z'(z) = \frac{1}{3}\left(f_Y(z+1) + f_Y(z) + f_Y(z-1)\right) \quad (z \in \mathbf{R}).$$

因由所给 Y 的概率密度函数 $f_Y(y)$ 知 $Y \sim U[0,1]$，从而易知在 z 取值的同一区间内，$f_Y(z+1)$，$f_Y(z)$ 及 $f_Y(z-1)$ 的表达式不尽相同. 不难算得 $f_Z(z)$ 的（分段函数）表达式为

$$
f_Z(z) =
\begin{cases}
\dfrac{1}{3}(0 + 0 + 0), & z < -1; \\[2mm]
\dfrac{1}{3}(1 + 0 + 0), & -1 \leqslant z < 0; \\[2mm]
\dfrac{1}{3}(0 + 1 + 0), & 0 \leqslant z < 1; \\[2mm]
\dfrac{1}{3}(0 + 0 + 1), & 1 \leqslant z < 2; \\[2mm]
\dfrac{1}{3}(0 + 0 + 0), & z \geqslant 2.
\end{cases}
$$

$$
=
\begin{cases}
\dfrac{1}{3}, & -1 \leqslant z < 2; \\[2mm]
0, & z < -1 \text{ 或 } z \geqslant 2.
\end{cases}
$$

注 因为由所给 Y 的概率密度函数 $f_Y(y)$ 知 Y 在 $[0,1]$ 上服从均匀分布，故知 Y 的分布函数为

$$
F_Y(y) =
\begin{cases}
0, & y < 0; \\
y, & 0 \leqslant y < 1; \\
1, & y \geqslant 1.
\end{cases}
$$

从而,(*)式可化为

$$F_Z(z) = \begin{cases} \dfrac{1}{3}(0+0+0), & z < -1; \\[2mm] \dfrac{1}{3}[(z+1)+0+0], & -1 \leqslant z < 0; \\[2mm] \dfrac{1}{3}(1+z+0), & 0 \leqslant z < 1; \\[2mm] \dfrac{1}{3}[1+1+(z-1)], & 1 \leqslant z < 2; \\[2mm] \dfrac{1}{3}(1+1+1), & z \geqslant 2. \end{cases}$$

对于同一表达式的不同区间合并,即有

$$F_Z(z) = \begin{cases} 0, & z < -1; \\[2mm] \dfrac{1}{3}(z+1), & -1 \leqslant z < 2; \\[2mm] 1, & z \geqslant 2. \end{cases}$$

因此在上式两边关于 z 求导,亦即可得 $f_Z(z)$.

另则,Y 的分布函数 $F_Y(y)$ 也可以利用 Y 的概率密度函数 $f_Y(y)$,通过积分得到:

$$F_Z(z) = \begin{cases} \dfrac{1}{3}\left(\displaystyle\int_{-\infty}^{z+1} 0 \cdot \mathrm{d}y + \int_{-\infty}^{z} 0 \cdot \mathrm{d}y + \int_{-\infty}^{z-1} 0 \cdot \mathrm{d}y\right), & z < -1; \\[4mm] \dfrac{1}{3}\left(\displaystyle\int_{0}^{z+1} 1 \cdot \mathrm{d}y + \int_{-\infty}^{z} 0 \cdot \mathrm{d}y + \int_{-\infty}^{z-1} 0 \cdot \mathrm{d}y\right), & -1 \leqslant z < 0; \\[4mm] \dfrac{1}{3}\left(\displaystyle\int_{0}^{1} 1 \cdot \mathrm{d}y + \int_{0}^{z} 1 \cdot \mathrm{d}y + \int_{-\infty}^{z-1} 0 \cdot \mathrm{d}y\right), & 0 \leqslant z < 1; \\[4mm] \dfrac{1}{3}\left(\displaystyle\int_{0}^{1} 1 \cdot \mathrm{d}y + \int_{0}^{1} 1 \cdot \mathrm{d}y + \int_{0}^{z-1} 1 \cdot \mathrm{d}y\right), & 1 \leqslant z < 2; \\[4mm] \dfrac{1}{3}\left(\displaystyle\int_{0}^{1} 1 \cdot \mathrm{d}y + \int_{0}^{1} 1 \cdot \mathrm{d}y + \int_{0}^{1} 1 \cdot \mathrm{d}y\right), & z \geqslant 2. \end{cases}$$

$$= \begin{cases} 0, & z < -1; \\[2mm] \dfrac{1}{3}[(z+1)+0+0], & -1 \leqslant z < 0; \\[2mm] \dfrac{1}{3}(1+z+0), & 0 \leqslant z < 1; \\[2mm] \dfrac{1}{3}[1+1+(z-1)], & 1 \leqslant z < 2; \\[2mm] 1, & z \geqslant 2. \end{cases} = \begin{cases} 0, & z < -1; \\[2mm] \dfrac{1}{3}(z+1), & -1 \leqslant z < 2; \\[2mm] 1, & z \geqslant 2. \end{cases}$$

数 学 四

3-1 解法1 设第 i 只电子元件的寿命为 $X_i(i=1,2,3)$. 由题意知 X_1,X_2,X_3 独立同分布,概率密度均为 $f(x)$. 则

$$P\{X_i \geqslant 200\} = \int_{200}^{+\infty} f(x) \mathrm{d}x = \int_{200}^{+\infty} \frac{1}{600} \mathrm{e}^{-\frac{x}{600}} \mathrm{d}x$$

$$= -\mathrm{e}^{-\frac{x}{600}} \Big|_{200}^{+\infty} = \mathrm{e}^{-\frac{1}{3}} \quad (i = 1,2,3).$$

所求概率为

$$P(\{X_1 < 200\} \bigcup \{X_2 < 200\} \bigcup \{X_3 < 200\})$$
$$= 1 - P\{X_1 \geqslant 200, X_2 \geqslant 200, X_3 \geqslant 200\}$$
$$= 1 - P\{X_1 \geqslant 200\} \cdot P\{X_2 \geqslant 200\} \cdot P\{X_3 \geqslant 200\}$$
$$= 1 - (\mathrm{e}^{-\frac{1}{3}})^3 = 1 - \mathrm{e}^{-1}.$$

解法 2 设电子元件的寿命为 X，又设在最初的 200 小时内，有 Y 只电子元件损坏. 则 X 的概率密度为 $f(x)$，而 $Y \sim B(3, p)$，其中

$$p = P\{X < 200\} = \int_0^{200} \frac{1}{600} \mathrm{e}^{-\frac{x}{600}} \mathrm{d}x = -\mathrm{e}^{-\frac{x}{600}} \Big|_0^{200} = 1 - \mathrm{e}^{-\frac{1}{3}}.$$

故所求概率为

$$P\{Y \geqslant 1\} = 1 - P\{Y = 0\} = 1 - C_3^0 p^0 (1-p)^3$$
$$= 1 - (\mathrm{e}^{-\frac{1}{3}})^3 = 1 - \mathrm{e}^{-1}.$$

注 本题主要考查一维连续型随机变量的概率计算. ① 求概率时，遇到"至少"、"至多"这类问题时，可考虑其对立事件的概率. ② 解法 2 用到二项分布，要善于从"独立"、"重复"、"发生几次"（本题指几个元件损坏）几个要素上判断其属于二项分布.

3-2 解 由题意，$X \sim B(2, 0.2)$，$Y \sim B(2, 0.5)$，且 X 与 Y 独立，可知

$$P\{X = 0\} = C_2^0 \cdot 0.2^0 \cdot 0.8^2 = 0.64,$$
$$P\{X = 1\} = C_2^1 \cdot 0.2^1 \cdot 0.8^1 = 0.32,$$
$$P\{X = 2\} = C_2^2 \cdot 0.2^2 \cdot 0.8^0 = 0.04,$$
$$P\{Y = 0\} = C_2^0 \cdot 0.5^0 \cdot 0.5^2 = 0.25,$$
$$P\{Y = 1\} = C_2^1 \cdot 0.5^1 \cdot 0.5^1 = 0.5,$$
$$P\{Y = 2\} = C_2^2 \cdot 0.5^2 \cdot 0.5^0 = 0.25.$$

易得

$$P\{X = 0, Y = 0\} = P\{X = 0\}P\{Y = 0\} = 0.64 \times 0.25 = 0.16,$$
$$P\{X = 1, Y = 0\} = P\{X = 1\}P\{Y = 0\} = 0.32 \times 0.25 = 0.08,$$
$$P\{X = 2, Y = 0\} = P\{X = 2\}P\{Y = 0\} = 0.04 \times 0.25 = 0.01,$$
$$P\{X = 0, Y = 1\} = P\{X = 0\}P\{Y = 1\} = 0.64 \times 0.5 = 0.32,$$
$$P\{X = 1, Y = 1\} = P\{X = 1\}P\{Y = 1\} = 0.32 \times 0.5 = 0.16,$$
$$P\{X = 2, Y = 1\} = P\{X = 2\}P\{Y = 1\} = 0.04 \times 0.5 = 0.02,$$

$$P\{X = 0, Y = 2\} = P\{X = 0\}P\{Y = 2\} = 0.64 \times 0.25 = 0.16,$$

$$P\{X = 1, Y = 2\} = P\{X = 1\}P\{Y = 2\} = 0.32 \times 0.25 = 0.08,$$

$$P\{X = 2, Y = 2\} = P\{X = 2\}P\{Y = 2\} = 0.04 \times 0.25 = 0.01.$$

先写出关于 X 和 Y 的边缘分布列，再由 X 与 Y 的独立性，相乘即得：

X＼Y	0	1	2	$p_{i\cdot}$
0	0.16	0.32	0.16	0.64
1	0.08	0.16	0.08	0.32
2	0.01	0.02	0.01	0.04
$p_{\cdot j}$	0.25	0.5	0.25	1

注　本题主要考查二项分布、二维离散型随机变量联合分布的计算和独立性的应用.

3-3　应选（A）.

解　$p_1 = P\{X \leqslant \mu - 4\} = P\left\{\dfrac{X - \mu}{4} \leqslant 1\right\} = \Phi(-1)$,

$$p_2 = P\{Y \geqslant \mu + 5\} = P\left\{\dfrac{Y - \mu}{5} \geqslant 1\right\} = 1 - \Phi(1),$$

而 $\Phi(-1) = 1 - \Phi(1)$，故 $p_1 = p_2$（对任意实数 μ），故选（A）.

注　本题主要考查正态分布的概率计算.

3-4　**解**　设这三个电气元件的无故障工作时间分别为 X_1, X_2, X_3. 由题意知 X_1, X_2, X_3 独立同分布，概率密度均为

$$f_X(x) = \begin{cases} \lambda e^{-\lambda x}, & x > 0; \\ 0, & x \leqslant 0, \end{cases}$$

且 $T = \min\{X_1, X_2, X_3\}$. 又设 T 的概率密度为 $f_T(t)$，分布函数为 $F_T(t)$. 则

$$\begin{aligned} F_T(t) &= P\{T \leqslant t\} = P\{\min\{X_1, X_2, X_3\} \leqslant t\} \\ &= 1 - P\{\min\{X_1, X_2, X_3\} > t\} \\ &= 1 - P\{X_1 > t, X_2 > t, X_3 > t\} \\ &= 1 - P\{X_1 > t\}P\{X_2 > t\}P\{X_3 > t\} \\ &= 1 - (P\{X_1 > t\})^3. \end{aligned}$$

而 $P\{X_1 > t\} = \displaystyle\int_t^{+\infty} f_X(x)\mathrm{d}x$，可知当 $t \leqslant 0$ 时，

$$P\{X_1 > t\} = \int_0^{+\infty} \lambda e^{-\lambda x}\mathrm{d}x = 1.$$

而当 $t > 0$ 时，

$$P\{X_1 > t\} = \int_t^{+\infty} \lambda e^{-\lambda x} \, dx = - e^{-\lambda x} \Big|_t^{+\infty} = e^{-\lambda t},$$

于是

$$F_T(t) = 1 - \begin{cases} 1, & t \leqslant 0; \\ e^{-3\lambda t}, & t > 0 \end{cases} = \begin{cases} 0, & t \leqslant 0; \\ 1 - e^{-3\lambda t}, & t > 0. \end{cases}$$

故

$$f_T(t) = F_T'(t) = \begin{cases} 3\lambda e^{-3\lambda t}, & t > 0; \\ 0, & t \leqslant 0. \end{cases}$$

即 T 服从参数为 3λ 的指数分布.

注 本题主要考查多维连续型随机变量函数的分布. 其中关于 $t \leqslant 0$ 的讨论可以在开始计算 $P\{T \leqslant t\}$ 时就进行. 对指数分布，最好能记住其分布函数，这样 $P\{X_1 > t\} = 1 - F_X(t)$ 可以计算得快一些（F_X 为 X 的分布函数）. 另外，记号上注意 f_X, f_T 的区别，不能用 $f(x), f(t)$ 表示，因为 f_X, f_T 是不同的函数.

3-5 应填 $\dfrac{19}{27}$.

解 由已知，$X \sim B(2, p)$，$Y \sim B(3, p)$. 所以

$$\frac{5}{9} = P\{X \geqslant 1\} = 1 - P\{X = 0\} = 1 - C_2^0 \cdot p^0 (1-p)^2$$
$$= 1 - (1-p)^2.$$

故 $(1-p)^2 = \dfrac{4}{9}$. 由 $1 - p \in [0, 1]$，解得 $1 - p = \dfrac{2}{3}$，故 $p = \dfrac{1}{3}$. 于是

$$P\{Y \geqslant 1\} = 1 - P\{Y = 0\} = 1 - C_3^0 \left(\frac{1}{3}\right)^0 \cdot \left(\frac{2}{3}\right)^3 = 1 - \frac{8}{27} = \frac{19}{27}.$$

注 本题主要考查二项分布的计算.

3-6 应选(D).

解 由题意，X 的概率密度为

$$f(x) = \begin{cases} \lambda e^{-\lambda x}, & x > 0; \\ 0, & x \leqslant 0, \end{cases}$$

其中 $\lambda > 0$ 为参数，则 Y 的分布函数

$$F_Y(y) = P\{Y \leqslant y\} = P\{\min\{X, 2\} \leqslant y\}.$$

显然，当 $y \leqslant 0$ 时，$F_Y(y) = 0$；当 $y \geqslant 2$ 时，$F_Y(y) = 1$；当 $0 < y < 2$ 时，由于

$$P\{\min\{X, 2\} \leqslant y, X > 2\} = P\{2 \leqslant y, X > 2\} = 0.$$

故

$$F_Y(y) = P\{\min\{X,2\} \leqslant y, X \leqslant 2\} + P\{\min\{X,2\} \leqslant y, X > 2\}$$
$$= P\{X \leqslant y, X \leqslant \dot{2}\} = P\{X \leqslant y\}$$
$$= \int_{-\infty}^{y} f(x)\mathrm{d}x = \int_0^y \lambda \mathrm{e}^{-\lambda x}\mathrm{d}x = 1 - \mathrm{e}^{-\lambda y}.$$

因此

$$F_Y(y) = \begin{cases} 0, & y \leqslant 0; \\ 1 - \mathrm{e}^{-\lambda y}, & 0 < y < 2; \\ 1, & y \geqslant 2. \end{cases}$$

可见，$F_Y(y)$ 只在 $y = 2$ 处间断，在别处都连续. 故选(D).

注 本题主要考查随机变量函数的分布，其中 $\min\{X,2\}$ 的值必在 $(0,2)$ 内，所以对 y 作 $y \leqslant 0$，$y \geqslant 2$ 和 $0 < y < 2$ 的讨论. 本题的变量 Y 非离散非连续，无密度，勿对 $F_Y(y)$ 求导.

3-7 解 G 的面积 $S_G = 2$，故 (X,Y) 的概率密度为

$$f(x,y) = \begin{cases} \dfrac{1}{2}, & (x,y) \in G; \\ 0, & \text{其他.} \end{cases}$$

由题意，$S = XY$，而 S 的分布函数为

$$F(s) = P\{S \leqslant s\} = P\{XY \leqslant s\} = \iint\limits_{xy \leqslant s} f(x,y)\mathrm{d}x\mathrm{d}y.$$

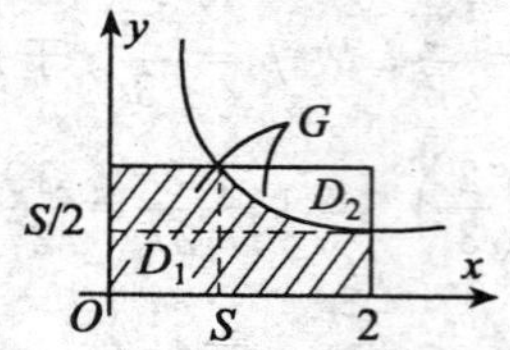

显然，$s \leqslant 0$ 时，$F(s) = 0$；$s \geqslant 2$ 时，

$$F(s) = \iint\limits_{G} \frac{1}{2}\mathrm{d}x\mathrm{d}y = \frac{1}{2}S_G = 1;$$

当 $0 < s < 2$ 时，

$$F(s) = \iint\limits_{D_1} \frac{1}{2}\mathrm{d}x\mathrm{d}y = \frac{1}{2}S_{D_1}$$
$$= \frac{1}{2}(S_G - S_{D_2}),$$

图 3-5

其中 S_{D_1}，S_{D_2} 分别为图 3-5 中 D_1，D_2 的面积，

$$S_{D_2} = \int_s^2 \left(1 - \frac{S}{x}\right)\mathrm{d}x = 2 - s - s \cdot \ln x \Big|_s^2 = 2 - s - s(\ln 2 - \ln s),$$

故

$$F(s) = \frac{1}{2}\big[2 - (2 - s - s\ln 2 + s\ln s)\big] = \frac{1}{2}(s + s\ln 2 - s\ln s).$$

因此

$$F(s) = \begin{cases} 0, & s \leqslant 0; \\ \dfrac{1}{2}(s + s\ln 2 - s\ln s), & 0 < s < 2; \\ 1, & s \geqslant 2. \end{cases}$$

从而

$$f(s) = F'(s) = \begin{cases} \dfrac{1}{2}(\ln 2 - \ln s), & 0 < s < 2; \\ 0, & \text{其他.} \end{cases}$$

注 本题主要考查连续型随机变量函数的分布. ① 显然 XY 的取值在 $[0,2]$ 内,故像解中那样讨论 s;而只能讨论 s,不要讨论随机变量;② $xy \leqslant s$ 其实是(两条)夹在双曲线之间的无穷区域,本题中 $f(x,y)$ 只在 G 中才非 0,故 $0 < s < 2$ 时的积分区域为图 3-5 中 D_1.

3-8 分析 "$P\{X_1 X_2 = 0\} = 1$"可理解为 X_1 和 X_2 两个随机变量至少有一个为 0.

解 (1) 由题意知

$$P\{X_1 = -1, X_2 = 1\} = P\{X_1 = 1, X_2 = 1\} = 0,$$

由联合、边缘分布列的关系,得下表:

X_1 \ X_2	0	1	$p_{i\cdot}$
-1	1/4	0	1/4
0	0	1/2	1/2
1	1/4	0	1/4
$p_{\cdot j}$	1/2	1/2	1

(2) 因

$$P\{X_1 = -1, X_2 = 1\} = 0 \neq \frac{1}{4} \times \frac{1}{2} = P\{X_1 = -1\}P\{X_2 = 1\},$$

故 X 与 Y 不独立.

注 本题主要考查二维离散型随机变量的联合、边缘分布列及其关系(加判定独立性). 分布列也可由 $P\{X_1 = -1\} = P\{X_1 = -1, X_2 = 0\} + P\{X_1 = -1, X_2 = 1\}$,从而 $P\{X_1 = -1, X_2 = 0\} = P\{X_1 = -1\} = \dfrac{1}{4}$(其余类似)得到,但不如列表,用联合、边缘分布列的关系得结果快捷.

3-9 应选(B).

解 由 $\displaystyle\int_{-\infty}^{+\infty} f_1(x)\mathrm{d}x = \int_{-\infty}^{+\infty} f_2(x)\mathrm{d}x = 1$,得

$$\int_{-\infty}^{+\infty} (f_1(x) + f_2(x)) \mathrm{d}x = \int_{-\infty}^{+\infty} f_1(x) \mathrm{d}x + \int_{-\infty}^{+\infty} f_2(x) \mathrm{d}x = 2 \neq 1,$$

所以不选(A). 若设

$$f_1(x) = f_2(x) = \begin{cases} \dfrac{1}{2}, & 0 \leqslant x \leqslant 2; \\ 0, & \text{其他}, \end{cases}$$

则

$$f_1(x) \cdot f_2(x) = \begin{cases} \dfrac{1}{4}, & 0 \leqslant x \leqslant 2; \\ 0, & \text{其他}. \end{cases}$$

这时

$$\int_{-\infty}^{+\infty} f_1(x) f_2(x) \mathrm{d}x = \int_0^2 \frac{1}{4} \mathrm{d}x = \frac{1}{2} \neq 1,$$

即 $\int_{-\infty}^{+\infty} f_1(x) f_2(x) \mathrm{d}x$ 有可能非 1, 故不选(D). 又由分布函数的性质知 $F_1(+\infty) = F_2(+\infty) = 1$, 故

$$\lim_{x \to +\infty} (F_1(x) + F_2(x)) = 2,$$

故不选(C). 若令 $g(x) = F_1(x) \cdot F_2(x)$, 由

$$F_1(-\infty) = F_2(-\infty) = 0, \quad F_1(+\infty) = F_2(+\infty) = 1,$$

可得 $g(-\infty) = 0, g(+\infty) = 1$; 又由 $F_1(x)$ 和 $F_2(x)$ 均非降, 可得 $g(x)$ 非降(设 $x_1 < x_2$, 由 $0 \leqslant F_1(x_1) \leqslant F_1(x_2), 0 \leqslant F_2(x_1) \leqslant F_2(x_2)$, 可得 $g(x_1) \leqslant g(x_2)$); 再由 $F_1(x)$ 和 $F_2(x)$ 右连续(本题由于 X_1 和 X_2 为连续型随机变量, 所以 $F_1(x)$ 和 $F_2(x)$ 是连续的), 可见 $g(x)$ 也是右连续的(本题中 $g(x)$ 是连续的). 故证得 $g(x) = F_1(x) \cdot F_2(x)$ 是分布函数, 应选(B).

　　注　本题主要考查分布函数和概率密度的性质. 即使题中无"连续型"和"相互独立"的条件, 结论(B)也是对的. 请读者不要误以为(B)中的函数是 (X_1, X_2) 或 $X_1 + X_2$ 的分布函数, 这个"某一随机变量"未必易于写得出来.

　　3-10　应选(C).

　　解　设 $(\xi_1, \eta_1) \sim N\left(0, 1; 0, 1; \dfrac{1}{3}\right)$, 其概率密度为 $\varphi_1(x, y)$, 又设

$$(\xi_2, \eta_2) \sim N\left(0, 1; 0, 1; -\frac{1}{3}\right),$$

其概率密度为 $\varphi_2(x, y)$, 而随机变量 (X, Y) 的概率密度为

$$f(x, y) = \frac{1}{2}(\varphi_1(x, y) + \varphi_2(x, y)).$$

这时, 可得 $X \sim N(0, 1), Y \sim N(0, 1)$, 且 X 与 Y 不相关. 但 (X, Y) 并不服

从二维正态分布，X 与 Y 也不独立，可见应排除(A)，(B)，而选(C).

对上例而言，易得

$$\xi_1 + \eta_1 \sim N\left(0, \frac{8}{3}\right), \quad \xi_2 + \eta_2 \sim N\left(0, \frac{4}{3}\right),$$

由"卷积公式"，得 $X+Y$ 的概率密度为

$$
\begin{aligned}
f_{X+Y}(z) &= \int_{-\infty}^{+\infty} f(x, z-x)\mathrm{d}x \\
&= \int_{-\infty}^{+\infty} \frac{1}{2}(\varphi_1(x, z-x) + \varphi_2(x, z-x))\mathrm{d}x \\
&= \frac{1}{2}\left(\int_{-\infty}^{+\infty} \varphi_1(x, z-x)\mathrm{d}x + \int_{-\infty}^{+\infty} \varphi_2(x, z-x)\mathrm{d}x\right) \\
&= \frac{1}{2}\left[\frac{\sqrt{3}}{\sqrt{2\pi} \cdot 2\sqrt{2}} e^{-\frac{3}{16}z^2} + \frac{\sqrt{3}}{\sqrt{2\pi} \cdot 2} e^{-\frac{3}{8}z^2}\right], \quad z \in (-\infty, +\infty).
\end{aligned}
$$

可见 $X+Y$ 并不服从一维正态分布，(D) 也应排除. 上式中 $\int_{-\infty}^{+\infty} \varphi_1(x, z-x)\mathrm{d}x$ 即 $\xi_1 + \eta_1$ 的概率密度，也由"卷积公式"得到.

注 注意，当 (X,Y) 服从二维正态分布时有：X 和 Y 均服从一维正态分布，$X+Y$ 服从正态分布，X 与 Y 的独立性和不相关性等价等结论. 但由"X,Y 均服从正态分布"，却得不到"$X+Y$ 服从正态分布"，"X 与 Y 的独立性与不相关性等价"，"(X,Y) 服从正态分布"等结论，初学者容易混淆. (另注：由"X,Y 的任一线性组合服从一维正态分布"，可推出"(X,Y) 服从二维正态分布"这一结论.)

3-11 解 （Ⅰ）由已知知 X 的概率密度为

$$f_X(x) = \begin{cases} 1, & 0 < x < 1; \\ 0, & 其他. \end{cases}$$

在 $X = x \ (0 < x < 1)$ 的条件下，Y 的条件密度为

$$f_{Y|X}(y|x) = \begin{cases} \dfrac{1}{x}, & 0 < y < x; \\ 0, & 其他. \end{cases}$$

故 (X,Y) 的概率密度为

$$f(x,y) = f_{Y|X}(y|x)f_X(x) = \begin{cases} \dfrac{1}{x}, & 0 < y < x < 1; \\ 0, & 其他. \end{cases}$$

（Ⅱ）Y 的概率密度为

$$f_Y(y) = \int_{-\infty}^{+\infty} f(x,y)\mathrm{d}x.$$

当 $y \leqslant 0$ 或 $y \geqslant 1$ 时，$f_Y(y) = 0$；当 $0 < y < 1$ 时，

$$f_Y(y) = \int_y^1 \frac{1}{x} \mathrm{d}x = -\ln y.$$

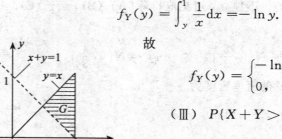

图 3-6

故

$$f_Y(y) = \begin{cases} -\ln y, & 0 < y < 1; \\ 0, & \text{其他}. \end{cases}$$

（Ⅲ）$P\{X+Y>1\} = \iint\limits_{x+y>1} f(x,y)\mathrm{d}x\mathrm{d}y$

$$= \iint\limits_G \frac{1}{x}\mathrm{d}x\mathrm{d}y = \int_{\frac{1}{2}}^1 \frac{1}{x}\mathrm{d}x\int_{1-x}^x \mathrm{d}y$$

$$= 1-\ln 2,$$

其中区域 G 如图 3-6 所示.

注 本题主要考查条件密度的定义.（Ⅱ）问中勿写"$f_Y(y) = \int_{-\infty}^{+\infty} \frac{1}{x}\mathrm{d}x$"，（Ⅲ）中勿写"$P\{X+Y>1\} = \iint\limits_{x+y>1} \frac{1}{x}\mathrm{d}x\mathrm{d}y$"这类式子.

3-12 应填 $\dfrac{13}{48}$

本题解法及注释同题 3.10.

3-13 应选（D）.

本题解法及注释同题 3.11.

3-14 本题解法及注释同题 3.12.

3-15 应填 $\dfrac{1}{9}$.

本题解法及注释同题 3.13.

3-16 本题解法及注释同题 3.14.

3-17 应选（A）.

本题解法及注释同题 3.15.

3-18 本题解法及注释同题 3.16.

3-19 应选（A）.

本题解法及注释同题 3.17.

3-20 本题解法及注释同题 3.18.

第 四 章
随机变量的数字特征

一、考纲要求

1. 理解随机变量数字特征(数学期望、方差、标准差、协方差、相关系数)的概念,并会运用数字特征的基本性质计算具体分布的数字特征.

2. 掌握常用分布的数字特征.

3. 会根据随机变量 X 的概率分布求其函数 $g(X)$ 的数学期望 $E(g(X))$.

4. 会根据随机变量 X 和 Y 的联合概率分布求其函数 $g(X,Y)$ 的数学期望 $E(g(X,Y))$.

二、考试重点

1. 数学期望(均值)、方差和标准差及其性质和计算.

2. 随机变量函数的数学期望.

3. 矩、协方差和相关系数及其性质.

三、历年试题分类统计与考点分析

数 学 三

考点 分值 年份	期望、方差、标准差的计算和性质	一维随机变量函数的期望(方差)	多维随机变量函数的期望(方差)	矩、协方差和相关系数的计算、性质,独立与不相关的关系	合计
1987		4			4
1988					
1989			7		7

续表

年份 \ 考点 \ 分值	期望、方差、标准差的计算和性质	一维随机变量函数的期望（方差）	多维随机变量函数的期望（方差）	矩、协方差和相关系数的计算、性质，独立与不相关的关系	合计
1990					
1991				3＋6	9
1992	5				5
1993		8			8
1994		8			8
1995				3	3
1996		7			7
1997		6	6		12
1998			10		10
1999			3	9	12
2000			3	8	11
2001				3	3
2002	8		8	3	19
2003				4	4
2004	4			13	17
2005～2007					
2008				4	4
合计	17	36	34	56	

数 学 四

年份 \ 考点 \ 分值	期望、方差、标准差的计算和性质	一维随机变量函数的期望（方差）	多维随机变量函数的期望（方差）	矩、协方差和相关系数的计算、性质，独立与不相关的关系	合计
1987	8				8
1988	7				7
1989	3		8		11
1990	3＋3				6
1991		7			7
1992	7				7
1993		8			8
1994		8			8
1995		3			3
1996		7			7

续表

分值 考点 年份	期望、方差、标准差的计算和性质	一维随机变量函数的期望（方差）	多维随机变量函数的期望（方差）	矩、协方差和相关系数的计算、性质，独立与不相关的关系	合计
1997	3＋8				11
1998		9		7	16
1999	3			3	6
2000		3		8＋8	19
2001			8	3	11
2002	8			3	11
2003	4			13	17
2004	4			17	21
2005	4			5	9
2006～2007					
2008				4	4
合计	65	45	16	71	

　　本章的重点有：数学期望、方差（包括标准差）、协方差和相关系数的性质、计算，常见（特殊）分布如二项、泊松、均匀、指数、正态分布要求记住其期望和方差，随机变量的函数（包括一维、多维和离散型、连续型）的期望.

　　常见题型有：由具体分布求随机变量的期望、方差或（多维情形下）的协方差、相关系数，利用期望、方差、协方差的计算性质计算随机变量函数（多为线性函数）的期望、方差或协方差，利用公式和已知随机变量的分布求随机变量函数的数学期望（连续型常为一维、二维的，而离散型可以有更高维的情形，其中包括有应用背景、要根据题意建立函数关系的题目）甚至方差，求协方差、相关系数的题还常附带判定"不相关"性以及独立与不相关的关系（要求大家熟悉"不相关"的几个等价说法），特殊分布（如前述）的期望、方差的灵活运用（如求 $E(X^2)$ 等），对二维正态分布，请记住其中 5 个参数的含义和作用.

四、知识概要

1. 随机变量 ξ 的数学期望与方差的定义

（1）设离散型随机变量 ξ 的分布为

$$P\{\xi = x_k\} = p_k \quad (k = 1, 2, \cdots).$$

如果级数 $\sum\limits_{k=1}^{\infty} x_k p_k$ 绝对收敛，则称其和为 ξ 的数学期望（简称期望），并记

作 $E(\xi)$，即 $E(\xi) = \sum\limits_{k=1}^{\infty} x_k p_k.$

如果级数 $\sum\limits_{k=1}^{\infty} (x_k - E(\xi))^2 p_k$ 收敛，则称其和为 ξ 的方差，记作 $D(\xi)$，即

$$D(\xi) = \sum_{k=1}^{\infty} (x_k - E(\xi))^2 p_k.$$

显然，$D(\xi) = E((\xi - E(\xi))^2)$，$D(\xi) \geqslant 0$. 称 $\sqrt{D(\xi)}$ 为 ξ 的方差根（亦叫协方差、均方差）.

（2）设连续型随机变量 X 的密度函数为 $f(x)$.

如果广义积分 $\int_{-\infty}^{+\infty} x f(x) \mathrm{d}x$ 绝对收敛，则称其值为 ξ 的数学期望，记作

$E(\xi)$，即 $E(\xi) = \int_{-\infty}^{+\infty} x f(x) \mathrm{d}x.$

如果 $\int_{-\infty}^{+\infty} (x - E(\xi))^2 f(x) \mathrm{d}x$ 绝对收敛，则称

$$D(\xi) = \int_{-\infty}^{+\infty} (x - E(\xi))^2 f(x) \mathrm{d}x$$

为 ξ 的方差. 与（1）同，有 $\sqrt{D(\xi)}$ 的定义.

2. 常用分布的数字特征

当 $X \sim B(n, p)$（二项分布）时，
$$E(X) = np, \quad D(X) = np(1-p).$$
当 $X \sim P(\lambda)$（泊松分布）时，
$$E(X) = \lambda, \quad D(X) = \lambda.$$
当 $X \sim U(a, b)$（均匀分布）时，
$$E(X) = \frac{1}{2}(a + b), \quad D(X) = \frac{1}{12}(b - a)^2.$$
当 $X \sim E(\lambda)$（指数分布）时，
$$E(X) = \frac{1}{\lambda}, \quad D(X) = \frac{1}{\lambda^2}.$$
当 $X \sim N(\mu, \sigma^2)$（正态分布）时，
$$E(X) = \mu, \quad D(X) = \sigma^2.$$

3. 数学期望的性质

① $E(C) = C$（C 为常数）.

② $E(kX + b) = kE(X) + b$（k, b 为常数）.

③ $E(X \pm Y) = E(X) \pm E(Y)$.

④ 若 X, Y 相互独立，则 $E(XY) = E(X) \cdot E(Y)$.

4. 方差的公式和性质

① $D(X) = E(X^2) - (E(X))^2$.

② $D(C) = 0$（C 为常数）.

③ $D(kX + b) = k^2 D(X)$（k, b 为常数）.

④ 若 X, Y 相互独立，则 $D(X \pm Y) = D(X) + D(Y)$.

5. 协方差的公式和性质

① $\text{Cov}(X, Y) = E(XY) - E(X) \cdot E(Y)$.

当 $X = Y$ 时，$\text{Cov}(X, Y) = \text{Cov}(X, Y) = D(X)$.

② $\text{Cov}(X, C) = 0$（C 为常数）.

③ $\text{Cov}(kX + lY) = kl\,\text{Cov}(X, Y)$（$k, l$ 为常数）.

④ $\text{Cov}(X, Y \pm Z) = \text{Cov}(X, Y) \pm \text{Cov}(X, Z)$.

6. 相关系数的计算公式和性质

① $\rho(X, Y) = \dfrac{\text{Cov}(X, Y)}{\sqrt{D(X)}\sqrt{D(Y)}}$.

当 $\rho(X, Y) = 0$ 时，表明 X, Y 不相关.

② $|\rho(X, Y)| \leqslant 0$.

③ $|\rho(X, Y)| = 1$ 的充分必要条件是 X 与 Y 之间存在线性关系的概率为 1.

以下 5 个命题等价（均表明 X 与 Y 不相关）：

① $\rho(X, Y) = 0$.

② $\text{Cov}(X, Y) = 0$.

③ $E(XY) = E(X) \cdot E(Y)$.

④ $D(X + Y) = D(X) + D(Y)$.

⑤ $D(X - Y) = D(X) + D(Y)$.

若随机变量 X 与 Y 相互独立，则 X 与 Y 不相关，反之不一定成立. 若
$$(X,Y) \sim N(\mu_1,\mu_2,\sigma_1^2,\sigma_2^2,\rho),$$
那么 X 与 Y 相互独立等价于 X 与 Y 不相关.

五、考研题型的应试方法与技巧

题型 1   一维随机变量数字特征的计算

1. 离散型(整值)随机变量数学期望与方差的计算方法

1° 利用公式 $E(X) = \sum\limits_{k=1}^{\infty} x_k P\{X = x_k\}$ (尤其是 $x_k = k$ 时)求数学期望

离散型随机变量的数学期望与方差的计算往往涉及无穷级数的求和问题. 当分布律中含阶乘符号时，可以采用赋值与代换相结合的方法，化为幂级数的相应公式形式(写出其和)；一般则可以利用级数性质(包括在收敛域内进行逐项积分与微分)求其和.

例 1   设随机变量 X 只取非负整数值，其概率
$$P\{X = k\} = \frac{a^k}{(1+a)^{k+1}},$$
$a > 0$ 是常数，求 $E(X)$ 及 $D(X)$.

解   由定义，有
$$E(X) = \sum_{k=0}^{\infty} k \frac{a^k}{(1+a)^{k+1}} = \frac{1}{1+a} \sum_{k=1}^{\infty} k \left(\frac{a}{1+a}\right)^k.$$

令 $\dfrac{a}{1+a} = p$，则 $0 < p < 1$，且

$$\sum_{k=1}^{\infty} kp^k = p \left(\sum_{k=1}^{\infty} p^k\right)' = p \left(\frac{p}{1-p}\right)' = \frac{p}{(1-p)^2},$$

故 $E(X) = \dfrac{1}{1+a} \cdot \dfrac{a}{1+a} \cdot \left(1 - \dfrac{a}{1+a}\right)^{-2} = a.$ 又由于

$$E(X^2) = \frac{1}{1+a} \sum_{k=1}^{\infty} k^2 \left(\frac{a}{1+a}\right)^k = \frac{1}{1+a} \sum_{k=1}^{\infty} k[(k-1)+1]p^k$$

$$= \frac{1}{1+a} \sum_{k=1}^{\infty} kp^k + \frac{1}{1+a} \sum_{k=1}^{\infty} k(k-1)p^k$$

$$= a + \frac{p^2}{1+a} \left(\sum_{k=1}^{\infty} p^k\right)'' = a + \frac{p^2}{1+a} \left(\frac{p}{1-p}\right)''$$

$$= a + \frac{p^2}{1+a} \cdot \frac{2}{(1-p)^3} = a + 2a^2,$$

所以
$$D(X) = E(X^2) - (E(X))^2 = a + 2a^2 - a^2 = a(1+a).$$

2° 利用公式 $E(X) = \sum_{n=1}^{\infty} P\{X \geqslant n\}$ 计算数学期望

方差 $D(X) = 2\sum_{n=1}^{\infty} nP\{X \geqslant n\} - E(X)(E(X)+1)$. 利用这一公式计算

服从几何分布的随机变量 X 的数学期望(方差)相对简便.

例 2 在伯努利试验中,每次试验成功的概率为 p,试验进行到成功与失败均出现时停止,求平均试验次数.

解 设成功与失败均出现时的试验次数为 X. 当 $n=1$ 时,$\{X \geqslant 1\}$ 为必然事件(因成功与失败均出现时,所进行的试验次数大于或等于 1 是必然的),故 $P\{X \geqslant 1\} = 1$;又当 $n = 2,3,\cdots$ 时,事件 $\{X \geqslant n\}$ 意味着前 n 次要么成功了 $n-1$ 次要么失败了 $n-1$ 次,故知
$$P\{X \geqslant n\} = p^{n-1} + q^{n-1} \quad (q = 1-p).$$

于是

$$E(X) = \sum_{n=1}^{\infty} P\{X \geqslant n\} = P\{X \geqslant 1\} + \sum_{n=2}^{\infty} P\{X \geqslant n\}$$

$$= 1 + \sum_{n=2}^{\infty} (p^{n-1} + q^{n-1}) = 1 + \frac{p}{1-p} + \frac{q}{1-q}$$

$$= \frac{p^2 - p - 1}{p(1-p)}.$$

3° 利用公式 $E(X) = \sum_{i=1}^{\infty} E(X_i)$ ($X_i \sim$ 0-1 分布)计算数学期望

利用公式 $E(X) = \sum_{i=1}^{\infty} E(X_i)$ 计算数学期望与方差,不必求出 X 的分布律. 常用于以下问题:① 独立试验序列;② 投球入盒模式;③ 配对问题.

例 3 一辆飞机场的交通车,送 m 名乘客到 n 个站,假设每一位乘客都等可能地在任一站下车,并且他们下车与否相互独立. 又知,交通车只在有人下车时才停车. 求该交通车停车次数的数学期望.

解 设 X_i 表示第 i 站的停车次数,且
$$X_i = \begin{cases} 1, & 第\ i\ 站有人下车; \\ 0, & 第\ i\ 站没有人下车 \end{cases} \quad (i = 1,2,\cdots,n).$$

又设 X 表示全程停车次数,则 $X = \sum_{i=1}^{n} X_i$,且有 $E(X) = \sum_{i=1}^{n} E(X_i)$. 而

$$P\{X_i = 0\} = P\{\text{第 } i \text{ 站没有人下车}\} = P\{\text{第 } i \text{ 站有 } m \text{ 个人同时下车}\}$$

$$= \prod_{j=1}^{m} P\{\text{任一乘客在第 } i \text{ 站不下车}\}$$

$$= \prod_{j=1}^{m} \left(1 - \frac{1}{n}\right) = \left(1 - \frac{1}{n}\right)^{m},$$

故 $P\{X_i = 1\} = 1 - \left(1 - \frac{1}{n}\right)^{m}$. 于是,

$$E(X) = \sum_{i=1}^{n} E(X_i) = \sum_{i=1}^{n} P\{X_i = 1\}$$

$$= \sum_{i=1}^{n} \left[1 - \left(1 - \frac{1}{n}\right)^{m}\right] = n\left[1 - \left(1 - \frac{1}{n}\right)^{m}\right].$$

例 4 某人先写了 n 封投向不同地址的信,后写了 n 个标有不同地址的信封,然后在每个信封内随意地装入一封信,求信与地址配对的封数 X 的数学期望 $E(X)$ 与方差 $D(Z)$.

解 引入随机变量

$$X_i = \begin{cases} 1, & \text{第 } i \text{ 封信与地址配对;} \\ 0, & \text{第 } i \text{ 封信与地址没配对} \end{cases} \quad (i = 1, 2, \cdots, n).$$

从而 $X = X_1 + X_2 + \cdots + X_n$, 且

$$E(X) = E(X_1) + E(X_2) + \cdots + E(X_n).$$

由于 $P\{X_i = 1\} = \frac{1}{n}$, 因此 $P\{X_i = 0\} = 1 - \frac{1}{n}$ $(i = 1, 2, \cdots, n)$. 于是

$$E(X) = n \cdot \frac{1}{n} = 1$$

(因 $X_i \sim 0\text{-}1$ 分布, 故 $E(X_i) = P\{X_i = 1\}$). 由于

$$D(X) = E(X - E(X))^2$$

$$= E((X_1 - E(X_1)) + \cdots + (X_n - E(X_n)))^2$$

$$= \sum_{k=1}^{n} D(X_k) + \sum_{i \neq j} \text{Cov}(X_i, X_j)$$

$$= \sum_{k=1}^{n} \frac{1}{n}\left(1 - \frac{1}{n}\right) + n(n-1)\text{Cov}(X_1, X_2),$$

而对于任意 $i \neq j$, 乘积 $X_i X_j$ 只有 0 和 1 两个可能值, 且 $P\{X_i X_j = 1\} = \frac{1}{n}(n-1)$, 因此, 对于任意 $i \neq j$, 有

$$\text{Cov}(X_i, X_j) = E(X_i, X_j) - E(X_i)E(X_j) = \frac{1}{n}(n-1) - \frac{1}{n^2}.$$

于是
$$D(X) = n \cdot \frac{n-1}{n^2} + n(n-1)\left[\frac{1}{n(n-1)} - \frac{1}{n^2}\right] = 1.$$

4° 一般实际问题数字特征的计算

对一般实际问题，应首先写出分布律，然后再求其相应数字特征. 当然，应注意利用数字特征的有关性质简化计算.

例 5 同时掷两颗骰子，直到有骰子出现点数 6 为止. 试求投掷次数 X 的数学期望与方差.

解 这是几何分布问题，先求其分布律. 设 $A_i = \{$第 i 颗骰子出现点数 $6\}$ $(i = 1, 2)$，令 $p = P(A_1 + A_2)$，故

$$p = P(A_1) + P(A_2) - P(A_1 A_2) = \frac{1}{6} + \frac{1}{6} - \frac{1}{6} \times \frac{1}{6} = \frac{11}{36}.$$

又设 $X = \{$两颗骰子中有一颗出现 6 点的投掷次数$\}$，则 X 服从几何分布，即

$$P\{X = k\} = \frac{11}{36}\left(\frac{25}{36}\right)^{k-1} \quad (k = 1, 2, \cdots).$$

于是，$E(X) = \dfrac{1}{p} = \dfrac{36}{11} = 3\dfrac{3}{11}$，

$$D(X) = \frac{1-p}{p^2} = \left(\frac{25}{36}\right)\bigg/\left(\frac{11}{36}\right)^2 = \frac{900}{121} = 7\frac{53}{121}.$$

例 6 某流水线上生产出每个产品为不合格品的概率为 p，当生产出 k 个不合格品时，即停工检修一次. 求两次检修之间生产的产品总数的数学期望与方差.

解 设从第 $i-1$ 个不合格品出现到第 i 个不合格品出现时所生产的产品数为 $X_i (i = 1, 2, \cdots, k)$，设两次检修之间的产品总数为 X，则 $X = \sum\limits_{i=1}^{k} X_i$. 因 $X_i (1 \leqslant i \leqslant k)$ 独立且同分布，且 $P\{X_i = \gamma_i\} = q^{\gamma_i - 1} p$ $(\gamma_i = 1, 2, \cdots)$，所以

$$E(X_i) = \sum_{\gamma_i = 1}^{\infty} \gamma_i q^{\gamma_i - 1} p = \frac{1}{p}, \quad D(X_i) = \frac{1-p}{p^2} \quad (\text{因 } X_i \text{ 服从几何分布}).$$

从而

$$E(X) = \sum_{i=1}^{k} E(X_i) = \frac{k}{p}, \quad D(X) = \sum_{i=1}^{k} D(X_i) = \frac{k(1-p)}{p^2}.$$

2. 求一维连续型随机变量的数字特征

对这类题型，数学期望一般依定义 $E(X) = \displaystyle\int_{-\infty}^{+\infty} x f(x) \mathrm{d}x$（其中 $f(x)$ 为随机变量 X 的密度函数）计算（若已知分布函数，应先求得相应密度函数），

对于某些密度函数可以利用变形等手段，归于某一常用概率分布，从而直接写出其结果.

例 7   设随机变量 X 的分布密度为

$$f(x) = \begin{cases} \dfrac{x^n e^{-x}}{n!}, & x \geqslant 0; \\ 0 & x < 0. \end{cases}$$

求 $E(X), D(X)$.

解   因

$$E(X) = \int_{-\infty}^{+\infty} x f(x) \mathrm{d}x = \int_0^{+\infty} \frac{x^n e^{-x}}{n!} \mathrm{d}x = \frac{1}{n!} \int_0^{+\infty} x^{n+1} e^{-x} \mathrm{d}x$$

$$= \frac{1}{n!}(n+1)! = n+1,$$

又

$$E(X^2) = \int_{-\infty}^{+\infty} x^2 f(x) \mathrm{d}x = \int_0^{+\infty} x^2 \frac{x^n e^{-x}}{n!} \mathrm{d}x = \frac{1}{n!} \int_0^{+\infty} x^{n+2} e^{-x} \mathrm{d}x$$

$$= \frac{(n+2)!}{n!} = (n+1)(n+2),$$

所以 $D(X) = E(X^2) - (E(X))^2 = (n+1)(n+2) - (n+1)^2 = n+1$.

例 8   已知随机变量 X 的分布函数为

$$F(x) = \begin{cases} 0, & x \leqslant 0; \\ x/4, & 0 < x \leqslant 4; \\ 1, & x > 4. \end{cases}$$

求 $E(X), D(X)$.

解   因随机变量 X 的分布密度为

$$f(x) = F'(x) = \begin{cases} 1/4, & 0 < x \leqslant 4; \\ 0, & \text{其他}, \end{cases}$$

故 $E(X) = \int_{-\infty}^{+\infty} x f(x) \mathrm{d}x = \int_0^4 \frac{x}{4} \mathrm{d}x = \left. \frac{x^2}{8} \right|_0^4 = 2$. 又因

$$E(X^2) = \int_{-\infty}^{+\infty} x^2 f(x) \mathrm{d}x = \int_0^4 \frac{1}{4} x^2 \mathrm{d}x = \frac{1}{4} \cdot \frac{1}{3} x^3 \Big|_0^4 = \frac{16}{3},$$

故 $D(X) = E(X^2) - (E(X))^2 = \frac{16}{3} - 2^2 = \frac{4}{3}$.

3. 求随机变量函数的数学期望

已知随机变量 X 的概率分布，求随机变量函数 $Y = g(X)$ 的数学期望 $E(g(X))$，需首先考虑利用随机变量在离散或连续情形下的相应公式进行计算. 尤其是对常用概率分布，应尽量利用其数字特征的相关公式，以简化计算过程.

例 9 设 $E(X) = 3$，$D(X) = 5$，求 $Y = (X+2)^2$ 的数学期望 $E(Y)$.

解法 1 因 $Y = (X+2)^2 = X^2 + 4X + 4$，所以

$$E(Y) = E(X^2) + 4E(X) + 4 = [D(X) + (E(X))^2] + 4E(X) + 4$$
$$= (5 + 3^2) + 4 \times 3 + 4 = 30.$$

解法 2 因 $Y = (X+2)^2 = [(X-3)+5]^2$，所以

$$E(Y) = E((X-3)^2) + 10E(X-3) + 25$$
$$= D(X) + 10(E(X) - 3) + 25$$
$$= 5 + 10(3-3) + 25 = 30.$$

例 10 已知 X 服从参数为 1 的指数分布，且 $Y = X + e^{-2X}$，求 $E(Y)$，$D(Y)$.

解 首先，写出 X 的密度函数：

$$f(x) = \begin{cases} e^{-x}, & x > 0; \\ 0, & x \leqslant 0. \end{cases}$$

显然 $E(X) = 1$，$D(X) = 1$.

$$E(Y) = E(X + e^{-2X}) = E(X) + E(e^{-2X})$$
$$= 1 + \int_0^{+\infty} e^{-2x} e^{-x} dx = 1 + \frac{1}{3} = \frac{4}{3}.$$

因为 $D(Y) = E(Y^2) - E^2(Y)$，而

$$E(Y^2) = E(X + e^{-2X})^2 = E(X^2) + 2E(Xe^{-2X}) + E(e^{-4X}),$$

$$E(X^2) = D(X) + E^2(X) = 1 + 1 = 2,$$

$$2E(Xe^{-2X}) = 2 \int_0^{+\infty} xe^{-2x} e^{-x} dx = \frac{2}{9},$$

$$E(e^{-4X}) = \int_0^{+\infty} e^{-4x} e^{-x} dx = \frac{1}{5},$$

所以 $E(Y^2) = 2 + \dfrac{2}{9} + \dfrac{1}{5} = \dfrac{109}{45}$. 于是

$$D(Y) = E(Y^2) - E^2(Y) = \frac{109}{45} - \left(\frac{4}{3}\right)^2 = \frac{29}{45}.$$

例 11 已知 $Y = \ln X$ 服从正态分布 $N(\mu, 1)$，求 X 的数学期望.

解 由 $Y = \ln X$，可得 $X = e^Y$. 故

$$E(X) = Ee^Y = \int_{-\infty}^{+\infty} e^y f(y) dy.$$

因 $Y \sim N(\mu, 1)$，故 $Y \sim f(y) = \dfrac{1}{\sqrt{2\pi}} e^{-\frac{(y-\mu)^2}{2}}$ $(y \in \mathbf{R})$. 从而

$$E(X) = \int_{-\infty}^{+\infty} e^y \left(\frac{1}{\sqrt{2\pi}} e^{-\frac{(y-\mu)^2}{2}} dy \right) \xrightarrow{\;\;令\; y - \mu = t\;\;} \frac{1}{\sqrt{2\pi}} \int_{-\infty}^{+\infty} e^{t+\mu} e^{-\frac{t^2}{2}} dt$$

$$= e^{\mu+\frac{1}{2}} \int_{-\infty}^{+\infty} \frac{1}{\sqrt{2\pi}} e^{-\frac{1}{2}(t-1)^2} dt = e^{\mu+\frac{1}{2}}.$$

题型 2　二维随机变量数字特征的计算

（1）求 (X,Y) 的协方差与相关系数

求协方差既可按定义，亦可利用性质计算，但通常是选用性质：

$$\mathrm{Cov}(X,Y) = E(XY) - E(X)E(Y).$$

例 12　设 (X,Y) 的联合密度函数为

$$f(x,y) = \begin{cases} 24(1-x)y, & 0 < x < 1,\ 0 < y < x; \\ 0, & 其他. \end{cases}$$

求 $\mathrm{Cov}(X,Y)$ 及 ρ_{XY}.

解　因

$$E(X) = \int_{-\infty}^{+\infty} \int_{-\infty}^{+\infty} x f(x,y) dx\, dy = 24 \int_0^1 dx \int_0^x (1-x)xy\, dy$$

$$= \int_0^1 12(1-x)x^3 dx = \frac{3}{5},$$

$$E(X^2) = 24 \int_0^1 dx \int_0^x (1-x)x^2 y\, dy = \int_0^1 12(1-x)x^4 dx = \frac{2}{5},$$

所以 $D(X) = E(X^2) - (E(X))^2 = \dfrac{2}{5} - \left(\dfrac{3}{5}\right)^2 = \dfrac{1}{25}$. 同理

$$E(Y) = 24 \int_0^1 dx \int_0^x (1-x)y^2 dy = \frac{2}{5},$$

$$E(Y^2) = 24 \int_0^1 dx \int_0^x (1-x)y^3 dy = \frac{1}{5},$$

所以 $D(Y) = E(Y^2) - (E(Y))^2 = \dfrac{1}{5} - \left(\dfrac{2}{5}\right)^2 = \dfrac{1}{25}$. 又因

$$E(XY) = \int_0^1 dx \int_0^x xy[24(1-x)y]dy = 8 \int_0^1 x(1-x)y^3 \Big|_0^x dx$$

$$= 8 \int_0^1 (x^4 - x^5)dx = \frac{4}{15},$$

从而

$$\mathrm{Cov}(X,Y) = E(XY) - E(X)E(Y) = \frac{4}{15} - \frac{6}{25} = \frac{2}{75},$$

$$\rho_{XY} = \frac{\mathrm{Cov}(X,Y)}{\sqrt{D(X)}\sqrt{DY}} = \frac{2/75}{1/25} = \frac{2}{3}.$$

（2） 求多维随机变量函数的数字特征

与一维随机变量的情形类似，仍然利用公式计算．具体计算时，应注意正确运用以下公式：

① $E(XY) = \begin{cases} E(X) \cdot E(Y), & X \text{ 与 } Y \text{ 独立}; \\ E(X) \cdot E(Y) + \text{Cov}(X,Y), & X \text{ 与 } Y \text{ 不独立}. \end{cases}$

② $D(aX + bY) = \begin{cases} a^2 D(X) + b^2 D(Y), & X \text{ 与 } Y \text{ 独立}; \\ a^2 D(X) + b^2 D(Y) + 2ab\text{Cov}(X,Y), & X \text{ 与 } Y \text{ 不独立}. \end{cases}$

③ 当 X 与 Y 不独立时，

$$\text{Cov}(X,Y) = E(XY) - E(X) \cdot E(Y) = \rho_{XY}\sqrt{D(X)} \cdot \sqrt{D(Y)}.$$

④ $\text{Cov}(X,X) = D(X).$

例 13 已知随机变量 X 和 Y 的概率分布如下表所示：

(x,y)	$(0,0)$	$(0,1)$	$(1,0)$	$(1,1)$	$(2,0)$	$(2,1)$
$P\{X = x, Y = y\}$	0.10	0.15	0.25	0.20	0.15	0.15

求 $Z = \sin\left(\dfrac{\pi}{2}(X + Y)\right)$ 的数学期望 $E(Z)$.

解 利用公式 $E(Z) = \sum\limits_i \sum\limits_j g(x_i, y_j) p_{ij}$，可得

$$E(Z) = \sin 0 \times 0.10 + \sin\frac{\pi(0+1)}{2} \times 0.15 + \sin\frac{\pi(1+0)}{2} \times 0.25$$

$$+ \sin\frac{\pi(1+1)}{2} \times 0.20 + \sin\frac{\pi(2+0)}{2} \times 0.15 + \sin\frac{\pi(2+1)}{2} \times 0.15$$

$$= 0.15 + 0.25 - 0.15 = 0.25.$$

例 14 设 X, Y, Z 的数学期望分别为 $E(X) = E(Y) = 1$, $E(Z) = -1$；方差 $D(X) = D(Y) = D(Z) = 1$；$\rho_{XY} = 0$, $\rho_{XZ} = \dfrac{1}{2}$, $\rho_{YZ} = -\dfrac{1}{2}$；且设 $Q = X + Y + Z$. 求 $E(Q)$ 及 $D(Q)$.

解 $E(Q) = E(X + Y + Z) = E(X) + E(Y) + E(Z) = 1 + 1 - 1 = 1.$

因

$$D(Q) = E((X + Y + Z)^2) - (E(X + Y + Z))^2$$
$$= E((X + Y + Z)^2) - 1,$$

而

$$E(X + Y + Z)^2 = E(X^2 + Y^2 + Z^2 + 2XY + 2XZ + 2YZ)$$
$$= E(X^2) + E(Y^2) + E(Z^2)$$
$$+ 2(E(XY) + E(XZ) + E(YZ)),$$

145

及

$$E(X^2) = D(X) + (E(X))^2 = 1 + 1 = 2,$$
$$E(Y^2) = D(Y) + (E(Y))^2 = 1 + 1 = 2,$$
$$E(Z^2) = D(Z) + (E(Z))^2 = 1 + (-1)^2 = 2,$$
$$E(XY) = E(X) \cdot E(Y) + \rho_{XY} \cdot \sqrt{D(X)} \cdot \sqrt{D(Y)}$$
$$= 1 \times 1 + 0 \times 1 \times 1 = 1,$$
$$E(XZ) = E(X) \cdot E(Z) + \rho_{XZ} \sqrt{D(X)} \cdot \sqrt{D(Z)}$$
$$= 1 \times (-1) + \frac{1}{2} \times 1 \times 1 = -1 + \frac{1}{2} = -\frac{1}{2},$$
$$E(YZ) = E(Y) \cdot E(Z) + \rho_{YZ} \sqrt{D(Y)} \cdot \sqrt{D(Z)}$$
$$= 1 \times (-1) + \left(-\frac{1}{2}\right) \times 1 \times 1 = -1 - \frac{1}{2} = -\frac{3}{2},$$

所以

$$D(Q) = (2 + 2 + 2) + 2\left(1 - \frac{1}{2} - \frac{3}{2}\right) - 1$$
$$= 6 + 2 \times (-1) - 1 = 3.$$

例 15 设两随机变量 X 与 Y 的方差分别为 $D(X) = 1$, $D(Y) = 4$, 而其协方差为 $\mathrm{Cov}(X, Y) = 1$. 设 $Z_1 = X - 2Y$, $Z_2 = 2X - Y$, 试求 $D(Z_1)$, $D(Z_2)$, $\mathrm{Cov}(Z_1, Z_2)$, ρ_{Z_1, Z_2}.

解 因未给出独立条件, 故

$$D(Z_1) = D(X) + 4D(Y) - 2\mathrm{Cov}(X, 2Y)$$
$$= 1 + 4 \times 4 - 2 \times 2 \times 1 = 13,$$
$$D(Z_2) = 4D(X) + D(Y) - 2\mathrm{Cov}(2X, Y)$$
$$= 4 \times 1 + 4 - 2 \times 2 \times 1 = 4,$$
$$\mathrm{Cov}(Z_1, Z_2) = \mathrm{Cov}(X - 2Y, 2X - Y)$$
$$= \mathrm{Cov}(X, 2X) + \mathrm{Cov}(X, -Y)$$
$$\quad + \mathrm{Cov}(-2Y, 2X) + \mathrm{Cov}(-2Y, Y)$$
$$= 2D(X) - \mathrm{Cov}(X, Y) - 4\mathrm{Cov}(X, Y) + 2D(Y)$$
$$= 2 \times 1 - 5 \times 1 + 2 \times 4 = 5,$$
$$\rho_{Z_1, Z_2} = \frac{\mathrm{Cov}(Z_1, Z_2)}{\sigma_{Z_1} \cdot \sigma_{Z_2}} = \frac{5}{\sqrt{4 \times 13}} = \frac{5\sqrt{13}}{26}.$$

例 16 设随机变量 X 与 Y 独立, 且都服从均值为 μ、方差为 σ^2 的正态分布. 求

（1） 随机变量 $|X-Y|$ 的数学期望与方差；

（2） 随机变量 $\max\{X,Y\}$ 和 $\min\{X,Y\}$ 的数学期望.

解 设 $X_1 = \dfrac{X-\mu}{\sigma}$，$Y_1 = \dfrac{Y-\mu}{\sigma}$，则 X_1,Y_1 独立同分布于 $N(0,1)$. 因

有 $X = \mu + \sigma X_1$，$Y = \mu + \sigma Y_1$，则 $X_1 - Y_1 \sim N(0,2)$.

（1） $E(|X-Y|) = E(\sigma|X_1-Y_1|) = \sigma E(|X_1-Y_1|)$

$$= \sigma \int_{-\infty}^{+\infty} \frac{1}{\sqrt{2\pi}\sqrt{2}} |x| e^{-\frac{x^2}{4}} \mathrm{d}x$$

$$= \frac{2\sigma}{\sqrt{\pi}} \int_0^{+\infty} \mathrm{d}(e^{-\frac{x^2}{4}}) = \frac{2\sigma}{\sqrt{\pi}},$$

$$E(|X-Y|^2) = \sigma^2 E(|X_1-Y_1|^2) = \sigma^2 D(X_1-Y_1) = 2\sigma^2,$$

故

$$D(|X-Y|) = E(|X-Y|^2) - (E(|X-Y|))^2$$

$$= 2\sigma^2 - \frac{4\sigma^2}{\pi} = \frac{(2\pi-4)\sigma^2}{\pi}.$$

（2） 由于 $\max\{X_1,Y_1\} = \dfrac{1}{2}(X_1+Y_1+|X_1-Y_1|)$，$\min\{X_1,Y_1\} = $

$\dfrac{1}{2}(X_1+Y_1-|X_1-Y_1|)$，故

$$E(\max\{X,Y\}) = \mu + \sigma E(\max\{X_1,Y_1\})$$

$$= \mu + \frac{\sigma}{2} E(X_1+Y_1+|X_1-Y_1|).$$

$$= \mu + \frac{\sigma}{2} E(|X_1-Y_1|) = \mu + \frac{\sigma}{\sqrt{\pi}},$$

$$E(\min\{X,Y\}) = \mu + \sigma E(\min\{X_1,Y_1\})$$

$$= \mu + \frac{\sigma}{2} E(X_1+Y_1-|X_1-Y_1|)$$

$$= \mu - \frac{\sigma}{2} E(|X_1-Y_1|) = \mu - \frac{\sigma}{\sqrt{\pi}}.$$

题型 3 综合应用题

对于综合应用问题，应认准题型，深究题意，注意理清变量关系，合理
进行（直接或间接）运算.

例 17 设某产品每周需求量 Q 等可能地取 $1,2,3,4,5$ 五个值，生产每件
产品的成本为 C_1 元；每件产品的售价为 C_2 元；没售出的产品以每件 C_3 元的
费用存入仓库，若取 $C_1 = 3$，$C_2 = 9$，$C_3 = 1$，试问生产者每周生产多少件产

品能使所期望的利润最大?

解 设每周产量为 N，显然 N 不应大于 5，每周利润为

$$T = \begin{cases} (C_2 - C_1)N, & Q > N; \\ C_2 Q - C_1 N - C_3(N - Q), & Q \leqslant N \end{cases}$$

$$= \begin{cases} 6N, & Q > N; \\ 10Q - 4N, & Q \leqslant N. \end{cases}$$

利润的期望值

$$E(T) = 6NP\{Q > N\} + \sum_{k=1}^{N}(10k - 4N)P\{Q = k\}$$

$$= 6N \sum_{k=N+1}^{5} P\{Q = k\} + \sum_{k=1}^{N}(10k - 4N)P\{Q = k\}.$$

由题设，知 Q 等可能地取值 $1, 2, 3, 4, 5$，故有

$$P\{Q = k\} = \frac{1}{5} \quad (1 \leqslant k \leqslant 5).$$

因此，

$$E(T) = 6N \sum_{k=N+1}^{5} \frac{1}{5} + \sum_{k=1}^{N}(10k - 4N) \cdot \frac{1}{5}$$

$$= \frac{1}{5}\left(6N \sum_{k=N+1}^{5} 1 + 10 \sum_{k=1}^{N} k - 4N \sum_{k=1}^{N} 1\right)$$

$$= \frac{1}{5}\left[6N(5 - N) + 10 \frac{(1 + N)N}{2} - 4N^2\right]$$

$$= 7N - N^2.$$

令

$$\frac{\mathrm{d}}{\mathrm{d}N}E(T) = \frac{\mathrm{d}}{\mathrm{d}N}(7N - N^2) = 7 - 2N = 0,$$

可得 $N = 3.5$. 又因 $\frac{\mathrm{d}^2}{\mathrm{d}N^2}E(T) = -2 < 0$，故当 $N = 3.5$ 时所期望的利润值达到最大. 因需求量 Q 与生产量 N 皆以件为单位，故应取正整数，从而应取 $N = 3$ 或 4. 此时所获利润的最大期望值为 12 元 ($E(T)|_{N=3} = E(T)|_{N=4} = 12$).

例 18 某餐厅每天接待 400 名顾客，设每位顾客的消费额（元）服从区间 $[20, 100]$ 上的均匀分布，顾客的消费额相互独立. 求

(1) 该餐厅的月平均营业额;

(2) 每天平均有几位顾客的消费额超过 50 元.

解 （1） 设 $X_i(1 \leqslant i \leqslant 400)$ 表示第 i 位顾客的消费额，则依题意，有

$$X_i \sim \varphi(x) = \begin{cases} \dfrac{1}{80}, & 20 < x < 100; \\ 0, & \text{其他.} \end{cases}$$

设 X 表示该餐厅日消费额，则 $X = \sum_{i=1}^{400} X_i$. 因

$$E(X_i) = \frac{a+b}{2} = \frac{100+20}{2} = 60,$$

所以 $E(X) = \sum_{i=1}^{400} E(X_i) = \sum_{i=1}^{400} 60 = 24\,000$.

（2） 设 $Y = \{$消费额超过 50 元的人数$\}$，则 $Y \sim B(400, P\{X_i > 50\})$. 而

$$P\{X_i > 50\} = 1 - P\{X_i \leqslant 50\} = 1 - \frac{50-20}{100-20} = \frac{5}{8},$$

故 $Y \sim B\left(400, \dfrac{5}{8}\right) = B(400, 0.625)$. 从而

$$E(Y)(= np) = 400 \times \frac{5}{8} = 250(\text{人}).$$

例 19 一商店经销某种商品，每周进货的数量 X 与顾客对该种商品的需求量 Y 是相互独立的随机变量，且都在区间$[10,20]$上服从均匀分布. 商店每售出一单位商品可获得利润 1000 元；若需求量超过了进货量，商店可从其他商店调剂供应，这时每单位商品获得利润为 500 元，试计算此商店经销该种商品每周所得利润的期望值.

解 因为 X 和 Y 相互独立，所以 (X,Y) 的概率密度为

$$f(x,y) = \begin{cases} \dfrac{1}{100}, & 10 \leqslant x \leqslant 20,\ 10 \leqslant y \leqslant 20; \\ 0, & \text{其他.} \end{cases}$$

设 Z 表示此商店每周所得的利润，则

$$Z = g(X,Y) = \begin{cases} 1\,000Y, & Y \leqslant X; \\ 500(X+Y), & Y > X. \end{cases}$$

于是，可得每周所得利润的数学期望为

$$E(Z) = \int_{-\infty}^{+\infty} \int_{-\infty}^{+\infty} g(x,y)f(x,y)\mathrm{d}x\mathrm{d}y$$

$$= \frac{1}{100} \left[\int_{10}^{20} \mathrm{d}x \int_{10}^{x} 1\,000\,y\mathrm{d}y + \int_{10}^{20} \mathrm{d}x \int_{x}^{20} 500(x+y)\mathrm{d}y \right]$$

$$\approx 14\,166.7(\text{元}).$$

题型 4　关于随机变量数字特征的证明

数字特征的证明题,反映了数字特征的特性、数字特征之间的相互关系以及一些可以作为公式应用或推广的结论. 做证明题首先要求读者对数字特征的概念和性质十分熟悉,其次证明题的技巧性很强,要熟悉多种证题的技巧. 证明题的常用技巧有:

①　寻找不同概念之间的联系,由联系入手,步步推进;

②　用"拆拼"项的手段,将原来的项组合成新项,完成证明;

③　由于数字特征由级数和积分计算,因此要善于用级数求和与积分求积的技巧来证明;

④　利用对称性、独立性、奇偶性、互逆性证明.

在做证明题时最重要还是要有开阔的思路,能进行广泛的联想,然后才能借灵活的技巧证明出来. 所以读者必须学会多看、多想、多实践.

例 20　设 X 是连续型随机变量,$P\{|X| \leqslant 1\} = 1$,证明:对任意的 $\varepsilon > 0$,有 $P\{|X| \geqslant \varepsilon\} \geqslant E(X^2) - \varepsilon^2$.

证　设 X 的密度函数为 $f(x)$,则对任意的 $\varepsilon > 0$,

$$E(X^2) = \int_{-\infty}^{+\infty} x^2 f(x) \mathrm{d}x$$

$$= \int_{|x| < \varepsilon} x^2 f(x) \mathrm{d}x + \int_{\varepsilon \leqslant |x| \leqslant 1} x^2 f(x) + \int_{|x| > 1} x^2 f(x) \mathrm{d}x$$

$$\leqslant \varepsilon^2 + \int_{\varepsilon \leqslant |x| \leqslant 1} f(x) \mathrm{d}x + \int_{|x| > 1} x^2 f(x) \mathrm{d}x.$$

由于 $P\{|X| \leqslant 1\} = 1$,所以 $P\{|X| > 1\} = 0$,即

$$\int_{|x| > 1} f(x) \mathrm{d}x = 0.$$

从而,当 $|x| > 1$ 时,$f(x) \equiv 0$,故 $\int_{|x| > 1} f(x) \mathrm{d}x = 0$. 因此可得

$$E(X^2) \leqslant \varepsilon^2 + P\{\varepsilon \leqslant |X| \leqslant 1\} = \varepsilon^2 + P\{|X| \leqslant 1\} - P\{|X| < \varepsilon\}$$

$$= \varepsilon^2 + 1 - P\{|X| < \varepsilon\} = \varepsilon^2 + P\{|X| \geqslant \varepsilon\}.$$

故有 $P\{|X| \geqslant \varepsilon\} \geqslant E(X^2) - \varepsilon^2$.

例 21　设随机变量 X 和 Y 相互独立,都服从 0-1 分布:

$$P\{X = 1\} = P\{Y = 1\} = 0.6,$$

$$P\{X = 0\} = P\{Y = 0\} = 0.4.$$

试证明 $U = X + Y$,$V = X - Y$ 不相关,也不独立.

证　(1)　由协方差的定义和性质,可见

$$\text{Cov}(U,V) = E(UV) - E(U)E(V)$$
$$= E(X^2 - Y^2) - E(X+Y)E(X-Y)$$
$$= E(X^2) - E(Y^2) = 0.$$

从而，$U = X+Y, V = X-Y$ 不相关.

（2） 因
$$P\{U=0\} = P\{X=0, Y=0\} = P\{X=0\}P\{Y=0\} = 0.16,$$
$$P\{V=0\} = P\{X=0, Y=0\} + P\{X=1, Y=1\}$$
$$= P\{X=0\}P\{Y=0\} + P\{X=1\}P\{Y=1\} = 0.52,$$

故
$$P\{U=0, V=0\} = P\{X=0, Y=0\} = P\{X=0\}P\{Y=0\}$$
$$= 0.16 \neq 0.0832 = P\{U=0\}P\{V=0\},$$

即 U, V 不独立.

六、历年考研真题

数 学 三

4.1（1987 年，4 分） 已知随机变量 X 的概率密度为

$$f(x) = \begin{cases} \dfrac{x}{a^2} e^{-\frac{x^2}{2a^2}}, & x > 0; \\ 0, & x \leqslant 0. \end{cases}$$

求随机变量 $Y = \dfrac{1}{X}$ 的数学期望 $E(Y)$.

4.2（1989 年，7 分） 已知随机变量 (X,Y) 的联合密度为

$$F(x,y) = \begin{cases} e^{-(x+y)}, & x > 0, y > 0; \\ 0, & \text{其他.} \end{cases}$$

试求：(1) $P\{X < Y\}$；(2) $E(XY)$.

4.3（1991 年，3 分） 对任意两个随机变量 X 和 Y，若 $E(XY) = E(X) \cdot E(Y)$，则（　　）.

(A) $D(XY) = D(X) \cdot D(Y)$　　(B) $D(X+Y) = D(X) + D(Y)$

(C) X 与 Y 独立　　(D) X 与 Y 不独立

4.4（1991 年，6 分） 设随机变量 (X,Y) 在圆域 $x^2 + y^2 \leqslant r^2$ 上服从联合均匀分布.

(1) 求 (X,Y) 的相关系数 ρ.

(2) 问 X 与 Y 是否独立?

4.5（1992 年，5 分）　某设备由三大部件构成．在设备运转中各部件需调整的概率相应为 $0.10, 0.20$ 和 0.30．设各部件的状态相互独立，以 X 表示同时需要调整的部件数，试求 $E(X)$ 和 $D(X)$．

4.6（1993 年，8 分）　设随机变量 X 和 Y 同分布，X 的概率密度为

$$f(x) = \begin{cases} \dfrac{3}{8}x^2, & 0 < x < 2; \\ 0, & \text{其他.} \end{cases}$$

(1) 已知事件 $A = \{X > a\}$ 和 $B = \{Y > a\}$，且 $P(A \cup B) = \dfrac{3}{4}$，求常数 a．

(2) 求 $\dfrac{1}{X^2}$ 的数学期望．

4.7（1994 年，8 分）　假设由自动线加工的某种零件的内径 X（毫米）服从正态分布 $N(\mu, 1)$，内径小于 10 或大于 12 为不合格品，其余为合格品，销售每件合格品获利，销售每件不合格品亏损．已知销售利润 T（单位：元）与销售零件的内径 X 有如下关系：

$$T = \begin{cases} -1, & X < 10; \\ 20, & 10 \leqslant X \leqslant 12; \\ -5, & X > 12. \end{cases}$$

试问平均内径 μ 取何值时，销售一个零件的平均利润最大?

4.8（1995 年，3 分）　设随机变量 X 和 Y 独立同分布，记 $U = X - Y$，$V = X + Y$，则随机变量 U 与 V 必然（　　）.

(A)　不独立　　　　　　　　　(B)　独立

(C)　相关系数不为零　　　　　(D)　相关系数为零

4.9（1996 年，7 分）　设一部机器在一天内发生故障的概率为 0.2，机器发生故障时全天停止工作．一周 5 个工作日，若无故障，可获利润 10 万元；发生一次故障仍可获利润 5 万元；若发生两次故障，获利润 0 元；若发生三次或三次以上故障就要亏损 2 万元．求一周内的利润期望．

4.10（1997 年，6 分）　游客乘电梯从底层到电视塔的顶层观光．电梯于每个整点的第 5 分钟、25 分钟和 55 分钟从底层起行．设一游客在早上 8 点的第 X 分钟到达底层候梯处，且 X 在区间 $[0, 60]$ 上服从均匀分布，求该游客等候时间的数学期望．

4.11（1997 年，6 分）　两台同样的自动记录仪，每台无故障工作的时间服从参数为 5 的指数分布．先开动其中一台，当其发生故障时停用而另一台自

动开动. 试求两台自动记录仪无故障工作的总时间 T 的概率密度 $f(t)$、数学期望和方差.

4.12 (1998 年，10 分)　一商店经销某种商品，每周进货的数量 X 与顾客对该种商品的需求量 Y 是相互独立的随机变量，且都在区间 $[10,20]$ 上服从均匀分布. 商店每售出一单位商品可获得利润 1000 元；若需求量超过了进货量，商店可从其他商店调剂供应，这时每单位商品获得利润为 500 元，试计算此商店经销该种商品每周所得利润的期望值.

4.13 (1999 年，3 分)　设随机变量 $X_{ij}(i,j=1,2,\cdots,n;\ n\geqslant 2)$ 独立同分布，$E(X_{ij})=2$，则行列式

$$Y=\begin{vmatrix} X_{11} & X_{12} & \cdots & X_{1n} \\ X_{21} & X_{22} & \cdots & X_{2n} \\ \vdots & \vdots & & \vdots \\ X_{n1} & X_{n2} & \cdots & X_{nn} \end{vmatrix}$$

数学期望 $E(Y)=$ _____.

4.14 (1999 年，9 分)　假设二维随机变量 (X,Y) 在矩形 $G=\{(x,y)\,|\,0\leqslant x\leqslant 2,0\leqslant y\leqslant 1\}$ 上服从均匀分布，记

$$U=\begin{cases} 0, & 若 X\leqslant Y; \\ 1, & 若 X>Y, \end{cases} \qquad V=\begin{cases} 0, & 若 X\leqslant 2Y; \\ 1, & 若 X>2Y. \end{cases}$$

(1) 求 U 和 V 的联合概率分布.

(2) 求 U 和 V 的相关系数 r.

4.15 (2000 年，3 分)　设随机变量 X 在区间 $[-1,2]$ 上服从均匀分布，随机变量

$$Y=\begin{cases} 1, & 若 X>0; \\ 0, & 若 X=0; \\ -1, & 若 X<0, \end{cases}$$

则方差 $D(Y)=$ _____.

4.16 (2000 年，8 分)　设 A,B 是两随机事件，随机变量

$$X=\begin{cases} 1, & 若 A 出现; \\ -1, & 若 A 不出现, \end{cases} \qquad Y=\begin{cases} 1, & 若 B 出现; \\ -1, & 若 B 不出现. \end{cases}$$

试证明随机变量 X 和 Y 不相关的充分必要条件是 A 与 B 相互独立.

4.17 (2001 年，3 分)　将一枚硬币重复掷 n 次，以 X 和 Y 分别表示正面向上和反面向上的次数，则 X 和 Y 的相关系数等于 (　　).

(A) -1　　　　(B) 0　　　　(C) $\dfrac{1}{2}$　　　　(D) 1

4.18（2002年，3分） 设随机变量 X 和 Y 的联合概率分布为

X＼Y	-1	0	1
0	0.07	0.18	0.15
1	0.08	0.32	0.20

则 X^2 和 Y^2 的协方差 $\text{Cov}(X^2,Y^2)=$ _____.

4.19（2002年，8分） 设随机变量 U 在区间 $[-2,2]$ 上服从均匀分布，随机变量

$$X=\begin{cases} -1, & \text{若} U\leqslant -1; \\ 1, & \text{若} U>-1, \end{cases} \qquad Y=\begin{cases} -1, & \text{若} U\leqslant 1; \\ 1, & \text{若} U>1. \end{cases}$$

试求：（1） X 和 Y 的联合概率分布；（2） $D(X+Y)$.

4.20（2002年，8分） 设一设备开机后无故障工作的时间 X 服从指数分布，平均无故障工作的时间（$E(X)$）为 5 小时. 设备定时开机，出现故障时自动关机，而在无故障的情况下工作 2 小时便关机. 试求该设备每次开机无故障工作的时间 Y 的分布函数 $F(y)$.

4.21（2003年，4分） 设随机变量 X 和 Y 的相关系数为 0.9，若 $Z=X-0.4$，则 Y 与 Z 的相关系数为_____.

4.22（2004年，4分） 设随机变量 X 服从参数为 λ 的指数分布，则
$P\{X>\sqrt{D(X)}\}=$ _____.

4.23（2004年，13分） 设 A,B 为两个随机事件，且 $P(A)=\dfrac{1}{4}$，$P(B|A)$
$=\dfrac{1}{3}$，$P(A|B)=\dfrac{1}{2}$，令

$$X=\begin{cases} 1, & A\text{ 发生}; \\ 0, & \text{若} A\text{ 不发生}, \end{cases} \qquad Y=\begin{cases} 1, & B\text{ 发生}; \\ 0, & B\text{ 不发生}. \end{cases}$$

求：

（Ⅰ） 二维随机变量 (X,Y) 的概率分布；

（Ⅱ） X 与 Y 的相关系数 $\rho_{(X,Y)}$；

（Ⅲ） $X=X^2+Y^2$ 的概率分布.

4.24（2008年，4分） 设随机变量 $X\sim N(0,1)$，$Y\sim N(1,4)$，且相关系数 $\rho_{XY}=1$，则（　　）.

(A) $P\{Y=-2X-1\}=1$　　　　(B) $P\{Y=2X-1\}=1$

(C) $P\{Y=-2X+1\}=1$　　　　(D) $P\{Y=2X+1\}=1$

数 学 四

4-1（1987 年，8 分）　已知离散型随机变量 X 的概率分布为

$$P\{X=1\}=0.2, \quad P\{X=2\}=0.3, \quad P\{X=3\}=0.5.$$

（1）写出 X 的分布函数 $F(x)$.

（2）求 X 的数学期望和方差.

4-2（1988 年，7 分）　假设有 10 只同种电器元件，其中有 2 只废品. 装配仪器时，从这批元件中任取一只，若是废品，则扔掉重新任取一只；若仍是废品，则扔掉再取一只. 试求在取到正品之前，已取出的废品只数的概率分布、数学期望和方差.

4-3（1989 年，3 分）　设随机变量 X_1, X_2, X_3 相互独立，其中 X_1 在区间 $[0,6]$ 上服从均匀分布，$X_2 \sim N(0,2^2)$，X_3 服从参数为 $\lambda=3$ 的泊松分布，记 $Y=X_1-2X_2+3X_3$，则 $D(Y)$ _____.

4-4（1989 年，8 分）　已知随机变量 (X,Y) 的联合分布为

(X,Y)	$(0,0)$	$(0,1)$	$(1,0)$	$(1,1)$	$(2,0)$	$(2,1)$
$P\{X=x,Y=y\}$	0.1	0.15	0.25	0.2	0.15	0.15

试求：（1）X 的概率分布；（2）$X+Y$ 的概率分布；（3）$Z=\sin\dfrac{\pi(X+Y)}{2}$ 的数学期望.

4-5（1990 年，3 分）　设随机变量 $X \sim N(-3,1)$，$Y \sim N(2,1)$，且 X 与 Y 相互独立. 若 $Z=X-2Y+7$，则 $Z \sim$ _____.

4-6（1990 年，3 分）　已知随机变量 X 服从二项分布，且 $E(X)=2.4$，$D(X)=1.44$，则二项分布的参数 n,p 的值为（　　）.

（A）$n=4$，$p=0.6$　　　　　　（B）$n=6$，$p=0.4$

（C）$n=8$，$p=0.3$　　　　　　（D）$n=24$，$p=0.1$

4-7（1991 年，7 分）　一辆汽车沿一街道行驶，要过三个均设有红绿信号灯的路口，每个信号灯为红或绿与其他信号灯为红或绿相互独立，且红、绿两种信号显示的时间相等. 以 X 表示该汽车首次遇到红灯前已通过的路口的个数. 求 X 的概率分布和 $E\left(\dfrac{1}{1+X}\right)$.

4-8（1992 年，7 分）　某设备由三大部件构成. 在设备运转中各部件需调整的概率相应为 $0.10, 0.20$ 和 0.30. 设各部件的状态相互独立，以 X 表示同时需要调整的部件数，试求 $E(X)$ 和 $D(X)$.

4-9（1993 年，8 分）　设随机变量 X 和 Y 相互独立，都在区间 $[1,3]$ 上服

从均匀分布,引进事件 $A = \{X \leqslant a\}$,$B = \{Y > a\}$.

(1) 已知 $P(A \cup B) = \dfrac{7}{9}$,求常数 a.

(2) 求 $\dfrac{1}{X}$ 的数学期望.

4-10 (1994 年,8 分) 设由自动线加工的某种零件的内径 X(毫米)服从正态分布 $N(\mu, 1)$,内径小于 10 或大于 12 为不合格品,其余为合格品,销售每件合格品获利,销售每件不合格品亏损. 已知销售利润 T(单位:元)与销售零件的内径 X 有如下关系:

$$T = \begin{cases} -1, & X < 10; \\ 20, & 10 \leqslant X \leqslant 12; \\ -5, & X > 12. \end{cases}$$

问平均内径 μ 取何值时,销售一个零件的平均利润最大?

4-11 (1995 年,3 分) 设随机变量 X 的概率密度为

$$f(x) = \begin{cases} 1 + x, & -1 \leqslant X \leqslant 0; \\ 1 - x, & 0 \leqslant X \leqslant 1; \\ 0, & \text{其他}. \end{cases}$$

则 $D(X) = $ _____ .

4-12 (1996 年,7 分) 设一部机器在一天内发生故障的概率为 0.2,机器发生故障时全天停止工作. 一周 5 个工作日,若无故障,可获利润 10 万元;发生一次故障仍可获利润 5 万元;若发生两次故障,获利润 0 元;若发生三次或三次以上故障就要亏损 2 万元. 求一周内的利润期望.

4-13 (1997 年,3 分) 设 X 是一随机变量,$E(X) = \mu$,$D(X) = \sigma^2$($\mu, \sigma > 0$ 是常数),则对任意常数 C 必有(   ).

(A) $E((X - C)^2) = E(X^2) - C^2$

(B) $E((X - C)^2) = E((X - \mu)^2)$

(C) $E((X - C)^2) < E((X - \mu)^2)$

(D) $E((X - C)^2) \geqslant E((X - \mu)^2)$

4-14 (1997 年,8 分) 假设随机变量 Y 服从参数为 $\lambda = 1$ 的指数分布,随机变量

$$X_k = \begin{cases} 0, & Y \leqslant k; \\ 1, & Y > k \end{cases} \quad (k = 1, 2).$$

求:(1) (X_1, X_2) 的联合概率分布;(2) $E(X_1 + X_2)$.

4-15 (1998 年,9 分) 设某种商品每周的需求量 X 是服从区间 $[10, 30]$ 上

均匀分布的随机变量,而经销商店进货数量为区间$[10,30]$中的某一整数,商店每销售一单位商品可获利 500 元;若供大于求则削价处理,每处理 1 单位商品亏损 100 元;若供不应求,则可从外部调剂供应,此时每 1 单位商品仅获利 300 元. 为使商店所获利润期望值不少于 9 280 元,试确定最少进货量.

4-16(1998 年,7 分) 设一箱装有 100 件产品,其中一、二、三等品分别为 80 件、10 件、10 件. 现从中任取一件,记

$$X_i = \begin{cases} 1, & \text{抽到 } i \text{ 等品}; \\ 0, & \text{其他} \end{cases} \quad (i = 1,2,3).$$

试求:(1)(X_1, X_2) 的联合分布;(2)(X_1, X_2) 的相关系数 ρ.

4-17(1999 年,3 分) 设随机变量 X 服从参数为 λ 的泊松分布,且已知 $E((X-1)(X-2)) = 1$,则 $\lambda = $ _____.

4-18(1999 年,3 分) 设随机变量 X 和 Y 的方差存在且不等于 0,则 $D(X+Y) = D(X) + D(Y)$ 是 X 和 Y (   ).

(A) 不相关的充分条件,但不是必要条件

(B) 独立的必要条件,但不是充分条件

(C) 不相关的充分必要条件

(D) 独立的充分必要条件

4-19(2000 年,3 分) 设随机变量 X 在区间 $[-1,2]$ 上服从均匀分布,随机变量

$$Y = \begin{cases} 1, & X > 0; \\ 0, & X = 0; \\ -1, & X < 0, \end{cases}$$

则方差 $D(Y) = $ _____.

4-20(2000 年,8 分) 设二维随机变量 (X,Y) 的密度函数为

$$f(x,y) = \frac{1}{2}(\varphi_1(x,y) + \varphi_2(x,y)),$$

其中 $\varphi_1(x,y)$ 和 $\varphi_2(x,y)$ 都是二维正态密度函数,且它们对应的二维随机变量的相关系数分别为 $\frac{1}{3}$ 和 $-\frac{1}{3}$,它们的边缘密度函数所对应的随机变量的数学期望都是 0,方差都是 1.

(1) 求随机变量 X 和 Y 的密度函数 $f_1(x)$ 和 $f_2(y)$,及 X 和 Y 的相关系数 ρ(可以直接利用二维正态密度的性质).

(2) 问 X 和 Y 是否独立?为什么?

4-21(2000 年,8 分) 设 A, B 是两随机事件,随机变量

$$X = \begin{cases} 1, & A \text{ 出现}; \\ -1, & A \text{ 不出现}, \end{cases} \qquad Y = \begin{cases} 1, & B \text{ 出现}; \\ -1, & B \text{ 不出现}. \end{cases}$$

试证明随机变量 X 和 Y 不相关的充分必要条件是 A 与 B 相互独立.

4-22（2001 年，3 分）　将一枚硬币重复掷 n 次，以 X 和 Y 分别表示正面向上和反面向上的次数，则 X 和 Y 的相关系数等于（　　）.

　(A) -1　　　　(B) 0　　　　(C) $\dfrac{1}{2}$　　　　(D) 1

4-23（2001 年，8 分）　设随机向量 X 和 Y 的联合分布在以点 $(0,1)$，$(1,0)$，$(1,1)$ 为顶点的三角形区域上服从均匀分布，试求随机变量 $U = X + Y$ 的方差.

4-24（2002 年，3 分）　设随机变量 X 和 Y 的联合概率分布为

X \ Y	-1	0	1
0	0.07	0.18	0.15
1	0.08	0.32	0.20

则 X 和 Y 的相关系数 $\rho = $ _____.

4-25（2002 年，8 分）　假设一设备开机后无故障工作的时间 X 服从指数分布，平均无故障工作的时间（$E(X)$）为 5 小时. 设备定时开机，出现故障时自动关机，而在无故障的情况下工作 2 小时便关机. 试求该设备每次开机无故障工作的时间 Y 的分布函数 $F(y)$.

4-26（2003 年，4 分）　设随机变量 X 和 Y 的相关系数为 0.5，$E(X) = E(Y) = 0$，$E(X^2) = E(Y^2) = 2$，则 $E((X+Y)^2) = $ _____.

4-27（2003 年，13 分）　对于任意二事件 A 和 B，$0 < P(A) < 1$，$0 < P(B) < 1$，

$$\rho = \frac{P(AB) - P(A)P(B)}{\sqrt{P(A)P(B)P(\overline{A})P(\overline{B})}}$$

称做事件 A 和 B 的相关系数.

　(1) 证明事件 A 和 B 独立的充分必要条件是其相关系数等于零.

　(2) 利用随机变量相关系数的基本性质，证明 $|\rho| \leqslant 1$.

4-28（2004 年，4 分）　设随机变量 X 服从参数为 λ 的指数分布，则 $P\{X > \sqrt{D(X)}\} = $ _____.

4-29（2004 年，4 分）　设随机变量 $X_1, X_2, \cdots, X_n (n > 1)$ 独立同分布，且其方差 $\sigma^2 > 0$. 令随机变量 $Y = \dfrac{1}{n} \sum_{i=1}^{n} X_i$，则（　　）.

(A)　$D(X_1 + Y) = \dfrac{n+2}{n}\sigma^2$ 　　　　(B)　$D(X_1 - Y) = \dfrac{n+1}{n}\sigma^2$

(C)　$\mathrm{Cov}(X_1, Y) = \dfrac{\sigma^2}{n}$ 　　　　(D)　$\mathrm{Cov}(X_1, Y) = \sigma^2$

4-30（2004 年，13 分）　设 A, B 为两个随机事件，且 $P(A) = \dfrac{1}{4}$，$P(B|A)$ $= \dfrac{1}{3}$，$P(A|B) = \dfrac{1}{2}$，令

$$X = \begin{cases} 1, & A \text{ 发生}; \\ 0, & A \text{ 不发生}, \end{cases} \qquad Y = \begin{cases} 1, & B \text{ 发生}; \\ 0, & B \text{ 不发生}. \end{cases}$$

求：

（Ⅰ）　二维随机变量 (X, Y) 的概率分布；

（Ⅱ）　X 与 Y 的相关系数 $\rho_{(X, Y)}$；

（Ⅲ）　$X = X^2 + Y^2$ 的概率分布.

4-31（2005 年，13 分）　设 $X_1, X_2, \cdots, X_n (n > 2)$ 为独立同分布的随机变量，且均服从 $N(0, 1)$，记 $\overline{X} = \dfrac{1}{n} \sum_{i=1}^{n} X_i$，$Y_i = X_i - \overline{X}$，$i = 1, 2, \cdots, n$. 求：

（Ⅰ）　Y_i 的方差 $D(Y_i)$ $(i = 1, 2, \cdots, n)$；

（Ⅱ）　Y_i 与 Y_n 的协方差 $\mathrm{Cov}(Y_1, Y_n)$；

（Ⅲ）　$P\{Y_1 + Y_n \leqslant 0\}$.

4-32（2008 年，4 分）　设随机变量 $X \sim N(0, 1)$，$Y \sim N(1, 4)$，且相关系数 $\rho_{XY} = 1$，则（　　）.

(A)　$P\{Y = -2X - 1\} = 1$ 　　　　(B)　$P\{Y = 2X - 1\} = 1$

(C)　$P\{Y = -2X + 1\} = 1$ 　　　　(D)　$P\{Y = 2X + 1\} = 1$

七、历年考研真题详解

数 学 三

4.1　**解**　由

$$\int_0^{+\infty} \mathrm{e}^{-\frac{x^2}{2a^2}} \, \mathrm{d}x = \frac{1}{2}\sqrt{2\pi}a \cdot \int_{-\infty}^{+\infty} \frac{1}{\sqrt{2\pi}a} \mathrm{e}^{-\frac{x^2}{2a^2}} \, \mathrm{d}x = \frac{\sqrt{2\pi}}{2}a,$$

得

$$E(Y) = E\left(\frac{1}{X}\right) = \int_{-\infty}^{+\infty} \frac{1}{x} f(x) \, \mathrm{d}x = \int_0^{+\infty} \frac{1}{x} \cdot \frac{x}{a^2} \mathrm{e}^{-\frac{x^2}{2a^2}} \, \mathrm{d}x$$

$$= \frac{1}{a^2}\int_0^{-\infty} \mathrm{e}^{-\frac{x^2}{2a^2}}\mathrm{d}x = \frac{\sqrt{2\pi}}{2a}.$$

注 本题主要考查随机变量函数的数学期望的计算. ① 不要去求 $Y = \dfrac{1}{X}$ 的密度,那样太麻烦;② 不要写成 $E\left(\dfrac{1}{X}\right) = \displaystyle\int_{-\infty}^{+\infty} \dfrac{1}{x} \cdot \dfrac{x}{a^2} \cdot \mathrm{e}^{-\frac{x^2}{2a^2}}\mathrm{d}x$, 因为 $f(x)$ 并非 $\dfrac{x}{a^2}\mathrm{e}^{-\frac{x^2}{2a^2}}$(只在 $x > 0$ 上是);③ 算 $\displaystyle\int_{-\infty}^{+\infty} \mathrm{e}^{-\frac{x^2}{2a^2}}\mathrm{d}x$ 要朝正态分布的密度积分上凑(要求对正态分布很熟悉),想找原函数的方法是行不通的.

4.2 解 (1) $P\{X < Y\} = \displaystyle\iint\limits_{x<y} f(x,y)\mathrm{d}x\mathrm{d}y = \iint\limits_{G} \mathrm{e}^{-(x+y)}\mathrm{d}x\mathrm{d}y$

$$= \int_0^{+\infty} \mathrm{e}^{-y}\mathrm{d}y\int_0^y \mathrm{e}^{-x}\mathrm{d}x = \int_0^{+\infty} \mathrm{e}^{-y}(1-\mathrm{e}^{-y})\mathrm{d}y = \frac{1}{2},$$

其中 $G = \{(x,y) \mid 0 < x < y\}$, 如图 4-1 所示.

(2) $E(XY) = \displaystyle\iint\limits_{\mathbf{R}^2} xyf(x,y)\mathrm{d}x\mathrm{d}y$

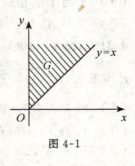

$$= \iint\limits_{x>0,\,y>0} xy \cdot \mathrm{e}^{-(x+y)}\mathrm{d}x\mathrm{d}y$$

$$= \int_0^{+\infty} x\mathrm{e}^{-x}\mathrm{d}x\int_0^{+\infty} y\mathrm{e}^{-y}\mathrm{d}y$$

$$= \left(-\mathrm{e}^{-x}\Big|_0^{+\infty}\right)^2 = 1.$$

图 4-1

注 本题主要考查二维连续型随机变量的概率计算和随机变量函数的期望. 参见本章题 4.1 注中的 ①,②. 第一问中, 不要写成 "$P\{X < Y\} = \displaystyle\iint\limits_{x<y} \mathrm{e}^{-(x+y)}\mathrm{d}x\mathrm{d}y$", 因为 $f(x,y)$ 并非 $\mathrm{e}^{-(x+y)}$(只在 $x > 0$, $y > 0$ 上是).

4.3 应选(B).

解 因为
$$D(X+Y) = D(X) + D(Y) + 2(E(XY) - E(X)E(Y)),$$
可见(B)与 $E(XY) = E(X)E(Y)$ 是等价的.

注 本题考查数字特征的性质. "$E(XY) = E(X)E(Y)$" 等价于 "$D(X+Y) = D(X) + D(Y)$", 等价于 "$\mathrm{Cov}(X,Y) = 0$", 等价于 "X 与 Y 不相关". 若 X 与 Y 独立, 则 $E(XY) = E(X)E(Y)$, 但反之不成立, 故(C),(D)皆不对.

4.4 解 由题意, (X,Y) 的联合概率密度为
$$f(x,y) = \begin{cases} \dfrac{1}{\pi r^2}, & x^2 + y^2 \leqslant r^2; \\ 0, & 其他, \end{cases}$$

则关于 X 的边缘密度为 $f_X(x) = \int_{-\infty}^{+\infty} f(x, y)\mathrm{d}y$. 当 $|x| > r$ 时，$f_X(x) = 0$；

当 $|x| \leqslant r$ 时，

$$f_X(x) = \int_{-\sqrt{r^2 - x^2}}^{\sqrt{r^2 - x^2}} \frac{1}{\pi r^2}\mathrm{d}y = \frac{2\sqrt{r^2 - x^2}}{\pi r^2}.$$

故

$$f_X(x) = \begin{cases} \dfrac{2\sqrt{r^2 - x^2}}{\pi r^2}, & |x| \leqslant r; \\ 0, & |x| > r. \end{cases}$$

同理，得关于 Y 的边缘概率密度为

$$f_Y(y) = \begin{cases} \dfrac{2\sqrt{r^2 - y^2}}{\pi r^2}, & |y| \leqslant r; \\ 0, & |y| > r. \end{cases}$$

(1) $E(X) = \int_{-\infty}^{+\infty} xf_X(x)\mathrm{d}x = \int_{-r}^{r} x \cdot \dfrac{2\sqrt{r^2 - x^2}}{\pi r^2}\mathrm{d}x = 0$；同理，$E(Y) = 0$. 而

$$E(XY) = \iint_{\mathbf{R}^2} xyf(x, y)\mathrm{d}x\mathrm{d}y = \iint_{x^2 + y^2 \leqslant r^2} xy \cdot \frac{\mathrm{d}x\mathrm{d}y}{\pi r^2}$$

$$= \frac{1}{\pi r^2}\int_{-r}^{r} x\mathrm{d}x \int_{-\sqrt{r^2 - x^2}}^{\sqrt{r^2 - x^2}} y\mathrm{d}y = 0.$$

以上积分为 0 可由被积函数为奇函数而积分区间对称且积分是收敛的得到.

于是

$$\mathrm{Cov}(X, Y) = E(XY) - E(X)E(Y) = 0,$$

$$\rho = \frac{\mathrm{Cov}(X, Y)}{\sqrt{D(X)} \cdot \sqrt{D(Y)}} = 0.$$

(2) 由于

$$f_X(x) \cdot f_Y(y) = \begin{cases} \dfrac{4\sqrt{(r^2 - x^2)(r^2 - y^2)}}{\pi^2 r^4}, & |x| \leqslant r, \ |y| \leqslant r; \\ 0, & \text{其他} \end{cases}$$

$$\neq f(x, y),$$

故 X 与 Y 不独立.

注 本题主要考查二维随机变量（连续型）的数字特征计算和独立性的判断. 勿求 XY 的密度，也勿写成 "$E(XY) = \iint_{\mathbf{R}^2} xy \cdot \frac{1}{\pi r^2}\mathrm{d}x\mathrm{d}y$"，因为 $f(x, y)$ 并非 $\frac{1}{\pi r^2}$（只在 $x^2 + y^2 \leqslant r^2$ 上是）.

4.5 **分析** 若题目只问数字特征,则可以考虑是否越过求随机变量(离散型)的分布列.

解 设这三个部件依次为第 $1,2,3$ 个部件,记 $A_i = \{$第 i 个部件需调整$\}$ $(i = 1,2,3)$,则 A_1,A_2,A_3 相互独立. 因此 $P(A_1) = 0.1$, $P(A_2) = 0.2$, $P(A_3) = 0.3$ (或 $P(A_i) = \dfrac{i}{10}$ $(i = 1,2,3)$). 引入

$$X_i = \begin{cases} 1, & A_i \text{ 发生}; \\ 0, & \text{否则} \end{cases} \quad (i = 1,2,3).$$

显然,X_1,X_2,X_3 相互独立,从而

$$E(X_i) = 1 \cdot P(A_i) = \frac{i}{10} \quad (i = 1,2,3),$$

且 $X = X_1 + X_2 + X_3$,

$$D(X_i) = E(X_i^2) - (E(X_i))^2 = 1^2 \cdot P(A_i) - \left(\frac{i}{10}\right)^2$$

$$= \frac{i}{10} - \left(\frac{i}{10}\right)^2 = \frac{i(10-i)}{100} \quad (i = 1,2,3).$$

故

$$E(X) = E(X_1) + E(X_2) + E(X_3) = \frac{1}{10} + \frac{2}{10} + \frac{3}{10} = 0.6,$$

$$D(X) = D\left(\sum_{i=1}^{3} X_i\right) = \sum_{i=1}^{3} D(X_i) = \sum_{i=1}^{3} \frac{i(10-i)}{100} = 0.46.$$

注 本题主要考查期望、方差的计算性质. 解中不求 X 的分布列而引入 X_i,请体会掌握.

4.6 **解** (1) 由题意,

$$P(A) = P(B) = \int_a^{+\infty} f(x)\,\mathrm{d}x,$$

显然 $a \in (0,2)$. 否则,若 $a \leqslant 0$,则

$$P(A) = \int_0^2 \frac{3}{8} x^2 \,\mathrm{d}x = 1;$$

若 $a \geqslant 2$,则 $P(A) = 0$,都与 $P(A \cup B) = \dfrac{3}{4}$ 矛盾. 故

$$P(A) = P(B) = \int_a^2 \frac{3}{8} x^2 \,\mathrm{d}x = \frac{1}{8} x^3 \Big|_a^2 = 1 - \frac{1}{8} a^3.$$

从而

$$\frac{3}{4} = P(A \cup B) = A(A) + P(B) - P(AB)$$

$$= P(A) + P(B) - P(A)P(B)$$

$$= \left(1 - \frac{1}{8}a^3\right) + \left(1 - \frac{1}{8}a^3\right) - \left(1 - \frac{1}{8}a^3\right)^2 = 1 - \frac{a^6}{64},$$

解得 $a = \sqrt[3]{4}$（舍负）.

(2) $E\left(\dfrac{1}{X^2}\right) = \displaystyle\int_{-\infty}^{+\infty} \frac{1}{x^2} f(x)\,\mathrm{d}x = \int_0^2 \frac{1}{x^2} \cdot \frac{3}{8}x^2\,\mathrm{d}x = \frac{3}{8} \times 2 = \frac{3}{4}.$

注 本题主要考查随机变量概率的计算、函数的期望和概率的性质. 因为 X 与 Y 同分布, 所以 Y 的概率密度与 X 的一样.

4.7 **分析** 注意 T 为一离散型随机变量.

解 $E(T) = (-1)P\{X < 10\} + 20P\{10 \leqslant X \leqslant 12\} - 5P\{X > 12\}$

$\qquad = (-1)P\{X - \mu < 10 - \mu\} + 20P\{10 - \mu \leqslant X - \mu \leqslant 12 - \mu\}$

$\qquad\quad - 5P\{X - \mu > 12 - \mu\}$

$\qquad = (-1)\Phi(10 - \mu) + 20(\Phi(12 - \mu) - \Phi(10 - \mu))$

$\qquad\quad - 5(1 - \Phi(12 - \mu))$

$\qquad = 25\Phi(12 - \mu) - 21\Phi(10 - \mu) - 5,$

故

$$(E(T))'_{\mu} = 25\varphi(12 - \mu) \cdot (-1) - 21\varphi(10 - \mu) \cdot (-1)$$

$$= 21 \cdot \frac{1}{\sqrt{2\pi}} \cdot \mathrm{e}^{-\frac{(10-\mu)^2}{2}} - 25 \cdot \frac{1}{\sqrt{2\pi}}\mathrm{e}^{-\frac{(12-\mu)^2}{2}},$$

其中 $\varphi(x) = \dfrac{1}{\sqrt{2\pi}}\mathrm{e}^{-\frac{x^2}{2}}$ 为标准正态分布的概率密度. 令 $(E(T))'_{\mu} = 0$, 得

$$21\mathrm{e}^{-\frac{(10-\mu)^2}{2}} = 25\mathrm{e}^{-\frac{(12-\mu)^2}{2}}.$$

两边取对数, 得 $\mu_0 = 11 - \dfrac{1}{2}\ln\dfrac{25}{21}$. 可以验证,

$$(E(T))''_{\mu\mu}\Big|_{\mu = \mu_0} = -\frac{42}{\sqrt{2\pi}}\mathrm{e}^{-\frac{(10-\mu_0)^2}{2}} < 0.$$

故 $E(T)$ 在 $\mu = \mu_0$ 处取得唯一极值且为极大值, 所以 $E(T)$ 在 μ_0 处取最大值. 因此, 当 $\mu = 11 - \dfrac{1}{2}\ln\dfrac{25}{21}$ 时, 平均利润最大.

注 本题主要考查标准正态分布的概率计算和随机变量函数的期望. ① 本题 X 为连续型而 T 为离散型随机变量, 本题解法也许比用 $E(T) = \displaystyle\int_{-\infty}^{+\infty} T(x)f(x)\,\mathrm{d}x$ 要简单些 ($f(x)$ 为 X 的密度, $T(x)$ 为题目所给的利润函数 (自变量用小写)); ② 解中最后 $(E(T))''$ < 0 即最值充分性的验证, 概率考试中一般不扣分 (也可以从 $\mu \to +\infty$, $\mu \to -\infty$ 时 $E(T)$ 均趋于负值看出); ③ $\Phi(x)$ 非初等函数, $E(T)$ 无法求出具体的值, 请注意.

4.8 应选 (D).

解 因 X 与 Y 同分布，故 $D(X) = D(Y)$，得

$$\text{Cov}(U,V) = \text{Cov}(X-Y, X+Y)$$
$$= \text{Cov}(X,X) + \text{Cov}(X,Y) - \text{Cov}(Y,X) - \text{Cov}(Y,Y)$$
$$= D(X) - D(Y) = 0,$$

所以相关系数 $\rho = 0$.

注 本题主要考查协方差的计算性质和同分布的应用. 若 X 与 Y 同分布，则 $E(X) = E(Y)$，$D(X) = D(Y)$ 等(本题应设 X 的二阶矩存在). 而 U,V 的独立性牵涉其分布，题目没说，故不选(A),(B).

4.9 分析 本题当然要建立"利润"与"发生故障次数"之间的函数关系.

解 设这部机器一周内有 X 天发生故障，这一周的利润为 Y 万元. 由题意可知 $X \sim B(5, 0.2)$，且

$$Y = \begin{cases} 10, & X = 0; \\ 5, & X = 1; \\ 0, & X = 2; \\ -2, & X \geqslant 3, \end{cases}$$

故

$$E(Y) = 10P\{X=0\} + 5P\{X=1\} + 0 \cdot P\{X=2\}$$
$$+ (-2)P\{X \geqslant 3\}$$
$$= 10 \cdot C_5^0 \cdot 0.2^0 \cdot 0.8^5 + 5 \cdot C_5^1 \cdot 0.2^1 \cdot 0.8^4$$
$$- 2(1 - C_5^0 \cdot 0.2 \cdot 0.8^5 - C_5^1 \cdot 0.2^1 \cdot 0.8^4$$
$$- C_5^2 \cdot 0.2^2 \cdot 0.8^3)$$
$$= 5.208\ 96.$$

注 本题主要考查离散型随机变量函数的数学期望及二项分布的概率计算. 其中 X 服从二项分布一定要善于判断.

4.10 解 设 Y(分钟)为该游客的等候时间，由题意知：

$$Y = g(X) = \begin{cases} 5-X, & 0 \leqslant X \leqslant 5; \\ 25-X, & 5 < X \leqslant 25; \\ 55-X, & 25 < X \leqslant 55; \\ 65-X, & 55 < X \leqslant 60. \end{cases}$$

而 X 的概率密度为

$$f(x) = \begin{cases} \dfrac{1}{60}, & 0 \leqslant x \leqslant 60; \\ 0, & \text{其他}, \end{cases}$$

则

$$E(Y) = E(g(X)) = \int_{-\infty}^{+\infty} g(x) f(x) \mathrm{d}x = \frac{1}{60} \int_0^{60} g(x) \mathrm{d}x$$

$$= \frac{1}{60} \Big(\int_0^5 (5-x) \mathrm{d}x + \int_5^{25} (25-x) \mathrm{d}x + \int_{25}^{55} (55-x) \mathrm{d}x$$

$$+ \int_{55}^{60} (65-x) \mathrm{d}x \Big)$$

$$= \frac{1}{60} \Big(5 \times 5 + 25 \times 20 + 55 \times 30 + 65 \times 5 - \int_0^{60} x \mathrm{d}x \Big)$$

$$= \frac{1}{60} \Big(2\,500 - \frac{1}{2} x^2 \Big|_0^{60} \Big) = \frac{70}{6}.$$

注 本题主要考查(连续型)随机变量函数的数学期望. 要善于由题目背景建立 Y 与 X 之间的函数关系, 而不必去求 Y 的分布.

4.11 解 设第 i 台自动记录仪无故障工作的时间为 $X_i (i=1,2)$, 由题意, X_1 与 X_2 独立同分布, 概率密度为

$$f_X(x) = \begin{cases} 5 \mathrm{e}^{-5x}, & x > 0; \\ 0, & x \leqslant 0. \end{cases}$$

且知 $E(X_1) = E(X_2) = \frac{1}{5}$, $D(X_1) = D(X_2) = \frac{1}{25}$, $T = X_1 + X_2$. 故

$$E(T) = E(X_1) + E(X_2) = \frac{2}{5},$$

$$D(T) = D(X_1) + D(X_2) = \frac{2}{25}.$$

下面求 $f(t)$.

方法 1 T 的分布函数

$$F(t) = P\{T \leqslant t\} = P\{X_1 + X_2 \leqslant t\}$$

$$= \iint\limits_{x_1 + x_2 \leqslant t} f_X(x_1) f_X(x_2) \mathrm{d}x_1 \mathrm{d}x_2.$$

当 $t \leqslant 0$ 时, $F(t) = 0$, 故 $f(t) = F'(t) = 0$; 当 $t > 0$ 时,

$$F(t) = \iint\limits_G 5 \mathrm{e}^{-5x_1} \cdot 5 \mathrm{e}^{-5x_2} \mathrm{d}x_1 \mathrm{d}x_2 = \int_0^t 5 \mathrm{e}^{-5x_2} \mathrm{d}x_2 \int_0^{t-x_2} 5 \mathrm{e}^{-5x_1} \mathrm{d}x_1$$

$$= \int_0^t 5 \mathrm{e}^{-5x_2} [1 - \mathrm{e}^{-5(t-x_2)}] \mathrm{d}x_2$$

$$= 1 - \mathrm{e}^{-5t} - 5t \mathrm{e}^{-5t},$$

所以 $f(t) = F'(t) = 25t \mathrm{e}^{-5t}$ (G 如图 4-2 所示). 故

$$f(t) = \begin{cases} 25te^{-5t}, & t > 0; \\ 0, & t \leqslant 0. \end{cases}$$

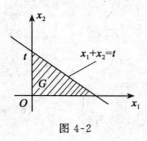

图 4-2

方法 2　由卷积公式知

$$f(t) = \int_{-\infty}^{+\infty} f_X(x_1)f_X(t-x_1)\mathrm{d}x_1$$

$$= \int_{0}^{+\infty} 5e^{-5x}f_X(t-x)\mathrm{d}x,$$

而

$$f(t-x) = \begin{cases} 5e^{-5(t-x)}, & t - x > 0; \\ 0, & t - x \leqslant 0. \end{cases}$$

当 $t \leqslant 0$ 时，$f(t) = 0$（因积分中 $x \geqslant 0$，故 $x \geqslant t$，$f(t-x) = 0$）；当 $t > 0$ 时，

$$f(t) = \int_{0}^{t} 5e^{-5x} \cdot 5e^{-5(t-x)}\mathrm{d}x = 25\int_{0}^{t} e^{-5t}\mathrm{d}x = 25te^{-5t}.$$

故

$$f(t) = \begin{cases} 25te^{-5t}, & t > 0; \\ 0, & t \leqslant 0. \end{cases}$$

注　本题主要考查二维（连续型）随机变量函数（之和）的分布和期望方差的计算. ① 本题由 $T = X_1 + X_2$ 及 X_1, X_2 的独立性，先求 $E(T), D(T)$ 较好（不是用后求出的 $f(t)$ 去积分），先把简单的分拿住. ② 求 $f(t)$ 的两种解法各有所长（笔者提倡用方法 1，因为可以适用于其他函数形式），方法 2 中求 $f(t)$ 时不能讨论 x，只能讨论 t，而 $t > 0$ 时，

$$f(t) = \int_{0}^{t} 5e^{-5x}f_X(t-x)\mathrm{d}x + \int_{t}^{+\infty} 5e^{-5x} \cdot 0\mathrm{d}x = \int_{0}^{t} 5e^{-5x} \cdot 5e^{-5(t-x)}\mathrm{d}x,$$

其中 $f_X(t-x)$ 写成 $5e^{-5(t-x)}$ 是因为 $0 < x < t$（从积分限上看出）. ③ X 的密度用 $F_X(x)$ 表示，记号上必须与题目给的 $f(t)$ 有区别（即不能写成 $f(x)$）.

4.12　**分析**　先建立"利润"与 X, Y 之间的函数关系.

解　设此商店经销该种商品每周所得利润为 ξ 元，则由题意得

$$\xi = g(X, Y) = \begin{cases} 1\,000Y, & X \geqslant Y; \\ 1\,000X + 500(Y - X), & X < Y. \end{cases}$$

而 X 和 Y 的概率密度均为

$$f_1(x) = \begin{cases} \dfrac{1}{10}, & 10 \leqslant x \leqslant 20; \\ 0, & 其他, \end{cases}$$

故 (X, Y) 的联合密度为

$$f(x, y) = f_1(x) \cdot f_1(y) = \begin{cases} \dfrac{1}{100} & 10 \leqslant x \leqslant 20, \ 10 \leqslant y \leqslant 20; \\ 0, & 其他. \end{cases}$$

所以

$$E(\xi) = E(g(X,Y)) = \iint\limits_{\mathbf{R}^2} g(x,y)f(x,y)\mathrm{d}x\mathrm{d}y$$

$$= \iint\limits_{G_1 \cup G_2} \frac{1}{100} g(x,y)\mathrm{d}x\mathrm{d}y$$

$$= \frac{1}{100}\Big[\iint\limits_{G_1} 500(x+y)\mathrm{d}\sigma + \iint\limits_{G_2} 1\,000\,y\mathrm{d}\sigma\Big]$$

$$= 5\int_{10}^{20}\mathrm{d}y\int_{10}^{y}(x+y)\mathrm{d}x + 10\int_{10}^{20}\mathrm{d}y\int_{y}^{20}y\mathrm{d}x$$

$$= 5\int_{10}^{20}\Big(\frac{3}{2}y^2 - 10y + 50\Big)\mathrm{d}y + 10\int_{10}^{20}(20y - y^2)\mathrm{d}y$$

$$= \frac{42\,500}{3} = 14\,166.6,$$

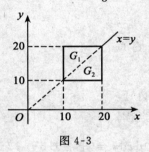

图 4-3

其中 G_1, G_2 如图 4-3 所示.

注 本题主要考查二维（连续型）随机变量函数的期望. 不要求 ξ 的分布, 不能写 $E(g(X,Y)) = \iint\limits_{\mathbf{R}^2} g(x,y) \cdot \frac{1}{100}\mathrm{d}x\mathrm{d}y$, 因为 $f(x,y)$ 并非 $\frac{1}{100}$.

4.13 应填 0.

解 由 n 阶行列式的定义知

$$Y = \sum_{p_1,p_2,\cdots,p_n} (-1)^{\tau(p_1,p_2,\cdots,p_n)} X_{1p_1} X_{2p_2} \cdots X_{np_n}$$

$(p_1, p_2, \cdots, p_n$ 为 $1, 2, \cdots, n$ 的排列). 而 $X_{ij}(i, j = 1, 2, \cdots, n)$ 独立同分布且 $E(X_{ij}) = 2$, 故

$$E(Y) = \sum_{p_1,p_2,\cdots,p_n} (-1)^{\tau(p_1,p_2,\cdots,p_n)} E(X_{1p_1} \cdots X_{np_n})$$

$$= \sum_{p_1,p_2,\cdots,p_n} (-1)^{\tau(p_1,p_2,\cdots,p_n)} E(X_{1p_1}) \cdots E(X_{np_n})$$

$$= \begin{vmatrix} E(X_{11}) & E(X_{12}) & \cdots & E(X_{1n}) \\ E(X_{21}) & E(X_{22}) & \cdots & E(X_{2n}) \\ \vdots & \vdots & & \vdots \\ E(X_{n1}) & E(X_{n2}) & \cdots & E(X_{nn}) \end{vmatrix}$$

$$= \begin{vmatrix} 2 & 2 & \cdots & 2 \\ 2 & 2 & \cdots & 2 \\ \vdots & \vdots & & \vdots \\ 2 & 2 & \cdots & 2 \end{vmatrix} = 0.$$

注 本题主要考查独立随机变量之积的数学期望的计算性质. 当然还牵涉 n 阶行列式的定义与性质.

4.14 **分析** 注意 (U, V) 是离散型的, 求分布指的是求分布列. 均匀分布要先写出其概率密度.

解 G 的面积为 $S_G = 2$. 如图 4-4, 分得 $G = D_1 \bigcup D_2 \bigcup D_3$, 其中 D_1 的面积

$$S_{D_1} = \frac{1}{2} \times 1^2 = \frac{1}{2},$$

D_3 的面积 $S_{D_3} = \frac{1}{2} \times 2 \times 1 = 1$, D_2 的面积

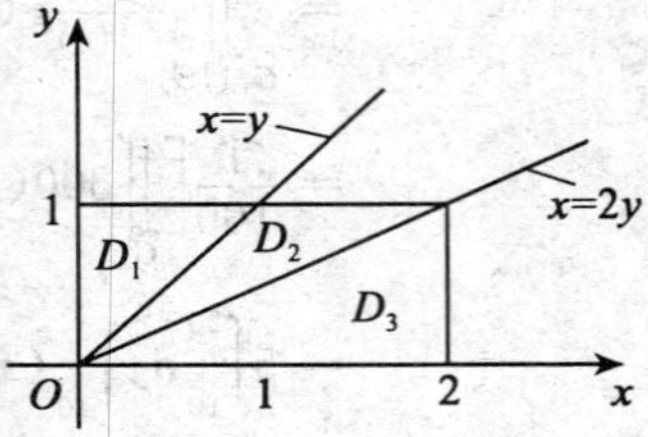

图 4-4

$$S_{D_2} = S_G - S_{D_1} - S_{D_3} = 2 - \frac{1}{2} - 1 = \frac{1}{2}.$$

由题意, (X, Y) 的概率密度为

$$f(x, y) = \begin{cases} \dfrac{1}{2}, & (x, y) \in G; \\ 0, & \text{其他.} \end{cases}$$

而 (U, V) 可能取的值为 $(0, 0), (0, 1), (1, 0), (1, 1)$.

(1) $P\{U = 0, V = 0\} = P\{X \leqslant Y, X \leqslant 2Y\}$

$$= \iint\limits_{x \leqslant y, \, x \leqslant 2y} f(x, y) \mathrm{d}x\mathrm{d}y = \iint\limits_{D_1} \frac{1}{2} \mathrm{d}x\mathrm{d}y$$

$$= \frac{1}{2} S_{D_1} = \frac{1}{2} \times \frac{1}{2} = \frac{1}{4};$$

$P\{U = 0, V = 1\} = P\{X \leqslant Y, X > 2Y\}$

$$= \iint\limits_{x \leqslant y, \, x > 2y} f(x, y) \mathrm{d}x\mathrm{d}y = 0;$$

$P\{U = 1, V = 0\} = P\{X > Y, X \leqslant 2Y\}$

$$= \iint\limits_{x > y, \, x \leqslant 2y} f(x, y) \mathrm{d}x\mathrm{d}y = \iint\limits_{D_2} \frac{1}{2} \mathrm{d}x\mathrm{d}y$$

$$= \frac{1}{2} S_{D_2} = \frac{1}{4};$$

$P\{U = 1, V = 1\} = P\{X > Y, X > 2Y\}$

$$= \iint\limits_{x > y, \, x > 2y} f(x, y) \mathrm{d}x\mathrm{d}y = \iint\limits_{D_3} \frac{1}{2} \mathrm{d}x\mathrm{d}y$$

$$= \frac{1}{2} S_{D_3} = \frac{1}{2}.$$

于是写出 (U,V) 的分布列(附带写出边缘分布列)如下:

U \ V	0	1	$P\{U=x_i\}$
0	1/4	0	1/4
1	1/4	1/2	3/4
$P\{V=y_j\}$	1/2	1/2	

(2)
$$E(U) = 0 \times \frac{1}{4} + 1 \times \frac{3}{4} = \frac{3}{4},$$

$$E(V) = 0 \times \frac{1}{2} + 1 \times \frac{1}{2} = \frac{1}{2},$$

$$E(U^2) = 0^2 \times \frac{1}{4} + 1^2 \times \frac{3}{4} = \frac{3}{4},$$

$$E(V^2) = 0^2 \times \frac{1}{2} + 1^2 \times \frac{1}{2} = \frac{1}{2};$$

故

$$D(U) = E(U^2) - (E(U))^2 = \frac{3}{4} - \left(\frac{3}{4}\right)^2 = \frac{3}{16},$$

$$D(V) = E(V^2) - (E(V))^2 = \frac{1}{2} - \left(\frac{1}{2}\right)^2 = \frac{1}{4},$$

$$E(U \cdot V) = 0 \times 0 \times \frac{1}{4} + 0 \times 1 \times 0 + 1 \times 0 \times \frac{1}{4} + 1 \times 1 \times \frac{1}{2} = \frac{1}{2}.$$

得 (U,V) 的相关系数为

$$r = \frac{E(U \cdot V) - E(U) \cdot E(V)}{\sqrt{D(U)} \cdot \sqrt{D(V)}} = \frac{\frac{1}{2} - \frac{3}{4} \times \frac{1}{2}}{\sqrt{\frac{3}{16}} \cdot \sqrt{\frac{1}{4}}} = \frac{1}{\sqrt{3}}.$$

注 本题主要考查二维离散型随机变量的分布列、数字特征的计算,以及连续型二维随机变量的概率计算,不能写像" $P\{X \leqslant Y, X \leqslant 2Y\} = \iint\limits_{x \leqslant y,\ x \leqslant 2y} \frac{1}{2} \mathrm{d}x\mathrm{d}y$ "这种式子,因为 $f(x,y)$ 并非 $\frac{1}{2}$. 计算式中 $P\{X \leqslant Y,\ X \leqslant 2Y\}$ 在本题中可以等于 $P\{X \leqslant Y\}$,因为本题中 Y 值不会取负值.

4.15 应填 $\frac{8}{9}$.

解 由题意, X 的概率密度为

$$f(x) = \begin{cases} \dfrac{1}{3}, & -1 \leqslant x \leqslant 2; \\ 0, & \text{其他}, \end{cases}$$

则

$$P\{X > 0\} = \int_0^{+\infty} f(x)\,\mathrm{d}x = \int_0^2 \frac{1}{3}\,\mathrm{d}x = \frac{2}{3},$$

$$P\{X < 0\} = \int_{-\infty}^0 f(x)\,\mathrm{d}x = \int_{-1}^0 \frac{1}{3}\,\mathrm{d}x = \frac{1}{3},$$

而 $P\{X = 0\} = 0$. 故

$$E(Y) = 1 \cdot P\{X > 0\} + 0 \cdot P\{X = 0\} + (-1)P\{X < 0\}$$

$$= \frac{2}{3} - \frac{1}{3} = \frac{1}{3},$$

$$E(Y^2) = 1^2 \cdot P\{X > 0\} + 0^2 \cdot P\{X = 0\} + (-1)^2 P\{X < 0\}$$

$$= \frac{2}{3} + \frac{1}{3} = 1,$$

故

$$D(Y) = E(Y^2) - (E(Y))^2 = 1 - \left(\frac{1}{3}\right)^2 = \frac{8}{9}.$$

注 本题主要考查方差的计算式. 注意这里 Y 是离散型随机变量, 参阅本章题 4.7 的注. 另外, 勿写"$P\{X > 0\} = \int_0^{+\infty} \dfrac{1}{3}\mathrm{d}x$", 因为 $f(x)$ 并非 $\dfrac{1}{3}$.

4.16 分析 考虑 X, Y 的不相关, 须先算 $E(X), E(Y)$ 和 $E(XY)$.

证 由已知得

$$E(X) = 1 \cdot P(A) + (-1)P(\overline{A}) = P(A) - P(\overline{A}) = 2P(A) - 1,$$

$$E(Y) = 1 \cdot P(B) + (-1)P(\overline{B}) = P(B) - P(\overline{B}) = 2P(B) - 1,$$

$$E(XY) = 1 \cdot 1 \cdot P(AB) + 1 \cdot (-1) \cdot P(A\overline{B}) + 1 \cdot (-1) \cdot P(\overline{A}B)$$

$$\quad + (-1) \cdot (-1) \cdot P(\overline{AB})$$

$$= P(AB) - P(A\overline{B}) - P(\overline{A}B) - P(\overline{AB})$$

$$= P(AB) - (P(A) - P(AB)) - (P(B) - P(AB))$$

$$\quad + 1 - (P(A) + P(B) - P(AB))$$

$$= 4P(AB) - 2P(A) - 2P(B) + 1,$$

故

$$\mathrm{Cov}(X, Y) = E(XY) - E(X) \cdot E(Y)$$

$$= 4P(AB) - 2P(A) - 2P(B) + 1$$

$$\quad - (2P(A) - 1)(2P(B) - 1)$$

$$= 4(P(AB) - P(A)P(B)).$$

因此

$$X 与 Y 不相关 \Leftrightarrow \mathrm{Cov}(X,Y) = 0 \Leftrightarrow P(AB) = P(A)P(B)$$

$$\Leftrightarrow A 与 B 独立.$$

这里"$\Leftrightarrow$"表示"当且仅当"或"等价于". 证毕.

注 本题主要考查协方差的计算及不相关、事件独立的定义. 本题若写(X,Y)的联合分布列则有些麻烦. 概率论中有个结论:对两点分布而言,独立与不相关是等价的.

4.17 应选(A).

解 因$X + Y = n$,故$Y = n - X$. 因此

$$D(Y) = D(n - X) = D(X),$$

$$\mathrm{Cov}(X,Y) = \mathrm{Cov}(X, n - X) = -\mathrm{Cov}(X,X) = -D(X).$$

所以X和Y的相关系数

$$\rho_{(X,Y)} = \frac{\mathrm{Cov}(X,Y)}{\sqrt{D(X)} \cdot \sqrt{D(Y)}} = \frac{-D(X)}{\sqrt{D(X)} \cdot \sqrt{D(X)}} = -1.$$

当Y与X的线性关系$Y = aX + b$ $(a \neq 0)$成立时,X和Y的相关系数

$$\rho_{(X,Y)} = \frac{a}{|a|}.$$

本题中,$Y = (-1)X + n$,即$a = -1$,故$\rho_{(X,Y)} = -1$.

注 本题考查相关系数的性质(或定义式).

4.18 应填-0.02.

解 $\begin{aligned} E(X^2Y^2) &= 0^2 \times (-1)^2 \times 0.07 + 0^2 \times 0^2 \times 0.18 \\ &\quad + 0^2 \times 1^2 \times 0.15 + 1^2 \times (-1)^2 \times 0.08 \\ &\quad + 1^2 \times 0^2 \times 0.32 + 1^2 \times 1^2 \times 0.20 \\ &= 0.28. \end{aligned}$

而关于X的边缘分布律为

X	0	1
P	0.4	0.6

关于Y的边缘分布律为

Y	-1	0	1
P	0.15	0.5	0.35

因此

$$E(X^2) = 0^2 \times 0.4 + 1^2 \times 0.6 = 0.6,$$

$$E(Y^2) = (-1)^2 \times 0.15 + 0^2 \times 0.5 + 1^2 \times 0.35 = 0.5.$$

故
$$\text{Cov}(X^2,Y^2) = E(X^2Y^2) - E(X^2) \cdot E(Y^2)$$
$$= 0.28 - 0.6 \times 0.5 = -0.02.$$

注 本题主要考查离散型随机变量(包括多维)函数的数学期望和协方差的计算. 其中 $E(X^2)$ 和 $E(Y^2)$ 也可由 (X,Y) 的联合分布律直接求出,也可求出 X^2 和 Y^2 的分布律再求 $E(X^2)$ 和 $E(Y^2)$,如 Y^2 的分布律为

X	0	1
P	0.5	0.5

然后 $E(Y^2) = 0 \times 0.5 + 1 \times 0.5 = 0.5$. 本题中 X 与 Y 不独立,切勿写"$E(X^2Y^2) = E(X^2) \cdot E(Y^2)$"一类式子,也不要用 $\text{Cov}(X^2,Y^2) = E((X^2-E(X^2))(Y^2-E(Y^2)))$ 做,因为较麻烦.

4.19 **解** 二维随机变量可能取的值为 $(-1,-1)$,$(-1,1)$,$(1,-1)$,$(1,1)$. 由题意,可设 U 的概率密度为

$$f(x) = \begin{cases} \dfrac{1}{4}, & -2 \leqslant x \leqslant 2; \\ 0, & \text{其他}. \end{cases}$$

(1) $P\{X=-1, Y=-1\} = P\{U \leqslant -1, U \leqslant 1\} = P\{U \leqslant -1\}$
$$= \int_{-\infty}^{-1} f(x)\mathrm{d}x = \int_{-2}^{-1} \frac{1}{4}\mathrm{d}x = \frac{1}{4},$$

$P\{X=-1, Y=1\} = P\{U \leqslant -1, U > 1\} = 0,$

$P\{X=1, Y=-1\} = P\{U > -1, U \leqslant 1\} = P\{-1 < U \leqslant 1\}$
$$= \int_{-1}^{1} f(x)\mathrm{d}x = \int_{-1}^{1} \frac{1}{4}\mathrm{d}x = \frac{1}{2},$$

$P\{X=1, Y=1\} = P\{U > -1, U > 1\} = P\{U > 1\}$
$$= \int_{1}^{+\infty} f(x)\mathrm{d}x = \int_{1}^{2} \frac{1}{4}\mathrm{d}x = \frac{1}{4},$$

故 (X,Y) 的分布律为

X \ Y	-1	1
-1	$\dfrac{1}{4}$	0
1	$\dfrac{1}{2}$	$\dfrac{1}{4}$

(2) **方法1** 由(1)可得关于 X 和 Y 的边缘分布律分别为

X	-1	1
P	$\frac{1}{4}$	$\frac{3}{4}$

Y	-1	1
P	$\frac{3}{4}$	$\frac{1}{4}$

显然，$P\{X^2 = 1\} = P(Y^2 = 1) = 1$，即 X^2, Y^2 均为单点分布（取值为 1）可得

$$E(X) = (-1) \times \frac{1}{4} + 1 \times \frac{3}{4} = \frac{1}{2},$$

$$E(Y^2) = (-1) \times \frac{3}{4} + 1 \times \frac{1}{4} = -\frac{1}{2},$$

$$E(X^2) = E(Y^2) = 1.$$

故

$$D(X) = E(X^2) - (E(X))^2 = 1 - \left(\frac{1}{2}\right)^2 = \frac{3}{4},$$

$$D(Y) = E(Y^2) - (E(Y))^2 = 1 - \left(-\frac{1}{2}\right)^2 = \frac{3}{4},$$

且由 (X, Y) 的联合分布律，可得

$$E(XY) = (-1)^2 \times \frac{1}{4} + (-1) \times 1 \times 0 + 1 \times (-1) \times \frac{1}{2}$$

$$+ 1 \times 1 \times \frac{1}{4} = 0,$$

$$\text{Cov}(X, Y) = E(XY) - E(X) \cdot E(Y) = 0 - \frac{1}{2} \times \left(-\frac{1}{2}\right) = \frac{1}{4},$$

故

$$D(X + Y) = D(X) + D(Y) + 2\text{Cov}(X, Y)$$

$$= \frac{3}{4} + \frac{3}{4} + 2 \times \frac{1}{4} = 2.$$

(2) 方法 2 由 (X, Y) 的联合分布律，可得 $X + Y$ 的分布律为

$X+Y$	-2	0	2
P	$\frac{1}{4}$	$\frac{1}{2}$	$\frac{1}{4}$

进而 $(X + Y)^2$ 的分布律为

$(X+Y)^2$	0	4
P	$\frac{1}{2}$	$\frac{1}{2}$

可得

$$E(X+Y) = (-2) \times \frac{1}{4} + 0 \times \frac{1}{2} + 2 \times \frac{1}{4} = 0,$$

$$E((X+Y)^2) = 0 \times \frac{1}{2} + 4 \times \frac{1}{2} = 2.$$

故 $D(X+Y) = E((X+Y)^2) - (E(X+Y))^2 = 2 - 0^2 = 2$.

注 本题主要考查二维离散型随机变量的分布律和方差的计算. 注意本题中 X 和 Y 没有"独立"或"不相关"的结论, 没有"$D(X+Y)=D(X)+D(Y)$"或"$E(XY)=E(X) \cdot E(Y)$"一类式子. (2)的方法 2 中可以不求 $(X+Y)^2$ 的分布, 因由 $X+Y$ 的分布可得

$$E((X+Y)^2) = (-2)^2 \times \frac{1}{4} + 0^2 \times \frac{1}{2} + 2^2 \times \frac{1}{4} = 2.$$

4.20 解 设 X 的分布参数为 λ, 由已知, $5 = E(X) = \frac{1}{\lambda}$, 故 $\lambda = \frac{1}{5}$.
即知 X 的概率密度为

$$f_X(x) = \begin{cases} \dfrac{1}{5}e^{-\frac{1}{5}x}, & x > 0; \\ 0, & x \leqslant 0. \end{cases}$$

由题意知 $Y = \min\{X, 2\}$, 则 Y 的分布函数

$$F(y) = P\{Y \leqslant y\} = P\{\min\{X, 2\} \leqslant y\}.$$

显然, $y < 0$ 时, $F(y) = 0$; $y \geqslant 2$ 时, $F(y) = 1$; 而当 $0 \leqslant y < 2$ 时,

$$F(y) = P\{X \leqslant y\} = \int_{-\infty}^{y} f_X(x)\mathrm{d}x = \int_0^y \frac{1}{5}e^{-\frac{1}{5}x}\mathrm{d}x = 1 - e^{-\frac{1}{5}y}.$$

即

$$F(y) = \begin{cases} 0, & y < 0; \\ 1 - e^{-\frac{1}{5}y}, & 0 \leqslant y < 2; \\ 1, & y > 2. \end{cases}$$

注 本题主要考查随机变量函数的分布. ① 题中 X 的取值范围可理解为 $(0, +\infty)$, 所以 $Y = \min\{X, 2\}$ 的取值范围可理解为 $(0, 2]$ 内, 因此有 $y < 0$ 和 $y \geqslant 2$ 时的讨论结果, 而 $0 \leqslant y < 2$ 时, $\{\min\{X, 2\} \leqslant y\} = \{X \leqslant y, 2 \leqslant y\} = \{X \leqslant Y\}$, 请注意理解; ② 若读者记得住指数分布的分布函数, 则 $0 \leqslant y < 2$ 时, $P\{X \leqslant y\} = F_X(y) = 1 - e^{-\frac{1}{5}y}$ 更快一些 ($F_X(x)$ 为 X 的分布函数); ③ 本题中的 Y 并非连续型(更非离散型)随机变量, Y 没有概率密度; 而 $F(y)$ 有一个间断点 $y = 2$, 注意讨论 y 时要保证 $F(y)$ 右连续; ④ 勿写 "$P\{X \leqslant Y\} = \int_{-\infty}^{y} \frac{1}{5}e^{-\frac{1}{5}x}\mathrm{d}x$" 一类式子, 因为 $f_X(x)$ 是分段函数, 积分时要注意上、下限.

4.21 应填 0.9.

解 因为 $D(Z) = D(X - 0.4) = D(X)$，且

$$\text{Cov}(Y, Z) = \text{Cov}(Y, X - 0.4) = \text{Cov}(Y, X) = \text{Cov}(X, Y),$$

故

$$\rho_{(Y,Z)} = \frac{\text{Cov}(Y, Z)}{\sqrt{D(Y)} \cdot \sqrt{D(Z)}} = \frac{\text{Cov}(X, Y)}{\sqrt{D(Y)} \cdot \sqrt{D(X)}} = \rho_{(X,Y)} = 0.9.$$

注 本题考查相关系数 $\rho_{(X,Y)}$ 的定义式及方差、协方差的计算性质. 注意常数 C 与任一随机变量独立，有 $D(C) = 0$，$\text{Cov}(Y, C) = 0$（Y 为任一随机变量）.

4.22 应填 $\dfrac{1}{e}$.

解 由题意，$D(X) = \dfrac{1}{\lambda^2}$，而 X 的概率密度为

$$f(x) = \begin{cases} \lambda e^{-\lambda x}, & x > 0; \\ 0, & x \leqslant 0, \end{cases}$$

故

$$P\{X > \sqrt{D(X)}\} = P\left\{X > \frac{1}{\lambda}\right\} = \int_{\frac{1}{\lambda}}^{+\infty} \lambda e^{-\lambda x} \, dx$$

$$= -e^{-\lambda x} \Big|_{\frac{1}{\lambda}}^{+\infty} = e^{-1}.$$

注 指数分布是要求学生掌握的几个特殊分布之一，请记住其概率密度、数学期望和方差，建议读者还应记住指数分布的分布函数（是 $F(x) = \begin{cases} 1 - e^{-\lambda x}, & x \geqslant 0; \\ 0, & x < 0 \end{cases}$），本题也可用分布函数求出：

$$P\left\{X > \frac{1}{\lambda}\right\} = 1 - P\left\{X \leqslant \frac{1}{\lambda}\right\} = 1 - F\left(\frac{1}{\lambda}\right) = 1 - (1 - e^{-\lambda \cdot \frac{1}{\lambda}}) = e^{-1}.$$

注意本题是"求"概率而非"估计"概率，所以不要用切比雪夫不等式等方法去做（切比雪夫不等式只能"估计"出概率的范围）.

4.23 解 因 $\dfrac{1}{3} = P(B \mid A) = \dfrac{P(AB)}{P(A)}$，故

$$P(AB) = \frac{1}{3} P(A) = \frac{1}{3} \times \frac{1}{4} = \frac{1}{12},$$

又因 $\dfrac{1}{2} = \dfrac{P(AB)}{P(B)}$，故 $P(B) = 2P(AB) = 2 \times \dfrac{1}{12} = \dfrac{1}{6}$.

（Ⅰ） $P\{X = 1, Y = 1\} = P(AB) = \dfrac{1}{12}$，

$$P\{X = 0, Y = 1\} = P(\overline{A}B) = P(B) - P(AB)$$

$$= \frac{1}{6} - \frac{1}{12} = \frac{1}{12},$$

$$P\{X=1, Y=0\} = P(A\overline{B}) = P(A) - P(AB)$$
$$= \frac{1}{4} - \frac{1}{12} = \frac{1}{6},$$
$$P\{X=0, Y=0\} = P(\overline{AB}) = 1 - P(A \cup B)$$
$$= 1 - (P(A) + P(B) - P(AB))$$
$$= 1 - \left(\frac{1}{4} + \frac{1}{6} - \frac{1}{12}\right) = \frac{2}{3}.$$

故 (X,Y) 的概率分布为

X \ Y	0	1
0	$\frac{2}{3}$	$\frac{1}{12}$
1	$\frac{1}{6}$	$\frac{1}{12}$

（Ⅱ） 由（Ⅰ）易得关于 X,Y 的概率分布（列）分别为

X	0	1
P	$\frac{3}{4}$	$\frac{1}{4}$

Y	0	1
P	$\frac{5}{6}$	$\frac{1}{6}$

故

$$E(X) = \frac{1}{4}, \quad E(X^2) = \frac{1}{4},$$
$$D(X) = E(X^2) - (E(X))^2 = \frac{1}{4} - \frac{1}{16} = \frac{3}{16};$$
$$E(Y) = \frac{1}{6}, \quad E(Y^2) = \frac{1}{6},$$
$$D(Y) = E(Y^2) - (E(Y))^2 = \frac{1}{6} - \frac{1}{36} = \frac{5}{36}.$$

而由 (X,Y) 的概率分布可得

$$E(XY) = 0 \times 0 \times \frac{2}{3} + 0 \times 1 \times \frac{1}{12} + 1 \times 0 \times \frac{1}{6} + 1 \times 1 \times \frac{1}{12} = \frac{1}{12}.$$

故得

$$\rho_{(X,Y)} = \frac{E(XY) - E(X) \cdot E(Y)}{\sqrt{D(X)} \cdot \sqrt{D(Y)}} = \frac{\frac{1}{12} - \frac{1}{4} \times \frac{1}{6}}{\sqrt{\frac{3}{16}} \cdot \sqrt{\frac{5}{36}}} = \frac{1}{\sqrt{15}}.$$

（Ⅲ） Z 可能取得值为 $0,1,2$.

$$P\{Z=0\}=P\{X^2+Y^2=0\}=P\{X=0,Y=0\}=\frac{2}{3},$$

$$\begin{aligned}P\{Z=1\}&=P\{X^2+Y^2=1\}\\&=P\{X=0,Y=1\}+P\{X=1,Y=0\}\\&=\frac{1}{12}+\frac{1}{6}=\frac{1}{4},\end{aligned}$$

$$P\{Z=2\}=P\{X^2+Y^2=2\}=P\{X=1,Y=1\}=\frac{1}{12}.$$

故 Z 的分布(列)为

Z	0	1	2
P	$\frac{2}{3}$	$\frac{1}{4}$	$\frac{1}{12}$

注 注意 X 与 Y 并不独立, $E(XY)$ 的计算要靠 (X,Y) 的联合分布, 不能只由 X,Y 的(边缘)分布来求.

4.24 应选(D).

解 用排除法. 设 $Y=aX+b$, 由 $\rho_{XY}=1$, 知道 X,Y 正相关, 得 $a>0$, 排除(A), (C). 由 $X\sim N(0,1)$, $Y\sim N(1,4)$, 得 $E(X)=0$,

$$E(Y)=E(aX+b)=aE(X)+b.$$

故 $1=a\cdot 0+b$, 即 $b=1$, 故排除(C). 所以选择(D).

数 学 四

4-1 解 (1) $F(x)=P\{X\leqslant x\}$, 所以, 当 $x<1$ 时, $F(x)=0$; 当 $1\leqslant x<2$ 时, $F(x)=P\{X=1\}=0.2$; 当 $2\leqslant x<3$ 时,

$$F(x)=P\{X=1\}+P\{X=2\}=0.2+0.3=0.5;$$

当 $x\geqslant 3$ 时,

$$F(x)=P\{X=1\}+P\{X=2\}+P\{X=3\}=1,$$

故

$$F(x)=\begin{cases}0, & x<1;\\0.2, & 1\leqslant x<2;\\0.5, & 2\leqslant x<3;\\1, & x\geqslant 3.\end{cases}$$

(2) $\begin{aligned}E(X)&=1\cdot P\{X=1\}+2P\{X=2\}+3P\{X=3\}\\&=1\times 0.2+2\times 0.3+3\times 0.5=2.3;\end{aligned}$

而

$$E(X^2) = 1^2 \cdot P\{X = 1\} + 2^2 \cdot P\{X = 2\} + 3^2 \cdot P\{X = 3\}$$
$$= 1 \times 0.2 + 4 \times 0.3 + 9 \times 0.5 = 5.9,$$

故 $D(X) = E(X^2) - (E(X))^2 = 5.9 - 2.3^2 = 0.61.$

注 本题主要考查离散型随机变量由分布列求分布函数和期望、方差的方法. ① 分布函数定义式中是"$\leqslant$", $F(x)$ 是右连续的, 注意讨论 x 时"等号"的位置. ② $D(X) = E(X^2) - (E(X))^2$ 是方差的计算式, 比用 $D(X) = E((X - E(X))^2)$ 略为简单.

4-2 **分析** 求离散型随机变量的分布列时, 考虑的是这个随机变量可能取哪些值, 取这些值的概率是多少.

解 设在取到正品之前, 已取出 X 只废品. 由题意知 X 可能取的值为 $0,1,2.$ 可得

$$P\{X = 0\} = \frac{8}{10} = \frac{4}{5}, \quad P\{X = 1\} = \frac{2}{10} \times \frac{8}{9} = \frac{8}{45};$$

$$P\{X = 2\} = \frac{2}{10} \times \frac{1}{9} \times \frac{8}{8} = \frac{1}{45}.$$

且

$$E(X) = 0 \cdot P\{X = 0\} + 1 \cdot P\{X = 1\} + 2 \cdot P\{X = 2\}$$
$$= \frac{8}{45} + 2 \times \frac{1}{45} = \frac{2}{9};$$

$$E(X^2) = 0^2 \cdot P\{X = 0\} + 1^2 \cdot P\{X = 1\} + 2^2 \cdot P\{X = 2\}$$
$$= \frac{8}{45} + 4 \times \frac{1}{45} = \frac{4}{15},$$

所以 $D(X) = E(X^2) - (E(X))^2 = \frac{4}{15} - \left(\frac{2}{9}\right)^2 = \frac{88}{405}.$

注 本题主要考查离散型随机变量的分布列和期望、方差的计算. 其中概率的计算可以这样: 设 $A_i = \{$第 i 次取得正品$\}$ $(i \geqslant 1)$, 则

$$P\{X = 2\} = P(\overline{A_1}\,\overline{A_2}A_3) = P(A_3 \mid \overline{A_1}\,\overline{A_2})P(\overline{A_2} \mid \overline{A_1})P(\overline{A_1}) = \frac{8}{8} \times \frac{1}{9} \times \frac{2}{10}$$

(其余类似).

4-3 应填 46.

解 由题意可知,

$$D(X_1) = \frac{(6-0)^2}{12} = 3, \quad D(X_2) = 4, \quad D(X_3) = 3.$$

又由 X_1, X_2, X_3 相互独立, 根据方差的计算性质有

$$D(Y) = D(X_1) + 4D(X_2) + 9D(X_3)$$
$$= 3 + 4 \times 4 + 9 \times 3 = 46.$$

注 本题主要考查方差的计算性质和特殊分布的方差. 对二项、泊松、均匀、指数、

正态等特殊分布，不但要求记住其分布列或密度，还要求记住其期望和方差.

4-4　解　(1)　X 可能取的值为 $0,1,2$.

$$P\{X=0\} = P\{X=0,Y=0\} + P\{X=0,Y=1\}$$
$$= 0.10 + 0.15 = 0.25,$$
$$P\{X=1\} = P\{X=1,Y=0\} + P\{X=1,Y=1\}$$
$$= 0.25 + 0.20 = 0.45,$$
$$P\{X=2\} = P\{X=2,Y=0\} + P\{X=2,Y=1\}$$
$$= 0.15 + 0.15 = 0.30.$$

(2)　$X+Y$ 可能取的值为 $0,1,2,3$.

$$P\{X+Y=0\} = P\{X=0,Y=0\} = 0.10,$$
$$P\{X+Y=1\} = P\{X=0,Y=1\} + P\{X=1,Y=0\}$$
$$= 0.15 + 0.25 = 0.40,$$
$$P\{X+Y=2\} = P\{X=1,Y=1\} + P\{X=2,Y=0\}$$
$$= 0.20 + 0.15 = 0.35,$$
$$P\{X+Y=3\} = P\{X=2,Y=1\} = 0.15.$$

(3)　$E(X) = E\left(\sin\dfrac{\pi}{2}(X+Y)\right)$

$$= \sin\left(\frac{\pi}{2} \cdot 0\right)P\{X+Y=0\} + \sin\left(\frac{\pi}{2} \cdot 1\right)P\{X+Y=1\}$$
$$+ \sin\left(\frac{\pi}{2} \cdot 2\right)P\{X+Y=2\} + \sin\left(\frac{\pi}{2} \cdot 3\right)P\{X+Y=3\}$$
$$= 0 \times 0.10 + 1 \times 0.40 + 0 \times 0.35 + (-1) \times 0.15$$
$$= 0.25.$$

注　本题主要考查二维离散型随机变量由联合分布求边缘分布、随机变量函数的分布和期望的方法. 若将 (X,Y) 的分布列写成矩形的形式(如下表)，求边缘分布可能更快些. 求 $P\{X=2\},P\{X+Y=2\}$ 一类概率时，要把符合 $\{X=2\},\{X+Y=2\}$ 的 (X,Y) 的值全找到，勿遗漏.

X \ Y	0	1	$p_{i.}$
0	0.10	0.15	0.25
1	0.25	0.20	0.45
2	0.15	0.15	0.30
$p_{.j}$	0.50	0.50	1

4-5　应填 $N(0,5)$.

179

解 由已知，$E(X)=-3$，$D(X)=1$，$E(Y)=2$，$D(Y)=1$，且 X 与 Y 独立，由正态分布的性质知 $Z\sim N(\mu,\sigma^2)$，其中

$$\mu=E(Z)=E(X-2Y+7)=E(X)-2E(Y)+7$$
$$=-3-2\times2+7=0,$$
$$\sigma^2=D(Z)=D(X-2Y+7)=D(X)+4D(Y)$$
$$=1+4\times1=5.$$

注 本题主要考查正态分布的性质和期望方差的计算性质．注意 $D(C)=0$，$D(CY)=C^2D(Y)$（C 为常数），切勿写成"$D(X-2Y+7)=D(X)-2D(Y)+7$"！

4-6 应选（B）．

解 因 $X\sim B(n,p)$，故

$$E(X)=np,\quad D(X)=np(1-p),$$

代入得 $np=2.4$，$np(1-p)=1.44$．解得 $n=6$，$p=0.4$．

注 本题主要考查二项分布的数学期望和方差．

4-7 解 X 可能取的值为 $0,1,2,3$．记 $A_i=\{$汽车在第 i 个路口遇到红灯$\}$（$i=1,2,3$），则 $P(A_1)=P(A_2)=P(A_3)=\dfrac{1}{2}$，且 A_1,A_2,A_3 相互独立．于是

$$P\{X=0\}=P(A_1)=\frac{1}{2},$$
$$P\{X=1\}=P(\overline{A_1}A_2)=P(\overline{A_1})P(A_2)=\frac{1}{2}\times\frac{1}{2}=\frac{1}{4},$$
$$P\{X=2\}=P(\overline{A_1}\,\overline{A_2}A_3)=P(\overline{A_1})P(\overline{A_2})P(A_3)$$
$$=\frac{1}{2}\times\frac{1}{2}\times\frac{1}{2}=\frac{1}{8},$$
$$P\{X=3\}=P(\overline{A_1}\,\overline{A_2}\,\overline{A_3})=P(\overline{A_1})P(\overline{A_2})P(\overline{A_3})$$
$$=\frac{1}{2}\times\frac{1}{2}\times\frac{1}{2}=\frac{1}{8}.$$

而

$$E\left(\frac{1}{X+1}\right)=\frac{1}{0+1}P\{X=0\}+\frac{1}{1+1}P\{X=1\}$$
$$+\frac{1}{2+1}P\{X=2\}+\frac{1}{3+1}P\{X=3\}$$
$$=\frac{1}{2}+\frac{1}{2}\times\frac{1}{4}+\frac{1}{3}\times\frac{1}{8}+\frac{1}{4}\times\frac{1}{8}=\frac{67}{96}.$$

注 本题主要考查分布列和随机变量函数的期望．其中 $\{X=3\}$ 表示$\{$三个路口都遇

绿灯}（将来迟早要遇红灯），不要漏掉.本题不是二项分布（问的不是"共遇几次绿灯"）.

4-8 **分析** 若题目只问数字特征，则可以考虑是否能越过求随机变量（离散型）的分布列.

本题解法及注释同题 4.5.

4-9 **解** (1) 由已知可知：A 与 B 独立，且 $P(A)+P(B)=1$. 而

$$\frac{7}{9}=P(A\bigcup B)=P(A)+P(B)-P(AB)$$

$$=P(A)+P(B)-P(A)P(B), \qquad (*)$$

而 X,Y 的概率密度均为

$$f(x)=\begin{cases} \dfrac{1}{2}, & 1\leqslant x\leqslant 3; \\ 0, & \text{其他}, \end{cases}$$

则 $P(A)=\int_{-\infty}^{a} f(x)\mathrm{d}x$. 若 $a<1$，则 $P(A)=0$，$P(B)=1$，与（*）矛盾；若 $a>3$，则 $P(A)=\int_{1}^{3}\dfrac{1}{2}\mathrm{d}x=1$，$P(B)=0$，也与（*）矛盾. 可见，必有 $1\leqslant a\leqslant 3$，因此

$$P(A)=\int_{1}^{a}\frac{1}{2}\mathrm{d}x=\frac{a-1}{2},$$

故 $P(B)=1-P(A)=\dfrac{3-a}{2}$. 代回（*）式，得

$$\frac{7}{9}=1-\frac{a-1}{2}\cdot\frac{3-a}{2},$$

化为：$a^2-4a+\dfrac{35}{9}=0$，解得 $a=\dfrac{5}{3}$ 及 $a=\dfrac{7}{3}$.

(2) $E\left(\dfrac{1}{X}\right)=\int_{-\infty}^{+\infty}\dfrac{1}{x}f(x)\mathrm{d}x=\int_{1}^{3}\dfrac{1}{x}\cdot\dfrac{1}{2}\mathrm{d}x$

$$=\frac{1}{2}\cdot\ln x\Big|_{1}^{3}=\frac{1}{2}\ln 3.$$

注 本题主要考查（连续型）随机变量的概率计算和函数的期望. 不要写"$P(A)=\int_{-\infty}^{a}\dfrac{1}{2}\mathrm{d}x$"，以及未说 $a\in[1,3]$ 时写"$\int_{1}^{a}\dfrac{1}{2}\mathrm{d}x$"一类写法，因为 $f(x)$ 并非 $\dfrac{1}{2}$（只在 $x\in[1,3]$ 时才是）.

4-10 **分析** 注意 T 为一离散型随机变量.

解 $E(T)=(-1)P\{X<10\}+20P\{10\leqslant X\leqslant 12\}-5P\{X>12\}$

$$=(-1)P\{X-\mu<10-\mu\}+20P\{10-\mu\leqslant X-\mu\leqslant 12-\mu\}$$

$$-5P\{X-\mu>12-\mu\}$$

$$= (-1)\Phi(10-\mu) + 20(\Phi(12-\mu) - \Phi(10-\mu))$$
$$\qquad - 5(1 - \Phi(12-\mu))$$
$$= 25\Phi(12-\mu) - 21\Phi(10-\mu) - 5,$$

故

$$(E(T))'_\mu = 25\varphi(12-\mu) \cdot (-1) - 21\varphi(10-\mu) \cdot (-1)$$
$$= 21 \cdot \frac{1}{\sqrt{2\pi}} e^{-\frac{(10-\mu)^2}{2}} - 25 \cdot \frac{1}{\sqrt{2\pi}} e^{-\frac{(12-\mu)^2}{2}},$$

其中 $\varphi(x) = \dfrac{1}{\sqrt{2\pi}} e^{-\frac{x^2}{2}}$ 为标准正态分布的概率密度. 令 $(E(T))'_\mu = 0$, 得

$$21 e^{-\frac{(10-\mu)^2}{2}} = 25 e^{-\frac{(12-\mu)^2}{2}}.$$

两边取对数, 得 $\mu_0 = 11 - \dfrac{1}{2}\ln\dfrac{25}{21}$. 可以验证,

$$(E(T))''_{\mu\mu}\Big|_{\mu=\mu_0} = -\frac{42}{\sqrt{2\pi}} e^{-\frac{(10-\mu_0)^2}{2}} < 0.$$

故 $E(T)$ 在 $\mu = \mu_0$ 处取得唯一极值且为极大值, 所以 $E(T)$ 在 μ_0 处取得最大值. 故答: 当 $\mu = 11 - \dfrac{1}{2}\ln\dfrac{25}{21}$ 时, 平均利润最大.

注 本题主要考查标准正态分布的概率计算和随机变量函数的期望. ① 本题 X 为连续型而 T 为离散型随机变量, 本题解法也许比用 $E(T) = \displaystyle\int_{-\infty}^{+\infty} T(x)f(x)\mathrm{d}x$ 要简单些 ($f(x)$ 为 X 的密度, $T(x)$ 为题目所给的那个利润函数 (自变量用小写)); ② 解中最后 $(E(T))'' < 0$ 即最值充分性的验证省写, 概率考试中一般不扣分 (也可从在 $\mu \to +\infty$, $\mu \to -\infty$ 时 $E(T)$ 均趋于负值看出); ③ 请注意, $\Phi(x)$ 非初等函数, $E(T)$ 无法求出具体的值.

4-11 应填 $\dfrac{1}{6}$.

解 $E(X) = \displaystyle\int_{-\infty}^{+\infty} xf(x)\mathrm{d}x = \int_{-1}^{0} x(1+x)\mathrm{d}x + \int_{0}^{1} x(1-x)\mathrm{d}x$

$$= \int_{-1}^{0} x\,\mathrm{d}x + \int_{-1}^{0} x^2\,\mathrm{d}x + \int_{0}^{1} x\,\mathrm{d}x - \int_{0}^{1} x^2\,\mathrm{d}x$$

$$= \frac{1}{2}x^2\Big|_{-1}^{0} + \frac{1}{3}x^3\Big|_{-1}^{0} + \frac{1}{2}x^2\Big|_{0}^{1} - \frac{1}{3}x^3\Big|_{0}^{1} = 0,$$

而

$$D(X) = E(X^2) - (E(X))^2 = E(X^2) = \int_{-\infty}^{+\infty} x^2 f(x)\mathrm{d}x$$

$$= \int_{-1}^{0} x^2(1+x)\mathrm{d}x + \int_{0}^{1} x^2(1-x)\mathrm{d}x$$

$$= \int_{-1}^{0} x^2 \, dx + \int_{-1}^{0} x^3 \, dx + \int_{0}^{1} x^2 \, dx - \int_{0}^{1} x^3 \, dx$$

$$= \frac{1}{3} x^3 \Big|_{-1}^{0} + \frac{1}{4} x^4 \Big|_{-1}^{0} + \frac{1}{3} x^3 \Big|_{0}^{1} - \frac{1}{4} x^4 \Big|_{0}^{1} = \frac{1}{6}.$$

注 本题考查(连续型)随机变量方差的计算.

4-12 **分析** 本题当然要建立"利润"与"发生故障的次数"之间的函数关系.

本题解法及注释同题 4.9.

4-13 应选(D).

解 $E((X-C)^2) = E([(X-\mu)+(\mu-C)]^2)$

$$= E((X-\mu)^2) + 2(\mu-C)E(X-\mu) + (\mu-C)^2$$

$$= E((X-\mu)^2) + (\mu-C)^2$$

$$\geqslant E((X-\mu)^2).$$

注 本题主要考查数学期望的计算性质. 解中插项的方法是一较常用手法(若加 $C \neq \mu$ 条件, 则 $E((X-C)^2) > E((X-\mu)^2)$.

4-14 **解** 由已知, Y 的概率密度为

$$f(y) = \begin{cases} e^{-y}, & y > 0; \\ 0, & y \leqslant 0, \end{cases}$$

而 (X_1, X_2) 可能取的值为 $(0,0),(0,1),(1,0),(1,1)$.

(1) $P\{X_1 = 0, X_2 = 0\} = P\{Y \leqslant 1, Y \leqslant 2\} = P\{Y \leqslant 1\}$

$$= \int_{0}^{1} e^{-y} dy = -e^{-y} \Big|_{0}^{1} = 1 - e^{-1},$$

$P\{X_1 = 0, X_2 = 1\} = P\{Y \leqslant 1, Y > 2\} = 0,$

$P\{X_1 = 1, X_2 = 0\} = P\{Y > 1, Y \leqslant 2\} = P\{1 < Y \leqslant 2\}$

$$= \int_{1}^{2} e^{-y} dy = -e^{-y} \Big|_{1}^{2} = e^{-1} - e^{-2},$$

$P\{X_1 = 1, X_2 = 1\} = P\{Y > 1, Y > 2\} = P\{Y > 2\}$

$$= \int_{2}^{+\infty} e^{-y} dy = -e^{-y} \Big|_{2}^{+\infty} = e^{-2}.$$

(2) $E(X_1 + X_2) = E(X_1) + E(X_2) = P\{Y > 1\} + P\{Y > 2\}$

$$= 1 - P\{Y \leqslant 1\} + P\{Y > 2\}$$

$$= 1 - (1 - e^{-1}) + e^{-2}$$

$$= e^{-1} + e^{-2}.$$

注 本题主要考查随机变量的分布、概率的计算和期望的性质. 其中(2)可以先求出关于 X_1, X_2 的边缘分布或 $X_1 + X_2$ 的分布, 再求期望.

4-15 **解** 设商店所获利润为 Y 元，进货量为 h（单位）。由题意，应有

$$Y = g(X) = \begin{cases} 500h + 300(X - h), & X \geqslant h; \\ 500X - 100(h - X), & X < h, \end{cases}$$

故

$$E(Y) = E\big(g(X)\big) = \int_{-\infty}^{+\infty} g(x)f(x)\mathrm{d}x = \frac{1}{20}\int_{10}^{30} g(x)\mathrm{d}x,$$

其中 $f(x)$ 为 X 的概率密度。由题意知，

$$f(x) = \begin{cases} \dfrac{1}{20}, & 10 \leqslant x \leqslant 30; \\ 0, & \text{其他}. \end{cases}$$

于是，

$$E(Y) = \frac{1}{20}\left[\int_{10}^{h} (500x - 100(h - x))\mathrm{d}x + \int_{h}^{30} (500h + 300(x - h))\mathrm{d}x\right]$$

$$= \frac{1}{20}\left[\int_{10}^{h} (600x - 100h)\mathrm{d}x + \int_{h}^{30} (300x + 200h)\mathrm{d}x\right]$$

$$= \frac{1}{20}\left(600 \cdot \frac{1}{2}x^2 \Big|_{10}^{h} - 100h \cdot x \Big|_{10}^{h} + 300 \cdot \frac{1}{2}x^2 \Big|_{h}^{30} + 200h \cdot x \Big|_{h}^{30}\right)$$

$$= -7.5h^2 + 350h + 5\,250.$$

由题意，有 $E(Y) \geqslant 9\,280$，得

$$(h - 26)\left(h - \frac{62}{3}\right) \leqslant 0,$$

故 $\dfrac{62}{3} \leqslant h \leqslant 26$。故由题意知应取 $h = 21$。

注 本题主要考查随机变量函数的期望。这是一有应用背景的题目，同学应能从题意看出 Y 与 X, h 的函数关系。本题 X 为随机变量（已知分布），h 为非随机变量（未知待求），而 Y 是随机变量，但不必去求 Y 的分布。

4-16 **解** 由题意知，$X_1 + X_2 + X_3 = 1$。

（1）(X_1, X_2) 可能取的值为 $(0,0), (0,1), (1,0), (1,1)$。故

$$P\{X_1 = 0, X_2 = 0\} = P\{X_3 = 1\} = \frac{10}{100} = \frac{1}{10},$$

$$P\{X_1 = 0, X_2 = 1\} = P\{X_2 = 1\} = \frac{10}{100} = \frac{1}{10},$$

$$P\{X_1 = 1, X_2 = 0\} = P\{X_1 = 1\} = \frac{80}{100} = \frac{8}{10},$$

$$P\{X_1 = 1, X_2 = 1\} = 0.$$

可得 (X_1, X_2) 的联合分布列（包括关于 X_1, X_2 的二边缘分布列）如下表：

X_1\\X_2	0	1	$p_i.$
0	0.1	0.1	0.2
1	0.8	0	0.8
$p._j$	0.9	0.1	1

(2) $E(X_1) = 0 \times 0.2 + 1 \times 0.8 = 0.8,$

$E(X_2) = 0 \times 0.9 + 1 \times 0.1 = 0.1,$

$E(X_1^2) = 0^2 \times 0.2 + 1^2 \times 0.8 = 0.8,$

$E(X_2^2) = 0^2 \times 0.9 + 1^2 \times 0.1 = 0.1,$

$E(X_1 X_2) = 0,$

$D(X_1) = E(X_1^2) - (E(X_1))^2 = 0.8 - 0.8^2 = 0.16,$

$D(X_2) = E(X_2^2) - (E(X_2))^2 = 0.1 - 0.1^2 = 0.09,$

故

$$\rho = \frac{E(X_1 X_2) - E(X_1)E(X_2)}{\sqrt{D(X_1)} \cdot \sqrt{D(X_2)}} = \frac{0 - 0.8 \times 0.1}{\sqrt{0.16} \cdot \sqrt{0.09}} = -\frac{2}{3}.$$

注 本题主要考查离散型(二维)随机变量的分布列和数字特征的计算. 由题意有 $\{X_2 = 1\} \subset \{X_1 = 0\}$, 故 $P\{X_1 = 0, X_2 = 1\} = P\{X_2 = 1\}$(其余类似). 表中写出两个边缘分布列是为了求 $E(X_1), D(X_2)$ 等方便.

4-17 应填1.

解 由已知, 得 $E(X) = D(X) = \lambda$, 而

$$E(X^2) = D(X) + (E(X))^2 = \lambda + \lambda^2,$$

因此

$$1 = E((X-1)(X-2)) = E(X^2 - 3X + 2)$$

$$= E(X^2) - 3E(X) + 2 = \lambda + \lambda^2 - 3\lambda + 2,$$

故 $\lambda^2 - 2\lambda + 1 = 0$, 解得 $\lambda = 1$.

注 本题主要考查泊松分布的期望、方差和数学期望的性质. 参阅本章题4.3的注. 其中 $E(X^2) = D(X) + (E(X))^2$ 是由 $D(X) = E(X^2) - (E(X))^2$ 得到.

4-18 选(C).

解 由 $D(X + Y) = D(X) + D(Y) + 2\text{Cov}(X, Y)$, 而 "$\text{Cov}(X, Y) = 0$" 为 "$X$ 与 Y 不相关" 的定义, 故选(C).

注 本题考查不相关的性质. 以下几种说法等价: ① X 与 Y 不相关; ② $E(XY) = E(X) \cdot E(Y)$; ③ $D(X+Y) = D(X) + D(Y)$; ④ $\text{Cov}(X, Y) = 0$; ⑤ 相关系数 $\rho = 0$(设 X, Y 的二阶矩存在). 另外, 若 X 与 Y 独立, 则 X 与 Y 不相关(反之不成立), 故本题的(B)

也是对的.

4-19 应填 $\dfrac{8}{9}$.

本题解法及注释同题 4.15.

4-20 **解** 不妨设有二维随机变量 (ξ_1,η_1) 和 (ξ_2,η_2)，其概率密度分别为 $\varphi_1(x,y)$ 和 $\varphi_2(x,y)$，则由题意知：

$$(\xi_1,\eta_1)\sim N\left(0,1;0,1;\frac{1}{3}\right),\quad (\xi_2,\eta_2)\sim N\left(0,1;0,1;-\frac{1}{3}\right).$$

由正态分布的性质知 $\xi_i\sim N(0,1)$，$\eta_i\sim N(0,1)$ $(i=1,2)$，$\rho_{\xi_1,\eta_1}=\dfrac{1}{3}$，

$\rho_{\xi_2,\eta_2}=-\dfrac{1}{3}$，$E(\xi_i)=E(\eta_i)=0$，$D(\xi_i)=D(\eta_i)=1$ $(i=1,2)$，故

$$\int_{-\infty}^{+\infty}\varphi_1(x,y)\mathrm{d}y=\int_{-\infty}^{+\infty}\varphi_2(x,y)\mathrm{d}y=\varphi(x),$$

$$\int_{-\infty}^{+\infty}\varphi_1(x,y)\mathrm{d}x=\int_{-\infty}^{+\infty}\varphi_2(x,y)\mathrm{d}x=\varphi(y),$$

其中 $\varphi(x)=\dfrac{1}{\sqrt{2\pi}}\mathrm{e}^{-\frac{x^2}{2}}$ $(-\infty<x<+\infty)$ 为标准正态分布的概率密度. 而

$$\frac{1}{3}=\rho_{\xi_1,\eta_1}=E(\xi_1\eta_1)=\iint_{\mathbf{R}^2}xy\varphi_1(x,y)\mathrm{d}x\mathrm{d}y,$$

$$-\frac{1}{3}=\rho_{\xi_2,\eta_2}=E(\xi_2\eta_2)=\iint_{\mathbf{R}^2}xy\varphi_2(x,y)\mathrm{d}x\mathrm{d}y.$$

(1) $f_1(x)=\displaystyle\int_{-\infty}^{+\infty}f(x,y)\mathrm{d}y=\frac{1}{2}\left(\int_{-\infty}^{+\infty}\varphi_1(x,y)\mathrm{d}y+\int_{-\infty}^{+\infty}\varphi_2(x,y)\mathrm{d}y\right)$

$\qquad\qquad =\dfrac{1}{2}\big(\varphi(x)+\varphi(x)\big)=\varphi(x)=\dfrac{1}{\sqrt{2\pi}}\mathrm{e}^{-\frac{x^2}{2}}\quad(x\in\mathbf{R})$；

$f_2(y)=\displaystyle\int_{-\infty}^{+\infty}f(x,y)\mathrm{d}x=\frac{1}{2}\left(\int_{-\infty}^{+\infty}\varphi_1(x,y)\mathrm{d}x+\int_{-\infty}^{+\infty}\varphi_2(x,y)\mathrm{d}x\right)$

$\qquad\qquad =\dfrac{1}{2}\big(\varphi(y)+\varphi(y)\big)=\varphi(y)=\dfrac{1}{\sqrt{2\pi}}\mathrm{e}^{-\frac{y^2}{2}}\quad(y\in\mathbf{R})$.

可见 $X\sim N(0,1)$，$Y\sim N(0,1)$，$E(X)=E(Y)=0$，$D(X)=D(Y)=1$.
故

$$\rho=\frac{E(XY)-E(X)\cdot E(Y)}{\sqrt{D(X)}\cdot\sqrt{D(Y)}}=E(XY)=\iint_{\mathbf{R}^2}xyf(x,y)\mathrm{d}x\mathrm{d}y$$

$$=\frac{1}{2}\left(\iint_{\mathbf{R}^2}xy\varphi_1(x,y)\mathrm{d}x\mathrm{d}y+\iint_{\mathbf{R}^2}xy\varphi_2(x,y)\mathrm{d}x\mathrm{d}y\right)$$

$$= \frac{1}{2}\left(\frac{1}{3} - \frac{1}{3}\right) = 0.$$

(2) $f_1(x) \cdot f_2(y) = \varphi(x)\varphi(y) = \frac{1}{2\pi}e^{-\frac{x^2+y^2}{2}}$ $((x,y) \in \mathbf{R}^2)$，而

$$f(x,y) = \frac{1}{2}\left[\frac{1}{2\pi\sqrt{1-\frac{1}{9}}}e^{-\frac{1}{2(1-\frac{1}{9})}\left(x^2-\frac{2}{3}xy+y^2\right)}\right.$$

$$\left. + \frac{1}{2\pi\sqrt{1-\frac{1}{9}}}e^{-\frac{1}{2(1-\frac{1}{9})}\left(x^2+\frac{2}{3}xy+y^2\right)}\right]$$

$$= \frac{3}{8\pi\sqrt{2}}\left(e^{-\frac{9}{16}\left(x^2-\frac{2}{3}xy+y^2\right)} + e^{-\frac{9}{16}\left(x^2+\frac{2}{3}xy+y^2\right)}\right) \quad ((x,y) \in \mathbf{R}^2),$$

可见 $f(x,y) \neq f_1(x), f_2(y)$，故 X 与 Y 不独立.

注 本题主要考查二维正态分布的性质和数字特征. 引入 (ξ_1, η_1) 等是为了把题目中的文字叙述用数学语言来描述，其实是一个"理解题意"的过程(不引入 (ξ_1, η_1) 等量也可，而本解法可能易于理解些). 解(2)时，要求学生记住二维正态分布的密度. 注意本题中 (X,Y) 不是服从正态分布的(尽管 X 和 Y 都服从正态分布)，不能用"正态分布时，独立与不相关等价"这个结论.

4-21 **分析** 考虑 X,Y 的不相关，要算 $E(X), E(Y)$ 和 $E(X,Y)$.
本题解法及注释同题 4.16.

4-22 应选(A).
本题解法及注释同题 4.17.

4-23 **分析** 对二维均匀分布而言，要算出区域面积，写出二维密度. 注意本题 X 与 Y 不独立，要算 $\mathrm{Cov}(X,Y)$.

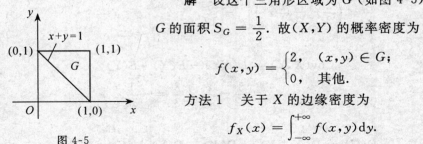

图 4-5

解 设这个三角形区域为 G (如图 4-5)，则 G 的面积 $S_G = \frac{1}{2}$. 故 (X,Y) 的概率密度为

$$f(x,y) = \begin{cases} 2, & (x,y) \in G; \\ 0, & 其他. \end{cases}$$

方法 1 关于 X 的边缘密度为

$$f_X(x) = \int_{-\infty}^{+\infty} f(x,y)\mathrm{d}y.$$

当 $x \leqslant 0$ 或 $x \geqslant 1$ 时，$f(x,y) \equiv 0$，所以 $f_X(x) = 0$；当 $0 < x < 1$ 时，$f_X(x) = \int_{1-x}^{1} 2\mathrm{d}y = 2x$. 故

$$f_X(x) = \begin{cases} 2x, & 0 < x < 1; \\ 0, & \text{其他}. \end{cases}$$

同理，关于 Y 的边缘密度

$$f_Y(y) = \int_{-\infty}^{+\infty} f(x,y)\,\mathrm{d}x.$$

当 $y \leqslant 0$ 或 $y \geqslant 1$ 时，$f(x,y) \equiv 0$，故 $f_Y(y) = 0$；当 $0 < y < 1$ 时，

$$f_Y(y) = \int_{1-y}^{1} 2\,\mathrm{d}x = 2y.$$

故

$$f_Y(y) = \begin{cases} 2y, & 0 < y < 1; \\ 0, & \text{其他}. \end{cases}$$

可见 X 与 Y 是同分布的，故 $E(X) = E(Y)$，$D(X) = D(Y)$. 而

$$E(X) = \int_{-\infty}^{+\infty} x f_X(x)\,\mathrm{d}x = \int_0^1 x \cdot 2x\,\mathrm{d}x = \frac{2}{3}x^3 \Big|_0^1 = \frac{2}{3},$$

$$E(X^2) = \int_{-\infty}^{+\infty} x^2 f_X(x)\,\mathrm{d}x = \int_0^1 x^2 \cdot 2x\,\mathrm{d}x = \frac{2}{4}x^4 \Big|_0^1 = \frac{1}{2},$$

于是

$$D(X) = E(X^2) - (E(X))^2 = \frac{1}{2} - \left(\frac{2}{3}\right)^2 = \frac{1}{18},$$

故 $E(Y) = \dfrac{2}{3}$，$D(Y) = \dfrac{1}{18}$. 又

$$E(XY) = \iint_{\mathbf{R}^2} xy f(x,y)\,\mathrm{d}x\mathrm{d}y = \iint_G xy \cdot 2\,\mathrm{d}x\mathrm{d}y = 2\int_0^1 x\,\mathrm{d}x \int_{1-x}^1 y\,\mathrm{d}y$$

$$= \int_0^1 x^2 \cdot \left(y^2 \Big|_{1-x}^1\right)\mathrm{d}x = \int_0^1 (2x^2 - x^3)\,\mathrm{d}x$$

$$= \left(\frac{2}{3}x^3 - \frac{1}{4}x^4\right)\Big|_0^1 = \frac{5}{12},$$

所以，

$$\mathrm{Cov}(X,Y) = E(XY) - E(X) \cdot E(Y)$$

$$= \frac{5}{12} - \frac{2}{3} \times \frac{2}{3} = -\frac{1}{36}.$$

故

$$D(U) = D(X+Y) = D(X) + D(Y) + 2\mathrm{Cov}(X,Y)$$

$$= \frac{1}{18} + \frac{1}{18} + 2 \times \left(-\frac{1}{36}\right) = \frac{1}{18}.$$

方法 2 将 X, X^2 等看成 (X,Y) 的函数（二元），得

$$E(X) = \iint_{\mathbf{R}^2} xf(x,y)\mathrm{d}\sigma = \iint_G x \cdot 2\mathrm{d}\sigma = 2\int_0^1 x\mathrm{d}x\int_{1-x}^1 \mathrm{d}y$$

$$= 2\int_0^1 x^2\,\mathrm{d}x = \frac{2}{3}x^3\Big|_0^1 = \frac{2}{3},$$

$$E(X^2) = \iint_{\mathbf{R}^2} x^2 f(x,y)\mathrm{d}\sigma = \iint_G x^2 \cdot 2\mathrm{d}\sigma = 2\int_0^1 x^2\,\mathrm{d}x\int_{1-x}^1 \mathrm{d}y$$

$$= 2\int_0^1 x^3\,\mathrm{d}x = \frac{2}{4}x^4\Big|_0^1 = \frac{1}{2},$$

故

$$D(X) = E(X^2) - (E(X))^2 = \frac{1}{2} - \left(\frac{2}{3}\right)^2 = \frac{1}{18}.$$

同理可得 $E(Y) = \frac{2}{3}$, $D(Y) = \frac{1}{18}$.

$$E(XY) = \iint_{\mathbf{R}^2} xyf(x,y)\mathrm{d}\sigma = \iint_G xy \cdot 2\mathrm{d}\sigma = 2\int_0^1 x\mathrm{d}x\int_{1-x}^1 \mathrm{d}y$$

$$= \int_0^1 x^2\left(y^2\Big|_{1-x}^1\right)\mathrm{d}x = \int_0^1 (2x^2 - x^3)\mathrm{d}x$$

$$= \left(\frac{2}{3}x^3 - \frac{1}{4}x^4\right)\Big|_0^1 = \frac{5}{12},$$

故

$$\mathrm{Cov}(X,Y) = E(XY) - E(X)\cdot E(Y) = \frac{5}{12} - \frac{2}{3}\times\frac{2}{3} = -\frac{1}{36},$$

$$D(U) = D(X+Y) = D(X) + D(Y) + 2\mathrm{Cov}(X,Y)$$

$$= \frac{1}{18} + \frac{1}{18} + 2\times\left(-\frac{1}{36}\right) = \frac{1}{18}.$$

注 本题主要考查二维连续型随机变量函数的方差计算. ① 此题还可以先求出 U 的概率分布(比本解法麻烦些). 而本题中的 X 与 Y 不独立(即相关),故不能写"$E(XY) = E(X)\cdot E(Y)$","$D(X+Y) = D(X) + D(Y)$"一类式子,求 U 分布时的卷积公式为 "$f_U(u) = \int_{-\infty}^{+\infty} f(x, u-x)\mathrm{d}x$",须格外小心. ② 中求 $f_X(x)$ 时,只能讨论 x,不能讨论 y. 因为 $f_X(x)$ 是一元函数,自变量是 x,与 y 无关! ③ 也勿写如"$E(X) = \int_{-\infty}^{+\infty} x\cdot 2x\mathrm{d}x$", "$E(XY) = \iint_{\mathbf{R}^2} xy \cdot 2\mathrm{d}x\mathrm{d}y$"一类式子,因为 $f_X(x), f(x,y)$ 等为分段函数,并非是 $2x$ 或 2.

4-24 应填 0.

解 由已知,可得

$$E(XY) = 0\times(-1)\times 0.07 + 0\times 0\times 0.18 + 0\times 1\times 0.15$$
$$+ 1\times(-1)\times 0.08 + 1\times 0\times 0.32 + 1\times 1\times 0.2$$
$$= 0.12,$$

且可得关于 X 和 Y 的边缘分布律分别为

X	0	1
P	0.4	0.6

Y	-1	0	1
P	0.15	0.5	0.35

所以

$$E(X) = 0\times 0.4 + 1\times 0.6 = 0.6,$$
$$E(Y) = (-1)\times 0.15 + 0\times 0.5 + 1\times 0.35 = 0.2,$$

得

$$\mathrm{Cov}(X,Y) = E(XY) - E(X)\cdot E(Y) = 0.12 - 0.6\times 0.2 = 0,$$
$$\rho = \frac{\mathrm{Cov}(X,Y)}{\sqrt{D(X)}\cdot\sqrt{D(Y)}} = 0.$$

注 本题主要考查二维离散型随机变量的相关系数. 本题中 $\mathrm{Cov}(X,Y)=0$, 故没有求 $D(X)$ 和 $D(Y)$, 直接得到 $\rho=0$. 本题给出了不相关但不独立的例子.

4-25 本题解法及注释同题 4.20.

4-26 应填 6.

解 由已知得 $D(X) = E(X^2) - (E(X))^2 = 2 - 0 = 2$, 同理 $D(Y) = 2$. 而

$$0.5 = \rho_{(X,Y)} = \frac{E(XY) - E(X)\cdot E(Y)}{\sqrt{D(X)}\cdot\sqrt{D(Y)}} = \frac{E(XY) - 0\times 0}{\sqrt{2}\cdot\sqrt{2}} = \frac{E(XY)}{2},$$

故 $E(XY) = 2\times 0.5 = 1$ (这里 $\rho_{(X,Y)}$ 为 X 和 Y 的相关系数). 故

$$E((X+Y)^2) = E(X^2 + 2XY + Y^2) = E(X^2) + 2E(XY) + E(Y^2)$$
$$= 2 + 2\times 1 + 2 = 6.$$

注 本题主要考查数学期望的性质及方差、相关系数的计算式. 求出 $D(X),D(Y)$ 后, 用

$$E((X+Y)^2) = D(X+Y) + (E(X+Y))^2 = D(X+Y)$$
$$= D(X) + D(Y) + 2\mathrm{Cov}(X,Y)$$
$$= D(X) + D(Y) + 2\rho_{(X,Y)}\sqrt{D(X)}\cdot\sqrt{D(Y)}$$
$$= 2 + 2 + 2\times 0.5\times\sqrt{2}\times\sqrt{2} = 6$$

做法也可, 但勿写成 "$D(X+Y) = D(X) + D(Y)$", 因为 X 和 Y 没有独立或不相关的条件.

4-27 解 (1) 显然,

$$A \text{ 与 } B \text{ 独立} \Leftrightarrow P(AB) = P(A)P(B) \Leftrightarrow \rho = 0,$$

故(1)获证(这里"⇔"表示"充分必要条件是"或"等价于").

(2) 引随机变量

$$X = \begin{cases} 1, & \text{若 } A \text{ 发生}; \\ 0, & \text{若 } \overline{A} \text{ 发生}, \end{cases} \qquad Y = \begin{cases} 1, & \text{若 } B \text{ 发生}; \\ 0, & \text{若 } \overline{B} \text{ 发生}, \end{cases}$$

则易见 X, Y, XY 的分布为

X	0	1
P	$P(\overline{A})$	$P(A)$

Y	0	1
P	$P(\overline{B})$	$P(B)$

XY	0	1
P	$1 - P(AB)$	$P(AB)$

故 $E(X) = P(A), E(Y) = P(B), E(XY) = P(AB)$,

$$E(X^2) = 0^2 \cdot P(\overline{A}) + 1^2 \cdot P(A) = P(A),$$
$$E(Y^2) = 0^2 \cdot P(\overline{B}) + 1^2 \cdot P(B) = P(B);$$
$$D(X) = E(X^2) - (E(X))^2 = P(A) - (P(A))^2$$
$$= P(A)P(\overline{A}),$$
$$D(Y) = E(Y^2) - (E(Y))^2 = P(B) - (P(B))^2$$
$$= P(B)P(\overline{B}).$$

因此 X, Y 的相关系数为

$$\rho_{(X,Y)} = \frac{E(XY) - E(X) \cdot E(Y)}{\sqrt{D(X)} \cdot \sqrt{D(Y)}} = \frac{P(AB) - P(A)P(B)}{\sqrt{P(A)P(\overline{A})} \cdot \sqrt{P(B)P(\overline{B})}}$$
$$= \rho.$$

由相关系数的性质知：$| \rho_{(X,Y)} | \leqslant 1$, 故 $| \rho | \leqslant 1$.

注 本题(1)考查事件间独立性的定义. 而解(2)时要理解题意："利用随机变量相关系数的性质", 这就要求我们引随机变量与 A, B 联系起来. 而引出 X 和 Y 后, 关于 X, Y, XY(甚至(X, Y))的分布可全用 $P(A), P(B), P(AB)$ 来描述, 后面就好办了. 注意 X 与 Y 没有"独立性", 因为 A, B 没有"独立性"的条件.

4-28 应填 $\dfrac{1}{e}$.

本题解法及注释同题 4.22.

4-29 应选(C).

解 由于

$$\mathrm{Cov}(X_1, Y) = \mathrm{Cov}\left(X_1, \frac{1}{n}\sum_{i=1}^{n} X_i\right) = \frac{1}{n}\sum_{i=1}^{n}\mathrm{Cov}(X_1, X_i)$$

$$= \frac{1}{n}\text{Cov}(X_1, X_1) = \frac{D(X_1)}{n} = \frac{\sigma^2}{n},$$

故应选(C).

注 协方差具有"线性运算"的性质,较易计算,而

$$D(X_1 + Y) = D(X_1) + D(Y) + 2\text{Cov}(X_1, Y) = \sigma^2 + \frac{\sigma^2}{n} + 2\frac{\sigma^2}{n} = \frac{n+3}{n}\sigma^2,$$

$$D(X_1 - Y) = \frac{n-1}{n}\sigma^2$$

(注意 X_1 与 Y 未必独立,因为 Y 中含 X_1,故(A),(B)均不可选).

4-30 本题解法及注释同题 4.23.

4-31 解 (Ⅰ) 方法1

$$D(Y_i) = D(X_i - \overline{X}) = D(X_i) + D(\overline{X}) - 2\text{Cov}(X_i, \overline{X})$$

$$= 1 + \frac{1}{n^2}\sum_{j=1}^{n} D(X_j) - 2\frac{1}{n}\sum_{j=1}^{n}\text{Cov}(X_i, X_j)$$

$$= 1 + \frac{1}{n} - \frac{2}{n}D(X_i) = 1 + \frac{1}{n} - \frac{2}{n}$$

$$= 1 - \frac{1}{n} \quad (i = 1, 2, \cdots, n).$$

方法2 $\quad D(Y_i) = D(X_i - \overline{X}) = D\left(X_i - \frac{1}{n}X_i - \frac{1}{n}\sum_{\substack{j=1 \\ j \neq i}}^{n} X_j\right)$

$$= D\left(\left(1 - \frac{1}{n}\right)X_i\right) + \frac{1}{n^2}\sum_{\substack{j=1 \\ j \neq i}}^{n} D(X_j)$$

$$= \left(1 - \frac{1}{n}\right)^2 + \frac{1}{n^2}(n-1)$$

$$= 1 - \frac{1}{n} \quad (i = 1, 2, \cdots, n).$$

(Ⅱ) $\text{Cov}(Y_1, Y_n) = \text{Cov}(X_1 - \overline{X}, X_n - \overline{X})$

$$= \text{Cov}(X_1, X_n) - \text{Cov}(X_1, \overline{X}) - \text{Cov}(\overline{X}, X_n) + D(\overline{X})$$

$$= 0 - \frac{1}{n}\sum_{j=1}^{n}\text{Cov}(X_1, X_j) - \frac{1}{n}\sum_{j=1}^{n}(X_j, X_n) + \frac{1}{n^2}\sum_{j=1}^{n} D(X_j)$$

$$= -\frac{1}{n}D(X_1) - \frac{1}{n}D(X_n) + \frac{n}{n^2}$$

$$= -\frac{1}{n} - \frac{1}{n} + \frac{1}{n} = -\frac{1}{n}.$$

(Ⅲ) 因

$$E(Y_1) = E\left(X_1 - \frac{1}{n}\sum_{i=1}^{n}X_i\right) = E(X_1) - \frac{1}{n}\sum_{i=1}^{n}E(X_i) = 0,$$

同理 $E(Y_n) = 0$，所以 $E(Y_1 + Y_n) = 0$. 而 $Y_1 + Y_n$ 是 $X_1, X_2, \cdots, X_n$ 的线性

组合 $\left(Y_1 + Y_n = X_1 - \overline{X} + X_n - \overline{X} = \left(1 - \frac{2}{n}\right)X_1 - \frac{2}{n}\sum_{i=2}^{n-1}X_i + \left(1 - \frac{2}{n}\right)X_n\right)$,

而 $X_1, X_2, \cdots, X_n$ 为相互独立的均服从正态分布的随机变量，可见 $Y_1 + Y_n \sim$

$N(0, \sigma^2)$，其中 $\sigma^2 = D(Y_1 + Y_n)$. 故

$$P\{Y_1 + Y_n \leqslant 0\} = P\left\{\frac{Y_1 + Y_n - 0}{\sigma} \leqslant 0\right\} = \Phi(0) = \frac{1}{2}$$

（其中 $\Phi(x)$ 为服从标准正态分布的随机变量的分布函数）.

注 本题（Ⅰ），（Ⅱ）主要考查方差、协方差的计算. 注意 X_i 与 $\overline{X}$、X_1 与 $\overline{X}$、Y_1 与 Y_n 等均没有"独立"或"不相关"的结论，切勿"$D(X_i - \overline{X}) = D(X_i) + D(\overline{X})$". （Ⅰ）中方法1 及（Ⅱ）的解法用了协方差的线性运算性质，较为简洁. 解（Ⅱ）时用协方差的定义式或计算式做:

$$\mathrm{Cov}(Y_1, Y_n) = E((Y_1 - E(Y_1))(Y_n - E(Y_n))) = E(Y_1 Y_n) = E((X_1 - \overline{X})(X_n - \overline{X}))$$
$$= E(X_1 X_n) - E(X_1 \overline{X}) - E(\overline{X}X_n) + E(\overline{X}^2),$$

而 $E(X_1 X_n) = E(X_1) \cdot E(X_n) = 0$,

$$E(X_1 \overline{X}) = E\left(\frac{1}{n}X_1^2 + \frac{1}{n}\sum_{j=2}^{n}X_1 X_j\right) = \frac{1}{n}E(X_1^2) + \frac{1}{n}\sum_{j=2}^{n}E(X_1 X_j)$$
$$= \frac{1}{n}[D(X_1) + (E(X_1))^2] + \frac{1}{n}\sum_{j=2}^{n}E(X_1) \cdot E(X_j) = \frac{1}{n},$$

同理 $E(\overline{X}X_n) = \frac{1}{n}$，而

$$D(\overline{X}) = D\left(\frac{1}{n}\sum_{i=1}^{n}X_i\right) = \frac{1}{n^2}\sum_{i=1}^{n}D(X_i) = \frac{1}{n}, \quad E(\overline{X}) = \frac{1}{n}\sum_{i=1}^{n}E(X_i) = 0,$$

故 $E(\overline{X}^2) = D(\overline{X}) + (E(\overline{X}))^2 = \frac{1}{n}$，代回得 $\mathrm{Cov}(Y_1, Y_n) = -\frac{1}{n}$，似不如正文解法简洁.

（Ⅲ） 主要考查正态分布的性质和概率计算. "多维的服从正态分布的随机变量的各 分量的线性组合仍服从正态分布"，这是一常见、重要的结论. 解中 σ^2 恰好可以不用求

（$\Phi(0) = \frac{1}{2}$ 须记住）. 如果一定想求，则

$$\sigma^2 = D(Y_1 + Y_n) = D(Y_1) + D(Y_n) + 2\mathrm{Cov}(Y_1, Y_n)$$
$$= \left(1 - \frac{1}{n}\right) + \left(1 - \frac{1}{n}\right) + 2\left(-\frac{1}{n}\right) = 2 - \frac{4}{n},$$

也不难.

4-32 本题解法及注释同问题 4.24.

第 五 章
大数定律与中心极限定理

一、考纲要求

　　1. 了解切比雪夫不等式.
　　2. 了解切比雪夫大数定律、伯努利大数定律(独立同分布随机变量的大数定律)成立的条件及结论.
　　3. 了解独立同分布的中心极限定理和棣莫弗 - 拉普拉斯定理(二项分布以正态分布为极限分布)的应用条件和结论,并会用相关定理近似计算有关随机事件的概率.

二、考试重点

　　1. 切比雪夫不等式,切比雪夫大数定律.
　　2. 伯努利大数定律,辛钦大数定律.
　　3. 独立同分布的中心极限定理,棣莫弗 - 拉普拉斯定理.

三、历年试题分类统计与考点分析

数 学 三

年份 分值 考点	切比雪夫不等式,大数定律	中心极限定理	合计
1987			
1988		6	6
1989	3		3
1990 ~ 1995			

分值 考点 年份	切比雪夫不等式,大数定律	中心极限定理	合计
1996		6	6
1997～1998			
1999		3	3
2000			
2001	3	8	11
2002～2008			
合计	6	23	

数 学 四

分值 考点 年份	切比雪夫不等式,大数定律	中心极限定理	合计
1987～2000			
2001	3	8	11
2002		3	3
2003～2004			
2005		4	4
2006～2008			
合计	3	15	

本章的重点有：切比雪夫不等式，独立同分布情形下的中心极限定理（包括棣莫弗－拉普拉斯定理）.

常见题型有：用切比雪夫不等式估计概率，用中心极限定理近似计算概率或证明分布.

四、知识概要

1. 切比雪夫不等式

设随机变量 X 的期望 $E(X)$ 和方差 $D(X)$ 都存在，则对任意的正数 ε，有

$$P\{|X-E(X)| \geqslant \varepsilon\} \leqslant \frac{D(X)}{\varepsilon^2},$$

或 $P\{|X-E(X)| < \varepsilon\} \geqslant 1 - \frac{D(X)}{\varepsilon^2}.$

切比雪夫是 19 世纪最杰出的俄国数学家之一，其主要成就在概率论、数论和函数逼近论方面.

切比雪夫不等式表明，不论随机变量 X 的分布如何，只要 $E(X)$ 和 $D(X)$ 存在，则对任意正数 ε，X 的取值偏离其均值 $E(X)$ 大于 ε 的概率以 $\dfrac{D(X)}{\varepsilon^2}$ 为上界，利用它可以估计分布未知而期望方差已知的随机变量的概率.

2. 大数定律

切比雪夫大数定律　设随机变量序列 $\xi_1, \xi_2, \cdots$ 独立，且 $E(\xi_i) = a_i$，$D(\xi_i) = \sigma_i^2 < c$ $(c > 0, i = 1, 2, \cdots)$，则对于任意 $\varepsilon > 0$，有

$$\lim_{n \to \infty} P\left\{ \left| \frac{1}{n} \sum_{i=1}^{n} \xi_i - \frac{1}{n} \sum_{i=1}^{n} a_i \right| \geqslant \varepsilon \right\} = 0.$$

伯努利大数定律　在 n 重伯努利试验中，事件 A $(P(A) = p, 0 < p < 1)$ 出现的频率为 $\dfrac{\xi}{n}$，则对于任意 $\varepsilon > 0$，总有

$$\lim_{n \to \infty} P\left\{ \left| \frac{\xi}{n} - p \right| \geqslant \varepsilon \right\} = 0.$$

辛钦大数定律　设随机变量 $\xi_1, \xi_2, \cdots$ 独立同分布，期望、方差都存在，$E(\xi_i) = a$ $(i = 1, 2, \cdots)$，则对于任意 $\varepsilon > 0$，总有

$$\lim_{n \to \infty} P\left\{ \left| \frac{1}{n} \sum_{k=1}^{n} \xi_k - a \right| \geqslant \varepsilon \right\} = 0.$$

3. 中心极限定理

列维－林德伯格定理（独立同分布的中心极限定理）　设 $\xi_1, \xi_2, \cdots, \xi_n, \cdots$ 为独立同分布的随机变量序列，具有期望 $E(\xi_i) = a$ 与方差 $D(\xi_i) = \sigma^2$ $(i = 1, 2, \cdots)$，则对于任意实数 x 有

$$\lim_{n \to \infty} P\left\{ \frac{\sum\limits_{i=1}^{n} \xi_i - na}{\sqrt{n}\sigma} \leqslant x \right\} = \int_{-\infty}^{x} \frac{1}{\sqrt{2\pi}} e^{-\frac{t^2}{2}} \, dt = \Phi(x).$$

也就是说，在定理条件成立时，当 n 充分大时，随机变量

$$\frac{\sum\limits_{i=1}^{n} \xi_i - na}{\sqrt{n}\sigma}$$

近似服从标准正态分布.

棣莫弗－拉普拉斯定理(二项分布以正态分布为极限分布) 设 ξ 是 n 重伯努利试验中事件 A 出现的次数，$P(A) = p\ (0 < p < 1)$，因此 $\xi \sim B(n,p)$，则对于任意实数 k，总有

$$\lim_{n \to \infty} P\left\{ \frac{\xi - np}{\sqrt{npq}} \leqslant k \right\} = \int_{-\infty}^{x} \frac{1}{\sqrt{2\pi}} e^{-\frac{x^2}{2}} \, \mathrm{d}x, \quad q = 1 - p,$$

即当 n 充分大时，随机变量 $\dfrac{\xi - np}{\sqrt{npq}}$ 近似服从标准正态分布.

4. 泊松定理

在 n 重伯努利试验中，成功(事件 A 发生)的次数 ξ 服从二项分布：

$$\xi \sim B(n, p_n), \quad P(A) = p_n \quad (0 < p_n < 1).$$

如果 $\lim\limits_{n \to \infty} np_n = \lambda\ (\lambda > 0)$，则对于任意非负整数 m，均有

$$\lim_{n \to \infty} P\{\xi = m\} = \lim_{n \to \infty} C_n^m p_n^m (1 - p_n)^{n-m} = \frac{\lambda^m}{m!} e^{-\lambda}.$$

事实上，泊松定理正是前面提到的二项分布的泊松近似的理论依据.

五、考研题型的应试方法与技巧

题型 1 切比雪夫不等式

用切比雪夫不等式估计事件的概率，应注意两点：一是要求由随机变量 X 与 $E(X)$ 之差构成的不等式，能写为绝对值形式，比如已知 $E(X) = 50$，则

$$\{-20 < X - 50 < 20\} = \{|X - E(X)| < 20\}.$$

若已知 $D(X)$，便可利用切比雪夫不等式估计相应概率之值(尽管不精确)；倘若为 $\{-19 < X - 50 < 20\}$，便不能直接应用切比雪夫不等式去估计其相应概率之值. 二是要求随机变量与其数学期望和方差一致，如对二维形式 $\{(X + Y) - E(X + Y) < \varepsilon\}$ 亦可. 另外，若仿照证明切比雪夫不等式的模式，求证相关问题，(对连续问题)主要步骤仍是扩大积分区域与被积函数.

例 1 设在独立重复试验中，每次试验中事件 A 发生的概率为 $\dfrac{1}{4}$，问是否可用 0.925 的概率确信在 1 000 次试验中 A 发生的次数在 200 ～ 300 之间.

解 设 $X = \{1\,000$ 次试验中事件 A 发生的次数$\}$，则 $X \sim B\left(1\,000, \dfrac{1}{4}\right)$. 于是，知

$$E(X) = 1\,000 \times \frac{1}{4} = 250,$$

$$D(X) = 1\,000 \times \frac{1}{4} \times \frac{3}{4} = \frac{375}{2} = 187.5.$$

而由切比雪夫不等式，可得

$$
\begin{aligned}
P\{200 < X < 300\} &= P\{-50 < X - 250 < 50\} \\
&= P\{|X - E(X)| < 50\} \\
&\geqslant 1 - \frac{D(X)}{50^2} = 1 - \frac{187.5}{2} \\
&= 0.925.
\end{aligned}
$$

因此，可以有 0.925 的概率确信在 $1\,000$ 次试验中 A 发生的次数在 $200 \sim 300$ 之间.

例 2 设 $E(X) = \mu$, $D(X) = \sigma^2$, 证明对任意 $\varepsilon > 0$, 恒有

$$P\{|X - \mu| > \varepsilon\} \leqslant \frac{\sigma^2}{\sigma^2 + \varepsilon^2}.$$

解 构造函数 $f(x) = \left(x - \mu + \dfrac{\sigma^2}{\varepsilon}\right)^2$. 因 $x - \mu > \varepsilon$, 即 $x > \mu + \varepsilon$, 故

$$f(x) = \left[x - \left(\mu - \frac{\sigma^2}{\varepsilon}\right)\right]^2 \geqslant \left(\varepsilon + \frac{\sigma^2}{\varepsilon}\right)^2,$$

$$
P\{|X - \mu| > \varepsilon\} = \int_{|x-\mu|>\varepsilon} \mathrm{d}F_X(x) \leqslant \int_{|x-\mu|>\varepsilon} \frac{\left(x - \mu + \dfrac{\sigma^2}{\varepsilon}\right)^2}{\left(\varepsilon + \dfrac{\sigma^2}{\varepsilon}\right)^2} \mathrm{d}F_X(x)
$$

$$
\leqslant \frac{1}{\left(\varepsilon + \dfrac{\sigma^2}{\varepsilon}\right)^2} \int_{-\infty}^{+\infty} \left(x - \mu + \frac{\sigma^2}{\varepsilon}\right)^2 \mathrm{d}F_X(x)
$$

$$
= \frac{\varepsilon^2}{(\varepsilon^2 + \sigma^2)^2} \left(\sigma^2 + \frac{\sigma^4}{\varepsilon^2}\right) = \frac{\sigma^2}{\varepsilon^2 + \sigma^2}.
$$

题型 2 大数定律

检验一随机变量序列 $\{X_n\}$ 是否满足某大数定律，应注意各大数定律的不同条件. 切比雪夫大数定律、伯努利大数定律及辛钦大数定律皆要求 X_1, $X_2, \cdots, X_n, \cdots$ 相互独立，数学期望 $E(X_n)$ 存在. 所不同的是，切比雪夫大数定律不要求 $X_1, X_2, \cdots, X_n, \cdots$ 服从同分布，但要求其方差一致有界（$D(X_n)$ $< C$）；伯努利大数定律不仅要求其序列同分布，且要求服从同参数的 0-1 分布；而辛钦大数定律要求同分布，但不要求 X_i 的方差存在，而要证明随机变量序列满足大数定律，一般只要证明对任意 $\varepsilon > 0$，都有

$$\lim_{n \to \infty} P\left\{\left|\frac{1}{n}\sum_{i=1}^{n} X_i - \frac{1}{n}\sum_{i=1}^{n} E(X_i)\right| \geqslant \varepsilon\right\} = 0.$$

例3 设 $X_1, X_2, \cdots, X_n, \cdots$ 独立，且 $X_i (i = 1, 2, \cdots)$，p 如下表所示：

X_i	-2^i	0	2^i
p	$2^{-(2i+1)}$	$1 - 2^{-2i}$	$2^{-(2i+1)}$

证明：$\{X_n\}$ 服从大数定律.

证 因 $X_1, X_2, \cdots, X_n, \cdots$ 相互独立，故

$$E(X_i) = (-2^i) \cdot 2^{-(2i+1)} + 2^i \cdot 2^{-(2i+1)} = 0.$$

而

$$D(X_i) = E(X_i^2) - (E(X_i))^2 = E(X_i^2) - 0 = E(X_i^2)$$
$$= (-2^i)^2 \cdot 2^{-(2i+1)} + (2^i)^2 \cdot 2^{-(2i+1)} = 1,$$

故 $D(X_i) < 2 \ (i = 1, 2, \cdots)$，即方差一致有界. 故序列 $\{X_i\}$ 服从（切比雪夫）大数定律.

例4 设 $X_1, X_2, \cdots, X_n, \cdots$ 为相互独立的随机变量序列，且有

$$P\{X_i = \sqrt{\ln i}\} = P\{X_i = -\sqrt{\ln i}\} = \frac{1}{2}, \quad i = 1, 2, \cdots, n, \cdots.$$

证明该随机变量序列满足大数定律.

解 记 $\overline{X} = \dfrac{1}{n} \sum_{i=1}^{n} X_i$，因

$$E(X_i) = \sqrt{\ln i} \cdot \frac{1}{2} + (-\sqrt{\ln i}) \cdot \frac{1}{2} = 0,$$

$$D(X_i) = E(X_i^2) - E^2(X_i)$$
$$= (\sqrt{\ln i})^2 \cdot \frac{1}{2} + (-\sqrt{\ln i})^2 \cdot \frac{1}{2} - 0 = \ln i,$$

故 $E(\overline{X}) = \dfrac{1}{n} \sum_{i=1}^{n} E(X_i) = 0$，

$$D(\overline{X}) = \frac{1}{n^2} \sum_{i=1}^{n} D(X_i) = \frac{1}{n^2} \sum_{i=1}^{n} \ln i < \frac{1}{n^2} \cdot n \ln n < \frac{1}{n} \ln n.$$

由切比雪夫不等式，对任意 $\varepsilon > 0$，有

$$P\{|\overline{X} - E(\overline{X})| \geqslant \varepsilon\} \leqslant \frac{D(\overline{X})}{\varepsilon^2} \leqslant \frac{\ln n}{\varepsilon^2 n}.$$

从而 $\lim\limits_{n \to \infty} P\{|\overline{X} - E(\overline{X})| \geqslant \varepsilon\} = 0$. 因此 $\{X_n\}_{n \geqslant 1}$ 服从大数定律.

题型3 中心极限定理

中心极限定理中，李雅普诺夫定理、列维－林德伯格（Levy-Lindberg）同

分布中心极限定理与棣莫弗－拉普拉斯积分极限定理三者间相互关联．主要要求掌握同分布中心极限定理(含拉普拉斯积分极限定理)，另应了解拉普拉斯局部积分极限定理．计算时，应注意使用近似符号(n 为有限数时)．

例5 设在 n 次伯努利试验中，每次试验事件 A 出现的概率均为 0.70，要使事件 A 出现的频率在 0.68 到 0.72 之间的概率不小于 0.90，问至少要进行多少次试验？

(1) 用切比雪夫不等式估计．

(2) 用中心极限定理计算．

解 设 μ_n 表示 n 次试验中事件 A 出现的次数，显然 $\mu_n \sim B(n,p)$，且 $p = 0.70$．

$$E(\mu_n) = np = 0.70n, \quad D(\mu_n) = np(1-p) = 0.21n;$$

而相应频率为 $\dfrac{\mu_n}{n}$．

(1) 用切比雪夫不等式估计：

$$P\left\{0.68 < \frac{\mu_n}{n} < 0.72\right\}$$

$$= P\{0.68n < \mu_n < 0.72n\}$$

$$= P\{0.68n - 0.70n < \mu_n - 0.70n < 0.72n - 0.70n\}$$

$$= P\{|\mu_n - 0.70n| < 0.02n\}$$

$$\geq 1 - \frac{0.21n}{(0.02n)^2} = 1 - \frac{525}{n}.$$

欲使 $P\left\{0.68 < \dfrac{\mu_n}{n} < 0.72\right\} \geq 0.90$，只要 $1 - \dfrac{525}{n} \geq 0.90$，解不等式.

得 $n \geq 5\,250$，即至少要进行 $5\,250$ 次试验才能满足题中要求．

(2) 用中心极限定理计算：

$$P\left\{0.68 < \frac{\mu_n}{n} < 0.72\right\}$$

$$= P\{0.68n < \mu_n < 0.72n\}$$

$$= P\left\{\frac{0.68n - 0.70n}{\sqrt{0.21n}} < \frac{\mu_n - 0.70n}{\sqrt{0.21n}} < \frac{0.72n - 0.70n}{\sqrt{0.21n}}\right\}$$

$$= P\{-0.043\,6\sqrt{n} < \mu_n^* < 0.043\,6\sqrt{n}\} \quad (\mu_n^* \overset{近似}{\sim} N(0,1))$$

$$\approx \Phi(0.043\,6\sqrt{n}) - \Phi(-0.043\,6\sqrt{n})$$

$$= 2\Phi(0.043\,6\sqrt{n}) - 1.$$

要使 $P\left\{0.68 < \dfrac{\mu_n}{n} < 0.72\right\} \geq 0.90$，只要 $2\Phi(0.043\,6\sqrt{n}) - 1 \geq 0.90$，

即 $\Phi(0.043\,6\sqrt{n}) \geqslant 0.95$. 反查表，有 $0.043\,6\sqrt{n} \geqslant 1.645$，故 $n \geqslant 1\,423.5$，即至少要做 $1\,424$ 次试验才能达到其要求.

例 6 以往春季商品交易会上，某企业所接待的客户实际下订单者占 30%，假设今年下订单的比率不变，试利用中心极限定理求在所接待的 90 个客户中，有 $15 \sim 30$ 个客户不下订单的概率 Q 的近似值.

解 以 X 表示所接待的客户中下订单的客户数. 可以认为 X 服从参数 $n = 90$ 和 $p = 0.30$ 的二项分布，故
$$E(X) = np = 27, \quad D(X) = np(1-p) = 18.9.$$
因为 $n = 90$ 充分大，则根据棣莫弗 - 拉普拉斯定理，有
$$Q = P\{15 \leqslant X \leqslant 30\} \approx \Phi\left(\frac{30-27}{\sqrt{18.9}}\right) - \Phi\left(\frac{15-27}{\sqrt{18.9}}\right)$$
$$= \Phi(0.69) - \Phi(-2.76) = 0.754\,9 - (1 - 0.997\,1)$$
$$= 0.752\,0.$$

例 7 设产品的废品率为 0.01，从中任取 500 件，求其中正好有 5 件废品的概率.

解 设 500 件产品中废品数为 X，据题意 $X \sim B(500, 0.01)$. 下面用三种方法计算：

(1) 用二项分布直接计算，
$$P\{X = 5\} = C_{500}^{5} \times 0.01^5 \times 0.99^{495} \approx 0.176\,4;$$

(2) 用泊松分布近似，这里 $n = 500$ 很大，$np = 5$ 不大. 记 $\lambda = 5$，
$$P\{X = 5\} \approx \frac{\lambda^5 e^{-\lambda}}{5!} = \frac{5^5 e^{-5}}{5!} \approx 0.175\,5;$$

(3) 用中心极限定理，这里 $E(X) = np = 5$，$D(X) = np(1-p) = 4.95$，
$$P\{X = 5\} \approx \frac{1}{\sqrt{2\pi \times 4.95}} e^{-\frac{(5-5)^2}{2 \times 4.95}} \approx 0.179\,3.$$

六、历年考研真题

数 学 三

5.1（1988 年，6 分） 某保险公司经多年资料统计表明，在索赔户中被盗索赔户占 20%，以 X 表示在随机抽查的 100 个索赔户中因被盗向保险公司索赔的户数.

(1) 写出 X 的概率分布.

(2) 利用棣莫弗 - 拉普拉斯定理,求被盗的索赔户数不少于14户且不多于 30 户的概率的近似值.

[附表]$\Phi(x)$ 是标准正态分布函数.

x	0	0.5	1.0	1.5	2.0	2.5	3.0
$\Phi(x)$	0.500	0.692	0.841	0.933	0.977	0.994	0.999

5.2(1989 年,3 分) 设 X 为随机变量且 $E(X) = \mu$,$D(X) = \sigma^2$,则由切比雪夫不等式,有 $P\{|X - \mu| \geqslant 3\sigma\} \leqslant$ _____.

5.3(1996 年,6 分) 设 $X_1, X_2, \cdots, X_n$ 是来自总体 X 的简单随机样本. 已知 $E(X^k) = \alpha_k\ (k = 1,2,3,4)$,证明当 n 充分大时,随机变量 $Z_n = \dfrac{1}{n}\sum_{i=1}^{n} X_i^2$ 近似服从正态分布,并指出其分布参数.

5.4(1999 年,3 分) 在天平上重复称量一重为 a 的物品. 假设各次称量结果相互独立且同服从正态分布 $N(a, 0.2^2)$. 若以 $\overline{X}_n$ 表示 n 次称量结果的算术平均值,则为使 $P\{|\overline{X}_n - a| < 0.1\} \geqslant 0.95$,$n$ 的最小值应不小于自然数 _____.

5.5(2001 年,3 分) 设随机变量 X 和 Y 的数学期望分别为 -2 和 2,方差分别为 1 和 4,而相关系数为 -0.5,则根据切比雪夫不等式有 $P\{|X + Y| \geqslant 6\} \leqslant$ _____.

5.6(2001 年,8 分) 一生产线生产的产品成箱包装,每箱的重量是随机的. 假设每箱平均重 50 千克,标准差为 5 千克. 若用最大载重量为 5 吨的汽车承运,试利用中心极限定理说明每辆车最多可以装多少箱,才能保障不超载的概率大于 0.977($\Phi(2) = 0.977$,其中 $\Phi(x)$ 是标准正态分布函数).

数 学 四

5-1(1987 年,2 分) 设随机变量 X 和 Y 的数学期望都是 2,方差分别为 1 和 4,而相关系数为 0.5,则根据切比雪夫不等式有 $P\{|X - Y| \geqslant 6\} \leqslant$ _____.

5-2(2001 年,8 分) 一生产线生产的产品成箱包装,每箱的重量是随机的. 假设每箱平均重 50 千克,标准差为 5 千克. 若用最大载重量为 5 吨的汽车承运,试利用中心极限定理说明每辆车最多可以装多少箱,才能保障不超载的概率大于 0.977($\Phi(2) = 0.977$,其中 $\Phi(x)$ 是标准正态分布函数).

5-3(2002 年,3 分) 设随机变量 $X_1, X_2, \cdots, X_n$ 相互独立,$S_n = X_1 + X_2 + \cdots + X_n$,则根据列维 - 林德伯格(Levy-Lindberg)中心极限定理,当 n

充分大时，S_n 近似服从正态分布，只要 $X_1, X_2, \cdots, X_n$（　　）.

(A) 有相同的数学期望　　　　(B) 有相同的方差

(C) 服从同一指数分布　　　　(D) 服从同一离散型分布

5-4（2005 年，4 分）　设 $X_1, X_2, \cdots, X_n$ 为独立同分布的随机变量列，且均服从参数为 $\lambda\,(\lambda > 1)$ 的指数分布，记 $\Phi(x)$ 为标准正态分布函数，则（　　）.

(A) $\displaystyle \lim_{n \to \infty} P\left\{ \frac{\sum\limits_{i=1}^{n} X_i - n\lambda}{\lambda \sqrt{n}} \leqslant x \right\} = \Phi(x)$

(B) $\displaystyle \lim_{n \to \infty} P\left\{ \frac{\sum\limits_{i=1}^{n} X_i - n\lambda}{\sqrt{n\lambda}} \leqslant x \right\} = \Phi(x)$

(C) $\displaystyle \lim_{n \to \infty} P\left\{ \lambda\, \frac{\sum\limits_{i=1}^{n} X_i - n}{\sqrt{n}} \leqslant x \right\} = \Phi(x)$

(C) $\displaystyle \lim_{n \to \infty} P\left\{ \frac{\sum\limits_{i=1}^{n} X_i - \lambda}{\lambda \sqrt{n\lambda}} \leqslant x \right\} = \Phi(x)$

七、历年考研真题详解

数 学 三

5.1　解　(1) 由题意，$X \sim B(100, 0.2)$，即
$$P\{X = k\} = C_{100}^{k} \cdot 0.2^{k} \times 0.8^{100-k} \quad (k = 0, 1, 2, \cdots, 100).$$

(2) 因 $E(X) = 100 \times 0.2 = 20$，$D(X) = 100 \times 0.2 \times 0.8 = 16$，由中心极限定理知，

$$\frac{X - 20}{\sqrt{16}} \overset{近似}{\sim} N(0, 1) \quad (100\ 已充分大).$$

故所求概率为

$$P\{14 \leqslant X \leqslant 30\} = P\left\{ \frac{14 - 20}{\sqrt{16}} \leqslant \frac{X - 20}{\sqrt{16}} \leqslant \frac{30 - 20}{\sqrt{16}} \right\}$$

$$\approx \Phi\left(\frac{30 - 20}{\sqrt{16}} \right) - \Phi\left(\frac{14 - 20}{\sqrt{16}} \right) = \Phi(2.5) - \Phi(-1.5)$$

$$= \Phi(2.5) - 1 + \Phi(1.5) = 0.994 - 1 + 0.993$$

$$= 0.927.$$

注 本题考查二项分布及中心极限定理的应用. 写分布列时勿忘后面的"$k = 0,1,$ $2,\cdots,100$".

5.2 应填 $\dfrac{1}{9}$.

解 由题意及切比雪夫不等式，得

$$P\{|X - \mu| \geqslant 3\sigma\} \leqslant \frac{D(X)}{(3\sigma)^2} = \frac{\sigma^2}{9\sigma^2} = \frac{1}{9}.$$

注 本题考查切比雪夫不等式.

5.3 **证** 依题意可知，

$$E(Z_n) = E\left(\frac{1}{n}\sum_{i=1}^{n} X_i^2\right) = \frac{1}{n}\sum_{i=1}^{n} E(X_i^2) = \alpha_2,$$

$$D(Z_n^*) = D\left(\frac{1}{n}\sum_{i=1}^{n} X_i^2\right) = \frac{1}{n^2}\sum_{i=1}^{n} D(X_i^2) = \frac{1}{n}D(X_1^2)$$

$$= \frac{E(X_1^4) - (E(X_1^2))^2}{n} = \frac{\alpha_4 - \alpha_2^2}{n}.$$

由中心极限定理可知，$\xi_n = \dfrac{Z_n - \alpha_2}{\sqrt{\dfrac{\alpha_4 - \alpha_2^2}{n}}} \overset{\text{近似}}{\sim} N(0,1)$（$n$ 充分大），故

$$Z_n = \sqrt{\alpha_4 - \alpha_2^2}\,\xi_n + a_2 \overset{\text{近似}}{\sim} N\left(a_2, \frac{\alpha_4 - \alpha_2^2}{n}\right) \quad (n \text{ 充分大}),$$

即获证，而参数为 $\left(a_2, \dfrac{\alpha_4 - \alpha_2^2}{n}\right)$.

注 本题主要考查中心极限定理(包括一些变形或推广). 题中"总体"、"样本"是数理统计的概念，意思是"$X_1, X_2, \cdots, X_n$ 独立且与 X 同分布".

5.4 应填 16.

解 设第 i 次称量结果为 $X_i(i=1,2,\cdots,n)$. 由题意，$\overline{X}_n = \dfrac{1}{n}\sum_{i=1}^{n} X_i$，且 $X_1, X_2, \cdots, X_n$ 独立同分布，$X_1 \sim N(a, 0.2^2)$，则

$$E(\overline{X}_n) = \frac{1}{n}\sum_{i=1}^{n} E(X_i) = a, \quad D(\overline{X}_n) = \frac{1}{n^2}\sum_{i=1}^{n} D(X_i) = \frac{0.04}{n}.$$

故 $\overline{X}_n \sim N\left(a, \dfrac{0.04}{n}\right)$，从而 $\dfrac{\overline{X}_n - a}{\sqrt{0.04}}\sqrt{n} \sim N(0,1)$. 因此

$$P\{|\overline{X}_n - a| < 0.1\} = P\left\{\frac{-0.1\sqrt{n}}{\sqrt{0.04}} < \frac{\overline{X}_n - a}{\sqrt{0.04}}\sqrt{n} < \frac{0.1\sqrt{n}}{\sqrt{0.04}}\right\}$$

$$= \Phi\left(\frac{\sqrt{n}}{2}\right) - \Phi\left(-\frac{\sqrt{n}}{2}\right) = 2\Phi\left(\frac{\sqrt{n}}{2}\right) - 1.$$

由题意得 $2\Phi\left(\frac{\sqrt{n}}{2}\right) - 1 \geqslant 0.95$，故 $\Phi\left(\frac{\sqrt{n}}{2}\right) \geqslant 0.075$. 查表得 $\frac{\sqrt{n}}{2} \geqslant 1.96$，因此 $n \geqslant 4 \times 1.96^2 = 15.36$，故 n 的最小值应不小于自然数 16.

注 本题主要考查正态分布的概率计算. 其中 $\Phi(1.96) = 0.975$ 应记住（常用）. 若用切比雪夫不等式则成立

$$P\{|\overline{X}_n - a| < 0.1\} \geqslant 1 - \frac{D(\overline{X}_n)}{0.1^2} = 1 - \frac{4}{n},$$

得 $n \geqslant 80$，精度太差.

5.5 应填 $\frac{1}{12}$.

解 若记 $\xi = X + Y$，则 $E(\xi) = E(X) + E(Y) = -2 + 2 = 0$，而
$$D(\xi) = D(X + Y) = D(X) + D(Y) + 2\text{Cov}(X, Y)$$
$$= D(X) + D(Y) + 2\rho_{(X,Y)}\sqrt{D(X)}\sqrt{D(Y)}$$
$$= 1 + 4 + 2 \times (-0.5) \times \sqrt{1} \times \sqrt{4} = 3,$$

其中 $\rho_{(X,Y)} = -0.5$ 是 X 与 Y 的相关系数. 故
$$P\{|X + Y| \geqslant 6\} = P\{|\xi - E(\xi)| \geqslant 6\} \leqslant \frac{D(\xi)}{6^2} = \frac{3}{36} = \frac{1}{12}.$$

注 本题主要考查切比雪夫不等式. 注意 X 与 Y 无"独立"或"无关"这一条件，切勿写" $D(X + Y) = D(X) + D(Y)$ ".

5.6 分析 原题无随机变量记号出现，若解时想用，要自己引记号，赋予其背景含义.

解 记 X_i 为第 i 箱的重量 $(i = 1, 2, \cdots)$. 由题意知，$X_1, X_2, \cdots, X_n$ $(\forall n \geqslant 1)$ 独立同分布，且 $E(X_i) = 50$，$\sqrt{D(X_i)} = 5$. 设汽车可装 k 箱符合要求，由题意应有

$$P\left\{\sum_{i=1}^{k} X_i \leqslant 5\,000\right\} \geqslant 0.977. \tag{$*$}$$

而
$$E\left(\sum_{i=1}^{k} X_i\right) = \sum_{i=1}^{k} E(X_i) = 50k, \quad D\left(\sum_{i=1}^{k} X_i\right) = \sum_{i=1}^{k} D(X_i) = 25k,$$

由中心极限定理知，$\dfrac{\sum\limits_{i=1}^{k} X_i - 50}{\sqrt{25k}} \overset{\text{近似}}{\sim} N(0, 1)$（$k$ 充分大）. 故

$$P\left\{\sum_{i=1}^{k} X_i \leqslant 5\,000\right\} = P\left\{\frac{\sum_{i=1}^{k} X_i - 50k}{5\sqrt{k}} \leqslant \frac{5\,000 - 50k}{5\sqrt{k}}\right\} \approx \Phi\left(\frac{5\,000 - 50n}{5\sqrt{k}}\right).$$

由（ * ）式得 $\Phi\left(\dfrac{1\,000 - 10n}{\sqrt{k}}\right) \geqslant 0.977$，故 $\dfrac{1\,000 - 10n}{\sqrt{k}} \geqslant 2$. 若令 $\sqrt{k} = x$，代入得 $10x^2 + 2x - 1\,000 \leqslant 0$，化为

$$\left(x - \frac{-1 - \sqrt{10\,001}}{10}\right)\left(x - \frac{-1 + \sqrt{10\,001}}{10}\right) \leqslant 0.$$

故

$$-\frac{1 + \sqrt{10\,001}}{10} \leqslant x \leqslant \frac{-1 + \sqrt{10\,001}}{10}.$$

由 $x \geqslant 0$，有 $0 \leqslant x \leqslant \dfrac{-1 + \sqrt{10\,001}}{10}$，故

$$0 \leqslant x^2 = k \leqslant \left(\frac{-1 + \sqrt{10\,001}}{10}\right)^2 = 98.019\,9.$$

取整，知每辆车最多可以装 98 箱.

注 本题主要考查中心极限定理的应用.

数 学 四

5-1 应填 $\dfrac{1}{12}$.

解 若记 $\xi = X - Y$，则 $E(\xi) = E(X) - E(Y) = 2 - 2 = 0$，而

$$\begin{aligned}
D(\xi) &= D(X - Y) = D(X) + D(Y) - 2\mathrm{Cov}(X, Y) \\
&= D(X) + D(Y) - 2\rho_{(X,Y)}\sqrt{D(X)}\sqrt{D(Y)} \\
&= 1 + 4 - 2 \times 0.5 \times \sqrt{1} \times \sqrt{4} = 3,
\end{aligned}$$

其中 $\rho_{(X,Y)} = 0.5$ 是 X 与 Y 的相关系数. 由切比雪夫不等式，得

$$P\{|X - Y| \geqslant 6\} = P\{|\xi - E(\xi)| \geqslant 6\} \leqslant \frac{D(\xi)}{6^2} = \frac{3}{36} = \frac{1}{12}.$$

注 本题主要考查切比雪夫不等式的应用和随机变量之差的方差的计算. 注意 X 与 Y "相关"（当然不独立），勿写成 "$D(X - Y) = D(X) + D(Y)$"，更勿写成 "$D(X - Y) = D(X) - D(Y)$".

5-2 本题解法同题 5.6.

5-3 应选（C）.

解 由列维 - 林德伯格中心极限定理，在 $X_1, X_2, \cdots, X_n$ 独立同分布且

方差非 0 的条件下，n 充分大时，$S_n = \sum\limits_{i=1}^{n} X_i$ 近似服从正态分布. 可见（A），（B）条件不够，不选（二随机变量同分布时必有数学期望相同，方差相同（只要存在）；但反过来，若数学期望相同，方差相同，二随机变量却未必同分布）. 同样，（D）中没有"方差非 0"一条，也是不能选的（方差为 0 的随机变量必服从退化分布即 $P\{X = C\} = 1$，属离散型随机变量）. 只有（C）符合条件，故选（C）.

注 本题考查中心极限定理的使用条件. 只要不是退化分布且独立同分布，S_n 都近似服从正态分布（n 充分大时）. 很多教材中结论是在上述的条件下，将 S_n 标准化后近似服从标准正态分布. 其实，不将 S_n 标准化，仍有 S_n 近似服从正态分布的结论（条件当然不变）. 对退化分布列，如 $P\{X_i = a\} = 1\ (i = 1, 2, \cdots, n)$，则 $P\{S_n = na\} = 1$，S_n 是不可能近似服从正态分布的.

5-4 应选（C）.

解 由题意，$E(X_i) = \dfrac{1}{\lambda}$，$\sqrt{D(X_i)} = \dfrac{1}{\lambda^2}\ (i = 1, 2, \cdots)$，故

$$E\left(\sum_{i=1}^{n} X_i\right) = \sum_{i=1}^{n} E(X_i) = \frac{n}{\lambda}, \quad D\left(\sum_{i=1}^{n} X_i\right) = \sum_{i=1}^{n} D(X_i) = \frac{n}{\lambda^2}.$$

由中心极限定理，可知

$$P\left\{\frac{\sum\limits_{i=1}^{n} X_i - \dfrac{n}{\lambda}}{\sqrt{\dfrac{n}{\lambda^2}}} \leqslant x\right\} = \Phi(x),$$

即 $P\left\{\dfrac{\lambda \sum\limits_{i=1}^{n} X_i - n}{\sqrt{n}} \leqslant x\right\} = \Phi(x).$

注 本题主要考查中心极限定理及指数分布的期望、方差. 题中"$\lambda > 1$"是为了避开 $\lambda = 1$ 的情形（否则（A），（B）都可选了），当 $0 < \lambda < 1$ 时，也只有（C）可选（$\lambda > 0$ 是指数分布本身的要求）.

第 六 章
抽样及其分布

一、考 纲 要 求

1. 理解总体、简单随机样本、统计量、样本均值、样本方差及样本矩的概念，了解经验分布函数.

2. 了解 χ^2 分布、t 分布和 F 分布的定义及性质，了解分位数的概念并会查表计算.

3. 了解正态总体的某些常用抽样的分布.

二、考 试 重 点

1. 总体、个体、简单随机样本和统计量经验分布函数.

2. 样本的值、样本方差($S^2 = \dfrac{1}{n-1}\sum\limits_{i=1}^{n}(X_i-\overline{X})^2$) 及样本矩.

3. χ^2 分布、t 分布和 F 分布，分位数.

4. 正态总体的某些常用抽样的分布.

三、历年试题分类统计与考点分析

数 学 三

年 份 \ 考点	总体、样本（均值、方差）等基本概念	χ^2,t,F 分布，分位数、正态总体下的抽样分布	合计
1987～1993			
1994		3	3
1995～1996			

分值 考点 年份	总体、样本(均值、方差) 等基本概念	χ^2, t, F 分布,分位数、 正态总体下的抽样分布	合计
1997		3	3
1998		3	3
1999		7	7
2000			
2001		3	3
2002		3	3
2003	4		4
2004		4	4
2005	4 + 5		9
2006 ~ 2008			
合计	13	26	

本章的重点有:总体、样本、样本均值 $\overline{X}$、样本方差、统计量等概念,χ^2 分布、t 分布和 F 分布的构成和分位数(包括正态分布的分位数),其中还要求记住 χ^2 分布的期望和方差,正态总体下 $\overline{X}$ 和 S^2 的分布(包括独立性).

常见题型有:对正态总体下的样本函数求其分布(朝 χ^2 分布、t 分布和 F 分布上凑). 而分位数可以在后面区间估计等中应用,若单独出题可以"填空",样本经验分布函数也可"写出"或"填空"(尽管以前未出过这种题),而有的题仅"借"用了样本、总体等概念,可以看做概率的计算题(样本是独立同分布且与总体同分布的 n 维随机变量).

$$\boxed{\text{四 、 知 识 概 要}}$$

1. 总体和样本

总体 指研究对象的某一性能指标,通常用一随机变量 X 代表总体,并设它包含无穷多个个体.

样本 从总体中取 n 个个体,称做来自总体的容量为 n 的样本.

简单随机样本 指 n 个相互独立且与总体 X 同分布的随机变量 X_1,X_2,$\cdots$,X_n,简称随机样本,也常以随机向量 $(X_1, X_2, \cdots, X_n)$ 表示. 称 $\overline{X} = \frac{1}{n} \sum_{i=1}^{n} X_i$ 为样本平均值,称 $S^2 = \frac{1}{n-1} \sum_{i=1}^{n} (X_i - \overline{X})^2$ 为样本方差,称 $m_k =$

$\frac{1}{n}\sum\limits_{i=1}^{n}X_i^k$ 为 k 阶样本原点矩,称 $m'_k=\frac{1}{n}\sum\limits_{i=1}^{n}(X_i-\overline{X})^k$ 为 k 阶样本中心矩.

样本观察值 每一次具体观察所得的结果是 n 个确定的数值,以 x_1, $x_2,\cdots,x_n$ 记之,称 x_i 为 X_i 的一个观察值 $(i=1,2,\cdots,n)$.

统计量 称连续的且不含未知参数的样本函数为统计量.

2. 数理统计中常用的几个分布

产生 χ^2,t,F 变量的典型模式以及它们的分位数.

(1) χ^2 分布

设 $X_1,X_2,\cdots,X_n$ 独立,同 $N(0,1)$ 分布,则随机变量 $\chi^2=\sum\limits_{i=1}^{n}X_i$ 服从自由度(参数)为 n 的 χ^2 分布,记为 $\chi^2\sim\chi^2(n)$.

$\chi^2(n)$ 分布的上侧 α $(0<\alpha<1)$ 分位数 $\chi^2_\alpha(n)$ 满足

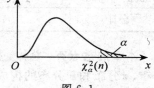

$$P\{\chi^2>\chi^2_\alpha(n)\}=\alpha$$

(见图 6-1).

图 6-1

(2) t 分布

设随机变量 X,Y 相互独立,且 $X\sim N(0,1)$,$Y\sim\chi^2(n)$,则随机变量

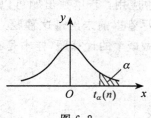

图 6-2

$$T=\frac{X}{\sqrt{Y}/\sqrt{n}}$$

服从自由度为 n 的 t 分布,记作 $T\sim t(n)$.

$T\sim t(n)$ 的上侧 α $(0<\alpha<1)$ 分位数 $t_\alpha(n)$ 满足

$$P\{T>t_\alpha(n)\}=\alpha$$

(见图 6-2).

由 t 分布密度函数的对称性,得其双侧 α 分位数 $t_{\alpha/2}(n)$:

$$P\{|T|>t_{\alpha/2}(n)\}=\alpha.$$

注

I. α 分位点

① $P\{X\leqslant x_{1-\alpha}\}=1-\alpha$ $(P\{X>x_\alpha\}=\alpha)$.

② $P\{T>t_\alpha\}=\alpha$ $(P\{T\leqslant t_{1-\alpha}\}=1-\alpha$, $P\{|T|>t_{2\alpha}\}=2\alpha)$,

$P\{T<t_\alpha\}=\alpha$ $(P\{T>t_{1-\alpha}\}=1-\alpha$, $P\{|T|\geqslant t_{2\alpha}\}=2(1-\alpha))$,

$P\{|T|>t_\alpha\}=\alpha$ $\left(P\{|T|>t_{\alpha/2}\}=\frac{\alpha}{2}$, $P\{|T|\leqslant t_{1-\alpha/2}\}=1-\frac{\alpha}{2}\right)$.

③ $P\{\chi^2 > \chi_\alpha^2\} = \alpha$ $(P\{\chi^2 \leqslant \chi_{1-\alpha}^2\} = 1 - \alpha)$.

④ $P\{F > F_\alpha\} = \alpha$ $(P\{F \leqslant F_{1-\alpha}\} = 1 - \alpha)$.

三种 t 分布表的关系如表 6-1 所示.

表 6-1

β 取值公式 表	$P\{\lvert T \rvert < t_\beta\} = 1 - \alpha$	$P\{T < t_\beta\} = 1 - \alpha$	$P\{T < t_\beta\} = \alpha\ (>0.5)$
$P\{\lvert T \rvert > t_\alpha\} = \alpha\ (<0.5)$	$\beta = \alpha$	2α	$2(1-\alpha)$
$P\{T > t_\alpha\} = \alpha\ (<0.5)$	$\beta = \dfrac{\alpha}{2}$	$\beta = \alpha$	$\beta = 1 - \alpha$
$P\{T < t_\alpha\} = \alpha\ (>0.5)$	$\beta = 1 - \dfrac{\alpha}{2}$	$\beta = 1 - 2\alpha$	$\beta = \alpha$

说明：设 T 分布以下述三种表给出，那么关于概率 $P\{\lvert T \rvert \leqslant t_\beta\} = 1 - \alpha$ 中 β 确定规则如下：

① 若表为 $P\{\lvert T \rvert > t_\alpha\} = \alpha\ (<0.5)$，因由问题 $P\{\lvert T \rvert \leqslant t_\beta\} \neq \alpha$，有 $P\{\lvert T \rvert > t_\beta\} = \alpha$，故取 $\beta = \alpha$ 便行.

② 若表为 $P\{T > t_\alpha\} = \alpha\ (<0.5)$，因由问题 $P\{\lvert T \rvert \leqslant t_\beta\} = 1 - \alpha$，可得

$$\begin{aligned}
P\{\lvert T \rvert \leqslant t_\beta\} &= P\{-t_\beta < T < t_\beta\} = P\{T < t_\beta\} - P\{T < -t_\beta\} \\
&= 1 - P\{T > t_\beta\} - P\{T < -t_\beta\} \\
&= 1 - 2P\{T > t_\beta\} = 1 - \alpha,
\end{aligned}$$

即 $2P\{T > t_\beta\} = \alpha$，亦即 $P\{T > t_\beta\} = \dfrac{\alpha}{2}$，故有 $\beta = \dfrac{\alpha}{2}$.

③ 若表为 $P\{T < t_\alpha\} = \alpha\ (>0.5)$，因由 $P\{\lvert T \rvert < t_\beta\} = 1 - \alpha$，有

$$\begin{aligned}
P\{T < t_\beta\} - P\{T < -t_\beta\} &= P\{T < t_\beta\} - 1 + P\{T > -t_\beta\} \\
&= 1 - \alpha.
\end{aligned}$$

因 $P\{T < t_\beta\} = P\{T > -t_\beta\}$，故有 $2P\{T < t_\beta\} = 2 - \alpha$，从而 $P\{T < t_\beta\} = 1 - \dfrac{\alpha}{2}$，因此 $\beta = 1 - \dfrac{\alpha}{2}$.

顺便指出，当随机变量函数

$$U = \frac{\overline{X} - \mu}{\sigma / \sqrt{n}} \sim N(0,1)$$

时，其概率 $P\{\lvert U \rvert < z_\beta\} = 1 - \alpha$ 中的 $\beta = 1 - \dfrac{\alpha}{2}$，这是因为

$$P\{\lvert U \rvert < z_\beta\} = 2\Phi(z_\beta) - 1 = 1 - \alpha,$$

即 $\Phi(z_\beta) = 1 - \dfrac{\alpha}{2}$. 而标准正态分布表为 $\Phi(z_\beta) = P\{U \leqslant z_\beta\}$，故有

$$P\{U < z_\beta\} = 1 - \frac{\alpha}{2},$$

从而应查 $\beta = 1 - \dfrac{\alpha}{2}$，即为置信系数 $1-\alpha$ 或显著水平 α 给定时，应取下分位点 $z_{1-\alpha/2}$，这与 t 分布表、χ^2 分布表及 F 分布表有别.

Ⅱ. 分位点的性质

① $z_{1-\alpha} = -z_\alpha$.

② $t_{1-\alpha}(n) = -t_\alpha(n)$.

另外，当 n 较大（例如 $n \geqslant 50$）时，还有

① $\chi_\alpha^2(n) \approx \dfrac{(z_\alpha + \sqrt{2n-1})^2}{2}$;

② $t_\alpha(n) \approx z_\alpha$.

Ⅲ. 由（优良的）点估计量 $\overline{X}, S^2$ 等构成的两种常见函数形式

① 随机变量，如 $T = \dfrac{\sqrt{n}(\overline{X} - \mu)}{S} \sim t(n-1)$，用于区间估计.

② 统计量（一种特殊的随机变量），如 $T = \dfrac{\sqrt{n}(\overline{X} - \mu_0)}{S} \sim \chi^2(n)$，用于假设检验.

（3）F 分布

设随机变量 X, Y 独立，且 $X \sim \chi^2(n_1)$，$Y \sim \chi^2(n_2)$，则随机变量 $F = \dfrac{X/n_1}{Y/n_2}$ 服从第一自由度为 n_1、第二自由度为 n_2 的 F 分布，记为 $F \sim F(n_1, n_2)$. 显然，$\dfrac{1}{F} \sim F(n_2, n_1)$.

$F \sim F(n_1, n_2)$ 的上侧 α 分位数 $F_\alpha(n_1, n_2)$ 满足 $P\{F > F_\alpha(n_1, n_2)\} = \alpha$（见图 6-3）.

由 $P\left\{\dfrac{1}{F} > F_\alpha(n_2, n_1)\right\} = \alpha$，易得

$P\left\{F > \dfrac{1}{F_\alpha(n_2, n_1)}\right\} = 1 - \alpha$. 于是

$$F_{1-\alpha}(n_1, n_2) = \frac{1}{F_\alpha(n_2, n_1)}.$$

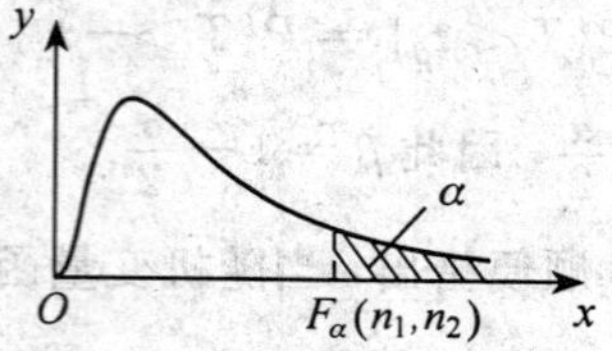

图 6-3

3. 正态总体抽样分布

设 $X_1, X_2, \cdots, X_n$ 为来自正态总体 $X \sim N(\mu, \sigma^2)$ 的随机样本，则

① $\overline{X} = \dfrac{1}{n}\sum\limits_{i=1}^{n} X_i \sim N\left(\mu, \dfrac{\sigma^2}{n}\right)$;

② $U = \dfrac{\overline{X} - \mu}{\sigma / \sqrt{n}} \sim N(0,1)$;

③ $\chi^2 = \dfrac{(n-1)S^2}{\sigma^2} \sim \chi^2(n-1)$ $\left(S^2 = \dfrac{1}{n-1}\sum\limits_{i=1}^{n}(X_i - \overline{X})^2\right)$;

④ $\overline{X}$ 与 S^2 相互独立;

⑤ $T = \dfrac{\overline{X} - \mu}{S / \sqrt{n}} \sim t(n-1)$.

设 $X_1, X_2, \cdots, X_{n_1}$ 与 $Y_1, Y_2, \cdots, Y_{n_2}$ 为分别来自 $X \sim N(\mu_1, \sigma_1^2)$ 与 $Y \sim N(\mu_2, \sigma_2^2)$ (X_i, Y_j 独立) 的随机样本, 则

① $\dfrac{(\overline{X} - \overline{Y}) - (\mu_1 - \mu_2)}{\sqrt{\dfrac{\sigma_1^2}{m} + \dfrac{\sigma_2^2}{n}}} \sim N(0,1)$;

② $\dfrac{\sum\limits_{i=1}^{m}(X_i - \mu_1)^2 \big/ m\sigma_1^2}{\sum\limits_{j=1}^{n}(Y_j - \mu_2)^2 \big/ n\sigma_2^2} \sim F(m,n)$;

③ $\dfrac{S_1^2 / \sigma_1^2}{S_2^2 / \sigma_2^2} \sim F(m-1, n-1)$, 其中

$$S_1^2 = \dfrac{1}{m-1}\sum\limits_{i=1}^{m}(X_i - \overline{X})^2, \quad S_2^2 = \dfrac{1}{n-1}\sum\limits_{j=1}^{n}(Y_j - \overline{Y})^2;$$

④ 当 $\sigma_1^2 = \sigma_2^2$ 时, 有

$$\dfrac{(\overline{X} - \overline{Y}) - (\mu_1 - \mu_2)}{S_w\sqrt{\dfrac{1}{m} + \dfrac{1}{n}}} \sim t(m+n-2),$$

其中, $S_w = \sqrt{\dfrac{1}{m+n-2}\left[\sum\limits_{i=1}^{m}(X_i - \overline{X})^2 + \sum\limits_{j=1}^{n}(Y_j - \overline{Y})^2\right]}$.

五、考研题型的应试方法与技巧

题型 1　求样本容量

已知统计量 $Y_n = f(X_1, X_2, \cdots, X_n)$, 取某个范围内之值的概率

$$P\{Y_n \leqslant x_0\} = p \quad (亦可 "\geqslant p"),$$

确定样本容量 n. 其解题步骤是：先求出 $E(Y_n)$ 及 $D(Y_n)$；然后，标准化：

$$P\{Y_n \leqslant x_0\} = \Phi\left(\frac{x_0 - E(Y_n)}{\sqrt{D(Y_n)}}\right);$$

再依 p 值（反）查标准正态分布函数表（得到相应（不）等式），进而解出 n.

例 1　设总体 $X \sim N(72, 100)$. $(X_1, X_2, \cdots, X_n)$ 是从该总体中抽取的一个样本，为使其样本均值 $\overline{X} = \frac{1}{n}\sum_{i=1}^{n} X_i$ 大于 70 的概率至少为 0.9，试问样本容量至少应取多少？

解　设样本容量为 n，由于 $\dfrac{\overline{X} - \mu}{\sigma}\sqrt{n} \sim N(0,1)$，所以

$$P\{\overline{X} > 70\} = 1 - P\{\overline{X} \leqslant 70\} = 1 - \Phi\left(\frac{\sqrt{n}(70 - 72)}{10}\right)$$

$$= 1 - (1 - \Phi(0.2\sqrt{n})) = \Phi(0.2\sqrt{n}) \geqslant 0.9.$$

查正态分布表得 $0.2\sqrt{n} \geqslant 1.29$，即 $n \geqslant 41.602\,5$. 因此，当样本容量至少应取 $n = 42$ 时，其样本均值 $\overline{X} = \frac{1}{n}\sum_{i=1}^{n} X_i$ 大于 70 的概率至少为 0.9.

题型 2　证明（统计量的）独立性

求证统计量 $Y_1 = f_1(X_1, X_2, \cdots, X_n)$ 与 $Y_2 = f_2(X_1, X_2, \cdots, X_n)$ 相互独立，可以利用独立性的充要条件，直接证明"联合分布等于边缘分布之积"；亦可以通过间接方式予以推证. 譬如，利用抽样分布的有关结论（如 $\overline{X}$ 与 S^2 独立等），对于二维正态分布，可以利用不相关与独立等价，等等.

例 2　设 X_1, X_2 是来自正态总体 $N(0, \sigma^2)$ 的一个简单随机样本. 试证：

(1)　$X_1 + X_2$ 与 $X_1 - X_2$ 相互独立；

(2)　$(X_1 + X_2)^2$ 与 $(X_1 - X_2)^2$ 相互独立.

证　(1)　因为 X_1, X_2 为来自正态总体 $N(0, \sigma^2)$ 的一个简单随机样本，所以 (X_1, X_2) 的联合密度函数

$$f(x_1, x_2) = \frac{1}{2\pi\sigma^2}\exp\left\{-\frac{x_1^2 + x_2^2}{2\sigma^2}\right\}.$$

令 $X = X_1 + X_2$，$Y = X_1 - X_2$，则由

$$J_1 = \begin{vmatrix} 1 & 1 \\ 1 & -1 \end{vmatrix} = -2,$$

知其变换的雅可比行列式 $J = -\dfrac{1}{2}$. 从而，(X, Y) 的联合密度函数为

$$f(x,y) = \frac{1}{4\pi\sigma^2}\exp\left\{-\frac{x^2+y^2}{4\sigma^2}\right\}.$$

易知 $X \sim N(0,2\sigma^2)$，$Y \sim N(0,2\sigma^2)$，显见，

$$f(x,y) = f_X(x) \cdot f_Y(y).$$

故 X 与 Y 相互独立，即 $X_1 + X_2$ 与 $X_1 - X_2$ 相互独立.

（2）因为

$$S^2 = \left(X_1 - \frac{X_1+X_2}{2}\right)^2 + \left(X_2 - \frac{X_1+X_2}{2}\right)^2 = \frac{(X_1-X_2)^2}{2},$$

又 $\overline{X} = \dfrac{X_1+X_2}{2}$ 与 S^2 相互独立，所以 $(X_1+X_2)^2$ 与 $(X_1-X_2)^2$ 相互独立.

例 3 设 X_1,X_2,X_3,X_4 为取自正态总体 $N(0,1)$ 的一个样本. 令

$$Y_1 = X_1 + X_2 + X_3 + X_4, \quad Y_2 = X_1 - X_2 + X_3 - X_4.$$

证明：Y_1 与 Y_2 相互独立.

证 记 $Z_1 = X_1 + X_3$，$Z_2 = X_2 + X_4$，因 $E(Z_i) = 0$，$D(Z_i) = 2$（$i = 1,2$），故 $Z_i \sim N(0,2)$（$i = 1,2$）. 由于

$$Y_1 = Z_1 + Z_2, \quad Y_2 = Z_1 - Z_2,$$

所以 $Y_i \sim N(0,4)$（$i = 1,2$）. 又因

$$\begin{aligned}
\mathrm{Cov}(Y_1,Y_2) &= \mathrm{Cov}(Z_1+Z_2,Z_1-Z_2) = \mathrm{Cov}(Z_1,Z_1) - \mathrm{Cov}(Z_2,Z_2) \\
&= D(Z_1) - D(Z_2) = 2 - 2 = 0,
\end{aligned}$$

故 Y_1 与 Y_2 不相关. 从而，根据二维正态分布不相关等价于独立，知 Y_1 与 Y_2 独立.

题型 3　确定（求证）统计量所服从的分布

这类题型的解题思路是：根据所给函数关系式的特点，利用正态分布及 t 分布等的线性可加性，并比照 χ^2 分布、t 分布及 F 分布"结构形式"（定义），通过累加、数乘与商化等手段及技巧，构造、拟合服从常用抽样分布的规范形式.

例 4 设总体 $X \sim N(0,1)$，$X_1,X_2,\cdots,X_n$ 为简单随机样本，试问下列统计量各服从什么分布？

（1）$\dfrac{X_1 - X_2}{(X_3^2 + X_4^2)^{\frac{1}{2}}}$；　　（2）$\left(\dfrac{n}{3} - 1\right)\sum_{i=1}^{3}X_i^2 \Big/ \sum_{i=4}^{n}X_i^2.$

解 （1）由于 $X_i \sim N(0,1)$（$i = 1,2,\cdots,n$），因此 $X_1 - X_2 \sim N(0,2)$，$\dfrac{X_1-X_2}{\sqrt{2}} \sim N(0,1)$，$X_3^2 + X_4^2 \sim \chi^2(2)$，故

$$\frac{X_1 - X_2}{(X_3^2 + X_4^2)^{\frac{1}{2}}} = \frac{(X_1 - X_2)/\sqrt{2}}{\sqrt{(X_3^2 + X_4^2)/2}} \sim t(2).$$

(2) 因为 $\sum\limits_{i=1}^{3} X_i^2 \sim \chi^2(3)$，$\sum\limits_{i=4}^{n} X_i^2 \sim \chi^2(n-3)$，所以

$$\left(\frac{n}{3} - 1\right) \sum_{i=1}^{3} X_i^2 \Big/ \sum_{i=4}^{n} X_i^2 = \left(\sum_{i=1}^{3} \frac{X_i^2}{3}\right) \Big/ \sum_{i=4}^{n} \frac{X_i^2}{n-3} \sim F(3, n-3).$$

例 5 设 $X_1, X_2, \cdots, X_m, \cdots, X_n (m < n)$ 是来自正态总体 $N(0,1)$ 的样本，令 $Y = a(X_1 + X_2 + \cdots + X_m)^2 + b(X_{m+1} + \cdots + X_n)^2$.

(1) 求 a, b 的值，使 Y 服从 χ^2 分布.

(2) 求 c, d 的值，使 $Z = \dfrac{c(X_1 + X_2 + \cdots + X_m)}{d\sqrt{X_{m+1}^2 + \cdots + X_n^2}}$ 服从 t 分布.

解 (1) 由于 $X_1, X_2, \cdots, X_m, \cdots, X_n$ 独立同分布，因此 $X_1 + X_2 + \cdots + X_m$ 与 $(X_{m+1} + \cdots + X_n)$ 独立，且

$$X_1 + X_2 + \cdots + X_m \sim N(0, m),$$
$$X_{m+1} + X_{m+2} + \cdots + X_n \sim N(0, n-m),$$

$\dfrac{X_1 + X_2 + \cdots + X_m}{\sqrt{m}}$ 与 $\dfrac{X_{m+1} + \cdots + X_n}{\sqrt{n-m}}$ 独立且同服从 $N(0,1)$ 分布. 从而，由 χ^2 分布的定义，知

$$\frac{(X_1 + X_2 + \cdots + X_m)^2}{m} + \frac{(X_{m+1} + X_{m+2} + \cdots + X_n)^2}{n-m} \sim \chi^2(2).$$

因此，当 $a = \dfrac{1}{m}$，$b = \dfrac{1}{n-m}$ 时，有 $Y \sim \chi^2(2)$.

(2) 由于 $\dfrac{X_1 + X_2 + \cdots + X_m}{\sqrt{m}} \sim N(0,1)$，$X_{m+1}^2 + X_{m+2}^2 + \cdots + X_n^2 \sim \chi^2(n-m)$，所以由 t 分布的定义，知

$$\frac{(X_1 + X_2 + \cdots + X_m)/\sqrt{m}}{\sqrt{(X_{m+1}^2 + X_{m+2}^2 + \cdots + X_n^2)/(n-m)}} = \frac{\sqrt{n-m}(X_1 + X_2 + \cdots + X_m)}{\sqrt{m}\sqrt{X_{m+1}^2 + X_{m+2}^2 + \cdots + X_n^2}}$$
$$\sim t(n-m).$$

从而，当 $c = \sqrt{n-m}$，$d = \sqrt{m}$ 时，有 $Z \sim t(n-m)$.

题型 4　求统计量的概率分布

求统计量的概率密度，可以按随机变量的函数的相应方法、步骤求解；亦可以先确定所述统计量所服从的抽样分布，然后写出所求结果（对应分布函数或密度函数）. 而求样本 $(X_1, X_2, \cdots, X_n)$ 的联合分布，可以按在独立条

件下，已知边缘分布，求联合分布的办法处理.

例6 （1）设总体 X 服从参数 λ $(\lambda > 0)$ 的泊松分布，$(X_1, X_2, \cdots, X_n)$ 是来自总体 X 的简单随机样本，求样本 $(X_1, X_2, \cdots, X_n)$ 的联合分布律.

（2）设总体 X 服从正态分布 $N(\mu, \sigma^2)$，求来自总体 X 的简单随机样本 $(X_1, X_2, \cdots, X_n)$ 的联合密度函数.

解 （1）由于 $X_1, X_2, \cdots, X_n$ 相互独立且与 X 同分布，因此 $(X_1, X_2, \cdots, X_n)$ 的联合分布律为

$$P\{X_1 = x_1, \ X_2 = x_2, \ \cdots, \ X_n = x_n\}$$

$$= \prod_{i=1}^{n} P\{X = x_i\} = \prod_{i=1}^{n} \frac{\lambda^{x_i} \mathrm{e}^{-\lambda}}{x_{i!}} = \frac{\lambda^{x_1 + x_2 + \cdots + x_n}}{x_1! \cdot x_2! \cdot \cdots \cdot x_n!} \mathrm{e}^{-n\lambda}$$

$$(x_i = 0, 2, \cdots; \ i = 1, 2, \cdots, n).$$

（2）因为 $X_1, X_2, \cdots, X_n$ 独立且同分布，所以 $(X_1, X_2, \cdots, X_n)$ 的联合密度函数为

$$f(x_1, x_2, \cdots, x_n) = \prod_{i=1}^{n} f(x_i) = \prod_{i=1}^{n} \frac{1}{\sqrt{2\pi}\sigma} \exp\left\{-\frac{(x_i - \mu)^2}{2\sigma^2}\right\}$$

$$= \left(\frac{1}{\sqrt{2\pi}\sigma}\right)^n \exp\left\{-\frac{1}{2\sigma^2} \sum_{i=1}^{n} (x_i - \mu)^2\right\}$$

$$(-\infty < x_1, x_2, \cdots, x_n < +\infty).$$

注 样本 $(X_1, X_2, \cdots, X_n)$ 的联合分布与点估计中的似然函数形式上完全相同，但就变量之间的关系而论，却有着本质性的不同.联合分布是固定 θ 而视其为 $x_1, x_2, \cdots, x_n$ 的函数，即 $g(x_1, x_2, \cdots, x_n; \theta) \triangleq g(x_1, x_2, \cdots, x_n)$；而似然函数则是固定 x_i（因 x_i 为样本观测值（$1 \leqslant i \leqslant n$））而视其为 θ 的函数，即 $L(x_1, x_2, \cdots, x_n; \theta) = L(\theta)$.

题型5 关于统计量数字特征的计算

解题途径主要是利用相关数字特征的定义与性质.

例7 设总体

$$X \sim f(x) = \begin{cases} |x|, & |x| < 2; \\ 0, & \text{其他,} \end{cases}$$

$X_1, X_2, \cdots, X_{50}$ 为取自 X 的一个样本，试求：

（1）$\overline{X}$ 的数学期望与方差；

（2）S^2 的数学期望.

解 根据 $f(x)$ 计算, 可得 $\mu = E(X) = \int_{-2}^{2} x |x| \, dx = 0$,

$$\sigma^2 = D(X) = E(X^2) - (E(X))^2 = E(X^2)$$
$$= \int_{-2}^{2} x^2 |x| \, dx = 8.$$

(1) 记 $\overline{X} = \dfrac{1}{n} \sum_{i=1}^{50} X_i$, 知

$$E(\overline{X}) = E\left(\frac{1}{n} \sum_{i=1}^{50} X_i\right) = \frac{1}{n} \sum_{i=1}^{50} E(X_i) = \frac{1}{n} \cdot 0 = 0;$$

$$D(\overline{X}) = \frac{\sigma^2}{n} = \frac{8}{n} = 0.16 \quad (n = 50).$$

(2) $E(S^2) = E\left(\dfrac{1}{n-1} \sum_{i=1}^{n} (X_i - \overline{X})^2\right) = \dfrac{1}{n-1} D(\overline{X})$

$$= \frac{1}{n-1} \cdot \frac{8}{n} = \frac{4}{1\,225}.$$

例 8 设 $X_1, X_2, \cdots, X_n$ 是正态总体 $N(\mu, \sigma^2)$ 的样本, 试求 $U = \dfrac{1}{n} \sum_{i=1}^{n} |X_i - \mu|$ 的数学期望与方差.

解 记 $Y_i = X_i - \mu$, 则有 $Y_i \sim N(0, \sigma^2)$ $(i = 1, 2, \cdots, n)$. 因为

$$E(|X_i - \mu|) = E(|Y_i|) = \frac{1}{\sqrt{2\pi}\sigma} \int_{-\infty}^{+\infty} |y| \, e^{-\frac{y^2}{2\sigma^2}} \, dy$$

$$= \frac{2}{\sqrt{2\pi}\sigma} \int_{0}^{+\infty} y e^{-\frac{y^2}{2\sigma^2}} \, dy = \frac{-2\sigma^2}{\sqrt{2\pi}\sigma} e^{-\frac{y^2}{2\sigma^2}} \Big|_{0}^{+\infty} = \sqrt{\frac{2}{\pi}}\sigma,$$

$$D(|X_i - \mu|) = E(Y_i^2) - (E(|Y_i|))^2 = D(Y_i) - \left(\sqrt{\frac{2}{\pi}}\sigma\right)^2$$

$$= \sigma^2 - \frac{2}{\pi}\sigma^2 = \left(1 - \frac{2}{\pi}\right)\sigma^2.$$

从而, 有

$$E(U) = E\left(\frac{1}{n} \sum_{i=1}^{n} |X_i - \mu|\right) = \frac{1}{n} \sum_{i=1}^{n} E(|X_i - \mu|) = \sqrt{\frac{2}{\pi}}\sigma;$$

$$D(U) = D\left(\frac{1}{n} \sum_{i=1}^{n} |X_i - \mu|\right) = \frac{1}{n^2} \sum_{i=1}^{n} D(|X_i - \mu|) = \left(1 - \frac{2}{\pi}\right)\frac{\sigma^2}{n}.$$

题型 6　与样本函数相关的概率问题

求与样本函数相关事件的概率或已知由样本函数构成的某事件的概率,

确定待定常数,其解决问题的关键是找出相应的分布. 该方法常牵涉分位点的确定问题.

例9 设总体 $X \sim N(\mu, \sigma^2)$, $X_1, X_2, \cdots, X_n$ 为简单随机样本, $\overline{X}$ 为样本均值, S^2 为样本方差.

(1) 求 $P\left\{(\overline{X} - \mu)^2 \leqslant \dfrac{\sigma^2}{n}\right\}$.

(2) 如果 n 很大, 试求 $P\left\{(\overline{X} - \mu)^2 \leqslant \dfrac{2S^2}{n}\right\}$.

解 (1) 因有 $\dfrac{\sqrt{n}(\overline{X} - \mu)}{\sigma} \sim N(0,1)$, 所以

$$P\left\{(\overline{X} - \mu)^2 \leqslant \frac{\sigma^2}{n}\right\} = P\left\{|\overline{X} - \mu| \leqslant \frac{\sigma}{\sqrt{n}}\right\} = P\left\{\left|\frac{\sqrt{n}(\overline{X} - \mu)}{\sigma}\right| \leqslant 1\right\}$$

$$= 2\Phi(1) - 1 \approx 2 \times 0.841\,3 - 1 = 0.682\,6.$$

(2) 因有 $\dfrac{\sqrt{n}(\overline{X} - \mu)}{S} \sim t(n-1)$, 且当 n 很大时 $\dfrac{\sqrt{n}(\overline{X} - \mu)}{S} \sim N(0,1)$,

所以

$$P\left\{(\overline{X} - \mu)^2 \leqslant \frac{2S^2}{n}\right\} = P\left\{|\overline{X} - \mu| \leqslant \frac{\sqrt{2}S}{\sqrt{n}}\right\} = P\left\{\frac{\sqrt{n}(\overline{X} - \mu)}{S} \leqslant \sqrt{2}\right\}$$

$$\approx 2\Phi(\sqrt{2}) - 1 \approx 2\Phi(1.414) - 1$$

$$\approx 2 \times 0.921\,3 - 1 = 0.842\,6.$$

六、历年考研真题

数 学 三

6.1 (1994 年, 3 分) 设 $X_1, X_2, \cdots, X_n$ 是来自正态总体 $N(\mu, \sigma^2)$ 的简单随机样本, $\overline{X}$ 是样本均值, 记

$$S_1^2 = \frac{1}{n-1}\sum_{i=1}^{n}(X_i - \overline{X})^2, \quad S_2^2 = \frac{1}{n}\sum_{i=1}^{n}(X_i - \overline{X})^2,$$

$$S_3^2 = \frac{1}{n-1}\sum_{i=1}^{n}(X_i - \mu)^2, \quad S_4^2 = \frac{1}{n}\sum_{i=1}^{n}(X_i - \mu)^2,$$

则服从于自由度为 $n-1$ 的 t 分布的随机变量是( ).

A. $t = \dfrac{\overline{X} - \mu}{S_1/\sqrt{n-1}}$ \qquad\qquad B. $t = \dfrac{\overline{X} - \mu}{S_2/\sqrt{n-1}}$

C. $t = \dfrac{\overline{X} - \mu}{S_3 / \sqrt{n}}$ D. $t = \dfrac{\overline{X} - \mu}{S_4 / \sqrt{n}}$

6.2（1997 年，3 分） 设随机变量 X 和 Y 相互独立且都服从正态分布 $N(0, 3^2)$，而 $X_1, X_2, \cdots, X_9$ 和 $Y_1, Y_2, \cdots, Y_9$ 分别是来自总体 X 和 Y 的简单随机样本，则统计量 $U = \dfrac{X_1 + X_2 + \cdots + X_9}{\sqrt{Y_1^2 + Y_2^2 + \cdots + Y_9^2}}$ 服从 _____ 分布，参数为

_____.

6.3（1998 年，3 分） 设 X_1, X_2, X_3, X_4 是来自正态总体 $N(0, 3^2)$ 的简单随机样本，$X = a(X_1 - 2X_2)^2 + b(3X_3 - 4X_4)^2$. 则当 $a =$ _____，$b =$ _____ 时，统计量 X 服从 χ^2 分布，其自由度为 _____.

6.4（1999 年，7 分） 设 $X_1, X_2, \cdots, X_9$ 是来自正态总体 X 的简单随机样本，

$$Y_1 = \frac{1}{6}(X_1 + X_2 + \cdots + X_6), \quad Y_2 = \frac{1}{3}(X_7 + X_8 + X_9),$$

$$S^2 = \frac{1}{2}\sum_{i=7}^{9}(X_i - Y_2)^2, \quad Z = \frac{\sqrt{2}(Y_1 - Y_2)}{S}.$$

证明统计量 Z 服从自由度为 2 的 t 分布.

6.5（2001 年，3 分） 设总体 $X \sim N(0, 2^2)$，而 $X_1, X_2, \cdots, X_{15}$ 是来自总体的简单随机样本，则随机变量

$$Y = \frac{X_1^2 + X_2^2 + \cdots + X_{10}^2}{2(X_{11}^2 + X_{12}^2 + \cdots + X_{15}^2)}$$

服从 _____ 分布，自由度为 _____.

6.6（2002 年，3 分） 设随机变量 X 和 Y 都服从标准正态分布，则（ ）.

（A） $X + Y$ 服从正态分布 （B） $X^2 + Y^2$ 服从 χ^2 分布

（C） X^2 和 Y^2 都服从 χ^2 分布 （D） X^2 / Y^2 服从 F 分布

6.7（2003 年，4 分） 设总体 X 服从参数为 2 的指数分布，$X_1, X_2, \cdots, X_n$ 为来自总体 X 的简单随机样本，则当 $n \to \infty$ 时 $Y_n = \dfrac{1}{n}\sum_{i=1}^{n}X_i^2$ 依概率收敛于

_____.

6.8（2004 年，4 分） 设总体 X 服从正态分布 $N(\mu_1, \sigma^2)$，总体 Y 服从正态分布 $N(\mu_2, \sigma^2)$，$X_1, X_2, \cdots, X_{n_1}$ 和 $Y_1, Y_2, \cdots, Y_{n_2}$ 分别是来自总体 X 和 Y 的简单随机样本，则

$$E\left(\frac{\sum_{i=1}^{n_1}(X_i - \overline{X})^2 + \sum_{j=1}^{n_2}(Y_j - \overline{Y})^2}{n_1 + n_2 - 2} \right) = \underline{\qquad}.$$

七、历年考研真题详解

数 学 三

6.1 应选（B）.

解 由已知，知 $\overline{X} \sim N\left(\mu, \dfrac{\sigma^2}{n}\right)$，故 $\dfrac{\overline{X} - \mu}{\sigma/\sqrt{n}} \sim N(0,1)$. 又 $\dfrac{nS_2^2}{\sigma^2} \sim \chi^2(n-1)$，

且 S_2^2 与 $\overline{X}$ 独立，故由 t 分布的构成，知

$$\frac{\overline{X} - \mu}{\sigma/\sqrt{n}} \Big/ \sqrt{\frac{nS_2^2}{\sigma^2(n-1)}} \sim t(n-1),$$

即 $\dfrac{\overline{X} - \mu}{S_2/\sqrt{n-1}} \sim t(n-1)$，故选（B）.

注 本题主要考查 t 分布的构成. 注意 t 分布的构成中要求分子的随机变量（服从正态分布）与分母的随机变量（根号内服从 χ^2 分布）相互独立，而本题的 S_3^2, S_4^2 与 $\overline{X}$ 没有"独立"的结论，故（C），（D）不可选（当然也可从自由度上看出）（因 $\dfrac{(n-1)S_3^2}{\sigma^2} = \dfrac{nS_4^2}{\sigma^2} \sim \chi^2(n-1)$）. 若用 S_1^2，有 $\dfrac{(n-1)S_1^2}{\sigma^2} \sim \chi^2(n-1)$，$S_1^2$ 与 $\overline{X}$ 也独立，但根据构成得 $\dfrac{\overline{X} - \mu}{S_1/\sqrt{n}} \sim t(n-1)$，与（A）不符. 另外，本题用到结论：总体 $X \sim N(\mu, \sigma^2)$ 时，$\dfrac{1}{\sigma^2} \displaystyle\sum_{i=1}^n (X_i - \overline{X})^2 \sim \chi^2(n-1)$，且 $\dfrac{1}{\sigma^2} \displaystyle\sum_{i=1}^n (X_i - \overline{X})^2$ 与 $\overline{X}$ 独立.

6.2 应填 t；9.

解 因 $E\left(\displaystyle\sum_{i=1}^9 X_i\right) = \displaystyle\sum_{i=1}^9 E(X_i) = 0$，$D\left(\displaystyle\sum_{i=1}^9 X_i\right) = \displaystyle\sum_{i=1}^9 D(X_i) = 9 \times 9 = 81$，故

$$\frac{\displaystyle\sum_{i=1}^9 X_i}{9} \sim N(0,1) \quad （由正态分布的线性不变性得）.$$

又因为 $Y_j \sim N(0, 3^2)$，所以 $\dfrac{Y_j}{3} \sim N(0,1)$ $(j = 1, 2, \cdots, 9)$，且相互独立，故由 χ^2 分布的构成，可得 $\displaystyle\sum_{i=1}^9 \left(\frac{Y_j}{3}\right)^2 \sim \chi^2(9)$. 而 $\displaystyle\sum_{i=1}^9 X_i$ 与 $\displaystyle\sum_{j=1}^9 \left(\frac{Y_j}{3}\right)^2$ 相互独立，故由 t 分布的构成得

$$\frac{\sum\limits_{i=1}^{9} X_i \big/ 9}{\sqrt{\sum\limits_{j=1}^{9} \left(\dfrac{Y_j}{3}\right)^2 \big/ 9}} \sim t(9),$$

即 $U \sim t(9)$.

注 本题主要考查 χ^2 分布和 t 分布的构成. 若是解答题,解中"$Y_1,Y_2,\cdots,Y_9$ 独立"和"$\sum\limits_{i=1}^{9} X_i$ 与 $\sum\limits_{j=1}^{9} \left(\dfrac{Y_j}{3}\right)^2$ 独立"不可省写,因为这是 χ^2 分布和 t 分布构成中不可缺少的条件. 本题用到结论:服从正态分布的随机变量(多维)在线性变换下仍服从正态分布.

6.3 应填 $\dfrac{1}{20}$; $\dfrac{1}{100}$; 2.

解 因

$$E(X_1 - 2X_2) = E(X_1) - 2E(X_2) = 0,$$
$$D(X_1 - 2X_2) = D(X_1) + 4D(X_2) = 4 + 4 \times 4 = 20;$$
$$E(3X_3 - 4X_4) = 3E(X_3) - 4E(X_4) = 3 \times 0 - 4 \times 0 = 0,$$
$$D(3X_3 - 4X_4) = 9D(X_3) + 16D(X_4) = 9 \times 4 + 16 \times 4 = 100,$$

所以 $\dfrac{X_1 - 2X_2}{\sqrt{20}} \sim N(0,1)$, $\dfrac{3X_3 - 4X_4}{10} \sim N(0,1)$,且相互独立. 由 χ^2 分布的构成,知

$$\left(\frac{X_1 - 2X_2}{\sqrt{20}}\right)^2 + \left(\frac{3X_3 - 4X_4}{10}\right)^2 \sim \chi^2(2).$$

与题目的 X 比较即得结果.

注 本题主要考查 χ^2 分布的构成. 参阅题 6.2 注. 另注意勿写"$D(3X_3 - 4D(X_4)) = 3D(X_3) - 4D(X_4)$"一类错误的式子.

6.4 证 由题意可设 $X \sim N(\mu,\sigma^2)$,则

$$E(Y_1) = \frac{1}{6} \sum_{i=1}^{6} E(X_i) = \mu, \quad E(Y_2) = \frac{1}{3} \sum_{i=7}^{9} E(X_i) = \mu,$$
$$D(Y_1) = \frac{1}{36} \sum_{i=1}^{6} D(X_i) = \frac{\sigma^2}{6}, \quad D(Y_2) = \frac{1}{9} \sum_{i=7}^{9} D(X_i) = \frac{\sigma^2}{3},$$

故 $E(Y_1 - Y_2) = \mu - \mu = 0$,

$$D(Y_1 - Y_2) = D(Y_1) + D(Y_2) = \frac{\sigma^2}{6} + \frac{\sigma^2}{3} = \frac{\sigma^2}{2}.$$

因此 $Y_1 - Y_2 \sim N\left(0, \dfrac{\sigma^2}{2}\right)$. 故

$$\frac{Y_1 - Y_2}{\sigma} \cdot \sqrt{2} \sim N(0,1).$$

而 S^2 是由样本 X_7, X_8, X_9 构成的样本方差,可知 $\dfrac{2S^2}{\sigma^2} \sim \chi^2(2)$,且 S^2 与 Y_1、与 Y_2 都独立,故与 $Y_1 - Y_2$ 独立. 于是由 t 分布的构成,得

$$\frac{Y_1 - Y_2}{\sigma / \sqrt{2}} \Big/ \sqrt{\frac{2S^2}{2\sigma^2}} \sim t(2).$$

即 $Z \sim t(2)$.

注 本题主要考查 t 分布的构成. 参阅题6.2注和题6.1注末尾. 本题特点之一是将 X_7, X_8, X_9 看成一组样本,构成有样本均值 Y_2 和样本方差 S^2. 另外,勿写"$D(Y_1 - Y_2) = D(Y_1) - D(Y_2)$"一类错误的式子.

6.5 应填 F;$(10,5)$.

解 由题意知 $X_i \sim N(0,2^2)$,故 $\dfrac{X_i}{2} \sim N(0,1)$ $(i = 1, 2, \cdots, 15)$,且都相互独立,则由 χ^2 分布的构成知

$$\sum_{i=1}^{10} \left(\frac{X_i}{2}\right)^2 \sim \chi^2(10), \quad \sum_{i=11}^{15} \left(\frac{X_i}{2}\right)^2 \sim \chi^2(5),$$

且二者独立. 故由 F 分布的构成,得

$$\frac{\sum_{i=1}^{10} \left(\frac{X_i}{2}\right)^2 \Big/ 10}{\sum_{i=11}^{15} \left(\frac{X_i}{2}\right)^2 \Big/ 5} \sim F(10,5),$$

即 $Y \sim F(10,5)$.

注 本题主要考查 χ^2 分布和 F 分布的构成.

6.6 应选(C).

解 因 $X \sim N(0,1)$,$Y \sim N(0,1)$,故 $X^2 \sim \chi^2(1)$,$Y^2 \sim \chi^2(1)$,应选(C).

注 本题主要考查 χ^2 分布的构成(如果加条件 X 与 Y 独立,那么4个选项就都正确了). F 分布要求分子与分母相互独立,故不选(D);若 X 与 Y 独立,(B)才是正确的,这是 χ^2 分布的再生性;至于(A),若题目为 (X,Y) 服从二维正态分布(或 X 与 Y 独立,均服从正态分布),这时(A)才正确(这是正态分布在线性变换下的不变性),请仔细理解. 有兴趣的读者可参阅2000年数学四的一道考题.

6.7 应填 $\dfrac{1}{2}$.

解 由题意,$X_1, X_2, \cdots, X_n$ 独立且均服从参数为 2 的指数分布,因此有

$E(X_i) = \dfrac{1}{2}, D(X_i) = \dfrac{1}{4}$，故

$$E(X_i^2) = D(X_i) + (E(X_i))^2 = \frac{1}{4} + \left(\frac{1}{2}\right)^2 = \frac{1}{2} \quad (i = 1, 2, \cdots, n).$$

并且 $X_1^2, X_2^2, \cdots, X_n^2$ 是独立同分布的，故由辛钦大数定律知：$\forall \varepsilon > 0$，有

$$\lim_{n \to \infty} P\left\{\left|\frac{1}{n}\sum_{i=1}^{n} X_i^2 - E(X_1^2)\right| \geqslant \varepsilon\right\} = 0,$$

即 $Y_n \overset{P}{\longrightarrow} \dfrac{1}{2}$ $(n \to \infty)$（这里"$\overset{P}{\longrightarrow}$"表示"依概率收敛于"）. 故填 $\dfrac{1}{2}$.

    注 本题其实主要考查的是辛钦大数定律（本题中由于 $D(X^2)$ 是存在的，所以用切比雪夫大数定律也可）. 只是用到"总体"、"样本"等数理统计的概念，故归入数理统计的题目.

    6.8 应填 σ^2.

    解 由题意知，

$$\frac{1}{\sigma^2}\sum_{i=1}^{n_1}(X_i - \overline{X})^2 \sim \chi^2(n_1), \qquad \frac{1}{\sigma^2}\sum_{j=1}^{n_2}(Y_j - \overline{Y})^2 \sim \chi^2(n_2).$$

而二者相互独立，所以

$$\frac{1}{\sigma^2}\left[\sum_{i=1}^{n_1}(X_i - \overline{X})^2 + \sum_{j=1}^{n_2}(Y_j - \overline{Y})^2\right] \sim \chi^2(n_1 + n_2 - 2),$$

故

$$E\left(\frac{1}{\sigma^2}\left[\sum_{i=1}^{n_1}(X_i - \overline{X})^2 + \sum_{j=1}^{n_2}(Y_j - \overline{Y})^2\right]\right) = n_1 + n_2 - 2,$$

得

$$E\left(\frac{\sum\limits_{i=1}^{n_1}(X_i - \overline{X})^2 + \sum\limits_{j=1}^{n_2}(Y_j - \overline{Y})^2}{n_1 + n_2 - 2}\right) = \sigma^2.$$

    注 本题应加"总体 X 与 Y 相互独立"这一条件，可参阅题 6.1 注的最后一句话的结论.

第七章 参数估计

一、考纲要求

1. 理解参数的点估计、估计量与估计值的概念.
2. 掌握矩估计法(一阶、二阶)和极(最)大似然估计法.
3. 了解估计量的无偏性、有效性(最小方差性)和一致性(相合性)的概念,并会验证估计量的无偏性.
4. 了解区间估计的概念,会求单个正态总体的均值和方差的置信区间.

二、考试重点

1. 点估计的概念、估计量与估计值.
2. 矩估计法、极大似然估计法、估计量的评选标准.
3. 区间估计的概念、单个正态总体均值和方差的区间估计.
4. 两个正态总体的均值差和方差比的区间估计.

三、历年试题分类统计与考点分析

数 学 三

分值 考点 年份	矩估计、极大似然估计	估计量的好坏标准(无偏性、有效性、一致性)	区间估计	合计
1987～1990				
1991	5			5
1992		3		3
1993			3	3

续表

年份 分值 考点	矩估计、极大似然估计	估计量的好坏标准（无偏性、有效性、一致性）	区间估计	合计
1994 ~ 1995				
1996			3	3
1997 ~ 1999				
2000			8	8
2001				
2002	3			3
2003				
2004	13			13
2005		4	4	8
2006	9			9
2007	11			11
2008		11		11
合计	41	18	18	

本章的重点有：矩估计和极大似然估计的求法，而估计量的好坏标准则以无偏性为重点．

常见题型有：由分布求其中参数的矩估计和极大似然估计，正态总体下未知参数的区间估计．其中区间估计与后面的假设检验内容有很多相似之处．而无偏性的验证一般是用期望的性质和定义去求多维随机变量函数的期望．可算作数字特征的知识考点．

四、知 识 概 要

1. 点估计

设总体 X 的分布函数的形式已知，它的一个或多个参数未知，由样本构造的统计量 $\hat{\theta} = \hat{\theta}(X_1, X_2, \cdots, X_n)$ 来估计 θ，称 $\hat{\theta}$ 为 θ 的点估计量；由样本值估计 θ 的值 $\hat{\theta} = \hat{\theta}(x_1, x_2, \cdots, x_n)$，称 $\hat{\theta}$ 为 θ 的估计量．

2. 矩估计法

设总体 X 的概率密度为 $f(x; \theta_1, \theta_2, \cdots, \theta_k)$，其中 $\theta_1, \theta_2, \cdots, \theta_k$ 为待估参

数，$X_1, X_2, \cdots, X_n$ 为 X 的一个样本.

$$\mu_1(\theta_1, \theta_2, \cdots, \theta_k) = \int_{-\infty}^{+\infty} x^l f(x; \theta_1, \theta_2, \cdots, \theta_k) \mathrm{d}x, \quad A_l = \frac{1}{n} \sum_{i=1}^{n} X_i^l,$$

令

$$\begin{cases} \hat{\mu}_1(\theta_1, \theta_2, \cdots, \theta_k) = A_1, \\ \hat{\mu}_2(\theta_1, \theta_2, \cdots, \theta_k) = A_2, \\ \cdots, \\ \hat{\mu}_k(\theta_1, \theta_2, \cdots, \theta_k) = A_k. \end{cases}$$

从这 k 个方程中解出 $\hat{\mu}_1, \hat{\mu}_2, \cdots, \hat{\mu}_k$ 分别作为 $\theta_1, \theta_2, \cdots, \theta_k$ 的估计量，这种由样本估计总体参数的方法称为参数的矩估计法. 由矩估计法得到的估计量称为矩估计量.

3. 极(最)大似然估计

设总体 X 的密度为 $f(x; \theta_1, \theta_2, \cdots, \theta_k)$，$\theta_1, \theta_2, \cdots, \theta_k$ 为待估参数，$x_1, x_2, \cdots, x_n$ 为样本 $X_1, X_2, \cdots, X_n$ 的观察值，称样本 $X_1, X_2, \cdots, X_n$ 的联合概率密度

$$L(\theta_1, \theta_2, \cdots, \theta_k) = \prod_{i=1}^{n} f(x_i; \theta_1, \theta_2, \cdots, \theta_k)$$

为样本 $X_1, X_2, \cdots, X_n$ 的似然函数.

若似然函数 $L(\theta) = L(\theta_1, \theta_2, \cdots, \theta_k)$（其中 $\theta = (\theta_1, \theta_2, \cdots, \theta_k)$）在 $(\hat{\theta}_1, \hat{\theta}_2, \cdots, \hat{\theta}_k)$ 使

$$L(\hat{\theta}) = \max_{\hat{\theta}_1, \hat{\theta}_2, \cdots, \hat{\theta}_k} L(\hat{\theta}_1, \hat{\theta}_2, \cdots, \hat{\theta}_k),$$

则称 $\hat{\theta}_1, \hat{\theta}_2, \cdots, \hat{\theta}_k$ 为参数 $\theta_1, \theta_2, \cdots, \theta_k$ 的极(最)大似然估计量.

求极(最)大似然估计量 $\hat{\theta}$ 的步骤：第一步，写出似然函数 $L(\theta) = \prod_{i=1}^{n} f(x_i; \theta_1, \theta_2, \cdots, \theta_k)$；第二步，对似然函数两边取对数：

$$\ln L(\theta) = \sum_{i=1}^{n} \ln f(x_i; \theta_1, \theta_2, \cdots, \theta_k);$$

第三步，解方程组

$$\frac{\partial \ln L(\theta)}{\partial \theta_i} = 0 \quad (i = 1, 2, \cdots, k),$$

即得参数的极(最)大似然估计值 $\hat{\theta}_1, \hat{\theta}_2, \cdots, \hat{\theta}_k$. 将估计值中 x_i 代之以样本 $X_i (i = 1, 2, \cdots, n)$，即得参数的极(最)大似然估计量.

设 X 为离散型总体，X 的概率分布为 $P\{X = x\} = P\{x; \theta_1, \theta_2, \cdots, \theta_k\}$,

$x_1,x_2,\cdots,x_n$ 是样本 $X_1,X_2,\cdots,X_n$ 的观察值,则样本的似然函数为

$$L(\theta) = \prod_{i=1}^{n} P(x_i;\theta_1,\theta_2,\cdots,\theta_k),$$

其参数 $\theta_1,\theta_2,\cdots,\theta_k$ 的极大似然估计的其他步骤与连续型总体类似.

4. 估计量的评选标准

无偏性 设 $\hat{\theta}$ 为 θ 的估计量,若 $E(\hat{\theta})=\theta$,则称 $\hat{\theta}$ 为 θ 的无偏估计量.

有效性 设 $\hat{\theta}_1,\hat{\theta}_2$ 是 θ 的两个无偏估计量,若有 $D(\hat{\theta}_1) < D(\hat{\theta}_2)$,则称 $\hat{\theta}_1$ 为比 $\hat{\theta}_2$ 有效的估计量,如果在 θ 的一切估计量中,$\hat{\theta}_1$ 的方差最小,则称 $\hat{\theta}_1$ 为 θ 的最小方差估计.

一致性 设 $\hat{\theta}$ 为未知参数 θ 的估计量,若对于任意的 $\varepsilon > 0$,有

$$\lim_{n\to\infty} P\{|\hat{\theta}-\theta| < \varepsilon\} = 1,$$

则称 $\hat{\theta}$ 为 θ 的一致估计量(或相合估计量).

当一个估计量 $\hat{\theta}$ 的方差 $D(\hat{\theta})$ 等于它的下界,即

$$D(\hat{\theta}) = \frac{1}{nE\left(\dfrac{\partial \ln f(x,\theta)}{\partial \theta}\right)^2}$$

时,则称估计量 $\hat{\theta}$ 为 θ 的达到方差下界的估计量,或称为 θ 的有效估计量.

设总体 $X \sim N(\mu,\sigma^2)$,μ,σ^2 未知,$X_1,X_2,\cdots,X_n$ 为 X 的一个简单随机样本,则样本均值 $\overline{X} = \dfrac{1}{n}\sum_{i=1}^{n}X_i$ 是 μ 的无偏、一致、有效估计量,样本方差 $S^2 = \dfrac{1}{n-1}\sum_{i=1}^{n}(X_i-\overline{X})^2$ 是 σ^2 的无偏、一致估计量,统计中总体均值 μ 和方差 σ^2 主要以它们作为估计量.

5. 区间估计

置信区间与置信度 设 θ 为总体 X 的未知参数,$\underline{\theta}$ 与 $\overline{\theta}$ 为随机样本 $X_1,X_2,\cdots,X_n$ 的统计量,对于给定值 $\alpha(0 < \alpha < 1)$ 满足

$$P\{\underline{\theta} < \theta < \overline{\theta}\} = 1-\alpha,$$

称 $1-\alpha$ 为置信度,$(\underline{\theta},\overline{\theta})$ 为 θ 的置信度为 $1-\alpha$ 的置信区间.

(1) 正态总体 $N(\mu,\sigma^2)$ 的期望 μ 的区间估计

$X_1,X_2,\cdots,X_n$ 为来自 $X \sim N(\mu,\sigma^2)$ 的样本.

① σ^2 已知,置信度为 $1-\alpha$. 样本函数

$$U = \frac{\overline{X} - \mu}{\sigma / \sqrt{n}} \sim N(0,1).$$

由 $P\{|U| < u_\alpha\} = 1 - \alpha$，其中 u_α 满足 $\Phi(u_\alpha) = 1 - \frac{\alpha}{2}$，查标准正态分布表，确定 u_α，从而得参数 μ 的置信度为 $1 - \alpha$ 的置信区间

$$\left(\overline{X} - \frac{\sigma}{\sqrt{n}} u_\alpha, \overline{X} + \frac{\sigma}{\sqrt{n}} u_\alpha \right).$$

② σ^2 未知，样本函数

$$T = \frac{\overline{X} - \mu}{S / \sqrt{n}} \sim t(n-1).$$

由 $P\{|T| < t_{\alpha/2}\} = 1 - \alpha$，查自由度为 $n-1$ 的 t 分布表，确定 $t_{\alpha/2}$，从而得 μ 的置信度为 $1 - \alpha$ 的置信区间

$$\left(\overline{X} - \frac{S}{\sqrt{n}} t_\alpha, \overline{X} + \frac{S}{\sqrt{n}} t_\alpha \right),$$

其中 $S = \sqrt{\dfrac{1}{n-1} \sum\limits_{i=1}^{n} (X_i - \overline{X})^2}$.

（2） 正态总体 $N(\mu, \sigma^2)$ 的方差 σ^2 的区间估计

① μ 已知，样本函数

$$\chi^2 = \sum_{i=1}^{n} \frac{(X_i - \mu)^2}{\sigma^2} \sim \chi^2(n).$$

由 $P\{\chi^2 > \chi^2_{1-\alpha/2}\} = 1 - \frac{\alpha}{2}$，$P\{\chi^2 > \chi^2_{\alpha/2}\} = \frac{\alpha}{2}$，查自由度为 n 的 χ^2 分布表，确定 $\chi^2_{1-\alpha/2}$ 与 $\chi^2_{\alpha/2}$，从而得置信度为 $1 - \alpha$ 的 σ^2 的置信区间

$$\left(\frac{\sum\limits_{i=1}^{n} (X_i - \mu)^2}{\chi^2_{\alpha/2}}, \frac{\sum\limits_{i=1}^{n} (X_i - \mu)^2}{\chi^2_{1-\alpha/2}} \right).$$

② μ^2 未知，样本函数

$$\chi^2 = \frac{n-1}{\sigma^2} S^2 \sim \chi^2(n-1).$$

由 $P\{\chi^2 > \chi^2_{\alpha/2}\} = \frac{\alpha}{2}$，$P\{\chi^2 > \chi^2_{1-\alpha/2}\} = 1 - \frac{\alpha}{2}$，查自由度为 $n-1$ 的 χ^2 分布表，确定 $\chi^2_{\alpha/2}$ 与 $\chi^2_{1-\alpha/2}$，从而得 σ^2 的置信区间（置信度为 $1 - \alpha$）为

$$\left(\frac{(n-1)S^2}{\chi^2_{\alpha/2}}, \frac{(n-1)S^2}{\chi^2_{1-\alpha/2}} \right).$$

（3） 两个正态总体的均值差与方差比的区间估计

设 $X \sim N(\mu_1, \sigma_1^2)$ 与 $Y \sim N(\mu_2, \sigma_2^2)$ 相互独立. $X_i (i = 1, 2, \cdots, n_1)$，

$Y_j (j = 1, 2, \cdots, n_2)$ 为分别来自 X, Y 的随机样本.

① σ_1^2, σ_2^2 已知，求 $\mu_1 - \mu_2$ 的 $1 - \alpha$ 置信区间

取样本函数

$$U = \frac{(\overline{X} - \overline{Y}) - (\mu_1 - \mu_2)}{\sqrt{\dfrac{\sigma_1^2}{n_1} + \dfrac{\sigma_2^2}{n_2}}} \sim N(0, 1).$$

$\mu_1 - \mu_2$ 的 $1 - \alpha$ 置信区间为

$$\left(\overline{X} - \overline{Y} - u_\alpha \sqrt{\frac{\sigma_1^2}{n_1} + \frac{\sigma_2^2}{n_2}}, \overline{X} - \overline{Y} + u_\alpha \sqrt{\frac{\sigma_1^2}{n_1} + \frac{\sigma_2^2}{n_2}} \right),$$

分位数 u_α 由 $\Phi(u_\alpha) = 1 - \dfrac{\alpha}{2}$ 查得.

② σ_1^2, σ_2^2 未知，但已知 $\sigma_1^2 = \sigma_2^2 = \sigma^2$，求 $\mu_1 - \mu_2$ 的 $1 - \alpha$ 置信区间

取样本函数

$$T = \frac{(\overline{X} - \overline{Y}) - (\mu_1 - \mu_2)}{S_w \sqrt{\dfrac{1}{n_1} + \dfrac{1}{n_2}}} \sim t(n_1 + n_2 - 2).$$

$\mu_1 - \mu_2$ 的 $1 - \alpha$ 置信区间为

$$\left(\overline{X} - \overline{Y} - t_{\alpha/2} S_w \sqrt{\frac{1}{n_1} + \frac{1}{n_2}}, \overline{X} - \overline{Y} + t_{\alpha/2} S_w \sqrt{\frac{1}{n_1} + \frac{1}{n_2}} \right),$$

分位数 $t_{\alpha/2}$ 由 $P\{|T| > t_{\alpha/2}(n_1 + n_2 - 2)\} = \alpha$ 查得.

③ 求方差比 σ_1^2 / σ_2^2 的 $1 - \alpha$ 置信区间

样本函数

$$F = \frac{S_1^2 / S_2^2}{\sigma_1^2 / \sigma_2^2} \sim F(n_1 - 1, n_2 - 1).$$

σ_1^2 / σ_2^2 的 $1 - \alpha$ 置信区间为

$$\left(\frac{1}{F_{\alpha/2}(n_1 - 1, n_2 - 1)} \cdot \frac{S_1^2}{S_2^2}, F_{\alpha/2}(n_2 - 1, n_1 - 1) \cdot \frac{S_1^2}{S_2^2} \right).$$

五、考研题型的应试方法与技巧

题型1　点估计

1° 矩估计

矩估计法计算较简便具体、直观(但要求总体相应矩存在)，矩估计的中心环节是"替代"，即用样本矩直接替换总体矩，从而通常直接得到参数的

（矩）估计量. 求矩估计量主要包括三个步骤：① 求总体矩；② 用对应样本矩替代总体矩；③ 解出参数（即为所求的矩估计量）.（对于连续型）其计算的主体（部分）是求定积分，而前提（基础）是知其总体 X 的概率分布.

求未知参数的矩估计时，若未知参数仅有一个，则用一阶样本原点矩 $\overline{X}$ 去替代一阶总体原点矩 $E(X)$，便可求得其矩估计；若未知参数有两个，通常是用一、二阶样本原点矩 $E(X^k)=\dfrac{1}{n}\sum\limits_{i=1}^{n}X_i^k\ (k=1,2)$ 去替代一、二阶总体原点矩 $E(X),E(X^2)$ 算出有关参数的矩估计；亦可利用二阶样本中心矩 S_n^2 替代二阶总体中心矩 $D(X)$，再与前面两个等式联立求解，从而得出有关参数的矩估计. 因为 $\overline{X},\dfrac{1}{n}\sum\limits_{i=1}^{n}X_i^2$ 与 S_n^2 有如下关系：

$$S_n^2 = \frac{1}{n}\sum_{i=1}^{n}X_i^2 - \overline{X}^2.$$

而求方差 σ^2 的矩估计时，利用 S_n^2 或样本方差 S^2 作替代皆可. 另外，求一阶总体原点矩 $E(X)$（数学期望）及二阶总体中心矩 $D(X)$（方差）时，若总体 X 为常见的分布，应注意直接利用有关结果.

例1 设某人作重复射击，每次击中目标的概率为 p，不中的概率为 $1-p$. 若他在第 X 次射击时，首先击中目标. 现以该 X 为总体，并从中抽取简单随机样本 $(X_1,X_2,\cdots,X_n)$. 试求未知参数 p 的矩估计量.

解 依题意，可知 X 服从参数为 p 的几何分布，其分布律为 $P\{X=k\}=p(1-p)^{k-1}\ (k=1,2,\cdots)$. 因为

$$E(X) = \sum_{k=1}^{\infty}kp(1-p)^{k-1} = p\left(-\sum_{k=1}^{\infty}(1-p)^k\right)_p' = \frac{1}{p},$$

故令 $E(X)=\overline{X}$，即 $\dfrac{1}{p}=\overline{X}$，从而知 p 的矩估计量为 $\hat{p}=\dfrac{1}{\overline{X}}$.

注 对于实际问题，应先求出概率分布，然后再进行相应估计. 对于常用分布的总体的数学期望与方差，则可直接写出.

例2 设总体 X 的密度函数为

$$f(x,\theta) = \begin{cases} \dfrac{2(\theta-x)}{\theta^2}, & 0<x<\theta; \\ 0, & \text{其他}. \end{cases}$$

又设 $X_1,X_2,\cdots,X_n$ 来自总体 X 的样本，求 θ 的矩估计.

解 由于

$$E(X) = \int_0^\theta x\cdot f(x,\theta)\,\mathrm{d}x = \int_0^\theta x\cdot\frac{2(\theta-x)}{\theta^2}\,\mathrm{d}x = \frac{\theta}{3},$$

即 $\theta = 3E(X)$，因此，令 $E(X) = \overline{X}$，可得 θ 的矩估计 $\hat{\theta} = 3\overline{X}$.

$2°$　极大似然估计

极大似然估计法，在某种意义下是比顺序统计法与矩估计法更好的估计方法，尽管并非所有待求参数都能求得极大似然估计量. 计算极大似然估计量，亦可概括为三个步骤：

① 写出似然函数；

② 取对数（写出对数似然函数）；

③ 解方程（或方程组），求出参数的极大似然估计.

其计算的主体部分是求导数（或偏导数），而前提仍是知其总体的概率分布. 与一般矩估计的结果不同，极大似然估计首先得到的是有关未知参数的估计值，而不是估计量. 因为运用极大似然估计法，需对（对数）似然函数求导数，从而包含未知参数的似然函数表达式只能用子样的观察值表出. 有鉴于此，我们务必注意以下问题：

① 似然函数中的字母只能小写（不能大写），如
$$L(\theta) = L(x_1, x_2, \cdots, x_n; \theta);$$

② 若要求极大似然估计量，最后宜将所得参数表达式中的小写字母改为大写字母，如将 $\hat{\theta} = \overline{x}$ 改为 $\hat{\theta} = \overline{X}$；

③ 当对极大似然估计进行评价时，也应将小写字母改为大写字母（即将估计值改为估计量）. 因为常数的数学期望等于自身，而常数的方差为零（因为估计值通常表示一个常数）.

例3　设总体 $X \sim B(l, p)$，其中 p 为未知参数；$X_1, X_2, \cdots, X_n$ 为来自总体 X 的一个样本，求 p 的极大似然估计量 $\hat{p}$.

解　设 $x_1, x_2, \cdots, x_n$ 是相应于样本 $X_1, X_2, \cdots, X_n$ 的一个样本值. 总体 X 的概率函数为
$$f(x; p) = P\{X = x\} = C_l^x p^x (1-p)^{l-x} \quad (x = 0, 1, \cdots, l),$$
故参数 p 的似然函数为
$$L(p) \triangleq L(x_1, x_2, \cdots, x_n; p) = \prod_{i=1}^{n} C_l^{x_i} p^{x_i} (1-p)^{l-x_i}$$
$$= \left(\prod_{i=1}^{n} C_l^{x_i} \right) \cdot p^{\sum_{i=1}^{n} x_i} \cdot (1-p)^{\sum_{i=1}^{n}(l-x_i)};$$
而
$$\ln L(p) = \sum_{i=1}^{n} \ln C_l^{x_i} + \ln p \cdot \sum_{i=1}^{n} x_i + \ln(1-p) \cdot \sum_{i=1}^{n}(l-x_i).$$
令

$$\frac{\mathrm{d} \ln L(p)}{\mathrm{d}p} = \frac{1}{p}\sum_{i=1}^{n}x_i - \frac{1}{1-p}\sum_{i=1}^{n}(l-x_i) = 0,$$

解得 p 的极大似然估计值为 $\hat{p} = \frac{1}{ln}\sum_{i=1}^{n}x_i$，即 p 的极大似然估计量为 $\hat{p} = \frac{\overline{X}}{l}$.

注 由 $X \sim B(l,p)$，知 $E(X) = lp$，从而得 p 的矩估计量为 $\hat{p} = \frac{\overline{X}}{l}$. 可见，二项分布中参数 p 的矩估计与极大似然估计相同.

例 4 设总体 X 概率密度为

$$f(x;\lambda) = \begin{cases} \lambda a x^{\alpha-1} \mathrm{e}^{-\lambda x^{\alpha}}, & x > 0; \\ 0, & x \leqslant 0, \end{cases}$$

其中 $\lambda > 0$ 是未知参数，$\alpha > 0$ 是已知常数. 试根据来自总体 X 的简单随机样本 $X_1, X_2, \cdots, X_n$，求 λ 的极大似然估计量 $\hat{\lambda}$.

解 似然函数为

$$L(\lambda) = \prod_{i=1}^{n} \lambda a x_i^{\alpha-1} \mathrm{e}^{-\lambda x_i^{\alpha}} = (\lambda a)^n \left(\prod_{i=1}^{n} x_i^{\alpha-1} \right) \exp\left\{-\lambda \sum_{i=1}^{n} x_i^{\alpha}\right\}.$$

取对数，得

$$\ln L(\lambda) = n\ln\lambda + n\ln a + \sum_{i=1}^{n}\ln x_i^{\alpha-1} - \lambda\sum_{i=1}^{n}x_i^{\alpha-1}.$$

令 $\frac{\mathrm{d}\ln L(\lambda)}{\mathrm{d}\lambda} = \frac{n}{\lambda} - \sum_{i=1}^{n}x_i^{\alpha} = 0$，解得 λ 的极大似然估计量 $\hat{\lambda} = \dfrac{n}{\sum\limits_{i=1}^{n}X_i^{\alpha}}$.

3° 估计量的评选标准

采用不同估计方法得到的估计量，一般是不尽相同的. 原则上，任何统计量都可以作为未知参数的估计量. 人们通常从三个不同角度研究点估计的优良性质，因而相应提出三个评价标准：无偏性、有效性与一致（相合）性. 从计算角度讲，无偏性与有效性实际上是数学期望与方差的计算问题. 由于这两个概念本身就含有一种"筛选层级"关系，所以有效性当以无偏性为（前提条件）基础. 即如果其估计量不为无偏估计，也就无有效性可言了. 不过，有偏估计量可"修正"为无偏估计量. 比如，$\hat{\theta}$ 为 θ 的渐近无偏估计量（即 $\lim\limits_{n\to\infty}E(\hat{\theta}) = \lim\limits_{n\to\infty}g(n)\theta = \theta$). 若令 $\hat{\theta}_1 = \dfrac{\hat{\theta}}{g(n)}$，那么就有 $E(\hat{\theta}_1) = \theta$，即 $\hat{\theta}_1$ 便成为 θ 的一个无偏估计量. 从而，这个经"改造"得到的新的无偏估计量，便可以与 θ 的其他无偏估计量（如果存在的话）比较有效性了（用极大似然估计法求得的估计量，具有一致性与有效性；即使不具无偏性，也常常能"修正"

233

为无偏估计量). 在具体计算时, 要特别注意子样 $X_1, X_2, \cdots, X_n$ 相互独立, 且同分布于总体这一简单随机样本的特性, 并用好数学期望与方差的运算规则(性质); 如

$$E\left(\sum_{i=1}^{n} X_i^k\right) = \sum_{i=1}^{n} E(X_i^k) = \sum_{i=1}^{n} E(X^k) = nE(X^k),$$

$$E(X_i^2) = D(X_i) + (E(X_i))^2 = D(X) + (E(X))^2$$
$$= \sigma^2 + \mu^2,$$

$$D(X_1 + X_2 + \cdots + X_n) = D(X_1) + D(X_2) + \cdots + D(X_n)$$
$$= nD(X) = n\sigma^2,$$

等等.

至于估计量的一致(相合)性, 与其无偏性与有效性之间没有什么直接关联. 但若其估计具有无偏性, 且其方差为样本容量趋于无穷时趋于零, 则此估计量即为一致估计量. 这由切比雪夫不等式与一致性定义便可立知. 当然, 判定估计量的一致性, 还可利用大数定律. 而这往往是在利用切比雪夫不等式判定较困难时选用. 但就一致估计自身来说, 却有一个简而有用的性质 —— 不变性. 即若 $\hat{\theta}$ 为 θ 的一致估计量, $g(\theta)$ 为连续函数, 则 $g(\hat{\theta})$ 亦为 $g(\theta)$ 的一致估计量(而无偏估计却不具此性质).

例5 设 X_1, X_2 为来自正态总体 $N(\mu, 1)$ (μ 未知)的一个样本, 试判定下列 4 个统计量的无偏性, 并确定参数 μ 的最有效统计量:

$$\hat{\mu}_1 = \frac{2X_1}{3} + \frac{X_2}{3}, \quad \hat{\mu}_2 = \frac{X_1}{4} + \frac{3X_2}{4},$$

$$\hat{\mu}_3 = \frac{X_1}{2} + \frac{X_2}{2}, \quad \hat{\mu}_4 = \frac{X_1}{5} + \frac{2X_2}{5}.$$

解 因为 $E(X_i) = \mu$ ($i = 1, 2$), 所以由数学期望的性质, 可得

$$E(\hat{\mu}_1) = E\left(\frac{2X_1}{3} + \frac{X_2}{3}\right) = \frac{2E(X_1)}{3} + \frac{E(X_2)}{3}$$

$$= \frac{2\mu}{3} + \frac{\mu}{3} = \mu,$$

$$E(\hat{\mu}_2) = \frac{\mu}{4} + \frac{3\mu}{4} = \mu, \quad E(\hat{\mu}_3) = \frac{\mu}{2} + \frac{\mu}{2} = \mu,$$

$$E(\hat{\mu}_4) = \frac{\mu}{5} + \frac{2\mu}{5} = \frac{3\mu}{5}.$$

从而, 知 $\hat{\mu}_1, \hat{\mu}_2$ 及 $\hat{\mu}_3$ 为 μ 的无偏估计量(而 $\hat{\mu}_4$ 为 μ 的有偏估计量).

由于 $D(X_i) = 1$ ($i = 1, 2$), 且 X_1 与 X_2 相互独立, 因此利用方差的性质, 有

$$D(\hat{\mu}_1) = D\left(\frac{2X_1}{3} + \frac{X_2}{3}\right) = \frac{4D(X_1)}{9} + \frac{D(X_2)}{9}$$

$$= \frac{4}{9} + \frac{1}{9} = \frac{5}{9},$$

$$D(\hat{\mu}_2) = \frac{D(X_1)}{16} + \frac{9D(X_2)}{16} = \frac{5}{8},$$

$$D(\hat{\mu}_3) = \frac{D(X_1)}{4} + \frac{D(X_2)}{4} = \frac{1}{2}.$$

显知，$D(\hat{\mu}_3) < D(\hat{\mu}_1) < D(\hat{\mu}_2)$，故 $\hat{\mu}_3$ 为 μ 的最有效估计.

注 显然，我们没去计算 $\hat{\mu}_4$ 的方差 $D(\hat{\mu}_4)$（尽管 $D(\hat{\mu}_4) = \frac{1}{5}$ 比另外三个估计量 $\hat{\mu}_i$ 的方差皆小）. 原因是评价估计量的有效性，必须以其无偏性为前提条件，今已知其 $\hat{\mu}_4$ 为 μ 的有偏估计，从而就失去了评选有效性的"资格"（即无有效性可言）了. 对此，我们务必牢记！

例6 设总体 X 服从参数为 λ 的泊松分布，λ 的估计量为 $\overline{X}$，试证：$\overline{X}$ 为 λ 的一致估计量.

证 利用切比雪夫不等式证之. 因为

$$P\{|\overline{X} - \lambda| \geqslant \varepsilon\} = P\{|\overline{X} - E(\overline{X})| \geqslant \varepsilon\} \leqslant \frac{D(\overline{X})}{\varepsilon^2} = \frac{\sigma^2}{n\varepsilon^2},$$

所以 $\lim_{n \to \infty} P\{|\overline{X} - \lambda| \geqslant \varepsilon\} = 0$. 故 $\overline{X}$ 为 λ 的一致估计.

注 若 $\hat{\sigma}$ 为 σ 的无偏估计，且 $D(\hat{\sigma}) \to 0 \ (n \to \infty)$，则 $\hat{\sigma}$ 为 σ 的一致估计.

4° 综合类型

极（最）大似然估计法，通常是通过考查对数似然函数的极值点，来确定有关参数的极大似然估计. 但这并非总是可能的，因为有的（对数）似然函数不存在静止点. 对于这种情形，就得按极大似然函数的定义分析确定. 而此时，我们应将样本 $x_i (1 \leqslant i \leqslant n)$ 的取值范围置于优先的地位考虑（"条件优先"原则）. 否则，就可能发生这种情况，使得似然函数取得极大的样本值却并非来自该总体. 对未知参数的函数形式，不论是对其进行矩估计，还是进行极大似然估计，皆可利用其相应性质：若 $\hat{\theta}$ 为 θ 的矩估计，而 $g(\theta)$ 为连续函数，则 $g(\hat{\theta})$ 为 $g(\theta)$ 的矩估计. 如果 $\hat{\theta}$ 为 θ 的极大似然估计，而 $g(\theta)$ 为单调函数，则 $g(\hat{\theta})$ 为 $g(\theta)$ 的极大似然估计.

例7 假设随机变量 X 在数集 $\{0, 1, 2, \cdots, N\}$ 上有等可能分布，求 N 的最大似然估计量.

解 这里 N 是所要估计的未知参数. 随机变量 X 的概率函数为 $f(x|N) = \frac{1}{N+1} \ (x = 0, 1, \cdots, N)$. 参数 N 的似然函数为

$$L(N) = \prod_{i=1}^{n} f(X_i \mid N) = \begin{cases} \dfrac{1}{(N+1)^n}, & \max\{X_1, X_2, \cdots, X_n\} \leqslant N; \\ 0, & \max\{X_1, X_2, \cdots, X_n\} > N. \end{cases}$$

因不能对 N 求导，故我们直接求 $L(N)$ 的最大值. 显见 $L(N)$ 随着 N 的减小而增大. 若记 $\hat{N} = \max\{X_1, X_2, \cdots, X_n\}$，那么当 $N < \hat{N}$ 时，$L(N) = 0$；而当 $N > \hat{N}$ 时，$L(N) < L(\hat{N})$. 从而，当 $N = \hat{N}$ 时，$L(N)$ 达到最大值. 即 $\hat{N}$ 就是参数 N 的最大似然估计量.

例 8 设总体 X 的数学期望及方差分别为 $E(X) = e^{\mu + \frac{\sigma^2}{2}}$，$D(X) = (e^{\sigma^2} - 1)e^{2\mu + \sigma^2}$. 试求参数 μ, σ^2 的矩估计量.

解 将数学期望 $E(X)$ 及方差 $D(X)$ 分别用 $\overline{X}$ 与（未修正）样本方差 $S_n^2 \left(= \dfrac{1}{n} \sum_{i=1}^{n} (X_i - \overline{X})^2 \right)$ 替代，即得关于 μ 及 σ^2 的矩估计量 $\hat{\mu}$ 及 $\hat{\sigma}^2$ 的方程组

$$\overline{X} = e^{\hat{\mu} + \frac{\hat{\sigma}^2}{2}}, \quad S_n^2 = (e^{\hat{\sigma}^2} - 1)e^{2\hat{\mu} + \hat{\sigma}^2}.$$

取对数得 $\hat{\mu} + \dfrac{\hat{\sigma}^2}{2} = \ln \overline{X}$，即 $2\hat{\mu} + \hat{\sigma}^2 = \ln \overline{X}^2$. 代入上式，解关于 $\hat{\mu}$ 及 $\hat{\sigma}^2$ 的方程组，可得 μ 及 σ^2 的矩估计量：

$$\hat{\mu} = \ln \frac{\overline{X}^2}{\sqrt{S_n^2 + \overline{X}^2}}, \quad \hat{\sigma} = \ln\left(1 + \frac{S_n^2}{\overline{X}^2}\right).$$

例 9 已知一批零件的使用寿命 X 服从正态分布 $N(\mu, \sigma^2)$. 假设零件使用寿命大于 960 小时的为一级品. 从这批零件中随机地抽取 15 个，测得它们的寿命（单位：小时）为

    1 050，930，960，980，950，1 120，990，1 000，
    970，1 300，1 050，980，1 150，940，1 100.

求这批零件一级品率的最大似然估计值.

解 该批零件的一级品率为

$$p = P\{X > 960\} = P\left\{ \frac{X - \mu}{\sigma} > \frac{960 - \mu}{\sigma} \right\} = 1 - \Phi\left(\frac{960 - \mu}{\sigma} \right).$$

由于正态总体 $N(\mu, \sigma^2)$ 中未知参数 μ 和 σ 的最大似然估计值为

$$\hat{\mu} = \overline{x} = 1\,031.33, \quad \hat{\sigma} = \sqrt{\frac{1}{n} \sum_{i=1}^{n} (x_i - \overline{x})^2} = 97.15,$$

根据最大似然估计的性质，可知零件一级品率的最大似然估计值为

$$\hat{p} = 1 - \Phi\left(\frac{960 - \hat{\beta}}{\hat{\sigma}} \right) = 1 - \Phi\left(\frac{960 - 1\,031.33}{97.15} \right)$$

$$= \Phi(0.73) = 0.767\,3.$$

题型 2　区间估计

区间估计(一般)是用所给样本去估计未知参数的取值区间,其区间端点之值(上、下限)与样本容量、置信水平及统计量的观察值等相关联,进行区间估计,通常应注意三个方面的问题:① 确定一个与待估未知参数相关的良好点估计(通常用其极大似然估计值);② 选好一个包含点估计与待估参数(但不能含有其他未知参数)且服从某一分布的统计量;③ 给出一个适宜的置信水平(若是实际问题). 当然,从计算角度讲,还得确认一些问题:估计什么参数? 双侧还是单侧? 自由度应为什么? 等等.

由区间估计的评价要素我们知道,评价一个点估计的"优良性"有三个"标准". 而评价一个区间估计的优劣也有两个因素:一个是精确度(即误差大小程度),另一个是可靠程度(即置信度 $1-\alpha$). 其精确度可用区间长度 $\overline{Q}-Q$ 来刻画,而长度越大,则精确度越低;而可靠程度,则可以由相关概率 $P\{Q_1<Q<Q_2\}=1-\alpha$ (置信度)来衡量,其概率愈大(即置信度愈大),则可靠程度便愈高. 一般说来,在样本容量 n 确定的情形下,精确度与可靠程度(即置信度)是此消彼长而彼此矛盾的关系. 这也是人们为什么在置信水平 $1-\alpha$ 确定情形下,当 $X\sim N(\mu,\sigma^2)$,σ^2 已知,对 μ 进行双侧区间估计时,宜选 $P\{|U|<z_{\alpha/2}\}=1-\alpha$,而不去选 $P\{z_{\alpha_1}<U<z_{\alpha-\alpha_1}\}=1-\alpha$ 的缘由,因为前者对应的区间长度最短(当 α 确定时),即在置信度一定的前提下,其精确度最高. 通常人们皆是在保证满足一定可靠度(置信度)的条件下,通过增加样本容量,尽可能地提高精确度(即缩小误差).

1° 单个正态总体的情形

均值 μ 的区间估计:(i) σ^2 已知;(ii) σ^2 未知.

方差 σ^2 的区间估计:(i) μ 已知;(ii) μ 未知.

例 10　已知某种材料的抗压强度为 $X\sim N(\mu,\sigma^2)$,现随机地抽取 16 个试件进行抗压试验,测得数据如下(单位:10^5 Pa):

$$506,508,499,503,504,510,497,512,$$
$$514,505,493,496,506,502,509,496.$$

(1) 求平均抗压强度 μ 的点估计值.

(2) 若已知 $\sigma=6$,求 μ 的 95% 的置信区间.

(3) 求平均抗压强度 μ 的 95% 的置信区间.

解　(1) $\hat{\mu}=\bar{x}=\dfrac{1}{16}\sum_{i=1}^{16}x_i=\dfrac{1}{16}(506+508+\cdots+496)=503.75.$

(2) 已知 $\sigma = 6$，关于 μ 的区间估计应选择随机变量 $U = \dfrac{\sqrt{n}(\overline{X} - \mu)}{\sigma}$. 从而，由 $P\{|U| < z_{0.05/2}\} = 0.95$，可得置信区间 $\left(\overline{X} - \dfrac{\sigma z_{\alpha/2}}{\sqrt{n}}, \overline{X} + \dfrac{\sigma z_{\alpha/2}}{\sqrt{n}}\right)$. 因 $n = 16$，$z_{0.025} = 1.96$，故可知

$$\frac{\sigma z_{0.025}}{\sqrt{n}} = \frac{6 \times 1.96}{\sqrt{16}} = 2.94.$$

从而所求置信区间为 $(500.81, 506.69)$.

(3) 由于 σ 未知，故选用随机变量 $T = \dfrac{\sqrt{n}(\overline{X} - \mu)}{S}$. 而相应置信区间为

$$\left(\overline{X} - \frac{S}{\sqrt{n}}t_{\alpha/2}(n-1), \overline{X} + \frac{S}{\sqrt{n}}t_{\alpha/2}(n-1)\right).$$

由样本观测值，可得 $S = 6.2022$，且易通过查表知 $t_{0.025}(15) = 2.1315$. 于是，有

$$\frac{St_{0.025}(15)}{\sqrt{n}} = \frac{6.2022 \times 2.1315}{\sqrt{16}} = 3.305.$$

因此所求置信区间为 $(500.45, 50\,705)$.

2° 两个正态总体的情形

$\mu_1 - \mu_2$ 的区间估计：(i) σ_1^2 与 σ_2^2 已知；(ii) $\sigma_1^2 = \sigma_2^2 = \sigma^2$，未知.

方差比 σ_1^2/σ_2^2 的区间估计：(i) μ_1 及 μ_2 已知；(ii) μ_1 及 μ_2 未知.

例 11 设两个总体 X, Y 相互独立，$X \sim N(\mu, 64)$，$Y \sim N(\mu_2, 36)$，从 X 中取出 $n_1 = 75$ 的样本，求得 $\overline{x} = 82$；从 Y 中取出 $n_2 = 50$ 的样本，求得 $\overline{y} = 76$. 试求 $\mu_1 - \mu_2$ 的 96% 的置信区间.

解 这是两个正态总体在 σ_1^2, σ_2^2 已知的情况下，对均值差 $\mu_1 - \mu_2$ 作区间估计. 置信度为 $1 - \alpha$ 的置信区间为

$$[(\overline{x} - \overline{y}) - \delta, (\overline{x} - \overline{y}) + \delta],$$

其中 $\delta = z_{\alpha/2}\sqrt{\dfrac{\sigma_1^2}{n_1} + \dfrac{\sigma_2^2}{n_2}}$. 由于 $1 - \alpha = 0.96$，$\alpha = 0.04$，$\dfrac{\alpha}{2} = 0.02$；

$$z_{\alpha/2} = z_{0.02} \approx 2.054, \quad \delta = 2.054 \times \sqrt{\frac{64}{75} + \frac{36}{50}} \approx 2.58;$$

$$\overline{x} - \overline{y} = 82 - 76 = 6.$$

故 $\mu_1 - \mu_2$ 的置信区间为 $(6 - 2.58, 6 + 2.58) = (3.42, 8.58)$.

例 12 两总体 X, Y 相互独立，$X \sim N(\mu_1, \sigma_1^2)$，$Y \sim N(\mu_2, \sigma_2^2)$，分别取 $n_1 = 25$，$n_2 = 16$ 的简单随机样本，算出 $s_1^2 = 63.96$，$s_2^2 = 49.05$. 试求两总

体方差比 σ_1^2/σ_2^2 的 98% 的置信区间.

解 这是两个正态总体在 μ_1, μ_2 都未知的情况下, 求方差比 σ_1^2/σ_2^2 置信度为 $1-\alpha$ 的置信区间:

$$\left(\frac{s_1^2/s_2^2}{F_{\alpha/2}(n_1-1, n_2-1)}, \frac{s_1^2}{s_2^2} F_{\alpha/2}(n_2-1, n_1-1) \right).$$

因为 $1-\alpha = 0.98$, 故 $\alpha = 0.02$, $\frac{\alpha}{2} = 0.01$; 又因 $n_1-1 = 24$, $n_2-1 = 15$, 所以, 有 $F_{0.01}(24, 15) = 3.29$, $F_{0.01}(15, 24) = 2.89$. 从而, 知

$$\frac{s_1^2/s_2^2}{F_{\alpha/2}(n_1-1, n_2-1)} = \frac{63.96}{49.05} \times \frac{1}{3.29} \approx 0.396,$$

$$\frac{s_1^2}{s_2^2} F_{\alpha/2}(n_2-1, n_1-1) = \frac{63.96}{49.05} \times 2.89 \approx 3.768,$$

因而 $(0.396, 3.768)$ 即为所求.

3° 特殊形式的区间估计

① 成对数据的区间估计 当两总体 X 与 Y 不独立时, 对均值差 $E(X) - E(Y)$ 进行区间估计 (或假设检验), 应视对应观察值为成对数据而按相关方法处理: 将两观察值之差 $(x_i - y_i)$ 作为新的单个总体 $Z(= X - Y)$ 的观察值 $z_i(= x_i - y_i)$, 再按单个总体的相应规则与步骤进行区间估计.

② 未知参数的函数的区间估计 设 $[\hat{\theta}_1, \hat{\theta}_2]$ 为参数 θ 的置信度为 $1-\alpha$ 的置信区间. 若 $h(\theta)$ 为单调增函数 (或单调减函数), 则 $[h(\hat{\theta}_1), h(\hat{\theta}_2)]$ (或 $[h(\hat{\theta}_2), h(\hat{\theta}_1)]$) 为 $h(\theta)$ 的置信度为 $1-\alpha$ 的置信区间. 依此, 可 (间接) 进行未知参数的函数的区间估计.

例 13 为观察某药对高胆固醇血症的疗效, 测定了 5 名患者服药前和服药一个疗程后的血清胆固醇含量, 得数据如下表所示:

患者 No.	1	2	3	4	5
服药前	313	255	290	328	281
服药后	301	250	271	320	271

假设化验结果服从正态分布, 试建立服药前后血清胆固醇含量的均值差的 0.95 置信区间, 并对所得结果作出解释.

解 分别以 X 和 Y 表示 5 名患者服药前和服药一个疗程后的血清胆固醇含量, 设 $Z = X - Y$. 这样, 分别来自总体 X, Y 和 Z 的容量为 5 的三个样本如下表所示:

服药前 X	313	255	290	328	281
服药后 Y	301	250	271	320	271
$Z = X - Y$	12	5	19	8	10

建立服药前后均值差 $E(X) - E(Y)$ 的置信区间. 因为来自 X 和来自 Y 的两个样本不相互独立, 故不能套用相应均值差的公式. 不过, 基于来自 Z 的样本可以建立均值 $E(Z)$ 的置信区间 $\left(\overline{Z} \pm \dfrac{t_{\alpha/2}(n-1)S}{\sqrt{n}} \right)$. 而这实际上就是 $E(X) - E(Y)$ 的置信区间.

经计算, 可得样本均值 $\overline{z} = 10.8$, 样本均方差 $s_z = 5.2631$; 又取 $\alpha = 0.05$ 时, 查表可得 $t_{0.025}(4) = 2.2776$. 从而, 可知所求置信区间为

$$\left(\overline{z} \pm \frac{t_{0.025}(4)s}{\sqrt{5}} \right) = \left(10.8 \pm \frac{2.776 \times 5.263}{\sqrt{5}} \right) = (4.266, 17.334).$$

由于此区间不含 0, 并且位于正半轴, 说明此药疗效显著.

六、历年考研真题

数 学 三

7.1 (1991 年, 5 分)　设总体 X 的概率密度为

$$f(x, \lambda) = \begin{cases} \lambda \alpha x^{\alpha-1} e^{-\lambda x^{\alpha}}, & x > 0; \\ 0, & x \leqslant 0, \end{cases}$$

其中 $\lambda > 0$ 是未知参数, $\alpha > 0$ 是已知常数. 试根据来自总体 X 的简单随机样本 $X_1, X_2, \cdots, X_n$, 求 λ 的最大似然估计量 $\hat{\lambda}$.

7.2 (1992 年, 3 分)　设 n 个随机变量 $X_1, X_2, \cdots, X_n$ 独立同分布, $D(X_1) = \sigma^2$, $\overline{X} = \dfrac{1}{n} \sum\limits_{i=1}^{n} X_i$, $S^2 = \dfrac{1}{n-1} \sum\limits_{i=1}^{n} (X_i - \overline{X})^2$, 则 (　　).

(A)　S 是 σ 的无偏估计量

(B)　S 是 σ 的最大似然估计量

(C)　S 是 σ 的相合估计量 (即一致估计量)

(D)　S 与 $\overline{X}$ 相互独立

7.3 (1993 年, 3 分)　设总体 X 的方差为 1, 根据来自 X 的容量为 100 的简单随机样本, 测得样本均值为 5. 则 X 的数学期望的置信度近似等于 0.95

的置信区间为_____.

7.4（1996年,3分） 设由来自正态总体 $X \sim N(\mu, 0.9^2)$ 容量为9的简单随机样本,得样本均值 $\overline{X} = 5$. 则未知参数 μ 的置信度为 0.95 的置信区间是_____.

7.5（2000年,8分） 设 $0.50, 1.25, 0.80, 2.00$ 是来自总体 X 的简单随机样本值. 已知 $Y = \ln X$ 服从正态分布 $N(\mu, 1)$.

(1) 求 X 的数学期望 $E(X)$（记 $E(X)$ 为 b）;

(2) 求 μ 的置信度为 0.95 的置信区间;

(3) 利用上述结果求 b 的置信度为 0.95 的置信区间.

7.6（2002年,3分） 设总体 X 的概率密度为

$$f(x;\theta) = \begin{cases} e^{-(x-\theta)}, & x \geqslant \theta; \\ 0, & x < \theta, \end{cases}$$

而 $X_1, X_2, \cdots, X_n$ 是来自总体 X 的简单随机样本,则未知参数 θ 的矩估计量为_____.

7.7（2004年,13分） 设随机变量 X 的分布函数为

$$F(x;\alpha,\beta) = \begin{cases} 1 - \left(\dfrac{\alpha}{x}\right)^\beta, & x > \alpha; \\ 0, & x \leqslant \alpha, \end{cases}$$

其中参数 $\alpha > 0$, $\beta > 1$, 设 $X_1, X_2, \cdots, X_n$ 为来自总体 X 的简单随机样本.

（Ⅰ） 当 $\alpha = 1$ 时,求未知参数 β 的矩估计量;

（Ⅱ） 当 $\alpha = 1$ 时,求未知参数 β 的最大似然估计量;

（Ⅲ） 当 $\beta = 2$ 时,求未知参数 α 的最大似然估计量.

7.8（2005年,4分） 设一批零件的长度服从正态分布 $N(\mu, \sigma^2)$,其中 μ, σ^2 均未知. 现从中随机抽取 16 个零件,测得样本均值 $\overline{x} = 20$ (cm),样本标准差 $s = 1$ (cm),则 μ 的置信度为 0.90 的置信区间是（　　）.

(A) $\left(20 - \dfrac{1}{4}t_{0.05}(16), 20 + \dfrac{1}{4}t_{0.05}(16)\right)$

(B) $\left(20 - \dfrac{1}{4}t_{0.1}(16), 20 + \dfrac{1}{4}t_{0.1}(16)\right)$

(C) $\left(20 - \dfrac{1}{4}t_{0.05}(15), 20 + \dfrac{1}{4}t_{0.05}(15)\right)$

(D) $\left(20 - \dfrac{1}{4}t_{0.1}(15), 20 + \dfrac{1}{4}t_{0.1}(15)\right)$

7.9（2005年,13分） 设 $X_1, X_2, \cdots, X_n (n > 2)$ 为来自总体 $N(0, \sigma^2)$ 的简单随机样本,其样本均值为 $\overline{X}$. 记 $Y_i = X_i - \overline{X}$ $(i = 1, 2, \cdots, n)$.

（Ⅰ） 求 Y_i 的方差 $D(Y_i)$ $(i=1,2,\cdots,n)$；

（Ⅱ） 求 Y_1 与 Y_n 的协方差 $\text{Cov}(Y_1,Y_n)$；

（Ⅲ） 若 $c(Y_1+Y_n)^2$ 是 σ^2 的无偏估计量，求常数 c.

7.10（2006 年，9 分） 设总体 X 的概率密度为

$$f(x;\theta)=\begin{cases}\theta, & 0<x<1;\\ 1-\theta, & 1\leqslant x<2;\\ 0, & \text{其他},\end{cases}$$

其中 θ 是未知参数$(0<\theta<1)$. $X_1,X_2,\cdots,X_n$ 为来自总体 X 的简单随机样本，记 N 为样本值 $x_1,x_2,\cdots,x_n$ 中小于 1 的个数. 求 θ 的最大似然估计.

7.11（2007 年，11 分） 设总体 X 的概率密度为

$$f(x;\theta)=\begin{cases}\dfrac{1}{2\theta}, & 0<x<\theta;\\[2mm] \dfrac{1}{2(1-\theta)}, & \theta\leqslant x<1;\\[2mm] 0, & \text{其他},\end{cases}$$

其中参数 $\theta\,(0<\theta<1)$ 未知，$X_1,X_2,\cdots,X_n$ 是来自总体 X 的简单随机样本，$\overline{X}$ 是样本均值.

（Ⅰ） 求参数 θ 的矩估计量 $\hat{\theta}$.

（Ⅱ） 判断 $4\overline{X}^2$ 是否为 θ^2 的无偏估计量，并说明理由.

7.12（2008 年，11 分） 设 $X_1,X_2,\cdots,X_n$ 是总体为 $N(\mu,\sigma^2)$ 的简单随机样本. 记

$$\overline{X}=\frac{1}{n}\sum_{i=1}^{n}X_i,\quad S^2=\frac{1}{n-1}\sum_{i=1}^{n}(X_i-\overline{X})^2,\quad T=\overline{X}^2-\frac{1}{n}S^2.$$

(1) 证 T 是 μ^2 的无偏估计量.

(2) 当 $\mu=0$，$\sigma=1$ 时，求 $D(T)$.

七、历年考研真题详解

数 学 三

7.1 解 似然函数为

$$L=\prod_{i=1}^{n}f(x_i;\lambda)=\prod_{i=1}^{n}\begin{cases}\lambda\alpha x_i^{\alpha-1}\mathrm{e}^{-\lambda x_i^{\alpha}}, & x_i>0;\\ 0, & x_i\leqslant 0\end{cases}$$

$$= \begin{cases} \lambda^n \alpha^n (x_1 \cdots x_n)^{\alpha-1} e^{-\lambda \sum\limits_{i=1}^{n} x_i^\alpha}, & x_1, \cdots, x_n > 0; \\ 0, & \text{其他.} \end{cases}$$

当 $x_1, \cdots, x_n > 0$ 时,

$$\ln L = n\ln\lambda + n\ln\alpha + (\alpha-1)\ln(x_1 \cdots x_n) - \lambda \sum_{i=1}^{n} x_i^\alpha,$$

故 $\dfrac{\partial \ln L}{\partial \lambda} = \dfrac{n}{\lambda} - \sum\limits_{i=1}^{n} x_i^\alpha$, 令 $\dfrac{\partial \ln L}{\partial \lambda} = 0$, 解得 $\lambda = \dfrac{n}{\sum\limits_{i=1}^{n} x_i^\alpha}$. 由于

$$\frac{\partial^2 \ln L}{\partial \lambda^2} = -\frac{n}{\lambda^2} < 0,$$

可见 $\ln L$ 在 $\lambda = \dfrac{n}{\sum\limits_{i=1}^{n} x_i^\alpha}$ 处取得唯一的极值且为极大值, 故知 $\ln L$（或 L）在该

点处取得最大值. 故知: $\hat{\lambda} = \dfrac{n}{\sum\limits_{i=1}^{n} x_i^\alpha}$.

注 本题考查最大似然估计的求法. 注意 L 中的"x_i"都有下标"i"（包括范围上的 x_i）, 勿写成"x". 又, 其中"当 $x_1, \cdots, x_n > 0$ 时, $\ln L = \cdots$"的条件一般不能省写, 因为 0 无对数. 最后要有"$\hat{\lambda}$".

7.2 应选（C）.

解 设 $E(X_1) = \mu$. 由大数定律、依概率收敛（$\xrightarrow{P}$）的性质及相合估计的定义, 知 $n \to \infty$ 时,

$$\overline{X} \xrightarrow{P} \mu, \qquad \frac{1}{n} \sum_{i=1}^{n} X_i^2 \xrightarrow{P} \mu^2 + \sigma^2$$

（注意 $E(X_i^2) = \mu^2 + \sigma^2$）, 故 $\dfrac{1}{n} \sum\limits_{i=1}^{n} X_i^2 - \overline{X}^2 \xrightarrow{P} \sigma^2$, 即

$$\frac{1}{n} \sum_{i=1}^{n} (X_i - \overline{X})^2 \xrightarrow{P} \sigma^2.$$

可得 $\dfrac{1}{n-1} \sum\limits_{i=1}^{n} (X_i - \overline{X})^2 \xrightarrow{P} \sigma^2$, 即 $S^2 \xrightarrow{P} \sigma^2$, 所以 $S \xrightarrow{P} \sigma$. 故选（C）.

注 本题主要考查相合（一致）估计的定义与性质. 本题中, 总体的分布没说是正态, 故不选（D）; 虽 $E(S^2) = \sigma^2$, 但"$E(S) = \sigma$"未必对, 故不选（A）; 若总体正态, 有: $\sqrt{\dfrac{n-1}{n}} S$ 是 σ 的最大似然估计, 故也不选（B）. 本题用到结论: 若 $X_n \xrightarrow{P} X$, $Y_n \xrightarrow{P} Y$,

$g(x,y)$ 连续, 则 $g(X_n, Y_n) \xrightarrow{P} g(X, Y) \ (n \to \infty)$, 以及辛钦大数定律.

7.3 应填 $(4.804, 5.196)$.

解 设样本为 $X_1, X_2, \cdots X_n$, $E(X) = \mu$, $D(X) = \sigma^2$, $\overline{X} = \frac{1}{n} \sum\limits_{i=1}^{n} X_i$, 则

$$E(\overline{X}) = \mu, \quad D(\overline{X}) = \frac{\sigma^2}{n}.$$

由中心极限定理知, 当 n 充分大时有

$$U = \frac{\overline{X} - \mu}{\sigma / \sqrt{n}} \overset{\text{近似}}{\sim} N(0, 1)$$

于是

$$1 - \alpha \approx P\left\{ |U| \leqslant u_{1 - \frac{\alpha}{2}} \right\} = P\left\{ |\overline{X} - \mu| \leqslant u_{1 - \frac{\alpha}{2}} \cdot \frac{\sigma}{\sqrt{n}} \right\}$$

$$= P\left\{ \overline{X} - u_{1 - \frac{\alpha}{2}} \cdot \frac{\sigma}{\sqrt{n}} \leqslant \mu \leqslant \overline{X} + u_{1 - \frac{\alpha}{2}} \cdot \frac{\sigma}{\sqrt{n}} \right\}.$$

即 μ 的置信度近似为 $1 - \alpha$ 的置信区间是

$$\left(\overline{X} - u_{1 - \frac{\alpha}{2}} \cdot \frac{\sigma}{\sqrt{n}}, \ \overline{X} + u_{1 - \frac{\alpha}{2}} \cdot \frac{\sigma}{\sqrt{n}} \right)$$

(u_α 为 $N(0, 1)$ 的下侧分位数, 见图 7-1).

本题中 $n = 100$(充分大), $\sigma = 1$, $\overline{X} = 5$,
$\alpha = 0.05$, $u_{1 - \frac{\alpha}{2}} = u_{0.975} = 1.96$, 代入即得
所求置信区间为

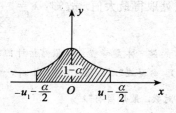

图 7-1

$$\left(5 - 1.96 \times \frac{1}{\sqrt{100}}, \ 5 + 1.96 \times \frac{1}{\sqrt{100}} \right) = (4.804, 5.196).$$

注 本题考查大样本时总体均值的区间估计. ① 解中用的是下侧分位数(若用上侧, 将 $u_{1 - \frac{\alpha}{2}}$ 改成 $u_{\frac{\alpha}{2}}$ 即可). ② 若是解答题可直接代入公式(即 $(\overline{X} - u_{1 - \frac{\alpha}{2}} \cdots,)$). ③ 有人用式子: $0.95 \approx P\{4.804 \leqslant \mu \leqslant 5.196\}$ (或类似的)未必妥当, 因为概率里边没有随机变量.

7.4 应填 $(4.412, 5.588)$.

解 由题意知 $X \sim N\left(\mu, \frac{0.9^2}{9} \right)$, 因此 $\frac{\overline{X} - \mu}{\sqrt{0.09}} \sim N(0, 1)$. 故

$$0.95 = P\left\{ \left| \frac{\overline{X} - \mu}{0.3} \right| < u_{0.975} \right\} = P\{ \overline{X} - 0.3 u_{0.975} < \mu < \overline{X} + 0.3 u_{0.975} \}.$$

而 $u_{0.975} = 1.96$, $\overline{x} = 5$, 故得 μ 的置信度为 0.95 的置信区间为

$$(5 - 0.3 \times 1.96, 5 + 0.3 \times 1.96) = (4.412, 5.588).$$

注 本题考查正态总体、方差已知情形下总体均值的区间估计. 若套公式则为 $\left(\overline{x}-\dfrac{\sigma_0}{\sqrt{n}}\cdot u_{1-\frac{\alpha}{2}},\overline{x}+\dfrac{\sigma_0}{\sqrt{n}}\cdot u_{1-\frac{\alpha}{2}}\right)$ $(n=9,\alpha=0.05,\sigma_0=0.9,\overline{x}=5)$, 其推导可参考本题解.

7.5 分析 将那4个样本值都加个"ln", 就可看成取自总体Y的样本值了.

解 (1) $b=E(X)=E(\mathrm{e}^Y)=\displaystyle\int_{-\infty}^{+\infty}\mathrm{e}^y\cdot\dfrac{1}{\sqrt{2\pi}}\mathrm{e}^{-\frac{(y-\mu)^2}{2}}\mathrm{d}y.$

记 $y-\mu=t$, 作积分变量代换, 得

$$b=\int_{-\infty}^{+\infty}\mathrm{e}^{\mu+t}\cdot\dfrac{1}{\sqrt{2\pi}}\mathrm{e}^{-\frac{t^2}{2}}\mathrm{d}t=\mathrm{e}^{\mu}\int_{-\infty}^{+\infty}\dfrac{1}{\sqrt{2\pi}}\mathrm{e}^{-\frac{t^2}{2}+t}\mathrm{d}t$$

$$=\mathrm{e}^{\mu+\frac{1}{2}}\int_{-\infty}^{+\infty}\dfrac{1}{\sqrt{2\pi}}\mathrm{e}^{-\frac{(t-1)^2}{2}}\mathrm{d}t=\mathrm{e}^{\mu+\frac{1}{2}}.$$

(2) 取自总体 Y 的样本值为

$$y_1=\ln 0.5,\quad y_2=\ln 1.25,\quad y_3=\ln 0.8,\quad y_4=\ln 2,$$

则 μ 的置信度为 $1-\alpha$ 的置信区间为

$$\left(\overline{y}-u_{1-\frac{\alpha}{2}}\dfrac{\sigma_0}{\sqrt{n}},\overline{y}+u_{1-\frac{\alpha}{2}}\dfrac{\sigma_0}{\sqrt{n}}\right).$$

本题中 $\sigma_0=1$, $n=4$, $\alpha=0.05$, $u_{1-\frac{\alpha}{2}}=u_{0.975}=1.96$, 而

$$\overline{y}=\dfrac{1}{4}\sum_{i=1}^{4}y_i=\dfrac{1}{4}(\ln 0.5+\ln 1.25+\ln 0.8+\ln 2)$$

$$=\dfrac{1}{4}\ln(0.5\times 1.25\times 0.8\times 2)=\dfrac{1}{4}\ln 1=0,$$

代入得 μ 的置信度为 0.95 的置信区间为

$$\left(0-1.96\times\dfrac{1}{\sqrt{4}},0+1.96\times\dfrac{1}{\sqrt{4}}\right)=(-0.98,0.98).$$

(3) 因 $b=\mathrm{e}^{\mu+\frac{1}{2}}$ 是一单调增函数, 故 b 的置信度为 0.95 的置信区间为

$$(\mathrm{e}^{-0.98+\frac{1}{2}},\mathrm{e}^{0.98+\frac{1}{2}})=(\mathrm{e}^{-0.48},\mathrm{e}^{1.48}).$$

注 本题主要考查随机变量函数的期望和正态总体方差已知时对总体均值的区间估计. 有人写 $0.95=P\{-0.98<\mu<0.98\}=P\{\mathrm{e}^{-0.48}<b<\mathrm{e}^{1.48}\}$. (1) 中在积分时, 在 e 的指数上进行了配方, 目的是将被积函数凑到正态密度上. 解中总体的转移(X 到 Y)、参数的变换(μ 到 b)属灵活变形问题, 望大家不要死套公式.

7.6 应填 $\dfrac{1}{n}\sum_{i=1}^{n}X_i-1$ (或 $\overline{X}-1$).

解 $E(X) = \int_{-\infty}^{+\infty} xf(x;\theta)\mathrm{d}x = \int_{\theta}^{+\infty} x\mathrm{e}^{-(x-\theta)}\mathrm{d}x = \mathrm{e}^{\theta}\int_{\theta}^{+\infty} x\mathrm{e}^{-x}\mathrm{d}x$

$$= \mathrm{e}^{\theta}\left(-x\mathrm{e}^{-x}\Big|_{\theta}^{+\infty} + \int_{\theta}^{+\infty}\mathrm{e}^{-x}\mathrm{d}x\right) = \mathrm{e}^{\theta}\left(\theta\mathrm{e}^{-\theta} - \mathrm{e}^{-x}\Big|_{\theta}^{+\infty}\right)$$

$$= \theta + 1,$$

故 $\overline{X} = \hat{\theta}_{矩} + 1.$ 因此 $\hat{\theta}_{矩} = \overline{X} - 1 = \dfrac{1}{n}\sum_{i=1}^{n}X_i - 1.$

注 本题考查矩估计的求法. 勿写 "$\int_{-\infty}^{+\infty} x\mathrm{e}^{-(x-\theta)}\mathrm{d}x$" 一类式子. $f(x;\theta)$ 为分段函数. 积分时须注意上、下限!

7.7 解 总体 X 的概率密度为

$$f(x;\alpha,\beta) = F'_X(x;\alpha,\beta) = \begin{cases} \dfrac{\beta\alpha^{\beta}}{x^{\beta+1}}, & x > \alpha; \\ 0, & x \leqslant \alpha. \end{cases}$$

（Ⅰ） 当 $\alpha = 1$ 时，

$$f(x;\alpha,\beta) = \begin{cases} \beta x^{-\beta-1}, & x > 1; \\ 0, & x \leqslant 1, \end{cases}$$

故

$$E(X) = \int_{1}^{+\infty} x \cdot \beta x^{-\beta-1}\mathrm{d}x = \frac{\beta}{\beta-1},$$

令 $\overline{X} = \dfrac{\hat{\beta}}{\hat{\beta}-1}$，得 β 的矩估计量为 $\hat{\beta} = \dfrac{\overline{X}}{\overline{X}-1}.$

（Ⅱ） 当 $\alpha = 1$ 时，似然函数为

$$L(x_1,x_2,\cdots,x_n;\beta) = \prod_{i=1}^{n} f(x_i;1,\beta) = \prod_{i=1}^{n}\begin{cases} \beta x_i^{-\beta-1}, & x_i > 1; \\ 0, & x_i \leqslant 1 \end{cases}$$

$$= \begin{cases} \beta^n(x_1x_2\cdots x_n)^{-\beta-1}, & x_1,x_2,\cdots,x_n > 1; \\ 0, & 其他. \end{cases}$$

故 $x_1,x_2,\cdots,x_n > 1$ 时，$\ln L = n\ln\beta - (\beta+1)\ln(x_1x_2\cdots x_n)$，因此

$$\frac{\partial\ln L}{\partial\beta} = \frac{n}{\beta} - \ln(x_1x_2\cdots x_n).$$

令 $\dfrac{\partial\ln L}{\partial\beta} = 0$，解得 $\beta = \dfrac{n}{\ln(x_1x_2\cdots x_n)}$，故知 β 的最大似然估计量为

$$\hat{\beta} = \frac{n}{\ln(X_1X_2\cdots X_n)}.$$

（Ⅲ） 当 $\beta = 2$ 时，X 的概率密度为

$$f(x;\alpha,2) = \begin{cases} \dfrac{2\alpha^2}{x^3}, & x > \alpha; \\ 0, & x \leqslant \alpha. \end{cases}$$

故似然函数为

$$L(x_1,x_2,\cdots,x_n;\alpha) = \prod_{i=1}^n f(x_i;\alpha,2) = \prod_{i=1}^n \begin{cases} \dfrac{2\alpha^2}{x_i^3}, & x_i > \alpha; \\ 0, & x_i \leqslant \alpha \end{cases}$$

$$= \begin{cases} \dfrac{2^n \alpha^{2n}}{(x_1 x_2 \cdots x_n)^3}, & \min_{1 \leqslant i \leqslant n} x_i > \alpha; \\ 0, & \text{其他}. \end{cases}$$

可见 $\min\limits_{1 \leqslant i \leqslant n} x_i > \alpha$ 时，α 越大则 L 越大. 为使 L 达最大，可取 $\alpha = \min\limits_{1 \leqslant i \leqslant n} x_i$，故 α 的最大似然估计为 $\hat{\alpha} = \min\limits_{1 \leqslant i \leqslant n} X_i$.

注 本题给出的是总体 X 的分布函数，勿忘了应先求导得到 X 的概率密度，由于求 $E(X)$ 和似然函数时，我们是从概率密度或分布列出发的（而非从分布函数出发）. 注意 (Ⅲ) 的求法，因为 $\ln L$ 关于 α 单调（增），故不是求 $\ln L$ 及求导，而是根据最大似然估计的思想方法（选 α，使 L 达最大）直接看出，这种方法应掌握.

7.8 应选 (C).

解 由题意，总体（零件长度）$X \sim N(\mu,\sigma^2)$，μ,σ^2 均未知，从 X 中抽得的样本（即抽得的 16 个零件长度）为 $X_1,X_2,\cdots,X_n$，这里 $n = 16$. 而 $\overline{X} \sim N\left(\mu,\dfrac{\sigma^2}{n}\right)$，故 $\dfrac{\overline{X}-\mu}{\sigma/\sqrt{n}} \sim N(0,1)$. 又 $\dfrac{(n-1)S^2}{\sigma^2} \sim \chi^2(n-1)$，且 $\overline{X}$ 与 S^2 独立，

因此

图 7-2

$$\dfrac{\dfrac{\overline{X}-\mu}{\sigma/\sqrt{n}}}{\sqrt{\dfrac{(n-1)S^2}{\sigma^2(n-1)}}} \sim t(n-1),$$

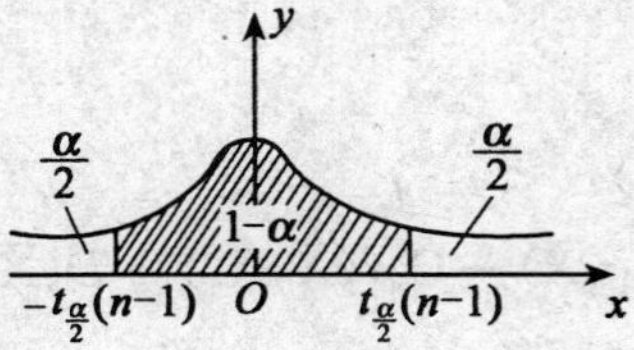

即 $T = \dfrac{\overline{X}-\mu}{S/\sqrt{n}} \sim t(n-1)$. 故（见图 7-2）

$$1-\alpha = P\{|T| < t_{\frac{\alpha}{2}}(n-1)\}$$

$$= P\left\{\overline{X} - t_{\frac{\alpha}{2}}(n-1)\dfrac{S}{\sqrt{n}} < \mu < \overline{X} + t_{\frac{\alpha}{2}}(n-1)\dfrac{S}{\sqrt{n}}\right\}.$$

本题中，$\overline{x} = 20$，$S = 1$，$n = 16$，$1-\alpha = 0.90$，代入即得 μ 的置信度为 0.9 的置信区间为

$$\left(20 - t_{0.05}(16-1) \cdot \frac{1}{\sqrt{16}},\ 20 + t_{0.05}(16-1)\frac{1}{\sqrt{16}}\right)$$

$$= \left(20 - \frac{1}{4}t_{0.05}(15), 20 + \frac{1}{4}t_{0.05}(15)\right),$$

故选(C).

注 可参阅本章题 7.3、题 7.4 及其注，但注意题中给的是上侧分位数（否则，$t_{0.05}(15)$ 等数为负值，那个"区间"就说不过去了）. 注意题 7.4 中 σ^2 是已知的(0.81)，所以与本题所用的式子不同.

7.9 解 （Ⅰ） $D(Y_i) = D(X_i - \overline{X})$

$$= D(X_i) + D(\overline{X}) - 2\text{Cov}(X_i, \overline{X})$$

$$= \sigma^2 + \frac{\sigma^2}{n} - 2\frac{1}{n}\sum_{j=1}^{n}(X_i, X_j)$$

$$= \sigma^2 + \frac{\sigma^2}{n} - \frac{2}{n}D(X_i) = \sigma^2 + \frac{\sigma^2}{n} - \frac{2}{n}\sigma^2$$

$$= \frac{n-1}{n}\sigma^2 \quad (i = 1, 2, \cdots, n).$$

$$D(Y_i) = D(X_i - \overline{X}) = D\left(X_i - \frac{1}{n}X_i - \frac{1}{n}\sum_{\substack{j=1 \\ j \neq i}}^{n}X_j\right)$$

$$= D\left(\left(1 - \frac{1}{n}\right)X_i\right) + \frac{1}{n^2}\sum_{\substack{j=1 \\ j \neq i}}^{n}D(X_j)$$

$$= \left(1 - \frac{1}{n}\right)^2\sigma^2 + \frac{1}{n^2}(n-1)\sigma^2$$

$$= \frac{n-1}{n}\sigma^2 \quad (i = 1, 2, \cdots, n).$$

（Ⅱ） $\text{Cov}(Y_1, Y_n) = \text{Cov}(X_1 - \overline{X}, X_n - \overline{X})$

$$= \text{Cov}(X_1, X_n) - \text{Cov}(X_1, \overline{X}) - \text{Cov}(\overline{X}, X_n) + D(\overline{X})$$

$$= -\frac{1}{n}\sum_{i=1}^{n}(X_1, X_i) - \frac{1}{n}\sum_{i=1}^{n}\text{Cov}(X_i, X_n) + \frac{1}{n}\sigma^2$$

$$= -\frac{1}{n}D(X_1) - \frac{1}{n}D(X_n) + \frac{1}{n}\sigma^2$$

$$= -\frac{1}{n}\sigma^2 - \frac{1}{n}\sigma^2 + \frac{1}{n}\sigma^2 = -\frac{1}{n}\sigma^2.$$

（Ⅲ） 由题意，$E(c(Y_1 + Y_n)^2) = \sigma^2$. 而

$$E(c(Y_i + Y_n)^2) = c(E(Y_1^2) + E(Y_n^2) + 2E(Y_1Y_n)),$$

$$E(Y_1) = E(X_1 - \overline{X}) = E(X_1) - E(\overline{X}) = 0 - 0 = 0,$$

故

$$E(Y_1^2) = D(Y_1) + E(Y_1^2) = D(Y_1) = \frac{n-1}{n}\sigma^2,$$

同理 $E(Y_n^2) = \frac{n-1}{n}\sigma^2$. 又

$$E(Y_1 Y_n) = \mathrm{Cov}(Y_1, Y_n) + E(Y_1)E(Y_n) = \mathrm{Cov}(Y_1, Y_n) = -\frac{1}{n}\sigma^2,$$

故得

$$\sigma^2 = E(c(Y_1 + Y_n)^2) = c\left(\frac{n-1}{n}\sigma^2 + \frac{n-1}{n}\sigma^2 - \frac{2}{n}\sigma^2\right) = \frac{2c\sigma^2}{n}(n-2),$$

因此 $c = \dfrac{n}{2(n-2)}$.

注 本题其实主要考查的是概率论中方差、协方差、数学期望的计算,只是用了数理统计中总体、样本、样本均值以及无偏估计等概念. 请注意 X_i 与 $\overline{X}$, X_1 与 $\overline{X}$, Y_1 与 Y_n 等均没有"独立"或"不相关"的结论,切勿有"$D(X_i - \overline{X}) = D(X_i) + D(\overline{X})$","$E(Y_1 Y_n) = E(Y_1)E(Y_n)$"等式子. (Ⅰ)中解法及(Ⅱ)的解法用了协方差的线性运算性质,较为简洁. 解(Ⅱ)时用协方差的定义或计算式做:

$$\mathrm{Cov}(Y_1, Y_n) = E((Y_1 - E(Y_1))(Y_n - E(Y_n))) = E(Y_1 Y_n)$$
$$= E((X_1 - \overline{X})(X_n - \overline{X}))$$
$$= E(X_1 X_n) - E(X_1 \overline{X}) - E(\overline{X} X_n) + E(\overline{X})^2,$$

这里 $E(Y_1) = E(Y_n) = 0$, $E(X_1 X_n) = E(X_1)E(X_n) = 0$,

$$E(X_1 \overline{X}) = E\left(\frac{1}{n}X_1^2 + \frac{1}{n}\sum_{j=2}^n X_1 X_j\right) = \frac{1}{n}E(X_1^2) + \frac{1}{n}\sum_{j=2}^n E(X_1 X_j)$$
$$= \frac{1}{n}(D(X_1) + (E(X_1))^2) + \frac{1}{n}\sum_{j=2}^n E(X_1)E(X_j) = \frac{1}{n}\sigma^2,$$

同理 $E(\overline{X} X_n) = \frac{1}{n}\sigma^2$, $E(\overline{X}^2) = D(\overline{X}) + (E(\overline{X}))^2 = \frac{1}{n}\sigma^2$, 故 $\mathrm{Cov}(Y_1, Y_n) = -\frac{1}{n}\sigma^2$, 似不如正文中的解法简洁. 而(Ⅲ)中用了(Ⅰ),(Ⅱ)的结论,否则,可这样求:

$$E(Y_1^2) = E(X_1 - \overline{X})^2 = E(X_1^2) + E(\overline{X}^2) - 2\mathrm{Cov}(X_1, \overline{X})$$

$$= D(X_1) + (E(X_1))^2 + D(\overline{X}) + (E(\overline{X}))^2 - \frac{2}{n}\sum_{j=1}^n \mathrm{Cov}(X_1, X_j)$$

$$= \sigma^2 + 0^2 + \frac{1}{n}\sigma^2 + 0^2 - \frac{2}{n}D(X_1)$$

$$= \sigma^2 + \frac{1}{n}\sigma^2 - \frac{2}{n}\sigma^2 = \frac{n-1}{n}\sigma^2$$

(同理得 $E(Y_n^2)$), $E(Y_1 Y_n) = E((X_1 - \overline{X})(X_n - \overline{X}))$ 如刚才所做. 由于 $E(Y_1) = E(Y_n) = 0$, (Ⅲ)中做法也可:

$$\sigma^2 = E(c(Y_1 + Y_n)^2) = cD(Y_1 + Y_n) = c(D(Y_1) + D(Y_n) + 2\mathrm{Cov}(Y_1, Y_n))$$

$$= c\left(\frac{n-1}{n}\sigma^2 + \frac{n-1}{n}\sigma^2 - \frac{2}{n}\sigma^2\right) = \frac{2(n-2)}{n}\sigma^2 c,$$

从而 $c = \frac{\sigma^2}{2(n-2)}$.

7.10 解 似然函数为

$$L(\theta) = \prod_{i=1}^{n} f(x_i; \theta) = \theta^N (1-\theta)^{n-N},$$

取对数，得

$$\ln L(\theta) = N\ln\theta + (n-N)\ln(1-\theta),$$

两边对 θ 求导，得

$$\frac{\mathrm{d}\ln L(\theta)}{\mathrm{d}\theta} = \frac{N}{\theta} - \frac{n-N}{1-\theta},$$

令 $\frac{\mathrm{d}\ln L(\theta)}{\mathrm{d}\theta} = 0$，得 $\theta = \frac{N}{n}$，所以 θ 的最大似然估计为 $\hat{\theta} = \frac{N}{n}$.

注 该题是最大似然估计问题.

7.11 解 （Ⅰ） $E(X) = \int_{-\infty}^{+\infty} xf(x;\theta)\mathrm{d}x$

$$= \int_0^\theta \frac{x}{2\theta}\mathrm{d}x + \int_\theta^1 \frac{x}{2(1-\theta)}\mathrm{d}x$$

$$= \frac{1}{4} + \frac{\theta}{2}.$$

令 $\overline{X} = E(X)$，即 $\overline{X} = \frac{1}{4} + \frac{\theta}{2}$，得 θ 的矩估计量为 $\hat{\theta} = 2\overline{X} - \frac{1}{2}$.

（Ⅱ） 因为

$$E(4\overline{X}^2) = 4E(\overline{X}^2) = 4[D(\overline{X}) + (E(\overline{X}))^2]$$

$$= 4\left[\frac{1}{n}D(X) + \left(\frac{1}{4} + \frac{1}{2}\theta\right)^2\right]$$

$$= \frac{4}{n}D(X) + \frac{1}{4} + \theta + \theta^2,$$

又 $D(X) \geqslant 0$，$\theta > 0$，所以 $E(4\overline{X}^2) > \theta^2$，即 $E(4\overline{X}^2) \neq \theta^2$，因此 $4\overline{X}^2$ 不是 θ^2 的无偏估计量.

注 本题涉及矩估计法及估计量的评判标准.

7.12 （Ⅰ）证 因为 $E(\overline{X}^2) = D(\overline{X}) + (E(\overline{X}))^2$，所以

$$E(T) = E\left(\overline{X}^2 - \frac{1}{n}S^2\right) = E(\overline{X}^2) - E\left(\frac{1}{n}S^2\right)$$

$$= [D(\overline{X}) + (E(\overline{X}))^2] - \frac{1}{n}E(S^2)$$

$$= \frac{\sigma^2}{n} + \mu^2 - \frac{\sigma^2}{n} = \mu^2.$$

即证得 T 为 μ^2 的无偏估计量.

（Ⅱ） 解法 1　注意到 $\overline{X}^2$ 与 S^2 相互独立，有

$$D(T) = D\left(\overline{X}^2 - \frac{1}{n}S^2\right) = D(\overline{X}^2) + \frac{1}{n^2}D(S^2).$$

下面利用自由度为 m 的 χ^2 分布的方差 $(D(\chi^2) = 2m)$ 来求 $\overline{X}^2$ 及 S^2 的方差 $D(\overline{X}^2)$ 及 $D(S^2)$. 因为 $\overline{X} \sim N\left(0, \frac{1}{n}\right)$，故 $\frac{\overline{X}}{1/\sqrt{n}} \sim N(0,1)$，从而 $(\sqrt{n}\,\overline{X})^2 \sim \chi^2(1)$. 于是，知

$$D((\sqrt{n}\,\overline{X})^2) = 2 \times 1 = 2.$$

又由于 $\frac{(n-1)S^2}{\sigma^2} \sim \chi^2(n-1)$，而 $\sigma = 1$，故 $D((n-1)S^2) = 2(n-1)$. 于是，可得

$$D(T) = \frac{1}{n^2}D((\sqrt{n}\,\overline{X})^2) + \frac{1}{n^2} \cdot \frac{1}{(n-1)^2}D((n-1)S^2)$$

$$= \frac{1}{n^2} \cdot 2 + \frac{1}{n^2(n-1)^2} \cdot 2(n-1)$$

$$= \frac{2}{n}\left(1 + \frac{1}{n-1}\right) = \frac{2}{n(n-1)}.$$

解法 2　$D(T) = E(T^2) - (E(T))^2$，$E(T) = 0$，

$$E(T^2) = E\left(\overline{X}^4 - \frac{2}{n}\overline{X}^2 \cdot S^2 + \frac{S^4}{n^2}\right).$$

因为 $\overline{X} \sim N\left(0, \frac{1}{n}\right)$，故 $\frac{\overline{X}}{1/\sqrt{n}} \sim N(0,1)$. 令 $X = \frac{\overline{X}}{1/\sqrt{n}}$，故

$$E(X^4) = \int_{-\infty}^{+\infty} \frac{x^4}{\sqrt{2\pi}}e^{-\frac{x}{2}}\,\mathrm{d}x = \int_{-\infty}^{+\infty} \frac{3x^2}{\sqrt{2\pi}}e^{-\frac{x}{2}}\,\mathrm{d}x = 3E(X^2) = 3,$$

所以 $E(\overline{X}^4) = \frac{3}{n^2}$；

$$E\left(\frac{2}{n}\overline{X}^2 \cdot S^2\right) = \frac{2}{n}E(\overline{X}^2) \cdot E(S^2) = \frac{2}{n}(D(\overline{X}) + (E(\overline{X}))^2)$$

$$= \frac{2}{n}\left(\frac{1}{n} + 0\right) = \frac{2}{n^2};$$

$E\left(\frac{S^4}{n^2}\right) = \frac{1}{n^2}E(S^4)$；所以

$$E(S^4) = D(S^2) + (E(S^2))^2 = D(S^2) + 1.$$

因为 $W = \dfrac{(n-1)S^2}{\sigma^2} \sim \chi^2(n-1)$，且 $\sigma^2 = 1$，

$$D(W) = (n-1)^2 D(S^2) = 2(n-1),$$

$$D(S^2) = \frac{2}{n-1}, \quad E(S^4) = \frac{2}{n-1} + 1 = \frac{n+1}{n-1}.$$

所以

$$D(T) = E(T^2) = \frac{3}{n^2} - \frac{2}{n^2} + \frac{1}{n^2} \cdot \frac{n+1}{n-1} = \frac{2}{n(n-1)}.$$

注 本题中（Ⅰ）是关于点估计的评选标准化（无偏性）问题. 解题过程中需灵活运用公式即 $D(\overline{X}) = E(\overline{X}^2) - (E(\overline{X}))^2$ 来（反）求 $E(\overline{X}^2)$. 而（Ⅱ）实为计算统计量的数字特征问题. 上述解法 2 虽计算过程较为简易，但要利用 $\overline{X}$ 与 S^2 的独立性，尤其是要通过变形，再利用 χ^2 的方差求 $D(\overline{X})$ 及 $D(S^2)$，这对大多数考生来说是有困难的.

◆ **第 八 章**
假设检验

一、考纲要求

1. 理解显著性检验的基本思想，掌握假设检验的基本步骤，了解假设检验可能产生的两类错误.

2. 了解单个及两个正态总体的均值和方差的假设检验.

二、考试重点

1. 显著性检验的基本思想、基本步骤和可能产生的两类错误.

2. 单个及两个正态总体的均值和方差的假设检验.

三、历年试题分类统计与考点分析

数 学 三

年份	1987～1994	1995	1996～2008	合计
分数		3		3

本章只在1995年考过1题(3分)，内容不多，主要是正态总体(包括两个总体)下均值、方差的假设检验. 内容和方法与区间估计较相似. 一般不会同时考到. 1995年的考题考的是假设检验推导过程中的一部分，建议同学学会假设检验的推导，而不要只记公式.

$$\boxed{\text{四、知 识 概 要}}$$

1. 假设检验

显著性检验的基本思想 依据小概率原理，即"小概率事件 A（$P(A) = \alpha$，一般 $\alpha = 0.05, 0.025, 0.01$，称 α 为假设检验的显著水平）在一次试验中不可能发生"原理，应用数理统计反证法，在待检假设（也称原假设）H_0 成立的条件下，事件 A 为小概率事件（$P(A) = \alpha$ 事先给定），如果一次试验（一次抽样）中事件 A 发生了，依小概率原理，A 不是小概率事件，因此 H_0 不成立；否则，可以认为 H_0 成立.

检验步骤如下：

① 依题意，建立原假设 H_0（对立假设为 H_1）.

② 取适当的统计量 $f(X_1, X_2, \cdots, X_n)$，在 H_0 成立的条件下 $f(X_1, X_2, \cdots, X_n)$ 的分布为已知.

③ 在给定显著水平 α 下，确定拒绝域
$$W_R : P\{f(X_1, X_2, \cdots, X_n) \in W_R \mid H_0\} = \alpha.$$

以上 3 条为假设检验的理论准备，以下则为具体的操作：

④ 由一次抽样结果：$x_1, x_2, \cdots, x_n$（样本值），计算 $f(x_1, x_2, \cdots, x_n)$ 的值.

⑤ 下结论：如果 $f(x_1, x_2, \cdots, x_n) \in W_R$，则拒绝原假设 H_0；否则只能接受 H_0，在理论准备部分，关键是 W_R 的建立.

2. 假设检验中可能产生的两类错误

第一类错误 —— 弃真错误 犯此类错误的概率为
$$P\{f(X_1, X_2, \cdots, X_n) \in W_R \mid H_0\} = \alpha \quad （此时显著）.$$

第二类错误 —— 取伪错误 犯此类错误的概率为
$$P\{f(X_1, X_2, \cdots, X_n) \in W_R \mid H_1\} = \beta \quad （难以求出）.$$

3. 单个正态总体 $X \sim N(\mu, \sigma^2)$ 均值和方差的假设检验

设 $X_1, X_2, \cdots, X_n$ 为来自 X 的随机样本.

（1）已知方差 σ^2，$H_0 : \mu = \mu_0$（μ_0 为已知值）
取统计量
$$U = \frac{\overline{X} - \mu_0}{\sigma / \sqrt{n}} \overset{H_0 \text{成立时}}{\sim} N(0, 1).$$

确定拒绝域 W_R：$P\{|U| > u_\alpha\} = \alpha$，其中 u_α 满足 $\Phi(u_\alpha) = 1 - \dfrac{\alpha}{2}$.

（2）未知 σ^2，$H_0 : \mu = \mu_0$

取统计量

$$T = \frac{\overline{X} - \mu_0}{S/\sqrt{n}} \overset{H_0 成立时}{\sim} t(n-1).$$

确定拒绝域 W_R：$P\{|T| > t_{\alpha/2}(n-1)\} = \alpha$.

（3）未知 σ^2，$H_0 : \mu \leqslant \mu_0$

取统计量

$$T = \frac{\overline{X} - \mu_0}{S/\sqrt{n}} \overset{当 \mu = \mu_0 时}{\sim} t(n-1).$$

确定拒绝域 W_R：$P\{T > t_\alpha(n-1)\} = \alpha$，$t_\alpha(n-1)$ 由 $P\{|T| > t_\alpha(n-1)\} = 2\alpha$ 查得.

（4）未知 μ，$H_0 : \sigma^2 = \sigma_0^2$（$\sigma_0^2$ 为已知值）

取统计量

$$\chi^2 = \frac{(n-1)S^2}{\sigma_0^2} \overset{H_0 成立时}{\sim} \chi^2(n-1).$$

确定拒绝域 W_R：$P\{\chi^2 > \chi_b^2\} = P\{\chi^2 < \chi_a^2\} = \dfrac{\alpha}{2}$.

（5）未知 μ，$H_0 : \sigma^2 \leqslant \sigma_0^2$

取统计量

$$\chi^2 = \frac{(n-1)S^2}{\sigma_0^2} \overset{当 \sigma^2 = \sigma_0^2 时}{\sim} \chi^2(n-1).$$

确定拒绝域 W_R：$P\{\chi^2 > \chi_b^2(n-1)\}$.

4. 两个正态总体的假设检验

设 $X \sim N(\mu_1, \sigma_1^2)$，$Y \sim N(\mu_2, \sigma_2^2)$，$X_1, X_2, \cdots, X_{n_1}$ 和 $Y_1, Y_2, \cdots, Y_{n_2}$ 分别为来自总体 X, Y 的随机样本. 假设检验中的显著水平 α 事先给定.

（1）未知 μ_1, μ_2，$H_0 : \sigma_1^2 = \sigma_2^2$

取统计量

$$F = \frac{S_1^2}{S_2^2} \overset{H^0 成立时}{\sim} F(n_1-1, n_2-1).$$

确定拒绝域 W_R：$P\{F < F_a\} + P\{F > F_b\} = \alpha$，其中

$$F_a = \frac{1}{F_{\alpha/2}(n_2-1, n_1-1)}, \quad F_b = F_{\alpha/2}(n_1-1, n_2-1).$$

（2）未知 μ_1,μ_2，检验 $H_0: \sigma_1^2 \leqslant \sigma_2^2$

取统计量

$$F = \frac{S_1^2}{S_2^2} \overset{\sigma_1^2 = \sigma_2^2 时}{\sim} F(n_1-1, n_2-1).$$

确定拒绝域 $W_R: P\{F > F_\alpha(n_1-1, n_2-1)\} = \alpha.$

（3）未知 σ_1,σ_2，但知道 $\sigma_1^2 = \sigma_2^2$，检验假设 $H_0: \mu_1 = \mu_2$

选取统计量

$$T = \frac{\overline{X} - \overline{Y}}{\sqrt{\dfrac{(n_1-1)S_1^2 + (n_2-1)S_2^2}{n_1+n_2-2}} \sqrt{\dfrac{1}{n_1} + \dfrac{1}{n_2}}} \overset{H_0 成立时}{\sim} t(n_1+n_2-2).$$

确定拒绝域 $W_R: P\{|T| > t_{\alpha/2}(n_1+n_2-2)\} = \alpha.$

五、考研题型的应试方法与技巧

题型 1　假设检验

假设检验与区间估计是两种最重要的推断形式，前者解决的是定性问题，而后者解决的是定量问题．假设检验与区间估计二者的提法显然不同，对结果的解释方面亦存在着差异，但解决问题的途径是相通的，且对同一类型问题所构建的函数形式是完全相同的，以至对于区间估计与假设检验的一般情形，其选用函数的规则，可以编成以下三句顺口溜：（对于 μ 的估计或检验）已知（方差 σ^2 用）U；未知（方差 σ^2 用）T，（不论 μ 是否已知而检验 σ^2）方差皆以 χ^2 为宜；F 仅适方差比（σ_1^2/σ_2^2）．

$1°$　对单个正态总体均值与方差的假设检验

未知参数的假设检验亦是一个重要的统计推断形式，为了加深对有关问题的理解与认知，首先就一些基本概念与关系及解题规律与原则予以阐述．

选择原假设与备择假设的一般原则　在实际问题中，选择原假设与备择假设要依具体问题的目的与要求而定．它取决于犯两类错误将会带来的后果．因显著性检验控制的是犯第一类错误的概率，从而人们通常将那些需要着重考虑或被拒绝时导致后果更严重的假设视为原假设．而在作单侧假设检验时，把希望得到的结论的反面作为原假设．一般可按以下原则选定两假设：

① 若目的是希望从样本观测值提供的信息，对某个陈述取得强有力的支持，那么应将这一陈述的否定作为原假设，而把这一陈述的本身作为备择假设．

② 将过去资料所提供的论断作为原假设 H_0. 因为这样一旦检验拒绝了 H_0, 则由于犯第一类错误的可能性大小被控制, 而显得有说服力或危害性较小.

③ 在实际问题中, 若要求提出的新方法(新材料、新工艺、新配方等)是否比原方法好, 往往将"原方法不比新方法差"取为原假设, 而将"新方法优于原方法"取为备择假设(一般都将待考查的新事物的结论作为备择假设).

④ 只提出一个假设, 且统计检验的目的仅仅是为了判别这个假设是否成立, 而并不同时研究其他假设, 此时直接取该假设为原假设 H_0 即可(另把后果严重的错误定为第一类错误, 它的大小由 α 控制住).

原假设与备择假设错位可能带来的后果 从数学上看, 原假设与备择假设的地位是对等的, 但事实上, 当显著水平 α 给定时, 即表示以 $1-\alpha$ 的概率保护原假设, 没有强有力的证据便不能接受备择假设. 因此, 在某种意义上说, 当对假设作选择时, 往往取决于设计(操作)者对原假设的认知与偏爱程度. 这就像"举证倒置"的规定一样, 反映了决策者对当事者一方的倾向性. 因此倘若将原假设与备择假设错位, 难免会得到不同的甚至截然相反的结论.

备择假设与拒绝域的关联 对于备择假设 H_1 的关系式中的同一个符号($\neq$, $>$ 或 $<$), 不论原假设 H_0 中的关系式的符号仅为等号, 还是含有大于或小于号皆"等价", 即在给定显著水平 α 的条件下, 其拒绝域(或接受域)是相同的(例如, 当 X 为单个正态总体, σ^2 为已知, α 已给定, H_1 为 $\mu > \mu_0$, 而原假设为 H_0 为 $\mu = \mu_0$ 或 $\mu \leqslant \mu_0$, 其拒绝域皆为 $\{U \geqslant z_{\alpha/2}\}$ (或 $\overline{X} \geqslant \mu_0 + z_{\alpha/2}\sigma\sqrt{n}$)). 因而, 拒绝域(或接受域)直接与备择假设相关联, 尤其是单侧假设检验之拒绝域表示式中的不等号与备择假设中的不等号同向(知晓这一点, 有益于记忆相关公式). 所谓"双侧、左侧及右侧检验", 实与备择假设 H_1 中的关系式是对应的. 据此, 在某种意义下, 我们可以说确定备择假设是作假设推断的难点所在(尽管原假设是备受关注与保护的方面).

检验假设(或估计区间)必须明确的几个问题 在对单个和两个正态总体中的未知参数作假设检验(或区间估计)的统计推断时, 主要必须明确 4 个问题:

① 在均值(或均值差)与方差(或方差比)的各类参数中是要求对哪一参数作统计推断?

② 另一类参数是已知, 还是未知?

③ 宜选哪一个相应统计量及它服从何种分布?

④ 应关于总体或样本的哪一种形式解出?(当然, 对于假设检验一般不

去解出,而直接将其相应统计量之观察值与临界值比较,即可).

例1 设某高校学生的上月平均生活费为235.5元,现随机抽取49名学生.他们本月的生活费平均为236.5元,而由这49个样本算出的标准差为3.5元.假定该校学生月生活费 X 服从正态分布,试分别在显著水平0.05及0.01之下,检验"本月该校学生平均生活费较之上月无变化"的假设.

解 本题是在方差 σ^2 未知情形下,关于正态总体期望 μ 的双侧假设检验问题.作假设 $H_0: \mu = 235.5$, $H_1: \mu \neq 235.5$.选取统计量

$$T = \frac{\sqrt{n}(\overline{X} - \mu_0)}{s},$$

其 H_0 的拒绝域为 $|T| \geq t_{\alpha/2}(n-1)$.因为 $n = 49$,$\overline{x} = 236.5$,$s = 3.5$,故可计算得统计量的观测值

$$|t| = \left| \frac{\sqrt{49}(236.5 - 235.5)}{3.5} \right| = 2.$$

下面确定临界值 $t_{\alpha/2}(48)$.由于 $48 > 30$,故可用 $z_{\alpha/2}$ 代替 $t_{\alpha/2}(48)$.

当 $\alpha = 0.05$ 时,知 $z_{0.025} = 1.96$.因 $2 > 1.96$,故应拒绝 H_0.所以,可认为本月该校学生平均生活费较之上月有显著变化.

当 $\alpha = 0.01$ 时,有 $z_{0.005} = 2.85 > 2$.因此,不应拒绝 H_0,即可认为本月学生的平均生活费与上月相比无显著变化.

注 本例对同一统计量 T 的观测值,在两种不同的显著水平下,得到两个相反的结论.原因在于 $\alpha = 0.05$ 的显著性比 $\alpha = 0.01$ 高.换言之,当取 $\alpha = 0.01$ 时,其拒绝域较 $\alpha = 0.05$ 更小.这等于是要求必须有更有力证据,才能做出拒绝原假设的结论.

例2 某工厂厂方声称,本厂生产的某型号的电冰箱,平均每台日消耗的电能不会超过0.8 W.现随机抽查16台电冰箱,发现它们日消耗电能平均为0.92 W,而由这16个样本算出的标准差为0.32 W.假设该种型号电冰箱消耗的电能 X 服从正态分布 $N(\mu, \sigma^2)$(现取显著水平 $\alpha = 0.05$).问根据这一抽查结果,能否相信厂方的说法?

解 本例为(正态总体)方差 σ^2 未知,关于均值 μ 的单侧检验问题.

(i) 相信厂方的说法,那么应作假设:

$$H_0: \mu \leqslant 0.8, \quad H_1: \mu > 0.8.$$

因方差 σ^2 未知,故选取统计量

$$T = \frac{\sqrt{n}(\overline{X} - \mu_0)}{S}.$$

相应拒绝域为 $(t_\alpha(n-1), +\infty)$.已知 $n = 16$,$\overline{x} = 0.92$,$s = 0.32$;又取

$\alpha = 0.05$ 时，知 $t_{0.05}(15) = 1.753$. 从而，可计算得

$$t = \frac{\sqrt{16}(0.92 - 0.8)}{0.32} = 1.5.$$

即知 $t < t_{0.05}(15)$. 所以，应接受 H_0，即在所给样本值与显著水平下，没有充分理由否定厂方的断言.

(ii) 若将厂方断言的相反方面作原假设，则应检验假设

$$H_0: \mu_0 \geqslant 0.8, \quad H_1: \mu < 0.8.$$

此时，仍应选取 (i) 中的统计量，而拒绝域则变为 $(-\infty, -t_{0.05}(15))$. 因

$$t = 1.5 > -1.753 = -t_{0.05}(15),$$

从而应当接受 H_0，即可怀疑厂方的断言.

注 本例对同一个统计量的相应观察值 ($t = 1.5$)，却因原假设的不同（即问题侧重点不同），而得到截然相反的结论. 这正是"举证倒置"所产生的效应. 它反映了看问题着眼点的重要性. 当将"厂方的断言"作为原假设时，是根据工厂以往的表现与信誉，对其断言有较大信任，只有很不利于它的观察结果，才能改变人们原来的看法，因而难以拒绝这个断言. 反之，若把"厂方的断言不正确"作为原假设，则表明人们一开始便对该厂产品持怀疑态度："该型号电冰箱每台日用电量会少于 0.8 W 吗？"只有很有利于该厂的观察结果，才能改变人们的看法. 故此，在所得观察数据非决定性地偏于一方时，人们看待问题的着眼点，往往（在很大程度上）决定了所下的结论. 知道这一点，有利于人们对假设检验思想的认识与理解.

例 3 在正常生产条件下，某产品的测试指标总体 $X \sim N(\mu, \sigma^2)$，其中 $\sigma = 0.23$. 后来改变了生产工艺，出了新产品. 假设新产品的测试指标总体仍为 X，且知 $X \sim N(\mu, \sigma^2)$. 从新产品中随机抽取 10 件，测得样本值为 x_1, $x_2, \cdots, x_{10}$，算得样本标准差 $s = 0.33$. 试在检验水平 $\alpha = 0.05$ 的情况下，检验：

(1) 方差 σ^2 有没有显著变化？

(2) 方差 σ^2 是否变大？

解 本例为正态总体在 μ 未知情形下，σ^2 的检验问题.

(1) 双侧检验. 作假设 $H_0: \sigma^2 = 0.23^2$, $H_1: \sigma^2 \neq 0.23^2$. 选取统计量

$$\chi^2 = \frac{(n-1)s^2}{\sigma_0^2},$$

知 H_0 的拒绝域为 $(0, \chi^2_{1-\alpha/2}(n-1)) \bigcup (\chi^2_{\alpha/2}(n-1), +\infty)$，经计算，得

$$\chi^2 = \frac{9 \times 0.33^2}{0.23^2} \approx 18.527;$$

又查表知 $\chi^2_{0.025}(9) \approx 19.023$, $\chi^2_{0.975}(9) \approx 2.7$. 由于

$$2.7 < \chi^2 = 18.527 < 19.023,$$

故接受 H_0. 即新产品指标的方差与原产品比较，没有显著变化.

（2）单侧检验. 作假设 $H_0: \sigma^2 = 0.23^2$，$H_1: \sigma^2 > 0.23^2$，统计量仍取

$$\chi^2 = \frac{(n-1)s^2}{\sigma_0^2},$$

而 H_0 的拒绝域为 $(\chi_\alpha^2(n-1), +\infty)$. 因 $\chi_{0.05}^2(9) \approx 16.199$，而此时 $\chi^2 = 18.527 > 16.199$，所以拒绝 H_0. 即可认为，新产品指标的方差比原产品指标的方差显著地变大.

注 对同一问题进行双侧与单侧检验，可能得出不同的结论. 这是因为尽管统计量的观测值不变，但由于双侧与单侧检验有着不同的拒绝域，从而同一统计量的值可能落入不同的拒绝域（或接受域）. 所以可能得到不同的结论（一般，单侧检验的拒绝域包含双侧检验中的对应一侧的拒绝域（因为 α 越大，拒绝域越大，犯第一类错误的概率亦越大）. 从而，往往在双侧检验中被接受的结论，可能在单侧检验中却被拒绝）.

2° 对两个正态总体均值差或方差比的假设检验

两个正态总体 $X_i \sim N(\mu_i, \sigma_i^2)$ $(i = 1,2)$ 的均值差 $\mu_1 - \mu_2 = 0$（即 $\mu_1 = \mu_2$）的假设检验，常见的有 σ_1^2 与 σ_2^2 已知（例 4）及 σ_1^2, σ_2^2 未知但相等的两种情形. 在 X 与 Y 独立的条件下，均有各自相应的检验法则. 否则，应按"成对数据试验"问题对待，即令 $z_i = x_i - y_i$ $(i = 1,2,\cdots,n)$，化为一元情形检验（例 5）. 而方差比 $\frac{\sigma_1^2}{\sigma_2^2} = 1$（即 $\sigma_1^2 = \sigma_2^2$）的假设检验，通常亦可分为均值 μ_1 与 μ_2 已知及 μ_1 与 μ_2 均知两种情形. 在实际计算中，一般取样本方差 s_1^2 与 s_2^2 中较大的作为分子，以保证统计量的观察值大于 1. 但当两个正态总体的均值 μ_1 与 μ_2 及方差 σ_1^2 与 σ_2^2 皆未知，且需（同时）检验假设 $\mu_1 = \mu_2$ 及 $\sigma_1^2 = \sigma_2^2$ 时，常要先检验假设 $\sigma_1^2 = \sigma_2^2$（因为用 F 检验法对假设 $\sigma_1^2 = \sigma_2^2$ 作检验，并不需要预先知道两均值是否相等），然后在假设 $\sigma_1^2 = \sigma_2^2$ 被接受的条件下，才可用 t 检验法对假设 $\mu_1 = \mu_2$ 进行检验（否则，就得使用大样本时的 U 统计量，其计算相当麻烦）（例 6）.

例 4 某苗圃采用两种育苗方案作杨树的育苗试验. 两组育苗试验中，已知苗高的标准差分别为 $\sigma_1 = 20$ cm，$\sigma_2 = 18$ cm. 各抽取 80 株树苗作为样本，算得苗高的样本均值为 $\bar{x}_1 = 68.12$，$\bar{x}_2 = 58.65$. 已知苗高服从正态分布，试在显著水平 $\alpha = 0.1$ 下，判断两种试验方案对平均苗高有无显著影响.

解 这是方差已知的两个正态总体均值差的双边检验问题. 作检验假设 $H_0: \mu_1 = \mu_2$，$H_1: \mu_1 \neq \mu_2$. 其相应拒绝域为

$$|u| = \left| \frac{\overline{x_1} - \overline{x_2}}{\sqrt{\frac{\sigma_1^2}{n_1} + \frac{\sigma_2^2}{n_2}}} \right| \geqslant z_{\alpha/2}.$$

由 $n_1 = n_2 = 80$，$\overline{x}_1 = 68.12$，$\overline{x}_2 = 58.65$，$z_{\alpha/2} = z_{0.05} = 1.65$，可算得统计量 U 的观测值为

$$|u| = \left| \frac{68.12 - 58.65}{\sqrt{\frac{20^2}{80} + \frac{18^2}{80}}} \right| = 3.15 > 1.65.$$

因此拒绝 H_0，即认为两种试验方案对苗高影响显著.

例 5 某化工厂为了提高某种化学药品的得率，提出了两种工艺方案，为了研究哪一种方案好，分别用两种工艺各进行了 10 次试验，数据如下：

方案甲得率(%)　68.1，62.4，64.3，64.7，68.4，66.0，65.5，

　　　　　　　66.7，67.3，66.2；

方案乙得率(%)　69.1，71.0，69.1，70.0，69.1，69.1，67.3，

　　　　　　　70.2，70.1，67.3.

假设方案乙得率服从正态分布，问方案乙是否能比方案甲显著提高得率($\alpha = 0.01$)？

解 设方案甲和方案乙的得率分布服从正态分布 $N(\mu_1, \sigma_1^2)$ 和 $N(\mu_2, \sigma_2^2)$. 首先作检验假设

$$H_{01}: \sigma_1^2 = \sigma_2^2 \left(\text{即} \frac{\sigma_1^2}{\sigma_2^2} = 1 \right), \quad H_{11}: \sigma_1^2 \neq \sigma_2^2.$$

因 μ_1, μ_2 未知，故选统计量

$$F = \frac{s_1^2/\sigma_1^2}{s_2^2/\sigma_2^2} \sim F(n_1 - 1, n_2 - 1).$$

计算得 $\overline{x}_1 = 65.96$，$\overline{x}_2 = 69.43$，$S_1^2 = 3.3516$，$S_2^2 = 2.2246$，因此，

$$F = \frac{S_1^2}{S_2^2} = \frac{3.3516}{2.2246} \approx 1.51.$$

查 F 分布表得 $F_{0.005}(9,9) = 6.54$，于是得 $F_{0.995}(9,9) = \frac{1}{6.54}$. 因为 $\frac{1}{6.54} < 1.51 < 6.54$，从而接受假设 $H_{01}: \sigma_1^2 = \sigma_2^2$. 再作检验假设

$$H_{02}: \mu_1 = \mu_2, \quad H_{12}: \mu_1 < \mu_2.$$

对于 $\alpha = 0.01$，查 t 分布表得 $t_{0.01}(18) = 2.5524$，假设 H_{02} 的拒绝域为

$$W = \{t < -t_\alpha(n_1 + n_2 - 2)\} = \{t < -2.5524\}.$$

由样本可算得

$$t = \frac{\overline{x}_1 - \overline{x}_2}{\sqrt{\dfrac{9S_1^2 + 9S_2^2}{18}}\sqrt{\dfrac{1}{10} + \dfrac{1}{10}}} = \frac{65.96 - 69.43}{\sqrt{\dfrac{9 \times (3.351\,6 + 2.246)}{18}}\sqrt{\dfrac{1}{5}}}$$

$$= -4.646\,9.$$

因 $t = -4.646\,9 < -2.552\,4$，故拒绝 H_{02} 接受 H_{12}，即认为采用乙种方案可比甲种方案提高得率.

题型 2　两类错误

参数的假设检验是利用一个样本来推断总体，由于样本的随机性，不可避免地会发生错误："弃真错误"与"取伪错误". 现就 $X \sim N(\mu, \sigma^2)$，方差 σ^2 已知，关于均值 μ 的双侧假设检验，给出计算两类错误的公式：

设 $X \sim N(\mu, \sigma^2)$，已知 $\sigma^2 = \sigma_0^2$，对 μ 作双侧假设检验：

$$H_0: \mu = \mu_0, \quad H_1: \mu = \mu_1 \neq \mu_0,$$

则 H_0 的接受域为 (λ_1, λ_2) 及拒绝域为 $(-\infty, \lambda_1) \bigcup (\lambda_2, +\infty)$ $\left(\text{其中 } \lambda_1 = \mu - z_{\alpha/2} \cdot \dfrac{\sigma_0}{\sqrt{n}}, \lambda_2 = \mu_0 + z_{\alpha/2} \cdot \dfrac{\sigma_0}{\sqrt{n}}\right)$，则相应犯两类错误的概率，可分别按下列公式计算：

$$\alpha = P\{\text{第一类错误}\} = P\{\text{弃真错误}\} = P\{\text{拒绝 } H_0 \mid H_0 \text{ 正确}\}$$

$$= P\{\overline{X} < \lambda_1 \mid \mu = \mu_0\} + P\{\overline{X} > \lambda_2 \mid \mu = \mu_0\}$$

$$= P\left\{\frac{\sqrt{n}(\overline{X} - \mu_0)}{\sigma_0} < \frac{\sqrt{n}(\lambda_1 - \mu)}{\sigma_0}\right\} + 1 - P\left\{\frac{\sqrt{n}(\overline{X} - \mu_0)}{\sigma_0} \leqslant \frac{\sqrt{n}(\lambda_2 - \mu_0)}{\sigma_0}\right\},$$

即 $\alpha \approx \Phi\left(\dfrac{\sqrt{n}(\lambda_1 - \mu_0)}{\sigma_0}\right) + 1 - \Phi\left(\dfrac{\sqrt{n}(\lambda_2 - \mu_0)}{\sigma_0}\right)$；

$$\beta = P\{\text{第二类错误}\} = P\{\text{取伪错误}\}$$

$$= P\{\text{接受 } H_0 \mid H_0 \text{ 不正确}, H_1 \text{ 正确}\} = P\{\lambda_1 < \overline{X} < \lambda_2 \mid \mu = \mu_1\}$$

$$= P\left\{\frac{\sqrt{n}(\lambda_1 - \mu_1)}{\sigma_0} < \frac{\sqrt{n}(\overline{X} - \mu_1)}{\sigma_0} < \frac{\sqrt{n}(\lambda_2 - \mu_1)}{\sigma_0}\right\},$$

即 $\beta \approx \Phi\left(\dfrac{\sqrt{n}(\lambda_2 - \mu_1)}{\sigma_0}\right) - \Phi\left(\dfrac{\sqrt{n}(\lambda_1 - \mu_1)}{\sigma_0}\right)$，其中 $\Phi(x)$ 为标准正态分布函数.

上述计算规则，可概述为：在拒绝域（接受域）的相应概率表达式中利用 $\mu_0 = E(\overline{X})$（$\mu_1 = E(\overline{X})$）进行"标准化"，以求犯第一（或第二）类错误的概率. 一句话：即将正确者代入到有关区域的相应概率表达式中进行"标准化"，以确定对应所犯错误的概率. 对于单侧检验的情形，求犯两类错误的概率之规则，类似.

例 6 设某指标总体 $X \sim N(\mu, \sigma^2)$，已知 $\sigma = 3.6$，对 μ 作双侧假设检验

$$H_0: \mu = \mu_0, \quad H_1: \mu \neq \mu_0, \mu = \mu_1.$$

若取接受域为 $(67, 69)$，试就下面几种情况，求犯两类错误的概率：

(1) $\mu_0 = 68, \mu_1 = 70, n = 36$；

(2) $\mu_0 = 68, \mu_1 = 70, n = 64$；

(3) $\mu_0 = 68, \mu_1 = 68.5, n = 64$.

解 这是在 σ^2 已知的情况下，期望 μ 的假设检验问题，统计量为

$$U = \frac{\sqrt{n}(\overline{X} - \mu_0)}{\sigma} \sim N(0, 1).$$

H_0 的接受域为 $(67, 69)$，拒绝域为 $(-\infty, 67)$ 或 $(69, +\infty)$.

(1) $\alpha = P\{弃真错误\} = P\{\overline{X} < 67 \mid \mu = 68\} + P\{\overline{X} > 69 \mid \mu = 68\}$

$$= P\left\{\frac{\overline{X} - 68}{3.6/\sqrt{36}} < \frac{67 - 68}{3.6/\sqrt{36}}\right\} + P\left\{\frac{\overline{X} - 68}{3.6/\sqrt{36}} > \frac{69 - 68}{3.6/\sqrt{36}}\right\}$$

$$\approx \Phi(-1.67) + 1 - \Phi(1.67) = 2 - 2\Phi(1.67)$$

$$\approx 2(1 - 0.9525) = 0.095;$$

$\beta = P\{取伪错误\} = P\{67 < \overline{X} < 69 \mid \mu = \mu_1 = 70\}$

$$= P\left\{\frac{67 - 70}{3.6/\sqrt{36}} < \frac{\overline{X} - 70}{3.6/\sqrt{36}} < \frac{69 - 70}{3.6/\sqrt{36}}\right\}$$

$$= \Phi(-1.67) - \Phi(-5) \approx \Phi(-1.67) \approx 0.0475.$$

从所得的数值看出 $\beta \approx \dfrac{\alpha}{2}$.

(2) 和 (1) 类似，只是这里的 $n = 64$.

$$\alpha = P\{\overline{X} < 67 \mid \mu = \mu_0 = 68\} + P\{\overline{X} > 69 \mid \mu = \mu_0 = 68\}$$

$$= \Phi(-2.222) + 1 - \Phi(2.222) = 2 - 2\Phi(2.222)$$

$$\approx 0.0264;$$

$$\beta = P\{67 < \overline{X} < 69 \mid \mu = \mu_1 = 70\} \approx \Phi(-2.22) \approx 0.0132.$$

注 和 (1) 中的结果比较，α, β 都有减少，这是因为 $n = 64$ 比 $n = 36$ 大的缘故，但仍有 $\beta \approx \dfrac{\alpha}{2}$.

(3) 这里 α 与 (2) 中的 α 相同，仍有 $\alpha \approx 0.0264$；而

$$\beta = P\{67 < \overline{X} < 69 \mid \mu = \mu_1 = 68.5\} = \Phi(1.11) - \Phi(-3.33)$$

$$\approx \Phi(1.11) \approx 0.8665.$$

注 这里 β 的数值最大，原因是 $\mu_0 = 68$ 与 $\mu_1 = 68.5$ 距离太近，不易分离，从而，加大了取伪错误的概率.

六、历年考研真题

8.1（1995 年，3 分） 设 $X_1, X_2, \cdots, X_n$ 是来自正态总体 $N(\mu, \sigma^2)$ 的简单随机样本，其中参数 μ, σ^2 未知，记 $\overline{X} = \dfrac{1}{n} \sum\limits_{i=1}^{n} X_i$，$Q^2 = \sum\limits_{i=1}^{n} (X_i - \overline{X})^2$，则假设 $H_0: \mu = 0$ 的 t 检验使用的统计量 $t = $ _____.

七、历年考研真题详解

数 学 三

8.1 应填 $\dfrac{\overline{X}}{Q} \sqrt{n(n-1)}$.

解 由题意可得 $\overline{X} \sim N\left(\mu, \dfrac{\sigma^2}{n}\right)$，所以 $\dfrac{\overline{X} - \mu}{\sigma/\sqrt{n}} \sim N(0,1)$. 又有

$$\frac{Q^2}{\sigma^2} = \frac{1}{\sigma^2} \sum_{i=1}^{n} (X_i - \overline{X})^2 \sim \chi^2(n-1),$$

且 Q^2 与 $\overline{X}$ 相互独立，故由 t 分布的构成得

$$\frac{\dfrac{\overline{X} - \mu}{\sigma/\sqrt{n}}}{\sqrt{\dfrac{Q^2}{\sigma^2(n-1)}}} \sim t(n-1).$$

当 H_0 成立（即 $\mu = 0$）时，有 $\dfrac{\overline{X}}{Q} \sqrt{n(n-1)} \sim t(n-1)$. 故应填 $\dfrac{\overline{X}}{Q} \sqrt{n(n-1)}$.

注 本题主要考查正态总体方差未知时关于总体均值的假设检验的推导. 注意结果应用 Q 来表示（解中 $\dfrac{Q^2}{\sigma^2} \sim \chi^2(n-1)$ 和 Q^2 与 $\overline{X}$ 独立两条可从 $Q^2 = (n-1)S^2$ 得到，S^2 为样本方差）.

概率论与数理统计考研仿真模拟试卷一

一、填空题(本题共 5 小题,每小题 3 分,满分 15 分)

1. 设 A,B,C 是任意三个事件,记 $D_1 = AB\overline{C} \cup A\overline{B}C \cup \overline{A}BC$,$D_2 = AB \cup BC \cup AC$,$D_3 = A\overline{B}\,\overline{C} \cup \overline{A}B\overline{C} \cup \overline{A}\,\overline{B}C$,$D_4 = \overline{A} \cup \overline{B} \cup \overline{C}$. 在下面 4 个关系式

$$D_4 \supset D_3, \quad D_3 \supset D_2, \quad D_2 \supset D_1, \quad D_1 \supset D_4$$

中,正确的个数是_____.(填数字)

2. 设随机变量 $\ln X$ 服从正态分布 $N(2,4)$,则 $P\{e^{-1.92} < X \leqslant e^2\} =$ _____.

3. 设随机变量 X_1,X_2 都服从区间 $[0,4]$ 上的均匀分布,且 $P\{\max\{X_1, X_2\} \leqslant 3\} = \dfrac{9}{16}$,则 $P\{\min\{X_1,X_2\} > 3\} =$ _____.

4. 设 X 服从参数为 λ 的指数分布,$Y = aX + \dfrac{12}{\lambda}$,二阶矩阵 $\begin{bmatrix} E(X) & E(Y) \\ D(X) & D(Y) \end{bmatrix}$ 是可逆矩阵,则 a 的取值范围是_____.

5. 设总体 $X \sim N(\mu, 4^2)$,$X_1, X_2, \cdots, X_{10}$ 是 $n = 10$ 的简单随机样本,S^2 为样本方差,已知 $P\{S^2 > a\} = 0.1$,则 $a =$ _____.

二、单项选择题(本题共 5 小题,每小题 3 分,满分 15 分)

1. 设 $0 < P(A) < 1$,$0 < P(B) < 1$,$P(A \mid B) + P(\overline{A} \mid \overline{B}) = 1$,则 (　).

(A) 事件 A 与 B 互不相容　　(B) 事件 A 与 B 相互独立

(C) 事件 A 与 B 相互对立   (D) 事件 A 与 B 互不独立

2. 设 X 是只有两个值的离散型随机变量，Y 是连续型随机变量，而且 X 和 Y 相互独立，则随机变量 $X+Y$ 的分布函数（   ）．

(A) 是阶梯函数   (B) 恰有一个间断点

(C) 是连续函数   (D) 恰好有两个间断点

3. 对于任意两随机变量 X 和 Y，与命题"X 和 Y 不相关"不等价的是（   ）．

(A) $E(XY) = E(X)E(Y)$ (B) $\text{Cov}(X,Y) = 0$

(C) $D(XY) = D(X)D(Y)$ (D) $D(X+Y) = D(X) + D(Y)$

4. $\hat{\theta}$ 是总体 X 的未知参数 θ 的估计量，则（   ）．

(A) $\hat{\theta}$ 是确定的数，近似等于 θ

(B) $\hat{\theta}$ 是统计量且 $E(\hat{\theta}) = \theta$

(C) 对于 $\theta = E(X)$，以矩估计法得到的 $\hat{\theta}$ 是 θ 的无偏估计量

(D) 对于 $\theta = D(X)$，以最大似然估计法得到的 $\hat{\theta}$ 是 $D(X)$ 的无偏估计量

5. 自动装袋机装出的物品每袋重量服从正态分布 $N(\mu, \sigma^2)$，规定每袋重量的方差不超过 a．为了检验自动装袋机的生产是否正常，对它的产品进行抽样检查，取零假设 $H_0: \sigma^2 \leqslant a$，显著性水平 $\alpha = 0.05$．则下列说法正确的是（   ）

(A) 如果生产正常，则检验结果也认为生产是正常的概率等于 95%

(B) 如果生产不正常，则检验结果也认为生产是不正常的概率等于 95%

(C) 如果检验结果认为生产正常，则生产确实正常的概率等于 95%

(D) 如果检验结果认为生产不正常，则生产确实不正常的概率等于 95%

三、（本题满分 8 分）

袋中装有 2 个 5 分、3 个 2 分、5 个 1 分的硬币，从中任意取出 5 个，求总数超过 1 角的概率．

四、（本题满分 9 分）

设 X 是掷一颗均匀骰子所出现的点数，求概率 $P\{|X - E(X)| < 1\}$ 及 $P\{|X - E(X)| \geqslant 2\}$．

五、（本题满分 12 分）

设二维随机向量 (X,Y) 的联合概念密度为

$$f(x,y) = \begin{cases} xy/2, & 0 \leqslant y \leqslant x \leqslant 2; \\ 0, & \text{其他}. \end{cases}$$

(1)　求 X 及 Y 的边缘概率密度 $f_X(x)$ 及 $f_Y(y)$.

(2)　问 X 与 Y 是否相互独立(说明理由).

(3)　计算 $P\{1 < X \leqslant 2\}$.

六、(本题满分 12 分)

一实习生用一台机器接连独立地制造 3 个零件,设第 i 个零件是不合格品的概率为 $p_i = \dfrac{1}{i+1}$($i = 1,2,3$),以 X 表示 3 个零件中是合格品的个数,求:(1) $P\{X = 2\}$;(2)数学期望 $E(X)$;(3)方差 $D(X)$.

七、(本题满分 10 分)

一个螺丝钉的重量是一个随机变量,期望值是 50 克,标准差是 5 克,求一盒(100 个)同型号螺丝钉的重量超过 5 100 克的概率.

八、(本题满分 9 分)

设总体 $X \sim N(1,4)$,$(X_1, X_2, \cdots, X_{10})$ 为来自该总体的一个简单随机样本,记 $Y_1 = X_1 - X_2$,$Y_2 = 3X_2 - X_4 - 2X_5$,$Y_3 = X_6 - X_7 - X_8 - 2X_9 + 3X_{10}$,且令 $Y = aY_1^2 + bY_2^2 + cY_3^2$,试确定常数 a,b,c,使得 Y 服从 $\chi^2(k)$,并定出 k 值.

九、(本题满分 10 分)

设总体 X 的概率密度为

$$f(x,\theta) = \begin{cases} \dfrac{x}{\theta} \mathrm{e}^{-\frac{x^2}{2\theta}}, & x > 0; \\ 0, & x \leqslant 0, \end{cases}$$

$\theta > 0$ 为未知参数;$X_1, X_2, \cdots, X_n$ 为来自总体 X 的简单随机样本.(1)求 θ 的最大似然估计量.(2)问所求估计量 $\hat{\theta}$ 是不是 θ 的无偏估计量?说明理由.

概率论与数理统计考研仿真模拟试卷二

一、填空题(本题共 5 小题,每小题 3 分,满分 15 分)

1. 设事件 A 和 B 中至少有一个发生的概率为 $\dfrac{5}{6}$,A 和 B 中有且仅有一个发生的概率为 $\dfrac{2}{3}$,那么 A 和 B 同时发生的概率为_____.

2. 已知随机变量 X 服从参数为 λ 的指数分布，且矩阵

$$A = \begin{pmatrix} 1 & 0 & 0 \\ -2 & -X & 1 \\ 1 & -1 & 0 \end{pmatrix}$$

的特征值全为实数的概率为 $\dfrac{1}{2}$，则 $\lambda = $ _____.

3. 已知连续型随机变量 X 的概率密度为

$$f(x) = \frac{1}{\sqrt{\pi}} e^{-x^2 + 2x - 1}, \quad -\infty < x < +\infty,$$

则 X 的方差为 _____.

4. 设 $X_1, X_2, \cdots, X_{10}$ 是相互独立同分布的随机变量，$E(X_i) = \mu$，$D(X_i) = 8$ $(i = 1, 2, \cdots, 10)$，对于 $\overline{X} = \dfrac{1}{10} \sum_{i=1}^{10} X_i$，其满足的切比雪夫不等式为 $P\{|\overline{X} - \mu| \geqslant 1\} \leqslant $ _____.

5. 设总体 X 和 Y 分别服从正态分布 $N(\mu_1, \sigma_1^2)$ 和 $N(\mu_2, \sigma_2^2)$，其中 μ_1, μ_2，σ_1^2, σ_2^2 均为未知. 从总体 X 和 Y 分别独立地抽取样本容量分别为 16 和 13 的样本，样本方差分别为 $S_1^2 = 0.34$，$S_2^2 = 0.29$，则方差比 $\dfrac{\sigma_1^2}{\sigma_2^2}$ 的置信水平为 0.90 的置信区间为 _____.

二、单项选择题 (本题共 5 小题，每小题 3 分，满分 15 分)

1. 进行一系列独立试验，假设每次试验的成功率都是 p，则在试验成功 2 次之前已经失败 3 次的概率是 ( ).

(A) $4p(1-p)^3$ (B) $4p^2(1-p)^3$

(C) $10p^2(1-p)^3$ (D) $p^2(1-p)^3$

2. 设随机变量 X_i 的分布函数为 $F_i(x)$，且密度函数 $f_i(x)$ 至多有有限个间断点，( ).

(A) 如果 $F_1(x) \leqslant F_2(x)$，则 $f_1(x) \leqslant f_2(x)$

(B) 如果 $F_1(x) \leqslant F_2(x)$，则 $f_1(x) \geqslant f_2(x)$

(C) 如果 $f_1(x) \leqslant f_2(x)$，则 $F_1(x) \leqslant F_2(x)$

(D) 如果 $f_1(x) \leqslant f_2(x)$，则 $F_1(x) \geqslant F_2(x)$

3. 设随机变量 X 与 Y 相互独立，且均服从标准正态分布 $N(0,1)$，则 ( ).

(A) $P\{X+Y \geqslant 0\} = \dfrac{1}{4}$ (B) $P\{X-Y \geqslant 0\} = \dfrac{1}{4}$

(C) $P\{\max\{X,Y\}\geqslant 0\}=\dfrac{1}{4}$　　(D) $P\{\min\{X,Y\}\geqslant 0\}=\dfrac{1}{4}$

4. 在长为 l 的直线上任取两点,则两点间距离的数学期望是(　　).

(A) l　　　　(B) $\dfrac{l}{2}$　　　　(C) $\dfrac{l}{3}$　　　　(D) $\dfrac{l}{4}$

5. 设 $X\sim N(\mu,\sigma^2)$ $(\sigma>0)$,从总体 X 中抽取样本 $X_1,X_2,\cdots,X_n$,样本均值为 $\overline{X}$,样本方差为 S^2,则(　　).

(A) $E(\overline{X}^2-S^2)=\mu^2-\sigma^2$　　(B) $E(\overline{X}^2+S^2)=\mu^2+\sigma^2$

(C) $E(\overline{X}-S^2)=\mu-\sigma^2$　　(D) $E(\overline{X}-S^2)=\mu+\sigma^2$

三、(本题满分 10 分)

某城市一家企业组织进城农民工到甲、乙两地学习技术,到甲地的男、女农民工分别为 4 人和 2 人,到乙地的男、女农民工分别为 3 人和 1 人. 现随机地从甲地的农民工中抽调一人到乙地(学习技术),然后再从到乙地的农民工中随机地选择一人,问所选该农民工是男的的概率为多少?

四、(本题满分 9 分)

设随机变量 $X=\mathrm{e}^Y$ 服从参数为 e 的指数分布,求随机变量 Y 的概率密度.

五、(本题满分 10 分)

设二维随机变量 (X,Y) 的联合概率密度为

$$f(x,y)=\begin{cases}\dfrac{1}{2}x\mathrm{e}^{-y},&0\leqslant x\leqslant 2,\ y\geqslant 0;\\[2mm]0,&\text{其他}.\end{cases}$$

(1) 求 X,Y 的边缘密度 $f_X(x)$ 及 $f_Y(y)$,并判断 X 与 Y 是否相互独立.

(2) 试问 X 与 Y 是否线性相关? 并说明理由.

(3) 求 $P\{X>Y\}$.

六、(本题满分 9 分)

设随机变量 X 服从正态分布 $N(0,4)$,Y 服从参数 $\lambda=0.5$ 的指数分布. $\mathrm{Cov}(X,Y)=-1$. 令 $Z=X-aY$. 已知 $\mathrm{Cov}(X,Z)=\mathrm{Cov}(Y,Z)$. 试确定 a 的值并求 X 与 Z 的相关系数.

七、(本题满分 12 分)

(1) 设 $X_1,X_2,\cdots,X_{200}$ 是取自总体 X 的一个简单随机样本,总体 X 服从参数 $p=0.4$ 的 0-1 分布,即 $P\{X=0\}=0.6$,$P\{X=1\}=0.4$. 计算概

率 $P\left\{\sum_{i=1}^{100}(X_{2i}-X_{2i-1})^2\leqslant 58\right\}$.

（2）设 X_1,X_2,X_3,X_4 是来自正态总体 $N(0,2^2)$ 的简单随机样本，$Y=a(X_1-2X_2)^2+b(3X_3-4X_4)^2$，试确定 a,b，使 Y 服从 $\chi^2(k)$ 分布，并确定 k 的值.

八、（本题满分 10 分）

假设总体 X 的分布密度为

$$f(x)=\begin{cases}\dfrac{1}{\sqrt{2\pi}x}\mathrm{e}^{-\frac{(\ln x-\mu)^2}{2}}, & x>0;\\ 0, & x\leqslant 0.\end{cases}$$

$X_1,X_2,\cdots,X_n$ 是从总体 X 中取出的一个简单随机样本.

（Ⅰ）求参数 μ 的最大似然估计量 $\hat{\mu}$.

（Ⅱ）验证 $\hat{\mu}$ 是 μ 的无偏估计量.

九、（本题满分 10 分）

设某产品的指标服从正态分布，它的标准差 $\sigma=150$，今抽取一个容量为 25 的简单随机样本，计算得平均值 $\bar{x}=1636$，试问在显著水平 $\alpha=0.05$ 下能否认为这批产品的指标的期望值 μ 为 1 600？（附：$u_{0.5}=0.6915$，$u_{0.975}=1.96$，$u_{0.1}=0.5398$，$t_{0.975}(24)=2.0639$，$t_{0.95}(24)=1.7190$，$\chi^2_{0.025}(25)=13.120$）

概率论与数理统计考研仿真模拟试卷三

一、填空题（本题共 5 小题，每小题 3 分，满分 15 分）

1. 设 $P(A)=0.3$，$P(B)=0.4$，$P(AB)=0.2$，则 $P(A\mid A\bigcup B)=$ _____.

2. 设随机变量 X 服从参数为 4 的指数分布，随机变量 $Y=1-\mathrm{e}^{-4X}$ 的概率密度 $f_Y(y)$ 为 _____.

3. 设 X,Y 分别服从参数为 $\dfrac{3}{4}$ 与 $\dfrac{1}{2}$ 的 0-1 分布，且它们的相关系数 $\rho_{XY}=\dfrac{\sqrt{3}}{3}$，则 X 与 Y 的联合概率分布为 _____.

4. 设随机变量 X 服从参数为 1 的泊松分布, 则 $Y = 2^X$ 的方差 $D(Y) =$ _____.

5. 设总体 X 的概率密度函数为

$$f(x;\lambda) = \begin{cases} \lambda\alpha x^{\alpha-1}\mathrm{e}^{-\lambda x^{\alpha}}, & x > 0; \\ 0, & x \leqslant 0, \end{cases}$$

其中 $\alpha > 0$ 为已知参数, $\lambda > 0$ 为未知参数, $X_1, X_2, \cdots, X_n$ 为简单随机样本, λ 的极大似然估计量为_____.

二、单项选择题(本题共 5 小题, 每小题 3 分, 满分 15 分)

1. 若 A, B 互斥, 且 $P(A) > 0$, $P(B) > 0$, 则下列式子成立的是( ).

(A) $P(A \mid B) = P(A)$　　　　(B) $P(B \mid A) > 0$

(C) $P(AB) = P(A)P(B)$　　　　(D) $P(B \mid A) = 0$

2. 设二维随机变量 (X, Y), 则随机变量 $\xi = X + Y$, $\eta = X - Y$ 不相关的充要条件为( ).

(A) $E(X) = E(Y)$

(B) $E(X^2) - E^2(X) = E(Y^2) - E^2(Y)$

(C) $E(X^2) = E(Y^2)$

(D) $E(X^2) + E^2(X) = E(Y^2) + E^2(Y)$

3. 设 $X_1, X_2, \cdots, X_n$ 是来自正态总体 $N(\mu, \sigma^2)$ 的简单随机样本, $\overline{X}$ 是样本均值, 记

$$S_1^2 = \frac{1}{n-1}\sum_{i=1}^{n}(X_i - \overline{X})^2, \quad S_2^2 = \frac{1}{n}\sum_{i=1}^{n}(X_i - \overline{X})^2,$$

$$S_3^2 = \frac{1}{n-1}\sum_{i=1}^{n}(X_i - \mu)^2, \quad S_4^2 = \frac{1}{n}\sum_{i=1}^{n}(X_i - \mu)^2.$$

则服从于自由度为 $n - 1$ 的 t 分布的随机变量是( ).

(A) $t = \dfrac{\overline{X} - \mu}{S_1/\sqrt{n-1}}$　　　　(B) $t = \dfrac{\overline{X} - \mu}{S_2/\sqrt{n-1}}$

(C) $t = \dfrac{\overline{X} - \mu}{S_3/\sqrt{n}}$　　　　(D) $t = \dfrac{\overline{X} - \mu}{S_4/\sqrt{n}}$

4. 设 $\hat{\theta}$ 是 θ 的无偏估计, 且 $\lim\limits_{n\to\infty}D(\hat{\theta}) = 0$, 则 $\dfrac{n-1}{n}\hat{\theta}$( ).

(A) 是 θ 的无偏估计　　　　(B) 是 θ 的有效估计

(C) 是 θ 的一致估计　　　　(D) 以上都不对

5. 检验正态总体均值 μ 时, 在 $H_0: \mu = \mu_0$, $H_1: \mu > \mu_0$ 下, 下列结论中( )是正确的 $\left(\sigma^2 \text{ 已知, 显著水平为 } \alpha, \text{ 其中 } Z = \dfrac{\overline{X} - \mu_0}{\sigma/\sqrt{n}}\right)$.

(A) 拒绝域 $Z < -Z_\alpha$　　　　(B) 拒绝域 $Z > Z_\alpha$

(C) 拒绝域 $Z < -Z_{\alpha/2}$ (D) 拒绝域 $Z > Z_{\alpha/2}$

三、（本题满分 8 分）

电梯从第 1 层到第 14 层，一开始电梯里有 10 名乘客，每位乘客都可能在第 2~14 层下电梯，求下列事件的概率：$A_1 = \{10$ 人在同一层下$\}$；$A_2 = \{10$ 人中有 4 人在第 10 层下$\}$.

四、（本题满分 9 分）

市场上有 n 个厂家生产的大量同种电子元件，价格相同，其市场上占有的份额比为 $1:2:\cdots:n$. 第 i 个厂家生产的元件寿命（单位：小时）服从参数为 $\lambda_i(\lambda_i > 0, i = 1,2,\cdots,n)$ 的指数分布. 规定元件寿命在 1 000 小时以上者为优质品.

（Ⅰ）求市场上该产品的优质品率 α.

（Ⅱ）从市场上购买 m 个这种元件，求至少有一个不是优质品的概率 β.

五、（本题满分 10 分）

设随机变量 (X,Y) 的联合密度函数为

$$f(x,y) = \begin{cases} 1/2, & 0 \leqslant x \leqslant 1, 0 \leqslant y \leqslant 2; \\ 0, & \text{其他}. \end{cases}$$

（1）判断 X 与 Y 是否相互独立.

（2）求 X 与 Y 中至少有一个小于 1/2 的概率.

六、（本题满分 11 分）

假设随机变量 X_1 与 X_2 相互独立，X_i 服从参数为 i,p（$0 < p < 1$）的二项分布，$i = 1,2$. 令随机变量

$$Y_1 = \begin{cases} 0, & X_2 + X_1 = 1; \\ 1, & X_2 + X_1 \neq 1, \end{cases} \qquad Y_2 = \begin{cases} 0, & X_2 - X_1 = 2; \\ 1, & X_2 - X_1 \neq 2. \end{cases}$$

试确定 p 的值，使 Y_1 与 Y_2 的协方差达到最小.

七、（本题满分 8 分）

设有一批种蛋，其中良种占 1/5，现从中任取 2 500 枚，试计算这 2 500 枚蛋中良种蛋所占的比例与 1/5 之差的绝对值不超过 0.01 的概率.

八、（本题满分 8 分）

设总体 X 的概率密度为

$$f(x) = \begin{cases} \mathrm{e}^{x-\theta}, & x \leqslant \theta; \\ 0, & x > \theta, \end{cases}$$

其中 θ 是未知参数. 从总体 X 中抽取简单随机样本 $X_1, X_2, \cdots, X_n$. 记 $\hat{\theta} = \max\{X_1, X_2, \cdots, X_n\}$.

（Ⅰ） 求总体 X 的分布函数 $F(x)$.

（Ⅱ） 求统计量 $\hat{\theta}$ 的分布函数 $G(x)$.

（Ⅲ） 求 $\hat{\theta}$ 的期望 $E(\hat{\theta})$.

九、（本题满分 12 分）

假设总体 X 的密度函数

$$f(x) = \begin{cases} \lambda e^{-\lambda(x-2)}, & x > 2; \\ 0, & x \leqslant 2 \end{cases} \quad (\lambda > 0),$$

$X_1, X_2, \cdots, X_n$ 为来自总体 X 的简单随机样本，$Y = X^2$.

（Ⅰ） 求 Y 的数学期望 $E(Y)$（记 $E(Y)$ 为 b）.

（Ⅱ） 求 λ 的最大似然估计.

（Ⅲ） 利用上述结果求 b 的最大似然估计.

概率论与数理统计考研仿真模拟试卷四

一、填空题（本题共 5 小题，每小题 3 分，满分 15 分）

1. 设一次试验中事件 A 发生的概率为 p，又若已知三次独立试验中 A 至少出现一次的概率等于 $\dfrac{37}{64}$，则 $p = $ _____.

2. 抛掷一枚匀称的硬币，设随机变量

$$X = \begin{cases} 0, & \text{出现反面 } T; \\ 1, & \text{出现正面 } H, \end{cases}$$

则随机变量 X 在区间 $(0.5, 2]$ 上取值的概率为 _____.

3. 随机变量 ξ 的取值为 -1 和 1，η 的取值为 $-3, -2$ 和 -1，且 $P\{\xi = -1\} = 0.4$，则

$$F(x) = \begin{cases} 0, & x < 0; \\ \xi - e^{\eta x}, & x \geqslant 0 \end{cases}$$

为某一连续型随机变量 X 的分布函数的概率是 _____.

4. 在天平上重复称量一重为 a 的物品，假设各次称量结果相互独立且同服从正态分布 $N(a, 0.2^2)$. 若以 $\overline{X}_n$ 表示 n 次称量结果的算术平均值，则使

$P\{|\overline{X}_n - a| < 0.1\} \geqslant 0.95$ 的最小 n（自然数）值为_____.

5. 设 X_1, X_2, X_3, X_4 是来自正态总体 $N(0, 2^2)$ 的简单随机样本. $X = a(X_1 - 2X_2)^2 + b(3X_3 - 4X_4)^2$，则当 $a =$ _____，$b =$ _____ 时，统计量 X 服从 χ^2 分布，其自由度为_____.

二、单项选择题（本题共 5 小题，每小题 3 分，满分 15 分）

1. 设 $P(A) = 0.6$，$P(B) = 0.8$，$P(B \mid A) = 0.8$，则下列结论中正确的是（   ）.

(A) 事件 A, B 互不相容　　　(B) 事件 A 和 B 互逆
(C) 事件 A, B 相互独立　　　(D) $A \supset B$

2. 设函数 $\varphi(x) = \frac{1}{2}\sin x$ 可以作为随机变量 X 的概率密度函数，则 X 可以充满的区间为（   ）.

(A) $\left[0, \frac{\pi}{2}\right]$　　(B) $\left[-\frac{\pi}{2}, \frac{\pi}{2}\right]$　　(C) $[0, \pi]$　　(D) $[0, 2\pi]$

3. 设随机变量 X, Y 相互独立，其方差分别为 4 和 2，则 $D(3X - 2Y) =$（   ）.

(A) 8　　　　(B) 16　　　　(C) 28　　　　(D) 44

4. 随机变量 X, Y 都服从正态分布且不相关，则它们（   ）.

(A) 一定独立　　　　　　　(B) (X, Y) 一定服从二维正态分布
(C) 未必独立　　　　　　　(D) $X + Y$ 服从一维正态分布

5. 设 $X_1, X_2, \cdots, X_n$ 为总体 X 的一个简单随机样本，$E(X) = \mu$，$D(X) = \sigma^2$，为使 $\hat{\theta} = C\sum_{i=1}^{n-1}(X_{i+1} - X_i)^2$ 为 σ^2 的无偏估计，C 应为（   ）.

(A) $\frac{1}{n}$　　(B) $\frac{1}{n-1}$　　(C) $\frac{1}{2(n-1)}$　　(D) $\frac{1}{n-2}$

三、（本题满分 10 分）

有朋友自远方来，他乘火车、轮船、汽车、飞机来的概率分别为 0.3, 0.2, 0.1, 0.4，如果他乘火车、轮船、汽车来，迟到的概率分别为 $\frac{1}{4}, \frac{1}{3}, \frac{1}{12}$，而乘飞机则不会迟到. 求：(1) 他迟到的概率；(2) 他迟到了，他乘火车来的概率为多少.

四、（本题满分 10 分）

设随机变量 X 的分布函数

$$F(x) = \begin{cases} 0, & x \leqslant 0; \\ Ax^2, & 0 < x < 1; \\ 1, & x \geqslant 1. \end{cases}$$

求：(1) 常数 A；(2) 概率 $P\{0.5 \leqslant x \leqslant 0.8\}$；(3) X 的概率密度 $f(x)$.

五、(本题满分 10 分)

已知二维随机变量 (X,Y) 的联合概率密度为

$$f(x,y) = \begin{cases} e^{-y}, & 0 < x < y; \\ 0, & 其他. \end{cases}$$

(1) 求 X 与 Y 的边缘密度函数 $f_X(x)$ 与 $f_Y(y)$.

(2) 问 X 与 Y 是否独立？

六、(本题满分 12 分)

设某航天展览馆规定每天每个整点的第 25 分钟和第 45 分钟让成批参观者进入展厅，假设某参观者在上午 9 点的第 X 分钟到达展览馆门外（等候），且 X 在 $[0,60]$ 上服从均匀分布，求该参观者等候时间的数学期望.

七、(本题满分 8 分)

设一批产品的正品率为 80%，从中任取 400 件，求其中正品率未超过 82% 的概率.

八、(本题满分 10 分)

设总体 $X \sim N(\mu,\sigma^2)$，σ^2 已知，$X_1,X_2,\cdots,X_n$ 是来自 X 的简单随机样本.

(1) 求 μ 的置信系数为 $1-\alpha$ 的置信区间.

(2) 若样本容量 n 和置信系数 $1-\alpha$ 均不变，则当样本观察值不同时，μ 的置信区间的长度会有何变化？

九、(本题满分 10 分)

设总体 $X \sim N(\mu,\sigma^2)$，σ^2 未知，$X_1,X_2,\cdots,X_n$ 为来自总体 X 的简单样本，假设检验 $H_0: \mu = \mu_0$.

(1) 写出上述假设检验显著水平为 α $(0 < \alpha < 1)$ 的拒绝域.

(2) 若在显著水平 $\alpha = 0.1$ 下接受 H_0，那么在显著水平 $\alpha = 0.05$ 下是接受还是拒绝 H_0？请说明理由.

$$\boxed{\text{概率论与数理统计考研仿真模拟试卷试题详解}}$$

$$\boxed{\text{试 卷 一}}$$

一、填空题

1. 答案 本题结果为 2.

分析 $D_2 = AB \bigcup BC \bigcup AC = ABC \bigcup AB\overline{C} \bigcup A\overline{B}C \bigcup \overline{A}BC$
$= ABC \bigcup D_1 \supset D_1,$

$D_3 D_2 = (A\overline{B}\,\overline{C} \bigcup \overline{A}B\overline{C} \bigcup \overline{A}\,\overline{B}C)(AB \bigcup BC \bigcup AC) = \varnothing,$

$D_4 = \overline{A} \bigcup \overline{B} \bigcup \overline{C} = \overline{ABC} = \Omega - ABC = D_1 \bigcup D_3 \bigcup \overline{A}\,\overline{B}\,\overline{C},$

$D_4 \supset D_1$ 且 $D_4 \supset D_3.$

2. 答案 本题结果为 0.475.

分析 $P\{X \leqslant e^2\} = P\{\ln X \leqslant 2\} = \Phi\left(\dfrac{2-2}{2}\right) = \Phi(0) = 0.5,$

$$P\{X \leqslant e^{-1.92}\} = P\{\ln X \leqslant -1.92\} = \Phi\left(\dfrac{-1.92-2}{2}\right)$$
$$= \Phi(-1.96) = 0.025,$$

$$P\{e^{-1.92} < X \leqslant e^2\} = P\{-1.92 < \ln X \leqslant 2\}$$
$$= P\{\ln X \leqslant 2\} - P\{\ln X \leqslant -1.92\}$$
$$= 0.5 - 0.025 = 0.475.$$

3. 答案 本题结果为 1/16.

分析 1 $P\{\max\{X_1, X_2\} \leqslant 3\} = P\{X_1 \leqslant 3, X_2 \leqslant 3\} = \dfrac{9}{16},$

$$P\{X_i \leqslant 3\} = \dfrac{3}{4}, \quad i = 1, 2,$$

$$P\{X_1 \leqslant 3, X_2 \leqslant 3\} = P\{X_1 \leqslant 3\}P\{X_2 \leqslant 3\},$$

计算得知事件 $\{X_1 \leqslant 3\}$ 与 $\{X_2 \leqslant 3\}$ 独立,因此其对立事件 $\{X_1 > 3\}$ 与 $\{X_2 > 3\}$ 也独立.

$$P\{\min\{X_1, X_2\} > 3\} = P\{X > 3, X_2 > 3\}$$
$$= P\{X_1 > 3\}P\{X_2 > 3\} = \dfrac{1}{16}.$$

分析 2 $P\{X_1 > 3\} = P\{X_2 > 3\} = \dfrac{1}{4},$

$$P\{\{X_1 > 3\} \cup \{X_2 > 3\}\} = 1 - P\{X_1 \leqslant 3, X_2 \leqslant 3\}$$
$$= 1 - P\{\max\{X_1, X_2\} \leqslant 3\} = \frac{7}{16},$$
$$P\{\min\{X_1, X_2\} > 3\} = P\{X_1 > 3, X_2 > 3\}$$
$$= P\{X_1 > 3\} + P\{X_2 > 3\}$$
$$- P\{\{X_1 > 3\} \cup \{X_2 > 3\}\}$$
$$= \frac{1}{4} + \frac{1}{4} - \frac{7}{16} = \frac{1}{16}.$$

4. **答案**　本题结果为$(-\infty, -3) \cup (-3, 4) \cup (4, +\infty)$.

分析　二阶方阵可逆的充分必要条件是该矩阵的行列式不为零.

$$D = \begin{vmatrix} E(X) & E(Y) \\ D(X) & D(Y) \end{vmatrix} = \begin{vmatrix} \dfrac{1}{\lambda} & \dfrac{a+12}{\lambda} \\ \dfrac{1}{\lambda^2} & \dfrac{a^2}{\lambda^2} \end{vmatrix} = \frac{1}{\lambda^3}(a^2 - a - 12).$$

由于$\lambda > 0$，因此要使行列式$D \neq 0$，其充分必要条件是

$$a^2 - a - 12 = (a-4)(a+3) \neq 0,$$

即$a \neq 4$且$a \neq -3$.

5. **答案**　本题结果为26.105.

分析　因为$n = 10, n-1 = 9, \sigma^2 = 4^2$，所以$\dfrac{9S^2}{4^2} \sim \chi^2(9)$. 又因为

$$P\{S^2 > a\} = P\left\{\frac{9S^2}{4^2} > \frac{9a}{4^2}\right\} = 0.1,$$

所以$\dfrac{9a}{4^2} = \chi_{0.1}^2(9) \approx 14.684$，故$a \approx 14.684 \times \dfrac{16}{9} \approx 26.105$.

二、单项选择题

1. **答案**　本题应选(B).

解析　据题设知$P(A \mid B) = 1 - P(\overline{A} \mid \overline{B}) = P(A \mid \overline{B})$，从而

$$\frac{P(AB)}{P(B)} = \frac{P(A\overline{B})}{P(\overline{B})},$$

即有$P(AB)P(\overline{B}) = P(B)P(A\overline{B})$，

$$P(AB)(1 - P(B)) = P(B)P(A\overline{B}),$$
$$P(AB) - P(AB)P(B) = P(B)P(A\overline{B}).$$

于是

$$P(AB) = P(B)(P(AB) + P(A\overline{B})) = P(B)P(A).$$

因此选(B).

2. **答案** 本题应选(C).

解析 设 X 的概率分布为 $P\{X=a\}=p$, $P\{X=b\}=q\ (a\neq b)$, 而 Y 的分布函数为 $F(y)$. 因为 X 与 Y 相互独立, 故由全概率公式, 有

$$
\begin{aligned}
G(z) &= P\{X+Y\leqslant z\}\\
&= pP\{X+Y\leqslant z\mid X=a\}+qP\{X+Y\leqslant z\mid X=b\}\\
&= pP\{Y\leqslant z-a\}+qP\{Y\leqslant z-b\}\\
&= pF(z-a)+qF(z-b).
\end{aligned}
$$

从而知 $X+Y$ 的分布函数是连续函数.

3. **答案** 本题应选(C).

解析 由于对任意两个随机变量 X 和 Y, 有

$$D(X+Y)=D(X)+D(Y)+2\mathrm{Cov}(X,Y),$$

又 $\mathrm{Cov}(X,Y)=E(XY)-E(X)E(Y)$, 再知 $\mathrm{Cov}(X,Y)=0$ 等价于"X 和 Y 不相关", 因此选项(A), (B), (D) 均与"X 和 Y 不相关"等价, 只有选项(C) 与该命题不等价, 故选(C).

4. **答案** 本题应选(C).

解析 由于 $\mu=E(X)=\theta$, 依矩估计法有 $\hat\theta=\overline{X}$, 而 $E(\hat\theta)=E(\overline{X})=E(X)$, 故 $\hat\theta$ 为 θ 的无偏估计量, 从而选(C).

5. **答案** 本题应选(A).

解析 H_0 成立意味着生产正常, A 所叙述事件的概率为 $P\{$接受 $H_0\mid H_0$ 为真$\}$. 由显著性水平 $\alpha=0.05$ 得

$$\alpha=P\{弃真\}=P\{拒绝\ H_0\mid H_0\ 为真\},$$

所以 $1-\alpha=0.95=P\{$接受 $H_0\mid H_0$ 为真$\}$, 故选择(A).

而选项(B) 所叙述事件的概率是

$$
\begin{aligned}
P\{拒绝\ H_0\mid H_0\ 不成立\} &= 1-P\{接受\ H_0\mid H_0\ 不成立\}\\
&= 1-P\{取伪\}=1-\beta\neq 0.95;
\end{aligned}
$$

选项(C) 及(D) 所叙述事件的概率分别为 $P\{H_0$ 为真$\mid$接受 $H_0\}$ 与 $P\{H_0$ 不真$\mid$拒绝 $H_0\}$, 它们不能完全由 α 确定.

三、解 (1) 由题设知, 所求概率为

$$p=\frac{C_2^2C_8^3+C_2^1(C_3^3C_5^1+C_3^2C_5^2)}{C_{10}^5}=\frac{126}{252}=0.5.$$

四、解　易知 X 的概率分布为 $P\{X=k\}=\dfrac{1}{6}\ (k=1,2,\cdots,6)$，故

$$E(X)=\frac{1}{6}(1+2+\cdots+6)=\frac{7}{2}.$$

从而 $P\{|X-E(X)|<1\}=\dfrac{1}{3}$，$P\{|X-E(X)|\geqslant 2\}=\dfrac{1}{3}$.

五、解　(1) 由边缘密度函数公式，得

$$f_X(x)=\int_{-\infty}^{+\infty}f(x,y)\mathrm{d}y=\begin{cases}\displaystyle\int_0^x\frac{1}{2}xy\mathrm{d}y, & 0\leqslant x\leqslant 2;\\[2mm]0, & \text{其他}\end{cases}$$

$$=\begin{cases}\dfrac{x^3}{4}, & 0\leqslant x\leqslant 2;\\[2mm]0, & \text{其他},\end{cases}$$

$$f_Y(y)=\int_{-\infty}^{+\infty}f(x,y)\mathrm{d}x=\begin{cases}\displaystyle\int_y^2\frac{1}{2}xy\mathrm{d}x, & 0\leqslant y\leqslant 2;\\[2mm]0, & \text{其他}\end{cases}$$

$$=\begin{cases}y-\dfrac{y^3}{4}, & 0\leqslant y\leqslant 2;\\[2mm]0, & \text{其他}.\end{cases}$$

(2) 因为在 $D=\{(x,y)\mid 0\leqslant x\leqslant 2,\ 0\leqslant y\leqslant 2\}$ 上，$f(x,y)\neq f_X(x)\cdot f_Y(y)$，所以 X 与 Y 不独立.

(3) $P\{1<X\leqslant 2\}=\displaystyle\int_1^2\frac{x^3}{4}\mathrm{d}x=\frac{15}{16}.$

六、解　(1) 设 A_i 表示"第 i 个零件合格"$(i=1,2,3)$，则知 $P(A_1)=\dfrac{1}{2}$，$P(A_2)=\dfrac{2}{3}$，$P(A_3)=\dfrac{3}{4}$. 于是，有

$$P\{X=2\}=P(\overline{A_1}A_2A_3\bigcup A_1\overline{A_2}A_3\bigcup A_1A_2\overline{A_3})$$

$$=\frac{1}{2}\times\frac{2}{3}\times\frac{3}{4}+\frac{1}{2}\times\frac{1}{3}\times\frac{3}{4}+\frac{1}{2}\times\frac{2}{3}\times\frac{1}{4}=\frac{11}{24}.$$

(2) 引入随机变量

$$X_i=\begin{cases}1, & \text{第 } i \text{ 个零件合格;}\\0, & \text{否则}\end{cases}\qquad (i=1,2,3),$$

则

$$E(X_i)=P\{X_i=1\}=P(A_i)=1-\frac{1}{i+1}\quad(i=1,2,3).$$

又设 $X = X_1 + X_2 + X_3$，那么

$$E(X) = E(X_1) + E(X_2) + E(X_3)$$

$$= \left(1 - \frac{1}{2}\right) + \left(1 - \frac{1}{3}\right) + \left(1 - \frac{1}{4}\right) = 1\frac{11}{12}.$$

（3）再因亦有 $E(X_i^2) = P\{X_i = 1\} = P(A_i)$，故

$$D(X_i) = E(X_i^2) - (E(X_i))^2 = P(A_i)P(\overline{A_i})$$

$$= \left(1 - \frac{1}{i+1}\right) \cdot \frac{1}{1+i} \quad (i = 1,2,3),$$

从而 $D(X) = \frac{1}{2} \times \frac{1}{2} + \frac{2}{3} \times \frac{1}{3} + \frac{3}{4} \times \frac{1}{4} = \frac{95}{144}.$

七、解 设第 k 个螺钉的重量为 $X_k (k = 1,2,\cdots,100)$，易知 $X_1, X_2, \cdots,$ X_{100} 相互独立，且

$$\mu = E(X_k) = 50, \quad \sigma = \sqrt{D(X_k)} = 5 \quad (k = 1,2,\cdots,100).$$

又设一盒螺钉重量为 X，则 $X = X_1 + X_2 + \cdots + X_{100}$，故

$$E(X) = 5\,000, \quad D(X) = 2\,500.$$

因此，

$$P\{X > 5\,100\} = 1 - P\{X \leqslant 5\,100\} \approx 1 - \Phi\left(\frac{5\,100 - 50 \times 100}{\sqrt{100} \times 5}\right)$$

$$= 1 - \Phi(2) = 0.022\,75.$$

八、解 易知 $E(Y_1) = E(Y_2) = E(Y_3) = 0$；$D(Y_1) = 8$，$D(Y_2) = 56$，$D(Y_3) = 64$，故

$$Y_1 \sim N(0,8), \quad Y_2 \sim N(0,56), \quad Y_3 \sim N(0,64).$$

因 Y_1, Y_2, Y_3 相互独立，从而由 χ^2 分布的可加性，知

$$\frac{1}{8}Y_1^2 + \frac{1}{56}Y_2^2 + \frac{1}{64}Y_3^2 \sim \chi^2(3).$$

因此 $A = \frac{1}{8}$，$B = \frac{1}{56}$，$C = \frac{1}{64}$；$k = 3$.

九、解 （1）似然函数为

$$L(\theta) = \prod_{i=1}^{n} \frac{x_i}{\theta} e^{-\frac{x_i^2}{2\theta}} = \frac{1}{\theta^n}\left(\prod_{i=1}^{n} x_i\right)\exp\left(-\frac{1}{2\theta}\prod_{i=1}^{n} x_i^2\right) \quad (x_i > 0, 1 \leqslant i \leqslant n);$$

取对数，得

$$\ln L(\theta) = \sum_{i=1}^{n} \ln x_i - n\ln\theta - \frac{1}{2\theta}\sum_{i=1}^{n} x_i^2;$$

在上式中对 θ 求导，并令其等于零，有

$$\frac{\mathrm{d}\ln L(\theta)}{\mathrm{d}\theta} = -\frac{n}{\theta} + \frac{1}{2\theta^2}\sum_{i=1}^{n} x_i^2 = 0;$$

关于 θ 解出，便可得 θ 的最大似然估计量 $\hat{\theta} = \frac{1}{2n}\sum_{i=1}^{n} X_i^2$.

（2）因为 $E(\hat{\theta}) = E\left(\frac{1}{2n}\sum_{i=1}^{n} X_i^2\right) = \frac{1}{2n}\sum_{i=1}^{n} E(X^2)$，而

$$E(X^2) = \int_0^\infty x^2 \cdot \frac{x}{\theta}\mathrm{e}^{-\frac{x^2}{2\theta}}\mathrm{d}x = 2\theta,$$

所以 $E(\hat{\theta}) = \frac{1}{2n}\sum_{i=1}^{n}(2\theta) = \theta$，从而 $\hat{\theta}$ 为 θ 的无偏估计量.

试 卷 二

一、填空题

1. 答案　本题结果为 $1/6$.

分析　从图可以看出，$P(\overline{A}B) + P(A\overline{B}) = \frac{2}{3}$，$P(A+B) = \frac{5}{6}$，

$$P(AB) = P(A+B) - (P(\overline{A}B) + P(A\overline{B})) = \frac{5}{6} - \frac{2}{3} = \frac{1}{6}.$$

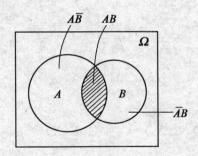

2. 答案　本题结果为 $\frac{1}{2}\ln 2$.

分析　因为

$$|\lambda E - A| = \begin{vmatrix} \lambda - 1 & 0 & 0 \\ 2 & \lambda + X & -1 \\ -1 & 1 & \lambda \end{vmatrix} = (\lambda - 1)(\lambda^2 + X\lambda + 1),$$

而 A 的特征值全为实数，则需 $X^2 - 4 \geqslant 4$，即 $|X| \geqslant 2$.

由题设有 $P\{|X| \geqslant 2\} = \frac{1}{2}$，即

$$\int_2^{+\infty} \lambda e^{-\lambda x} dx = -e^{-\lambda x} = e^{-2\lambda} \Big|_2^{+\infty} = \frac{1}{2},$$

因此 $-2\lambda = -\ln 2$，故 $\lambda = \frac{1}{2}\ln 2$.

3. **答案**　本题结果为 1/2.

分析　本题简单做法是利用正态分布概率密度的结构(形式)确定. 因为

$$f(x) = \frac{1}{\sqrt{2\pi}/\sqrt{2}} \exp\left\{ -\frac{(x-1)^2}{2(1/\sqrt{2})^2} \right\},$$

所以 $X \sim N\left(1, \left(\frac{1}{\sqrt{2}}\right)^2\right)$，故 $D(X) = \frac{1}{2}$.

基本做法是按连续型随机变量的数学期望与方差的公式计算. 因为 $E(X) = 1$，所以

$$D(X) = \int_{-\infty}^{+\infty} (x-1)^2 f(x) dx = \int_{-\infty}^{+\infty} \frac{1}{\sqrt{\pi}} (x-1)^2 e^{-(x-1)^2} dx$$

$$\xrightarrow{\ \ \diamondsuit\ x-1=t\ \ } \int_{-\infty}^{+\infty} \frac{1}{\sqrt{\pi}} t^2 e^{-t^2} dt$$

$$= -\frac{1}{2\sqrt{\pi}} \int_{-\infty}^{+\infty} t \, d\, e^{-t^2}$$

$$= -\frac{1}{2\sqrt{\pi}} \left(t e^{-t^2} \Big|_{-\infty}^{+\infty} - \int_{-\infty}^{+\infty} e^{-t^2} dt \right)$$

$$= \frac{1}{2} \int_{-\infty}^{+\infty} \frac{1}{\sqrt{\pi}} e^{-t^2} dt = \frac{1}{2} \times 1 = \frac{1}{2}.$$

4. **答案**　本题结果为 4/5.

分析　因为

$$E(\overline{X}) = \frac{1}{10} \sum_{i=1}^{n} E(X_i) = \frac{1}{10} \cdot 10 E(X) = \mu,$$

$$D(\overline{X}) = \frac{1}{10^2} \sum_{i=1}^{n} D(X_i) = \frac{1}{10^2} \cdot 10 D(X_i) = \frac{D(X)}{10} = \frac{4}{5},$$

所以 $P\{|\overline{X} - \mu| \geqslant 1\} \leqslant \frac{8/10}{1^2} = \frac{4}{5}$.

5. **答案**　本题结果为 $(0.45, 2.91)$.

分析　已知 $n_1 = 16$，$n_2 = 13$，$\alpha = 1 - 0.90 = 0.10$，查 F 分布表可得

$$F_{0.95}(15,12) = 2.62, \quad F_{0.95}(12,15) = 2.48.$$

因此 σ_1^2/σ_2^2 的置信水平为 0.90 的置信区间为

$$\left(\frac{S_1^2}{S_2^2}\cdot\frac{1}{F_{1-\alpha/2}(n_1-1,n_2-1)},\ \frac{S_1^2}{S_2^2}F_{1-\alpha/2}(n_2-1,n_1-1)\right)$$

$$=\left(\frac{0.34}{0.29}\times\frac{1}{2.62},\frac{0.34}{0.29}\times 2.48\right)=(0.45,2.91).$$

二、单项选择题

1. **答案**　本题应该选择(B).

解析　设事件 $A=$ "试验成功 2 次之前已经失败 3 次"，$A_5=$ "第 5 次试验成功"，$B_3=$ "试验 4 次失败 3 次". A_5 与 B_3 相互独立且 $A=B_3A_5$,

$$P(B_3)=C_4^1 p(1-p)^3=4p(1-p)^3,\quad P(A_5)=p,$$
$$P(A)=P(B_3A_5)=P(B_3)P(A_5)=4p^2(1-p)^3.$$

计算可知,应选择(B).

2. **答案**　本题应该选择(C).

解析　由于 $f_i(x)$ 至多有有限个间断点，$F_i(x)=\int_{-\infty}^x f_i(t)\mathrm{d}t$，从其几何意义"曲边梯形的面积"知,若 $f_1(x)\leqslant f_2(x)$,则必有 $F_1(x)\leqslant F_2(x)$,所以选择(C). 而由 $F_1(x)\leqslant F_2(x)$,我们无法比较 $f_1(x)$ 与 $f_2(x)$ 的大小. 例如

$$F_1(x)=\begin{cases}1-\mathrm{e}^{-\lambda x}, & x>0;\\0, & x\leqslant 0\end{cases}(\lambda>0)\Leftrightarrow f_1(x)=\begin{cases}\lambda\mathrm{e}^{-\lambda x}, & x>0;\\0, & x\leqslant 0;\end{cases}$$

$$F_2(x)=\begin{cases}1, & x>0;\\\mathrm{e}^x, & x\leqslant 0\end{cases}\Leftrightarrow f_2(x)=\begin{cases}0, & x>0;\\\mathrm{e}^x, & x\leqslant 0.\end{cases}$$

则 $F_1(x)\leqslant F_2(x)$,但是

$$f_1(x)-f_2(x)=\begin{cases}\lambda\mathrm{e}^{-\lambda x}, & x>0;\\-\mathrm{e}^x, & x\leqslant 0.\end{cases}$$

当 $x\leqslant 0$ 时, $f_1(x)<f_2(x)$; 当 $x>0$ 时, $f_1(x)>f_2(x)$.

3. **答案**　本题应该选择(D).

解析　显然,这道选择题需通过计算才能确定其正确的选项. 4 个选项中(C),(D) 容易计算,事实上,若记 $A=\{X\geqslant 0\}$, $B=\{Y\geqslant 0\}$,则 A 与 B 相互独立,且 $P(A)=P(B)=\int_0^{+\infty}\varphi(x)\mathrm{d}x=\dfrac{1}{2}$,故

$$P\{\max\{X,Y\} \geqslant 0\} = P(A \bigcup B) = 1 - P(\overline{A \bigcup B})$$
$$= 1 - P(\overline{A})P(\overline{B}) = \frac{3}{4},$$

$$P\{\min\{X,Y\} \geqslant 0\} = P(AB) = P(A)P(B) = \frac{1}{4}.$$

对于选项(A)与(B),注意到 X,Y 相互独立且都服从正态分布 $N(0,1)$,则它们的线性函数 $X+Y$ 与 $X-Y$ 一定都服从正态分布 $N(0,2)$,因此

$$P\{X+Y \geqslant 0\} = P\{X-Y \geqslant 0\} = \frac{1}{2}.$$

综上分析,应选择(D).

4. 答案 本题应该选择(C).

解析 设两点的坐标为 X,Y,则 $X \sim U(0,l)$,$Y \sim U(0,l)$,且 X 与 Y 相互独立,故

$$f(x,y) = \begin{cases} 1/l^2, & 0 < x,y < l; \\ 0, & \text{其他}. \end{cases}$$

从而 $E(|X-Y|) = \int_0^l \int_0^l |x-y| \cdot \frac{1}{l^2} \mathrm{d}x \mathrm{d}y = \frac{l}{3}$.

5. 答案 本题应该选择(C).

解析 因为 $E(\overline{X}) = E(X) = \mu$,$E(S^2) = D(X) = \sigma^2$,所以
$$E(\overline{X} - S^2) = E(\overline{X}) - E(S^2) = \mu - \sigma^2,$$
故选(C).

三、解 设 A 表示"从到乙地农民工中选出的一人是男的",B_0,B_1 分别表示"从甲地的农民工中选调 k ($k = 0,1$) 个男的到乙地(学习技术)",则由题设知

$$P(B_0) = \frac{1}{3}, \quad P(B_1) = \frac{2}{3}, \quad P(A|B_0) = \frac{3}{5}, \quad P(A|B_1) = \frac{4}{5}.$$

从而,由全概率公式,有 $P(A) = \frac{1}{3} \times \frac{3}{5} + \frac{2}{3} \times \frac{4}{5} = \frac{11}{15}$.

四、解法1 由于 $Y = \ln X$,应用单调函数求概率密度的公式,Y 的概率密度为

$$f_Y(y) = |h'(y)| f_X(h(y)),$$

其中 $h(y) = \mathrm{e}^y$ 是 $y = \ln x$ 的反函数,$f_X(x)$ 是随机变量 X 的概率密度. $h'(y) = (\mathrm{e}^y)' = \mathrm{e}^y$. 因此 Y 的概率密度为

$$f_Y(y) = \mathrm{e}^y \cdot \mathrm{ee}^{-\mathrm{e} \cdot h(y)} = \mathrm{e}^{y+1} \cdot \mathrm{e}^{-\mathrm{e} \cdot \mathrm{e}^y} = \mathrm{e}^{y+1} \mathrm{e}^{-\mathrm{e}^{y+1}}.$$

解法 2　先求出 $Y = \ln X$ 的分布函数 $F_Y(y)$，再将其对 y 求导数得到 $f_Y(y)$. 即所谓分布函数法. 分布函数法是求随机变量函数分布的基本方法.

$$F_Y(y) = P\{Y \leqslant y\} = P\{\ln X \leqslant y\} = P\{X \leqslant \mathrm{e}^y\}$$
$$= 1 - \mathrm{e}^{-\mathrm{e} \cdot \mathrm{e}^y} = 1 - \mathrm{e}^{-\mathrm{e}^{y+1}},$$

$$f_Y(y) = \frac{\mathrm{d}F_Y(y)}{\mathrm{d}y} = \mathrm{e}^{y+1} \mathrm{e}^{-\mathrm{e}^{y+1}}.$$

五、解　（1）因为

$$f_X(x) = \begin{cases} \displaystyle\int_0^{+\infty} \frac{1}{2} x \mathrm{e}^{-y} \mathrm{d}y = 0.5x, & 0 \leqslant x \leqslant 2; \\ 0, & \text{其他}, \end{cases}$$

$$f_Y(y) = \begin{cases} \displaystyle\int_0^2 \frac{1}{2} x \mathrm{e}^{-y} \mathrm{d}x = \mathrm{e}^{-y}, & y \geqslant 0; \\ 0, & \text{其他}. \end{cases}$$

易见 $f(x,y) = f_X(x) f_Y(y)$，所以 X 与 Y 相互独立.

（2）由于 X 与 Y 相互独立，所以 X 与 Y 不相关.

（3）$P\{X > Y\} = \displaystyle\int_0^2 \mathrm{d}x \int_0^x \frac{1}{2} x \mathrm{e}^{-y} \mathrm{d}y = 1.5\mathrm{e}^{-2} + 0.5.$

六、解　$D(X) = 4, D(Y) = 4.$

$$\mathrm{Cov}(X,Z) = \mathrm{Cov}(X, X - aY) = D(X) - a\mathrm{Cov}(X,Y) = 4 + a,$$
$$\mathrm{Cov}(Y,Z) = \mathrm{Cov}(Y, X - aY) = \mathrm{Cov}(X,Y) - aD(Y) = -1 - 4a.$$

依题意，$\mathrm{Cov}(X,Z) = \mathrm{Cov}(Y,Z)$，即 $4 + a = -1 - 4a$，从而 $a = -1.$

$$D(Z) = D(X + Y) = D(X) + 2\mathrm{Cov}(X,Y) + D(Y)$$
$$= 4 - 2 + 4 = 6,$$
$$\mathrm{Cov}(X,Z) = 4 + a = 3.$$

X 与 Z 的相关系数是

$$\rho_{XZ} = \frac{\mathrm{Cov}(X,Z)}{\sqrt{D(X)} \cdot \sqrt{D(Z)}} = \frac{3}{2\sqrt{6}} = \frac{\sqrt{6}}{4}.$$

七、分析　由简单随机样本的性质可知，$X_1, X_2, \cdots, X_{200}$ 相互独立且与 X 同分布，因此 $X_2 - X_1, X_4 - X_3, \cdots, X_{200} - X_{199}$ 也相互独立同分布，它们的平方也相互独立同分布，其期望和方差都存在，因此可以应用中心极限定理计算所求概率.

解 (1) 令 $Y_i = X_{2i} - X_{2i-1}$，$i = 1, 2, \cdots, 100$。Y_i 与 Y_i^2 的分布分别如下所示：

Y_i	-1	0	1
P	0.24	0.52	0.24

Y_i^2	0	1
P	0.52	0.48

$$E(Y_i^2) = 0.48, \quad D(Y_i^2) = 0.2496, \quad i = 1, 2, \cdots, 100.$$

由于随机变量 $Y_1^2, Y_2^2, \cdots, Y_{100}^2$ 数量较大，因此它们的和近似服从正态分布，且 $E\left(\sum\limits_{i=1}^{100} Y_i^2\right) = 48$，$D\left(\sum\limits_{i=1}^{100} Y_i^2\right) = 24.96$，于是有

$$P\left\{\sum_{i=1}^{100} Y_i^2 \leqslant 58\right\} \approx \Phi\left(\frac{58 - 48}{\sqrt{24.96}}\right) = \Phi(2) = 0.9773.$$

(2) 已知 $X \sim N(0, 2^2)$ $(i = 1, 2, 3, 4)$，且 X_1, X_2, X_3, X_4 相互独立，从而设

$$Y_1 = X_1 - 2X_2, \quad Y_2 = 3X_3 - 4X_4,$$

则知 $Y_1 \sim N(0, 20)$，$Y_2 \sim N(0, 100)$。进而有

$$\frac{Y_1}{\sqrt{20}} \sim N(0, 1), \quad \frac{Y_2}{10} \sim N(0, 1); \quad \frac{Y_1^2}{20} \sim \chi^2(1), \quad \frac{Y_2^2}{100} \sim \chi^2(1),$$

且知它们相互独立。于是，利用 χ^2 分布的可加性，有

$$\frac{Y_1^2}{20} + \frac{Y_2^2}{100} = \frac{(X_1 - 2X_2)^2}{20} + \frac{(3X_3 - 4X_4)^2}{100} \sim \chi^2(2).$$

由此即知 $a = \dfrac{1}{20}$，$b = \dfrac{1}{100}$；$k = 2$。

八、解 （Ⅰ）记样本的似然函数为 $L(\mu)$，则

$$L(\mu) = L(X_1, X_2, \cdots, X_n; \mu)$$

$$= \begin{cases} \prod\limits_{i=1}^{n} \dfrac{1}{\sqrt{2\pi} X_i} e^{-\frac{1}{2}(\ln X_i - \mu)^2}, & X_i > 0 \ (i = 1, 2, \cdots, n); \\ 0, & \text{其他}. \end{cases}$$

当 $X_i > 0$ 时 $(i = 1, 2, \cdots, n)$，对 $L(\mu)$ 取对数并求导数，得

$$\ln L(\mu) = \ln\left(\frac{1}{\sqrt{2\pi}}\right)^n + \ln\frac{1}{\prod\limits_{i=1}^{n} X_i} - \frac{1}{2}\sum_{i=1}^{n}(\ln X_i - \mu)^2,$$

$$\frac{\mathrm{d}\ln L(\mu)}{\mathrm{d}\mu} = \sum_{i=1}^{n}(\ln X_i - \mu).$$

令 $(\ln L)' = 0$，得驻点 $\hat{\mu} = \dfrac{1}{n} \sum\limits_{i=1}^{n} \ln X_i$，不难验证 $\hat{\mu}$ 就是 $L(\mu)$ 的最大值点，因此 μ 的最大似然估计量为 $\hat{\mu} = \dfrac{1}{n} \sum\limits_{i=1}^{n} \ln X_i$.

（Ⅱ）首先求 $\ln X$ 的分布.

$$P\{\ln X \leqslant x\} = P\{X \leqslant \mathrm{e}^x\} = \int_0^{\mathrm{e}^x} \frac{1}{\sqrt{2\pi} t} \mathrm{e}^{-\frac{1}{2}(\ln t - \mu)^2} \mathrm{d}t$$

$$\xrightarrow{\text{令 } s = \ln t} \int_{-\infty}^{x} \frac{1}{\sqrt{2\pi}} \mathrm{e}^{-\frac{1}{2}(s-\mu)^2} \mathrm{d}s \xlongequal{\Delta} \int_{-\infty}^{x} p(s) \mathrm{d}s.$$

由于被积函数 $p(s)$ 恰是正态分布 $N(\mu, 1)$ 的密度，因此随机变量 $\ln X$ 服从正态分布 $N(\mu, 1)$. 即 $E(\ln X) = \mu$,

$$E(\hat{\mu}) = E\left(\frac{1}{n} \sum_{i=1}^{n} \ln X_i \right) = \frac{1}{n} \sum_{i=1}^{n} E(\ln X_i) = \mu.$$

九、解　作检验假设 $H_0: \mu = 1\,600$，$H_1: \mu \neq 1\,600$；选择检验统计量

$$U = \frac{\sqrt{n}(\overline{X} - \mu_0)}{\sigma};$$

因已知 $\alpha = 0.05$，故临界值为 $u_{1-\alpha/2} = u_{0.975} = 1.96$；已知 $\overline{x} = 1\,636$，$\mu_0 = 1\,600$，$n = 25$，$\sigma = 150$，故可计算得

$$|u| = \left| \frac{5(1\,636 - 1\,600)}{150} \right| = 1.2 < 1.96.$$

从而接受 H_0，即可认为这批产品的指标的期望值 μ 为 $1\,600$.

试卷三

一、填空题

1. **答案**　本题结果为 $3/5$.

分析　$P(A \cup B) = P(A) + P(B) - P(AB) = 0.5$；

$$P(A \mid A \cup B) = \frac{P(A)}{P(A \cup B)} = \frac{0.3}{0.5} = \frac{3}{5}.$$

2. **答案**　本题结果为 $f_Y(y) = \begin{cases} 1, & 0 < y < 1; \\ 0, & \text{其他}. \end{cases}$

分析　易知

$$X \sim f(x) = \begin{cases} 4\mathrm{e}^{-4x}, & x \geqslant 0; \\ 0, & x < 0. \end{cases}$$

下面利用积分转化法计算. 因为

$$\int_0^{+\infty} h(1 - e^{-4x}) \cdot 4e^{-4x} dx = \int_0^1 h(y) \cdot 4(1-y) \frac{1}{4(1-y)} dy$$
$$= \int_0^1 h(y) \cdot 1 \cdot dy,$$

所以 $f_Y(y) = \begin{cases} 1, & 0 < y < 1; \\ 0, & 其他. \end{cases}$

3. **答案** 本题结果为

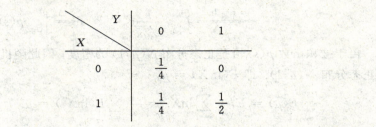

分析 依题意，$E(X) = \frac{3}{4}$，$D(X) = \frac{3}{16}$，$E(Y) = \frac{1}{2}$，$D(Y) = \frac{1}{4}$，

$$\text{Cov}(X, Y) = \rho_{XY} \sqrt{D(X)} \sqrt{D(Y)} = \frac{\sqrt{3}}{3} \times \frac{\sqrt{3}}{4} \times \frac{1}{2} = \frac{1}{8},$$

$$E(XY) = \text{Cov}(X, Y) + E(X)E(Y) = \frac{1}{8} + \frac{3}{4} \times \frac{1}{2} = \frac{1}{2}.$$

由于 X 与 Y 只取 $0, 1$ 两个值，所以有

$$E(XY) = 1 \cdot P\{XY = 1\} = P\{X = 1, Y = 1\} = \frac{1}{2},$$

$$P\{X = 1\} = P\{X = 1, Y = 0\} + P\{X = 1, Y = 1\} = \frac{3}{4}.$$

故 $P\{X = 1, Y = 0\} = \frac{1}{4}$. 类似地，

$$P\{X = 0, Y = 0\} = P\{Y = 0\} - P\{X = 1, Y = 0\}$$
$$= \frac{1}{2} - \frac{1}{4} = \frac{1}{4},$$

$$P\{X = 0, Y = 1\} = P\{Y = 1\} - P\{X = 1, Y = 1\} = 0.$$

4. **答案** 本题结果为 $e^2(e - 1)$.

分析 由题设知 X 的分布律为 $P\{X = k\} = \dfrac{e^{-1}}{k!}$ ($k = 0, 1, \cdots$). 从而

$$E(Y) = \sum_{k=0}^{+\infty} 2^k \cdot \frac{1^k}{k!} e^{-1} = e^{-1} \sum_{k=0}^{+\infty} \frac{2^k}{k!} = e.$$

因为

$$E(Y^2) = \sum_{k=0}^{+\infty} 2^{2k} \cdot \frac{1^k}{k!} \mathrm{e}^{-1} = \mathrm{e}^{-1} \sum_{k=0}^{+\infty} \frac{4^k}{k!} = \mathrm{e}^3,$$

所以 $D(Y) = E(Y^2) - (E(Y))^2 = \mathrm{e}^3 - \mathrm{e}^2 = \mathrm{e}^2(\mathrm{e}-1)$.

5. **答案** 本题结果为 $\hat{\lambda} = 1 \Big/ \Big(\dfrac{1}{n} \sum\limits_{i=0}^{n} X_i^{\alpha}\Big)$.

分析 似然函数为

$$L(\lambda) = \prod_{i=1}^{n} \lambda \alpha x_i^{\alpha-1} \mathrm{e}^{-\lambda x_i^{\alpha-1}} = \lambda^n \alpha^n \left(\prod_{i=1}^{n} x_i\right)^{\alpha-1} \exp\left(-\lambda \sum_{i=1}^{n} x_i^{\alpha}\right);$$

取对数得

$$\ln L(\lambda) = n\ln\lambda + n\ln\alpha + (\alpha-1) \sum_{i=1}^{n} \ln x_i - \lambda \sum_{i=1}^{n} \ln x_i^{\alpha};$$

令 $\dfrac{\mathrm{d}\ln L(\lambda)}{\mathrm{d}\lambda} = \dfrac{n}{\lambda} - \sum\limits_{i=1}^{n} x_i^{\alpha} = 0$, 即可得极大似然估计量 $\hat{\lambda} = 1 \Big/ \Big(\dfrac{1}{n} \sum\limits_{i=1}^{n} X_i^{\alpha}\Big)$.

二、单项选择题

1. **答案** 本题应该选择(D).

解析 由于 A, B 互不相容, 即 $AB = \varnothing$, 从而 $P(AB) = 0$, 故

$$P(B \mid A) = \frac{P(AB)}{P(A)} = 0.$$

因此选(D).

2. **答案** 本题应该选择(B).

解析 由于 ξ, η 不相关等价于 $\mathrm{Cov}(\xi, \eta) = 0$, 而

$$\begin{aligned}
\mathrm{Cov}(\xi, \eta) &= \mathrm{Cov}(X+Y, X-Y) = \mathrm{Cov}(X, X-Y) + \mathrm{Cov}(Y, X-Y) \\
&= \mathrm{Cov}(X, X) - \mathrm{Cov}(X, Y) + \mathrm{Cov}(Y, X) - \mathrm{Cov}(Y, Y) \\
&= D(X) - D(Y) = 0,
\end{aligned}$$

即 $D(X) = D(Y)$, 亦即(B)成立.

3. **答案** 本题应该选择(B).

解析 由于 $X \sim N(\mu, \sigma^2)$, 因此 $\dfrac{\overline{X} - \mu}{S/\sqrt{n}} \sim t(n-1)$, 即

$$\frac{\overline{X} - \mu}{\dfrac{S_2}{\sqrt{n-1}} \cdot \dfrac{S_1}{S_2} \cdot \dfrac{\sqrt{n-1}}{\sqrt{n}}} \sim t(n-1) \quad \left(因 \frac{S_1}{S_2} = \frac{\sqrt{n}}{\sqrt{n-1}}\right).$$

从而选(B).

4. 答案 本题应该选择(C).

解析 依题设有，$E(\hat{\theta}) = \theta$，$\lim\limits_{n\to\infty} D(\hat{\theta}) = 0$，而由切比雪夫不等式知，对

任意 $\varepsilon > 0$，$P\{|\hat{\theta} - E(\hat{\theta})| < \varepsilon\} \geqslant 1 - D\left(\dfrac{\hat{\theta}}{\varepsilon^2}\right)$，故

$$\lim_{n\to\infty} P\{|\hat{\theta} - \theta| < \varepsilon\} \leqslant \lim_{n\to\infty}\left(1 - \frac{D(\hat{\theta})}{\varepsilon^2}\right) = 1.$$

又 $p \leqslant 1$，所以 $\lim\limits_{n\to\infty} P\{|\hat{\theta} - \theta| < \varepsilon\} = 1$，即 $\hat{\theta} \xrightarrow{P} \theta$. 从而由依概率收敛的序

列的性质，知 $\hat{\theta}$ 的连续函数 $\dfrac{n-1}{n}\hat{\theta} \xrightarrow{P} \dfrac{n-1}{n}\theta$. 又 $\lim\limits_{n\to\infty} \dfrac{n-1}{n}\theta = \theta$，因此 $\dfrac{n-1}{n}\hat{\theta}$

$\xrightarrow{P} \theta$. 于是选(C).

5. 答案 本题应该选择(B).

解析 因为此问题是右侧检验，故拒绝域在右边，设 $V = \dfrac{\sqrt{n}(\overline{X} - u)}{\sigma}$，

故 $P\{V > u_{1-\alpha}\} = \alpha$，那么(B) 正确.

三、解 （1）设每位乘客等可能地在13层楼中的任意一层楼下电梯，依乘法原理，10 个人就有 13^{10} 种不同下法. 一位乘客在某一层下只有 1 种，10 人在某一层下有 $1^{10} = 1$ 种. 而"10 个人在同一层下"就是 10 个人在 13 层中任取一层同时下，这样的下法有 13 种. 于是

$$P(A_1) = \frac{13}{13^{10}} = 13^{-9}.$$

（2）"10 人中有 4 人在第 10 层下"，可以这样下：先 10 个人中任取 4 个人在 10 层下，有 C_{10}^4 种下法，而余下的 6 个每人都等可能地在余下的 12 层中任一层下，故又有 12^6 种下法. 依乘法原理，这样共有 $C_{10}^4 \cdot 12^6$ 种下法，所以

$$P(A_2) = \frac{C_{10}^4 \cdot 12^6}{13^{10}}.$$

四、解 （I）依题意，有

$$P(A_i) = \frac{i}{1 + 2 + \cdots + n} = \frac{2i}{n(n+1)} \quad (i = 1, 2, \cdots, n).$$

记 X_i 表示第 i 厂家产的元件寿命，则

$$P(B \mid A_i) = P\{X_i \geqslant 1\,000\} = e^{-1\,000\lambda_i} \quad (i = 1, 2, \cdots, n).$$

应用全概率公式，有

$$\alpha = P(B) = \sum_{i=1}^{n} P(A_i) P(B \mid A_i) = \sum_{i=1}^{n} \frac{2i}{n(n+1)} e^{-1\,000\lambda_i}$$

$$= \frac{2}{n(n+1)} \sum_{i=1}^{n} i\, e^{-1\,000\lambda_i}.$$

（Ⅱ）　m 个都是优质品的概率为 α^m，至少有一个不是优质品是事件"m 个元件全是优质品"的对立事件，其概率为 $\beta = 1 - \alpha^m$，α 为(1)中所求 $P(B)$.

五、解　(1)　因为

$$f_X(x) = \begin{cases} \displaystyle\int_0^2 \frac{1}{2} dy = 1, & 0 \leqslant x \leqslant 1; \\ 0, & \text{其他,} \end{cases}$$

$$f_Y(y) = \begin{cases} \displaystyle\int_0^1 \frac{1}{2} dx = \frac{1}{2}, & 0 \leqslant y \leqslant 2; \\ 0, & \text{其他,} \end{cases}$$

所以有 $f(x,y) = f_X(x) f_Y(y)$，故 X 与 Y 相互独立.

(2)　$P\left(\left\{ X \leqslant \dfrac{1}{2} \right\} \cup \left\{ Y \leqslant \dfrac{1}{2} \right\} \right)$

$$= P\left\{ X \leqslant \frac{1}{2} \right\} + P\left\{ Y \leqslant \frac{1}{2} \right\} - P\left\{ X \leqslant \frac{1}{2}, Y \leqslant \frac{1}{3} \right\}$$

$$= \int_0^{\frac{1}{2}} dx \int_0^2 \frac{1}{2} dy + \int_0^{\frac{1}{2}} dy \int_0^1 \frac{1}{2} dx - \int_0^{\frac{1}{2}} dx \int_0^{\frac{1}{2}} \frac{1}{2} dy$$

$$= 0.625.$$

六、解　由于 Y_1 与 Y_2 都服从 0-1 分布，因此 $E(Y_i) = P\{Y_i = 1\}$，$i = 1, 2$.

$$E(Y_1) = P\{Y_1 = 1\} = 1 - P\{Y_1 = 0\}$$
$$= 1 - P\{X_2 + X_1 = 1\} = 1 - 3pq^2,$$
$$E(Y_2) = P\{Y_2 = 1\} = 1 - P\{Y_2 = 0\}$$
$$= 1 - P\{X_2 - X_1 = 2\}$$
$$= 1 - P\{X_1 = 0, X_2 = 2\} = 1 - p^2 q,$$

其中 $q = 1 - p$，注意到 $Y_1 Y_2$ 也服从 0-1 分布，并且

$$P\{Y_1 = 0, Y_2 = 0\} = P\{X_2 + X_1 = 1, X_2 - X_1 = 2\}$$
$$= P\{\varnothing\} = 0,$$

则

$$P\{Y_1 Y_2 = 0\} = P(\{Y_1 = 0\} \bigcup \{Y_2 = 0\})$$
$$= P\{Y_1 = 0\} + P\{Y_2 = 0\} - P\{Y_1 = 0, Y_2 = 0\}$$
$$= 3pq^2 + p^2 q,$$
$$E(Y_1 Y_2) = P\{Y_1 Y_2 = 1\} = 1 - P\{Y_1 Y_2 = 0\}$$
$$= 1 - 3pq^2 - p^2 q.$$
$$\mathrm{Cov}(Y_1, Y_2) = E(Y_1 Y_2) - E(Y_1)E(Y_2)$$
$$= 1 - 3pq^2 - p^2 q - (1 - 3pq^2)(1 - p^2 q)$$
$$= -3p^3 q^3 = -3p^3(1-p)^3 \triangleq g(p),$$
$$g'(p) = -3[p^3(1-p)^3]' = -9p^2(1-p)^2(1-2p).$$

舍去驻点中 $p = 0$ 与 $p = 1$ 的点,得驻点 $p = 0.5$,且当 $p < 0.5$ 时,$g'(p) < 0$,当 $p > 0.5$ 时,$g'(p) > 0$. 因此 $p = 0.5$ 是 $g(p)$ 在 $(0,1)$ 内的唯一极小值点,且无极大值点,故 $p = 0.5$ 是 $g(p)$ 在 $(0,1)$ 内的最小值点,即当 $p = 0.5$ 时,协方差 $\mathrm{Cov}(Y_1, Y_2)$ 达到最小.

七、解 设 X 表示"所取 2 500 枚蛋中良种蛋的枚数",则依题意,知 $X \sim B\left(2\,500, \dfrac{1}{5}\right)$. 故 $E(X) = 500$,$D(X) = 400$. 于是由独立同分布中心极限定理,可得

$$P\left\{\left|\frac{X}{2\,500} - \frac{1}{5}\right| \leqslant 0.01\right\} = P\{|X - 500| \leqslant 25\} \approx 2\Phi\left(\frac{25}{20}\right) - 1$$
$$= 2\Phi(1.25) - 1 = 0.788\,8.$$

八、解 （Ⅰ） 当 $x \geqslant \theta$ 时,$F(x) = 1$;当 $x < \theta$ 时,

$$F(x) = \int_{-\infty}^{x} f(t)\,\mathrm{d}t = \int_{-\infty}^{x} \mathrm{e}^{t-\theta}\,\mathrm{d}t = \mathrm{e}^{x-\theta}.$$

总体 X 的分布函数为 $F(x) = \begin{cases} \mathrm{e}^{x-\theta}, & x < \theta; \\ 1, & x \geqslant \theta. \end{cases}$

（Ⅱ） $G(x) = P\{\hat{\theta} \leqslant x\} = P\{\max\{X_1, X_2, \cdots, X_n\} \leqslant x\}$
$$= P\{X_1 \leqslant x, X_2 \leqslant x, \cdots, X_n \leqslant x\}$$
$$= P\{X_1 \leqslant x\}P\{X_2 \leqslant x\}\cdots P\{X_n \leqslant x\}$$
$$= P\{X \leqslant x\}P\{X \leqslant x\}\cdots P\{X \leqslant x\}$$
$$= (F(x))^n.$$

$\hat{\theta}$ 的分布函数 $G(x)$ 为 $G(x) = \begin{cases} \mathrm{e}^{n(x-\theta)}, & x < \theta; \\ 1, & x \geqslant \theta. \end{cases}$

（Ⅲ）　$\hat{\theta}$ 的概率密度 $g(x) = \begin{cases} ne^{n(x-\theta)}, & x < \theta; \\ 0, & x \geqslant \theta. \end{cases}$

$$E(\hat{\theta}) = \int_{-\infty}^{\theta} xne^{n(x-\theta)}\,dx \xmapsto{\quad y = \theta - x \quad} \int_{0}^{+\infty} n(\theta - y)e^{-ny}\,dy$$

$$= \theta \int_{0}^{+\infty} ne^{-ny}\,dy - \int_{0}^{+\infty} nye^{-ny}\,dy = \theta - \frac{1}{n}.$$

九、解　直接应用定义，相应的公式及最大似然估计不变原理即可求得所要结果.

（Ⅰ）　$E(Y) = E(X^2) = \int_{-\infty}^{+\infty} x^2 f(x)\,dx = \int_{2}^{+\infty} x^2 \lambda e^{-\lambda(x-2)}\,dx$

$$\xmapsto{\quad x - 2 = t \quad} \int_{0}^{+\infty} (t+2)^2 \lambda e^{-\lambda t}\,dt$$

$$= \int_{0}^{+\infty} t^2 \lambda e^{-\lambda t}\,dt + 4\int_{0}^{+\infty} t\lambda e^{-\lambda t}\,dt + 4\int_{0}^{+\infty} \lambda e^{-\lambda t}\,dt$$

$$= \frac{2}{\lambda^2} + \frac{4}{\lambda} + 4 = 2\left(1 + \frac{1}{\lambda}\right)^2 + 2 \xmapsto{\text{记为}} b.$$

（Ⅱ）　样本似然函数

$$L(x_1, x_2, \cdots, x_n, \lambda) = \prod_{i=1}^{n} f(x_i, \lambda) = \begin{cases} \displaystyle\prod_{i=1}^{n} \lambda e^{-\lambda(x_i - 2)}, & \text{一切 } x_i > 2; \\ 0, & \text{否则} \end{cases}$$

$$= \begin{cases} \lambda^n e^{-\lambda \sum\limits_{i=1}^{n}(x_i - 2)}, & \text{一切 } x_i > 2; \\ 0, & \text{否则.} \end{cases}$$

$$\ln L = n\ln\lambda - \lambda \sum_{i=1}^{n}(x_i - 2n),$$

令

$$\frac{d \ln L}{d\lambda} = \frac{n}{\lambda} - \sum_{i=1}^{n}(x_i - 2n) = 0,$$

解得 $\hat{\lambda} = \dfrac{1}{\overline{X} - 2}$，又 $\dfrac{d^2 \ln L}{d\lambda^2} = \dfrac{-n}{\lambda^2} < 0$，故 $\hat{\lambda} = \dfrac{1}{\overline{X} - 2}$ 为 λ 的最大似然估计.

（Ⅲ）　由于 $b = 2\left(1 + \dfrac{1}{\lambda}\right)^2 + 2$ $(\lambda > 0)$ 是 λ 的单调连续函数，根据最大似然估计不变原理，得 b 的最大似然估计为

$$\hat{b} = 2\left(1 + \frac{1}{\hat{\lambda}}\right)^2 + 2 = 2(\overline{X} - 1)^2 + 2.$$

试 卷 四

一、填空题

1. **答案** 本题结果为 1/4.

分析 因为 $1 - C_3^0 p^0 (1-p)^3 = \dfrac{37}{64}$，所以 $p = \dfrac{1}{4}$.

2. **答案** 本题结果为 1/2.

分析 由题设知 X 的分布律为 $P\{X=0\} = \dfrac{1}{2}$，$P\{X=1\} = \dfrac{1}{2}$. 从而

$$P\{0.5 < X < 2\} = P\{X=1\} = \frac{1}{2}.$$

3. **答案** 本题结果为 0.6.

分析 由分布函数的性质，有：$\lim\limits_{x \to \infty} F(x) = 1$ 且 $F(x)$ 在 $x = 0$ 处右连续，故可得知 $\xi = 1$，$\eta < 0$. 因此

$$
\begin{aligned}
P\{\xi = 1,\ \eta < 0\} &= P\{\xi = 1,\ \eta = -3\} + P\{\xi = 1,\ \eta = -2\} \\
&\quad + P\{\xi = 1,\ \eta = -1\} \\
&= P\{\xi = 1\} = 1 - P\{\xi = -1\} = 0.6.
\end{aligned}
$$

4. **答案** 本题结果为 16.

分析 因为 $\overline{X} = \dfrac{1}{n} \sum\limits_{i=1}^{n} X_i \sim N\left(a, \dfrac{0.2^2}{n}\right)$，所以 $Z = \dfrac{\overline{X} - a}{0.2/\sqrt{n}} \sim N(0,1)$. 而由 $P\{|Z| < 1.96\} \geqslant 0.95$，即

$$P\{|\overline{X} - a| < 0.1\} = P\left\{\frac{\sqrt{n}\,|\overline{X} - a|}{0.2} < \frac{\sqrt{n}}{2}\right\} \geqslant 0.95,$$

令 $\dfrac{\sqrt{n}}{2} \geqslant 1.96$，则可解得 $n \geqslant 16$. 即 n 的最小值为 16.

5. **答案** 本题结果为 $\dfrac{1}{20}$；$\dfrac{1}{100}$；2.

分析 因为 $X \sim N(0, 2^2)$，故 $X_1 - 2X_2 \sim N(0, 20)$；若要 $\dfrac{X_1 - 2X_2}{1/\sqrt{a}} \sim N(0,1)$，那么 $\dfrac{1}{\sqrt{a}} = \sqrt{20}$，$a = \dfrac{1}{20}$. 由于 $X \sim N(0, 2^2)$，所以

$$3X_3 - 4X_4 \sim N(0, 10^2);$$

若要 $\dfrac{3X_3 - 4X_4}{1/\sqrt{b}} \sim N(0,1)$，那么 $\dfrac{1}{\sqrt{b}} = 10$，$b = \dfrac{1}{100}$. 从而

$$Y = a(X_1 - 2X_2)^2 + b(3X_3 - 4X_4)^2 \sim \chi^2(2).$$

二、单项选择题

1. **答案**　本题应该选择(C).

解析　由于

$$P(AB) = P(A)P(B \mid A) = 0.6 \times 0.8 = 0.48,$$
$$P(A)P(B) = 0.6 \times 0.8 = 0.48,$$

所以 $P(AB) = P(A)P(B)$,即 A 与 B 相互独立,故选(C).

2. **答案**　本题应该选择(C).

解析　因 $\int_{-\infty}^{+\infty} f(x)\,\mathrm{d}x = 1$,但 $\int_0^{\frac{\pi}{2}} \frac{1}{2}\sin x\,\mathrm{d}x = \frac{1}{2} \neq 1$,排除(A);又因 $f(x)$ 非负,而在 $\left[-\frac{\pi}{2}, \frac{\pi}{2}\right]$ 及 $[0, 2\pi]$ 内 $\frac{1}{2}\sin x$ 不满足此条件,故排除(B),(D). 从而选(C).

3. **答案**　本题应该选择(C).

解析　由方差的性质,可得

$$D(3X - 2Y) = D(3X) + D(-2Y) = 9D(X) + 4D(Y)$$
$$= 9 \times 4 + 4 \times 2 = 44.$$

显见选(D).

4. **答案**　本题应该选择(C).

解析　尽管服从二维正态分布 $N(\mu_1, \mu_2; \sigma_1^2, \sigma_2^2; \rho)$ 的随机变量 X 与 Y 不相关与独立是等价的,而一般情形下,X 与 Y 不相关,它们却不一定独立. 即使 X 与 Y 都服从正态分布且不相关,它们的联合分布亦未必是二维正态分布,且 $X + Y$ 也未必服从二维正态分布,因此应选(C).

5. **答案**　本题应该选择(C).

解析　依题意,C 应使 $E(\hat{\theta}^2) = \sigma^2$,即

$$\sigma^2 = C \sum_{i=1}^{n-1} E((X_{i+1} - X_i)^2)$$

$$= C \sum_{i=1}^{n-1} (D(X_{i+1} - X_i) + E^2(X_{i+1} - X_i))$$

$$= C \sum_{i=1}^{n-1} (D(X_{i+1}) + D(X_i)) = 2(n-1)C\sigma^2,$$

所以 $C = \dfrac{1}{2(n-1)}$.

三、解 设 $A_1 = \{$乘火车$\}$，$A_2 = \{$乘轮船$\}$，$A_3 = \{$乘汽车$\}$，$A_4 = \{$乘飞机$\}$，$B = \{$迟到$\}$.

(1) $P(B) = \sum_{i=1}^{4} P(A_i)P(B \mid A_i)$

$$= 0.3 \times \frac{1}{4} + 0.2 \times \frac{1}{3} + 0.1 \times \frac{1}{12} + 0.4 \times 0 = 0.15.$$

(2) $P(A_1 \mid B) = \dfrac{P(A_1 B)}{P(B)} = \dfrac{P(A_1)P(B \mid A_1)}{P(B)} = \dfrac{0.3 \times \frac{1}{4}}{0.15} = 0.5.$

四、解 (1) $\lim\limits_{x \to 1^-} F(x) = \lim\limits_{x \to 1^-} Ax^2 = A = F(1) = 1$，故 $A = 1$.

(2) $P\{0.5 \leqslant X \leqslant 0.8\} = F(0.8) - F(0.5)$

$$= 0.64 - 0.25 = 0.39.$$

(3) $f(x) = F'(x) = \begin{cases} 0, & x \leqslant 0; \\ 2x, & 0 < x < 1; \\ 0, & x \geqslant 1, \end{cases}$ 从而

$$f(x) = \begin{cases} 2x, & 0 < x < 1; \\ 0, & \text{其他}. \end{cases}$$

五、解 (1) $f_X(x) = \int_{-\infty}^{+\infty} f(x, y)\,\mathrm{d}y = \begin{cases} \int_x^{+\infty} e^{-y}\,\mathrm{d}y, & x > 0; \\ 0, & x \leqslant 0 \end{cases}$

$$= \begin{cases} e^{-x}, & x > 0; \\ 0, & x \leqslant 0, \end{cases}$$

$$f_Y(y) = \int_{-\infty}^{+\infty} f(x, y)\,\mathrm{d}x = \begin{cases} \int_0^y e^{-y}\,\mathrm{d}x, & y > 0; \\ 0, & y \leqslant 0 \end{cases}$$

$$= \begin{cases} ye^{-y}, & y > 0; \\ 0, & y \leqslant 0. \end{cases}$$

(2) $f(x, y) \neq f_X(x)f_Y(y)$，故 X 与 Y 不独立.

六、解 设 Y 表示"该参观者等候时间"，则

$$Y = g(X) = \begin{cases} 25 - X, & 0 \leqslant X \leqslant 25; \\ 45 - X, & 25 < X \leqslant 45; \\ 60 - X + 25, & 45 < X \leqslant 60. \end{cases}$$

而由题设知 $f(x) = \frac{1}{60}$ $(0 \leqslant x \leqslant 60)$，所以

$$E(Y) = \frac{1}{60} \int_0^{60} g(x) \mathrm{d}x$$

$$= \frac{1}{60} \left[\int_0^{25} (25 - x) \mathrm{d}x + \int_{25}^{45} (45 - x) \mathrm{d}x + \int_{45}^{60} (85 - x) \mathrm{d}x \right]$$

$$= \frac{1}{60} \left[(25^2 + 20 \times 45 + 15 \times 85) - \int_0^{60} x \mathrm{d}x \right]$$

$$= \frac{1}{60} (2\,800 - 1\,800) = \frac{1\,000}{60} = 16\frac{2}{3}.$$

七、解 设 X 为 400 件中正品的个数，则 $X \sim B(n, p)$，其中 $n = 400$，$p = 0.8$. 由中心极限定理

$$\frac{X - 400 \times 0.8}{\sqrt{400 \times 0.8 \times 0.2}} = \frac{X - 320}{8} \sim N(0, 1),$$

得

$$P\{X \leqslant 400 \times 0.82\} = P\{X \leqslant 328\} = P\left\{ \frac{X - 320}{8} \leqslant \frac{328 - 320}{8} \right\}$$

$$= \Phi(1).$$

八、解 (1) $U = \frac{\sqrt{n}(\overline{X} - \mu)}{\sigma} \sim N(0, 1)$，$\mu$ 的置信系数为 $1 - \alpha$ 的置信区间为 $\left(\overline{X} - \frac{\sigma}{\sqrt{n}} u_\alpha, \ \overline{X} + \frac{\sigma}{\sqrt{n}} u_\alpha \right)$.

(2) μ 的置信系数为 $1 - \alpha$ 的置信区间长度为 $L = \frac{2\sigma}{\sqrt{n}} u_\alpha$. 当样本观察值不同时，$L$ 不变.

九、解 (1) $T = \frac{\sqrt{n}(\overline{X} - \mu)}{S} \overset{H_0}{\sim} t(n - 1)$，拒绝域为 $\{|T| \geqslant t_\alpha\}$.

(2) 当 $\alpha = 0.1$ 时，接受 H_0，故 $|T| < t_{0.1}$；又由于 $t_{0.05} > t_{0.1}$，则 $|T| < t_{0.05}$. 故当 $\alpha = 0.05$ 时，接受 H_0.

参考文献

[1] 许承德，王勇. 概率论与数理统计[M]. 北京:科学出版社,2001

[2] 陈希孺. 概率论与数理统计[M]. 北京:科学出版社,2000

[3] 刘锦萼，杨喜寿，俞纯权，房俊岭. 概率论与数理统计[M]. 北京:科学出版社，2001

[4] 复旦大学. 概率论:第一册、第二册[M]. 北京:人民教育出版社,1979

[5] 周概容. 概率论与数理统计[M]. 北京:高等教育出版社，1984

[6] 钱敏平，叶俊. 随机数学[M]. 北京:高等教育出版社，2000

[7] Hoel P G, Port S C, Stone C J. Introduction to Probability Theory[M]. Houghton Miffin Company, Boston, 1990

[8] 盛聚，谢式千，潘承毅. 概率论与数理统计[M]. 北京:高等教育出版社，1989

[9] 中山大学数学力学系. 概率论与数理统计:上、下册[M]. 北京:人民教育出版社，1980

[10] 张建华，王健，刑金刚. 概率论与数理统计[M]. 天津:南开大学出版社，2005

[11] 袁荫棠. 概率论与数理统计[M]. 北京:中国人民大学出版社，1985

[12] 刘锦萼，杨喜寿，俞纯权，房俊岭. 概率论与数理统计[M]. 北京:科学出版社，2001

[13] 陈希孺. 概率论与数理统计[M]. 合肥:中国科学技术大学出版社，1992

[14] 中央财经大学概率与统计教研室. 概率论与数理统计[M]. 北京:中国财政经济出版社，2001

[15] 马统一. 概率论与数理统计[M]. 北京:高等教育出版社，2004

[16] 沈恒范. 概率与数理统计教程[M]. 北京:高等教育出版社，1998

[17] [美]W. 费勒. 概率论及其应用[M]. 刘文译. 北京:科学出版社，1980

[18] 方开泰，许建伦. 统计分布[M]. 北京:科学出版社，1987

[19] Richard J Larsen, Morris L Marx. An Introduction to Mathematical

Statistics and It's Applications, Second Edition[M]. Prentice-Hall, Englewood cliffs, New Jersey, 1986

[20] 余长安. 概率论与数理统计(经管综合类)[M]. 武汉:武汉大学出版社, 2007

[21] 邵士敏. 研究生入学考试数学复习指南与模拟试题[M]. 北京:北京大学出版社, 1998

[22] 余长安. 概率论与数理统计疑难点讲析与习题精解[M]. 武汉:武汉大学出版社, 2007

[23] 何声武, 王万中. 概率论与数理统计习题解答[M]. 北京:经济科学出版社, 1996

[24] 余长安. 考研数学精编综合教程[M]. 武汉:武汉大学出版社, 2007

[25] 欧维义, 潘伟, 黎英. 研究生入学考试数学试题选解(概率论与数理统计)[M]. 长春:吉林大学出版社, 1997